编译技术与应用

微课视频版·题库版

杨金民 陈 果 黎文伟 著

清华大学出版社

北京

内 容 简 介

本书以全新的视角透视编译技术，围绕编译中的词法分析、语法分析、语法制导的翻译、语义分析和中间代码生成、运行环境和目标代码生成、代码优化这 6 个核心问题展开，共分 7 章。本书重点针对编译器构造方法学展开分析和论述，以揭示编译技术的内涵，展示其优美性和艺术性。本书也探索技术演进背后的动因，追踪业界最新技术及其发展趋势，帮助读者灵活应对 IT 技术发展与变迁所带来的挑战。

本书内容新颖、通俗易懂，特别适合作为高等院校计算机及相关专业的教材，也可以作为工程技术培训的教材。本书也非常适合科研人员和工程技术人员阅读，从中感悟编译技术的内涵，体会其精妙之处。

本书封面贴有清华大学出版社防伪标签，无标签者不得销售。

版权所有，侵权必究。举报：010-62782989，beiqinquan@tup.tsinghua.edu.cn。

图书在版编目（CIP）数据

编译技术与应用：微课视频版：题库版/杨金民，陈果，黎文伟著. —北京：清华大学出版社，2023.4
ISBN 978-7-302-63105-7

Ⅰ. ①编… Ⅱ. ①杨… ②陈… ③黎… Ⅲ. ①编译程序—程序设计 Ⅳ. ①TP314

中国国家版本馆 CIP 数据核字(2023)第 047630 号

责任编辑：薛　杨
封面设计：刘　键
责任校对：韩天竹
责任印制：宋　林

出版发行：清华大学出版社
　　　　网　　　址：http://www.tup.com.cn，http://www.wqbook.com
　　　　地　　　址：北京清华大学学研大厦 A 座　　　　邮　　编：100084
　　　　社 总 机：010-83470000　　　　邮　　购：010-62786544
　　　　投稿与读者服务：010-62776969，c-service@tup.tsinghua.edu.cn
　　　　质量反馈：010-62772015，zhiliang@tup.tsinghua.edu.cn
　　　　课件下载：http://www.tup.com.cn，010-83470236
印 装 者：三河市龙大印装有限公司
经　　销：全国新华书店
开　　本：185mm×260mm　　　　印　　张：19.25　　　　字　　数：518 千字
　　　　（附试卷一份）
版　　次：2023 年 4 月第 1 版　　　　印　　次：2023 年 4 月第 1 次印刷
定　　价：69.00 元

产品编号：098524-01

　　编译器是连接计算机硬件与高级程序语言的桥梁,是基础软件的核心内容。正因为如此,编译技术在计算机类专业的本科培养中很受重视。不过,编译技术一直被学生视为本科阶段最深奥难懂的一门课程。因编译理论的抽象性,初学者很难理解和掌握。要使读者能领悟和灵活应用编译技术,一本好的教材需要通过典型案例来诠释编译原理的内涵,结合软件工程知识来解决其中面临的关键问题。从理论到实践,有理论支撑、工程逻辑、工程实现三个层面。现有教材大多注重第一个层面,后两个层面为薄弱环节。

　　本书从实际工程问题出发,通过典型案例展示编译中工程问题的特征与特性,然后基于理论得出工程逻辑方案和工程实现方案,将编译原理中的数学理论和算法实用化,以此来化抽象为具体,化深奥为通俗。再融合软件工程知识,探讨解决方案的改进,使其不仅能解决功能需求问题,还具备一些其他良好的工程特质,如鲁棒性、广适通用性、高效性、可伸缩性、可配置性、可组装性等。

　　本书针对现有教材存在的不足之处进行了改进。现有教材大多专注于经典的编译原理,术语和表述基本上也沿用了原有文献。这种理论化的表述给初学者带来了极大困难,因此学生普遍反映这门课程深奥难懂。众所周知,面向对象理论和关系数据库理论出现在编译理论之后,给信息技术带来了深远影响。对于编译中很多深奥难懂的问题,如果用面向对象观念和关系理论来认识,那么描述和刻画不仅简单明了,而且通俗易懂。本书从面向对象和关系理论的视角来剖析编译所涉及的一些难懂的理论知识,化解了其抽象深奥性,使其变得通俗具体。

　　本书也修正了现有教材存在的许多偏差,将编译知识做了更好的结构化处理。举例来说,在编译器构造方法学中,现有教材大多以 Lex 为例,阐释用词法分析器构造工具来生成词法分析器源程序。实际上,可将词法分析器结构化为一个通用而固定的词法分析器程序,再加上一个词法的 DFA。因此,词法分析器构造工具要做的就是将描述词法的正则表达式转换成 DFA。这种结构化处理不仅可以简化词法分析器构造工具的实现,而且使其具有通用性,取得与语言的无关性。另外,在讲解词法和语法分析时,本书以一门非常简单的语言(即正则语言)为基础,以迭代求解方式来展示词法和语法分析理论的优美性和进化性。

　　在内容组织方面,本书具有如下 3 个特点。

　　(1) 注重知识前后关联性的揭示。例如,编译中的词法分析和语法分析,在现有教材中都被视作两个彼此独立的知识体系,似乎不存在联系。其实它们面对的理论问题相同,求解的理论基础相同,求解的策略和方法也相同。二者的不同之处在于,词法分析处理线性构成问题,而语法分析处理树状构成问题。当树只有两层时,树根的子结点呈线性结构,即线性结构可以被视作树结构的一个特例。因此,语法分析方法能用于词法分析。用语法中的文法来描述词的线性构成时,只须定义一个非终结符,所得文法为LR(0)文法。本书也揭示了词法分析方法未被语法分析方法替代的原因。用正则表达式来描述词法,一个非终结符都未引入,所得DFA要比通过文法所得的DFA简单。

(2) 强调知识来龙去脉和前因后果的揭示。编译的演化经历了三代。第一代是编译器前后端的一体化,置于软件开发方,典型代表有C和C++。第二代是编译器前后端分离,前端依旧置于开发方,但后端则前移至用户端机器上,典型代表有Java。第三代是编译器前后端都从开发方前移至用户端机器上,典型代表有JavaScript。本书回答了为什么会有这种演变,另外也揭示了即时编译(JIT)、异步函数等这些技术和概念的前因后果,力求与时俱进。

(3) 突出面向对象语言的编译。面向对象语言从面向过程语言发展而来,类与其实例对象是其中的核心概念,多态则是其灵魂。本书针对面向对象语言,提出了一个编译实现框架。该框架既简洁又清晰,将全局变量视作一个根类(也叫起始类)的成员变量,将全局函数视作根类的成员函数,于是也适合面向过程语言的编译。在该框架下,面向过程语言成了面向对象语言的一个特例。本书也通过一个典型案例,揭示了面向对象编程中遇到的问题,诠释了多态的来龙去脉,给出了一种实现方案。

全书围绕编译中的词法分析、语法分析、语法制导的翻译、语义分析和中间代码生成、运行环境和目标代码生成、代码优化这6个核心问题展开,共分7章。本书重点针对编译器构造方法学展开分析和论述,以揭示编译技术的内涵,展示其优美性和艺术性。本书也探索技术演进背后的动因,追踪业界最新技术及其发展趋势,帮助读者灵活应对IT技术发展与变迁所带来的挑战。

第1章为编译技术概述。通过案例剖析来揭示机器语言的特性和存在的短板,进而探究高级程序语言的特性。本章通过对比分析阐释了编译的由来及其重要性,再通过一个C语言源程序例子来分析程序的构成特性,进而引出编译的策略与方法、过程与环节,展示将复杂工程问题分而治之的求解思路。编译的复杂性催生出了编译器构造方法学,用简单而专一的语言来描述高级程序语言的词法和语法,以此解决编译器构造工具的实现问题,这是编译器构造方法学的精髓所在。这种迭代求解策略带有进化性,充分展示了编译技术的优美性和艺术性。

第2章讲解词法分析。词法分析是编译的开始。本章首先以一个C语言源程序为例来分析和得出词的类别性,然后分门别类讲解词的构成特性,进而以正则运算方式来描述词的构成法则。然后讲解了正则表达式的状态转换图(经典术语为DFA)概念,以及基于DFA的词法分析方法。再将词法分析器结构化成通用程序和词法的DFA两个构成部分。试图直接得出正则表达式的DFA看似可行,实则无从下手。但是直接得出正则表达式的NFA却容易。通过穷举NFA中所有可能的状态转换情形,便能得出DFA。本章展示了这种迂回求解策略的优美性。

第3章讲解语法分析。语法分析的经典理论具有抽象、深奥、难懂的特点。为了化解理论的抽象深奥性,本章从语法分析与词法分析的联系入手,得出了"它们面对的理论问题相同,求解的理论基础相同,求解的策略和方法也相同"这一结论。它们的不同之处在于:词的构成呈线性结构,而程序的构成呈树结构。因此,语法分析方法不过是词法分析方法的延伸和扩展而已。只要弄清楚线性结构与树结构的联系和差异,抓住语法分析树的构成特性,语法分析问题便迎刃而解,于是理论的抽象深奥性也就自然地被消解。从面向对象的视角来认识和剖析语法分析理论,能将许多抽象概念的本质含义以通俗方式揭示出来,不再显得深奥难懂。

第4章讲解语法制导的翻译。文法中的每个产生式都有其特定的语义,翻译可在语法分析的过程中附带完成。本章重点论述了语法制导的翻译中,LR语法分析优于LL语法分析的具体表现。构建文法的DFA巧妙地穷举出了所有可能的状态转换情形,具有直观、通俗、简洁、易懂的特点。尤其是DFA构建中展示出的物理含义,能将诸如优先级之类的语法规则从文法中分离出来,显著降低文法的复杂性。语法分析过程就是翻译目标的达成过程。基于LR分析的语法制导翻译,其实现框架结构清晰,层次分明。这种良好的结构特性能取得翻译动作与翻译框架的相互独立性。

第5章讲解语义分析和中间代码生成。程序要能正常运行,只做到语法正确还远远不够,还要语义正确才行。语义分析具有上下文相关性,这是它有别于语法分析的关键点。语义分析和中间代码生成都可被视作语法制导翻译框架下的翻译目标,因此它们都是在语法分析的过程中附带完成的。上下文相关性以符号表为桥梁来体现。语法分析中每遇到类型和变量的定义,都会将其记录到符号表中。每遇到类型和变量的使用,都会到符号表中去检查其语义正确性。只有语义正确之后,才会基于产生式将源代码中的结构体映射成对应的中间代码。这种映射具有机械性,没有考虑上下文之间的联系。也就是说,中间代码生成具有上下文无关性。

第6章讲解运行环境和目标代码生成。运行环境和目标代码相辅相成。运行环境通过机器指令集或者函数支持库来得以体现。目标代码生成就是使用运行环境提供的指令集或者函数,将中间代码翻译成目标代码。两者之间可相互迭代演进。基于运行环境生成的目标代码反过来可以成为运行环境的组成部分,从而使得运行环境提供的功能与服务不断丰富。代码重用、多任务运行环境,以及模块独立与共享是人们期望的计算机应用特质。这些特质的取得,一方面是从计算机硬件方面努力;另一方面是从软件方面努力。由此出现了许多技术,这些技术为软件开发的效率提高、质量提升、成本降低、周期缩短提供了支撑。

第7章讲解代码优化。加快计算任务的完成,尽快得到计算结果,是人们一直坚持不懈的追求。其中代码优化至关重要。代码优化分为中间代码优化和目标代码优化两个分支。中间代码优化与机器无关。其动因是中间代码中含有很多冗余的运算和可省略的数据存储。目标代码优化则专门针对机器的物理特性而来,通过充分利用响应速度快的存储器,减少数据在不同存储器间的无效传输,降低传输次数,减少程序所需存储空间等途径予以实现。目标代码优化的另一方面是通过挖掘计算的可并行性,充分利用机器的并行处理功能来加快计算结果的得出。即时编译(JIT)和异步调用都是目标代码优化的有效策略。

本书基于作者多年来在教学和科研实践中所取得的成果,力求将编译知识以全新的视角和通俗易懂的方式勾勒出来,降低编译知识的学习门槛,使任何对编译知识感兴趣的读者都能通过阅读本书领略编译技术的精髓,对编译中的基本问题、求解思路、体系结构、特征与特性、关键技术形成清晰的感性认识,能综合运用编译知识合理解决实际工程问题。

本书每章都包含问题由来、求解思路、特性分析、问题思考、归纳总结5部分内容,梯次讲述了从接触知识提升到理解知识,从学习知识提升到运用知识的学习过程。本书从工程问题入手,通过分析、推理、论证,强调解决方案的可行性和切实性,强调理论的通俗性,强调知识前后的关联性,力求使读者明白要学什么知识和这些知识有什么用,明白解决工程问题的基本思路、基本方法、关键环节,明白如何去超越别人和实现创新。

本书内容新颖、通俗易懂,特别适合作为高等院校计算机及相关专业的教材,也可以作为工程技术培训的教材。本书也非常适合科研人员和工程技术人员阅读,从中感悟编译技术的内涵,体会其精妙之处。

对于初学者,要透彻领悟好编译知识,必须边看书,边练习和思考,琢磨知识内涵和彼此间的联系。基于此考虑,本书在每节的重要知识点后都提供了思考题,引导读者回溯和联想,以便检验学习效果,加深对知识点的认识,训练开拓性思维。本书的习题经过了精心挑选和编排,既精炼,又能覆盖章节的主要知识点。

本书配套资料齐全,包括微课视频、教学大纲、教学日历、教学课件、补充习题、小班讨论题目、课程实验与指导、习题答案等。读者可以从清华大学出版社官网下载对应资源,也可以扫描书中的二维码获取。书中错误之处在所难免,欢迎读者批评指正。

本书的出版得到了湖南大学信息科学与工程学院的支持,也得到了清华大学出版社的相助。清华大学出版社的薛杨编辑为本书提了很多改进建议,特此致谢。

杨金民

2023 年 1 月

教学大纲与进度表

教学课件

小班讨论题目

试卷及参考答案

视频目录

本书配有全套课程视频,读者可扫描本页背面的二维码观看对应内容视频。

配套课程视频

1-1 1-2

2-1 2-2 2-3 2-4 2-5

3-1 3-2 3-3 3-4 3-5 3-6

3-7 3-8 3-9 3-10 3-11 3-12

4-1 4-2 4-3

5-1 5-2

6-1 6-2

7-1 7-2 7-3 7-4 7-5

8-1 8-2 8-3 8-4

编译技术概述

　　编译是将高级语言翻译成机器语言或汇编语言的过程。编译技术指实现翻译的策略和方法。编译器是一个软件工具,能将用某门高级语言编写的程序翻译成用目标语言编写的程序。目标语言可以是机器语言或汇编语言,还可以是中间语言。翻译是一项非常复杂的事情,因此构造编译器是一个复杂工程问题。其中有两个非常关键的问题,首先是如何实现翻译,然后是如何构造出编译器。编译知识非常重要,很多实际问题的解决都离不开编译知识。下面举例说明。

　　计算器是人们平时常使用的一个软件,手机和计算机上都有。打开计算器软件,输入任何一个数值运算表达式,便能瞬间得到它的计算结果。要编程实现一个计算器软件,看似容易,其实不然。数值运算表达式千变万化,各式各样,其长度也没有限制。直观的想法,自然是通过穷举法来列出数值运算表达式的所有情形。如何穷举? 如何厘清数值和运算之间的关系? 如何编程来实现一个计算器? 要能回答这样的问题,我们需要具备编译知识。

　　比计算器更复杂一些的软件,诸如浏览器、源程序编辑器、地图等,它们都能对输入的文档进行解析和识别,然后基于其含义将其可视化。例如,浏览器能将输入的 HTML 文档显示在浏览窗口中,并能进行人机交互。C++ 程序编辑器能把后缀名为 cpp 的源文件按照格式要求显示出来,例如将关键字显示成蓝色,遇到左花括号(⟨)时对随后的语句增加一级缩进。如何编程实现这样的内容可视化软件? 如果掌握了编译知识,这些看似难度很大的事情就会变得轻而易举。

　　程序语言和编程对于计算机专业人员是耳熟能详的。编程实现一个业务应用系统,通常要先归纳出业务流程,明确流程中包含的环节,再将系统划分成多个构成模块,然后对每个模块分头编写源程序对其加以实现。用高级语言编写的源程序,需要先使用编译器将其编译成目标机器的可执行文件,再将其安装在目标机器上运行。编译器是如何解析和理解源程序的? 如何编程实现一个编译器? 对这样的问题,要用编译知识来回答。

　　编译器不仅要能理解源程序,还要知晓目标机器的特性,才能将源程序编译成高质量的可执行程序。要理解源程序,就要知晓其构成法则,对其解析,检查是否符合构成法则。要编译,就要把源程序翻译成目标机器的可执行程序。事实上,仅翻译还不够,我们还希望得到高质量的翻译,即做了优化的翻译。

　　面对编译,有一系列问题需要思考。为什么要用高级程序语言,而不用机器语言来编程? 机器语言和高级程序语言有何差异? 编译是复杂工程问题,如何构造编译器,才能做到既简单容易,又能确保正确无误? 另外,一门语言会不断扩充自身的法则,因此编译器也需要做相应修改。扩充一项法则,通常牵涉编译器源程序很多地方的修改。编译器源程序的修改能否保证不出遗漏？该问题称为编译器构造、维护、管理问题。还有,编译的优化可从哪些方面入手？本章将围绕这些问题层层展开,为编译技术刻绘出一个基本画像。

1.1 计算模型和机器语言的特性

计算机可以模型化为由存储器和 CPU 两部分组成。代码和数据都存放在存储器中。计算任务体现在代码中,被细化成指令序列。CPU 从存储器中取指令并逐条执行。执行一条指令也被称作一步计算。一步计算通常要从存储器读取数据,交给 CPU 处理,得到计算结果,再将结果存放到存储器中。一个计算任务要通过很多步计算来完成,每步计算要做的事情都通过机器指令来表明,每种计算机都有一套自己的机器指令。对于一条机器指令,它带有几个参数,参数的顺序,以及每个参数的含义、宽度、取值范围都由计算机厂家规定,发布给编译器厂商。编译器厂商依据发布的机器指令来编写机器代码,得到二进制可执行程序。二进制可执行程序被加载到计算机的存储器中,交由 CPU 执行,以得到计算结果。执行一行机器代码就类似于高级程序语言中的一次函数调用。在一个程序中,函数名起着标识函数的作用。同理,指令码起着标识机器指令的作用。

程序由代码和数据两部分构成。运行一个程序时,首先要将其加载到存储器中。典型的存储器就是内存。内存由内存单元构成,每个内存单元有 1 字节的存储空间,用内存地址来标识。另外一种存储器为寄存器。CPU 访问寄存器的速度要比访问内存的速度快两个数量级,不过寄存器要比内存贵很多,因此一台计算机上的寄存器数量非常有限。当一个程序被加载到内存后,将其代码部分的第一条机器指令的内存地址加载至指令寄存器中,便启动了程序的执行。

CPU 依据指令寄存器中的值,从内存读取指令码。得到指令码后,CPU 对其解析,便知道该如何从存储器中进一步读取其所需的参数。完成参数读取之后,执行指令。基于当前执行的指令以及所得的结果,CPU 能得出下一指令码的内存地址,并将其置入指令寄存器中。于是,下一步计算被启动。现对此计算模式举例说明如下。设一程序加载到内存后,其中的 4 行机器代码如表 1.1 所示。其中第 1 行的内存地址为 4000。假定指令寄存器的当前值为 4000,即要执行第 1 行机器代码。于是这 4 行机器代码的执行过程如下。

表 1.1　内存中的 4 行机器代码

内存地址	指 令 码	参 数
4000	REG_MEM_INT_ADD	R1,8000,R2
4008	INT_LARGER_COMPARE	8024,8028
4018	CONDITION_JUMP	4800
4024	REG_REG_INT_ADD	R2,R3,R2

(1) CPU 读取内存地址为 4000 的指令码。假定指令码的宽度固定为 2 字节,寄存器标识码的宽度固定为 1 字节,内存地址的宽度固定为 4 字节,一个整数的宽度也为 4 字节。CPU 得到的指令码为 REG_MEM_INT_ADD。注意:这里为了可读性,将指令码名字化了。CPU 一看到这个指令码,便知道要做两个整数的加法运算,还知道第 1 个整数在寄存

器中,第 2 个整数在内存中,计算结果要放在一个寄存器中。由该指令码便知,它随后跟有 3 个参数。其中第 1 个参数为第 1 个整数所在的寄存器标识号,其长度为 1 字节。于是 CPU 从内存地址 4002 处读 1 字节,得到第 1 个整数所在的寄存器标识号;再从内存地址 4003 处读 4 字节,得到第 2 个整数所在的内存地址;再从内存地址 4007 处读 1 字节,得到存放计算结果的寄存器标识号。

(2) 完成指令码及其参数的读取之后,CPU 执行该机器指令,完成该步计算。由已执行的指令码 REG_MEM_INT_ADD 可知,该行代码的宽度为 8 字节。于是 CPU 将指令寄存器的值做加 8 处理,得到下一行代码所在的内存地址,即 4008。

(3) CPU 读取内存地址为 4008 的指令码,发现它为 INT_LARGER_COMPARE,即比较两个整数的大小,并把比较结果放在逻辑标识寄存器中,而且知道它带有 2 个参数。其中,第 1 个参数为第 1 个整数的内存地址,第 2 个参数为第 2 个整数的内存地址。于是,CPU 从内存地址 4010 读取 4 字节,得到第 1 个整数的内存地址,再从 4014 内存地址读 4 字节,得到第 2 个整数的内存地址。

(4) 完成第 2 行机器代码的读取之后,CPU 执行它,完成第 2 步计算。由已执行的指令码 INT_LARGER_COMPARE 可知,该行代码的宽度为 10 字节。于是,CPU 将指令寄存器的值做加 10 处理,以得到下一行机器代码所在的内存地址,即 4018。

(5) CPU 读取内存地址为 4018 的指令码。发现它为 CONDITION_JUMP,即如果逻辑标识寄存器中的值为 true,执行跳转,即常说的 GOTO 操作。而且,CPU 知道这个操作指令带有 1 个参数,即要跳转的目标内存地址。于是,CPU 从 4020 内存地址读 4 字节,得到要跳转的目标内存地址 4800。

(6) CPU 执行第 3 行机器代码。此时,如果逻辑标识寄存器中的值为 true,那么 CPU 就会将指令寄存器的值设置成参数值 4800。也就是说,下一步要执行的机器代码所在的内存地址为 4800,即执行跳转。如果逻辑标识寄存器中的值为 false,则不跳转,继续执行下一行机器代码,即第 4 行机器代码。由已执行的指令码 CONDITION_JUMP 可知,该代码行的宽度为 6 字节。于是,CPU 将指令寄存器的值做加 6 处理,以得到下一行机器代码所在的内存地址,即 4024。

从上述示例可知,如果直接用机器码来编写程序,首先要熟知机器指令的详细定义;另外要算准每行机器代码的内存地址,以及每项数据的内存地址;还需要知道寄存器的当前使用情况,即对每个寄存器,要知道它当前存储的是哪项数据的值。这项工作很难由人来做,其原因是机器指令多,规则多,寄存器多,数据项多,很容易出差错。用人工方式来编写机器码程序不仅十分烦琐,而且效率非常低下,极易出差错。机器码程序的生成最好用编译器来完成。

机器码程序的可读性非常差。其原因是代码行和数据都不是用名字来标识和引用的,而是用内存地址来标识和引用的。内存地址是一串固定长度的数字,人们看了之后不能感知其含义。另外,机器码程序从行数来看,会比高级语言程序长很多。其原因是一行机器代码只能表达单一的某项操作。与其相对地,用高级语言编写的源程序,一行代码能表达一个完整的概念,使人一目了然。

机器码程序的可读性差,还表现在如下 3 方面。

(1) 机器语言的分支控制单一,仅只有 if 语句。与其相对,高级程序语言则有丰富的分支控制语句,如 if,while,switch,for 等。当分支控制单一时,很难看出程序中分支的特征与特性。

(2) 机器码程序在外观上没有明显的层次结构。从外表来看,机器码程序为一个指令串,不像源程序那样有明显的嵌套和层次结构。对于机器码程序,很难判断一个函数在哪一行结束。其原因是一个函数中可能有多个 return 语句。

(3) 在机器码程序中,不易区分内存中存储的是地址还是数据。对内存中的数据,很难辨别出其类型。

机器码程序的维护非常困难。例如,当要删除第 i 行机器代码时,如果后面的行不前移,就会产生运行时错误。当执行至第 $i-1$ 行代码时,因下一行代码不是紧挨在第 $i-1$ 行之后,CPU 不能定位下一指令码。如果后面的行前移,那么代码中的地址引用就会错位。例如,假定第 $i-2$ 行指令码是一个跳转语句,要跳到原来的第 $i+2$ 行代码。现在因为第 $i+2$ 行代码前移了,因此第 $i-2$ 行指令码的参数值,即跳转的目标内存地址,也要做相应的修改,即减去被删除行的宽度值。因此,对机器码程序进行修改,改动一处就影响整体。这种特性显然不受欢迎。正因为如此,最好不要让人来直面机器码程序,而是要通过编译器来把高级语言程序翻译成机器码程序。人们只需要面对高级语言程序,对其进行修改更新,再用编译器将其翻译成机器码程序。

1.2 高级程序语言及其特性

从 1.1 节可知,机器码程序的可读性和可维护性都很差。另外,机器码程序的通用性和可重用性也很差。每种机型都有自己的指令码,互不相同,因此机器码程序不具有通用性。为一种机型编写的机器码程序,不能在另一机型上运行。就拿一种机型来说,它的机器码也在不断升级,不断出现新版本,不断增加新特性。将基于旧版机器编写的机器码程序装到新版机器上运行时,并不能充分发挥新版机器的潜能来加快计算。其原因是新版机器的潜能只有被程序利用时才会发挥出来。

为了让程序具有良好的可读性、可维护性、通用性、适应性、可重用性,高级程序语言应运而生。在高级程序语言中,对指令和数据的标识不再采用物理标识法,而是采用逻辑标识法。也就是说,不再用内存地址来标识,而是用名字来标识。除此之外,高级程序语言提供了丰富的特征表达方式。例如,分支语句的表达不仅可以用 if,还可以用 switch,while,for等。当一个变量有多种取值,而且取值具有离散性时,可用 switch 来表达。当循环迭代次数具有动态性时,则用 while 来表达。用高级语言编写的程序具有良好的可读性。例如,代码 1.1 所示的高级程序让人一目了然。

代码 1.1　可读性良好的高级语言程序片段

```
1  if(shape== "梯形")
2      area = (upperEdge + underEdge) * height / 2;
3  else if(shape == "圆")
4      area = 3.14 * radius * radius;
```

用高级程序语言编程,可任用结合律、交换律、优先级等法则,来使代码的表达尽量与人们的习惯相符,与事物的实际情形一致。例如,高级程序语言中的语句行"y＝a＊x＊x＋b＊x＋c;",让人一看就知道它是求抛物线上 y 坐标值的计算表达式。如果用机器语言来表达这个计算表达式,就会有 5 行代码,依次为：t1＝x＊x; t2＝a＊t1; t1＝b＊x; t2＝t2＋t1; y＝t2＋c[①]。这 5 行代码的可读性显然很差。由此可知,高级程序代码行在字面上表达的是一个完整概念,可读性良好。与之相对,机器代码行的特点是每行都短小,但行数很多,可读性差。

　　用高级程序语言编程,可通过抽象化处理,来使程序具有良好的通用性和广适性。典型的例子是将网络通信接口抽象成套接字(socket)。应用程序作为通信服务的用户,对于通信,只有 socket 接口调用概念。至于底下的通信链路到底是 Wi-Fi 还是移动数据网,还是蓝牙,应用程序全然不知。这一点在我们使用手机时往往会感觉非常明显。通信链路尽管多种多样,但它们对外提供的服务接口却相同,都为 socket。这种抽象带来的好处是,服务以接口为界,面向用户的一边保持恒定不变,而面向提供者的一边则可随时改变。恒定不变的是接口的调用,而随时改变的是接口的实现。对此特性,后面会进一步举例说明。

　　在高级程序语言中,代码和数据采用逻辑标识法,用名字来标识。也就是说,程序表达的是概念与概念之间的逻辑关系。例如,代码 1.1 中第 4 行表达的是面积和半径之间的关系。因此,高级程序具有通用性。程序只需一次编程,便能到处运行。要想在某种机型上运行一个高级语言程序,只须将它编译成该机型的机器码程序即可。

　　通过上述分析可知,机器码程序表达的是物理实施方案,而高级语言程序表达的则是概念与概念之间的逻辑关系,以及相互关联与变化的时序关系。机器码程序具有可读性差、可维护性差、不通用等弊端。高级语言程序追求的是良好的可读性、可维护性、通用性、广适性、可重用性。广适性和可重用性将在第 6 章作详细讲解。高级语言程序和机器码程序之间的鸿沟要通过编译器来填补。也就是说,要借助编译器来将高级语言程序翻译成机器语言程序。这种翻译具有等价性。

　　将高级语言程序表达的逻辑方案转化为物理实施方案,将抽象和具体关联起来,需要好的策略才能达成。这种策略表现在高级程序语言上,就是变量既有名称概念,也有地址概念。访问一个数据,既可通过其名称,也可通过其地址。对于变量 A,如果将其地址赋给变量 B,就称变量 B 成了变量 A 的别名。别名的含义就是通过变量 B 能访问到变量 A。如果再把变量 B 的值赋给变量 C,那么变量 C 也成了变量 A 的别名。在机器语言中,通过变量B 来访问变量 A,称作间接寻址。

　　在物理实施方案中,别名是实现抽象与具体相关联的有效手段。以上述网络通信为例,应用程序要通信时,就调用 socket 接口。也就是说,应用程序有一个 socket 变量。在调用接口之前,应用程序要先向服务提供者申请一个 socket 值。所谓申请,就是把 socket 变量的地址告诉服务提供者,请服务提供者给 socket 变量赋值。服务提供者得到 socket 变量的地址之后,便可随时对 socket 变量赋值。对于手机上的服务提供者,当发现 Wi-Fi 可用时,便把 Wi-Fi 提供的 socket 值赋给 socket 变量,于是应用程序就以 Wi-Fi 来通信。当发现Wi-Fi 不可用,而蓝牙可用时,服务提供者就把蓝牙提供的 socket 值赋给 socket 变量,于是应用程序就以蓝牙来通信。应用程序只知道要使用 socket 变量,即接口调用。而 socket 变

---

　　①　这 5 行代码在实际显示中,应在每个分号之后换行。因本书篇幅所限,正文中不体现换行。

量的值是否发生了改变,应用程序既不关心,也不知道。这就实现了抽象和具体的关联。

1.3 编译方法及过程

高级语言程序表达的是逻辑方案,而机器码程序表达的是物理方案。高级语言程序要通过编译才能得到机器码程序。从编译来看,高级语言程序是编译器的输入,于是也叫源程序;机器码程序是编译器的输出,于是也叫目标程序。只有目标程序才能被机器执行。要将源程序翻译成目标程序,编译器既要知晓高级语言,也要知晓机器语言。编译是从分析源程序的构成开始,得出源程序中包含的结构体;再基于每一结构体的含义,将其翻译成目标代码。编译共有 7 个环节,即词法分析、语法分析、语义分析、中间代码生成、中间代码优化、机器代码生成,以及机器代码优化。

1.3.1 源程序的构成特性

对于编译器来说,它的输入是一个包含源程序的文本文件,它的输出是一个包含目标程序的二进制可执行文件。任何文件都是一个比特流,即由 0 和 1 这两个符号构成的比特序列。对这个比特序列按每 8 比特进行切分,就得到了一个字节序列。再基于编码规范对字节序列进行切分,便可得到一个字符序列。例如,当使用 ASCII 编码规范时,每字节表示一个字符。如果使用 UTF-8 编码规范,那么汉语中的一个字,就会要用至少 2 字节来表达。

对字符序列进行切分,便可得到一个词序列。例如,代码 1.2 中的第 3 行,就可依次切分出"float""area"","stepLen"","x"";"这 7 个词。其中的第一个词 float,是由 'f','l','o','a','t'这 5 个字符连接而成的。就第 3 行而言,这 7 个词构成一个词序列。

对词序列进行切分,便可得到一个句序列。例如,代码 1.2 中的第 3 行"float area, stepLen, x;"就是一个句,它是由"float""area"","stepLen"","x"";"这 7 个词串接而成的一个词序列。

一个程序是一个句序列。句也常称作语句。例如,代码 1.2 由一个宏定义语句和一个函数实现语句构成。而函数实现语句又包含一个由 6 个语句串接而成的语句序列。其中的第 5 个语句为 for 语句,它又包含一个由 2 个语句串接而成的语句序列。

代码 1.2　C 语言源程序示例

```
1    #define STEP_NUM 100
2    float area (float xStart, float xEnd) {
3        float area, stepLen, x;
4        area = 0;
5        stepLen = (xEnd - xStart) / STEP_NUM;
6        x = xStart;
7        for (int i = 0; i < STEP_NUM; i++) {
8            area = area + fun(x) * stepLen;
9            x = x + stepLen;
10       }
11       return area;
12   }
```

由此可知,从构成关系来看,程序由语句构成,语句由词构成,词由字符构成,字符由字节构成,字节由比特构成。其中,词由字符连接而成,字符由字节串接而成,字节由比特串接而成,这三种构成都呈线性结构。语句的构成也是如此,不过又不完全如此。语句有简单语句,也有复杂语句。例如,变量定义语句就比较简单,而 if 语句、for 语句、while 语句、函数实现语句等则有可能很复杂。

为了翻译,通常还会在语句与词之间引入一些中间结构体概念。例如,算术表达式就是介于语句与词之间的一个中间结构体概念。代码 1.2 第 5 行中的“(xEnd - xStart)/STEP_NUM”就是一个算术表达式。变量列表也是一个中间结构体概念。代码 1.2 第 3 行中的“area,stepLen,x”就是一个变量列表。中间结构体概念通常是综合考虑高级程序语言特性和机器语言特性,以实现翻译而定义的。这一点将在第 5 章详细讲解。

语句是一个由语句构成元素串接而成的序列。例如,变量定义语句就由数据类型、变量列表、分号三者串接而成。代码 1.2 第 3 行就是一个变量定义语句,其中 float 是数据类型,“area,stepLen,x”是变量列表。由此可知,语句不再是线性结构,而是呈树状结构。程序也自然呈树状结构。

程序的构成元素除了词、中间结构体、语句之外,还有语句序列。例如,代码 1.2 第 2 行至第 12 行是一个函数实现语句,该语句的函数体是一个语句序列,由 6 个语句串接而成;其中的第 5 个语句是一个 for 语句。该 for 语句中又包含了一个由 2 个语句构成的语句序列。程序第 8 行是一个赋值语句,等号右边的“area＋fun(x) ＊ stepLen”是一个算术表达式。

1.3.2　编译过程

在高级程序语言中,词是程序的最小构成元素。对于词,每门高级程序语言都定义了自己的构成法则。例如在 C 语言中,变量只能由下画线、字母、数字 3 种字符构成,而且首字符不能是数字,这就是变量的构成规则。词的构成法则也叫词法。编译器做的第一项工作就是依据词法对输入的源程序文件进行分析,把其中的字符序列切分成词序列,这就叫词法分析,是编译器要做的第一项工作。词法分析的相关内容将在第 2 章详细讲解。

编译器要做的第二项工作是依据语法对词序列进行切分,构建出源程序的语法分析树。例如代码 1.2 第 8 行是一个赋值语句。这个赋值语句的语法分析树如图 1.1 所示。这棵语法分析树的树根是符号 S,S 表示语句(statement)。由 S 的子结点可知,这是一个赋值语句。赋值语句由 4 个元素构成,分别是被赋值变量列表 V(variable)、等于号(＝)、表达式 E(expression),以及分号(;)。再来看被赋值变量列表 V,由它的子结点可知,它由一个变量 id(identifier)构成,这个变量就是 area。再来看表达式 E,由它的子结点可知,它是一个加法表达式的运算结果。加法表达式由两个数做相加运算,这两个数也是其他表达式的运算结果,因此也是 E。

一个变量可以充当一个表达式,它的值就是表达式的值。因此第 1 个数 E 的子结点为一个变量 id,这个变量就是 area。第 2 个数由它的子结点可知,它是一个乘法表达式的运算结果。乘法表达式由两个数做相乘运算。其中,第 1 个数当然也是一个表达式 E,由它的子结点可知,它是调用一个函数的结果。从它的子结点可知,它由 4 个元素构成,分别是函数名 id、左括号、参数列表 L,以及右括号。在这里,函数名就是 fun。从参数列表 L 的子结点来看,它由一个变量构成,这个变量就是 x。乘法运算的第 2 个数也是一个表达式 E,由它

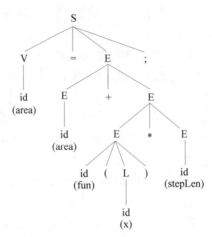

图 1.1　赋值语句"area＝area＋fun(x)＊stepLen;"的语法分析树

的子结点可知,它由一个变量 id 构成。这个变量就是 stepLen。

　　观察这棵语法分析树,将树的所有叶结点从左到右串起来,就是输入的词序列,即"area ＝area＋fun(x)＊ stepLen;"。另外,从语法分析树可知,尽管输入的词序列中,加法运算写在前面,乘法运算写在后面,但乘法运算执行在加法运算的前面,这实现了计算顺序的调转。原因是做加法运算的两个数中,有一个数是乘法运算的结果。

　　思考题 1-1　代码 1.2 中,还有哪些语句是赋值语句? 哪个语句是变量定义语句? 进而思考常见的 C 语言程序中,除了变量定义语句、赋值语句、函数实现语句之外,还有哪些类别的语句?

　　从这个例子可知,语法分析的基本策略就是先定义基本概念,例如语句(S)、表达式(E)、变量列表(V)之类;然后看每个概念又有多少种构成情形,即多少个类别;最后归纳出每个类别的构成特征。例如,语句有变量定义语句、赋值语句、if 语句、for 语句、while 语句等。表达式有加法表达式、乘法表达式、减法表达式、除法表达式、指数表达式等。对于变量定义语句,它由数据类型、变量列表、分号 3 个元素构成。通过归纳和抽象得出语法的定义,再使用语法定义来对程序的词序列执行语法分析,构建出程序的语法分析树,这就是语法分析的策略。语法分析的相关内容将在第 3 章详细讲解。

　　高级程序语言的法则除了上述词法和语法之外,还有**语义法则**。语义法则通过举例来说明。在 C 语言中,变量要先定义后使用,这就是一条语义法则。break 语句只能用在循环语句中,或者 switch 语句中,这是另一条语义法则。函数的使用要和函数的定义一致,这也是一条语义法则。语义法则和语法有什么差异? 可以这么说,语法表达构成,而语义法则表达约束。例如,变量要先定义后使用,其含义是看到一个变量在某个语句中被使用时,就一定意味着在该语句的前面,应该有一个该变量的定义语句。如果没有,我们就认为该程序有语义错误,不符合语义法则。

　　"函数的使用要和函数的定义相一致"这条语义法则也是如此。当在某个语句中调用一个函数时,在该语句之前应该有一个该函数的定义语句,而且函数调用中的参数个数、顺序、类型要与函数定义相符。语法描述的是某个结构体的构成,包括构成元素以及元素之间的顺序。例如赋值语句,它由被赋值变量列表 V、等于号(＝)、表达式 E,以及分号(;)这 4 个元素串接而成。其中的等于号(＝)以及分号(;)是词,即基本元素;而被赋值变量列表 V 和表达式 E 都是中间结构体,它们各有自己的语法。

　　语义分析的另一个目的是消除语义的模糊性。例如,在高级程序语言中通常可以随时随地定义变量,甚至在不同层级允许出现同名变量。对于同名变量,如何来区分? 不同的理解会带来不同的结果。例如,代码 1.3 的第 1 行、第 4 行、第 7 行分别定义了一个变量,名字都是 p,在 C++ 中允许这么做,原因是这 3 个 p 位于不同的层级。第 1 个 p 在最外层,第 2 个 p 在第 2 层中,第 3 个 p 在第 3 层中。

　　第 5 行和第 6 行中的变量 p 到底是指第 1 行中定义的全局变量 p,还是第 4 行中定义的局部变量 p 呢? 第 8 行中的变量 p 又是指三个 p 中的哪一个? 对这样的问题不能含混不清,必须给出明确的规定。在 C++ 中,变量所指采取就近原则,即第 3 行中的变量 p 指第 1 行定义的 p,第 5 行和第 6 行中的变量 p 指第 4 行中定义的 p,第 8 行中的变量 p 指第 7 行定义的 p。注意:第 10 行中的变量 p 指第 4 行定义的 p,而不是第 7 行定义的 p。

　　由上文可知,编译器要做的第三项工作,就是确保输入的源程序没有违背语言中的所有语义法则。编译器做语义检查时,一旦发现输入的源程序违背了语义法则,就会报错,停止编译,要求程序员对源程序进行改正。当然,在第一项工作中发现有词法错误,或者在第二项工作中发现有语法错误时,也会报错,也会要求程序员对源程序进行改正。在具体实现中,语义分析通常并不是一个独立的环节,而是在语法分析的过程中附带完成。语义分析的相关内容将在第 5 章详细讲解。

代码 1.3　易引起语义模糊的代码示例

```
1   int p = -1;
2   void fun()  {
3     cout<< p;
4     int p = 2;
5     cout<< p;
6     if(p > 0) {
7       float p = 4;
8       cout<< p;
9     }
10    cout<< p;
11  }
```

　　对输入的源程序,编译器构建出其语法分析树后,接下来的第四项工作是生成中间代码。按理来说,有了程序的语法分析树,就可以生成目标机器代码。但是人们通常并不这么做,而是先生成中间代码,然后再把中间代码翻译成目标机器代码。也就是说,由语法分析树到目标机器代码是一个大台阶,一步攀越不太好。在这个大台阶的中间再设一个中间代码台阶,将一个大台阶变成两个小台阶,这样做具有更好的可操作性。

　　为了阐释设置中间代码环节的好处,现举一个类似的例子。世界上有很多语言,例如汉语、俄语、德语、日语等。计算机界也有很多种高级程序语言,也有很多种机器语言。人类语言之间的翻译通常不是直接将源语言翻译成目标语言,而是将源语言翻译成英语,再将英语翻译成目标语言。采用这种模式的好处是:对于任何一个国家的翻译工作者,只须掌握好本国语言与英语之间的翻译即可。任选两国语言,假定为 A 和 B,做这两种语言的翻译,就只须在 A 国找一个翻译,在 B 国找一个翻译,通过两步翻译来完成。这样做的可操作度、可靠度、质量、效率、成本,远比去找一个既懂 A 国语言又懂 B 国语言的翻译来做要好得多。程序语言的翻译也是如此。

中间语言也有多种,在阐释编译原理中常用的一种为三地址码。在三地址码中,对于一条计算指令,其输入的操作数最多 2 个,其输出的操作数最多 1 个。不论是输入操作数,还是输出操作数,都用其逻辑地址标识,因此被称为三地址码。用三地址码表达图 1.1 所示的赋值语句,其中间代码如代码 1.4 所示。

代码 1.4 赋值语句"area=area+fun(x) * stepLen;"的中间代码

```
1  param x
2  t1 = call fun, 1
3  t2 = t1 * stepLen
4  t3 = area + t2
5  area = t3
```

代码 1.4 中的"param""call""=""*""+"","这 6 个词都是三地址码中的关键字。而"x""stepLen""area"则分别是变量 x、stepLen、area 的逻辑地址。在源代码中,x、stepLen、area 是变量名。在三地址码中,没有变量的名称概念,只有变量的逻辑地址概念。为了通俗易懂,在字面上书写三地址码时,通常还是用变量的名称来表示变量的逻辑地址。真实的中间代码中,代码 1.4 中的"x""stepLen""area"是逻辑地址。代码 1.4 中的 t1、t2 和 t3 是 3 个临时变量的逻辑地址,分别用来存储函数调用、乘法运算、加法运算的结果。由这点可知,中间语言已接近机器语言。在机器语言中,函数调用、乘法运算,以及加法运算的结果通常存储在特定的存储器中。

源代码中,没有数据的物理存储概念,只有数据的逻辑存在概念,即用变量名称来表示数据。中间代码中引入了数据的物理存储概念,于是数据可以用它的逻辑地址来标识。将源代码翻译成中间代码,其中的一项工作就是要从源代码的纯逻辑表达向中间代码的物理表达过渡。

在源代码中可以随处定义变量。为了过渡,一种简单的处理方法是:把源代码中随处定义的变量挪动到一起。这种挪动不会改变源代码的语义。例如,C 语言中,全局变量可以随处定义。把源代码中定义的全局变量全部挪动到源代码的开始位置,让它们一个挨着一个,不会改变源代码的语义。然后,设定第一个全局变量的逻辑地址为 0。经此处理之后,第 i 个变量的逻辑地址就是第 $i-1$ 个变量的逻辑地址加上第 $i-1$ 个变量的宽度值。于是,变量的逻辑地址在编译时就可以计算出来,为一个常量。这就解决了变量名称向变量逻辑地址过渡的问题。

对于中间语言的理解,可将它视作逻辑计算机的机器语言。与物理计算机相比,逻辑计算机是理想的计算机,表现在如下 3 个方面:①算力无穷大;②存储器种类单一,存储空间无穷大;③CPU 和存储器之间的数据传输带宽无穷大,传输延迟为 0。与其相比,物理计算机的计算性能有限,存储器种类多样,CPU 和存储器之间的数据传输有带宽限制,有传输延迟。物理计算机的存储器种类有寄存器、内存、磁盘等,每种存储器的存储容量、访问速度存在显著差异。

物理计算机模型如图 1.2 所示。寄存器与 CPU 集成在一起,因此 CPU 访问寄存器的响应延迟很小,即响应速度非常快。不过寄存器因为贵,容量很小,例如 8086 处理器只有 16 个寄存器。访问磁盘的响应延迟大,即响应速度慢,这是磁盘的缺点。但磁盘因具有容量大、数据在断电时不会丢失,以及性价比高等独特优点而变得不可缺少。内存则是介于寄存器和磁盘之间的一种存储器,在两者之间扮演缓存角色。内存也在分化,由一级缓存演变成两级缓存,甚至三级缓存。正因为如此,在将中间代码翻译成目标机器码后,还有一个对目标机器码进行优化的环节,以减少不必要的数据传输,使得计算任务尽快完成。机器代码优化的相关内容将在第 7 章详细讲解。

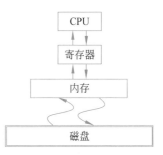

图 1.2　物理计算机模型

　　再回过头来检视源代码到中间代码的翻译,它是在语法分析的过程中附带完成的。语法分析是对词法分析后得到的词序列从头到尾逐一扫描,通过语法模式匹配来发现结构体实例的完整出现。语法分析中,一旦某种结构体的完整实例出现,便基于该结构体的语义得出其中间代码。以图 1.1 所示的语法分析树为例,首先出现的结构体完整实例是函数调用 fun(x),于是根据函数调用的语义得到代码 1.4 中第 1 行和第 2 行中间代码。第二个出现的结构体完整实例是乘法表达式,于是根据乘法表达式的语义得到代码 1.4 中的第 3 行中间代码。第三个出现的结构体完整实例是加法表达式,于是根据加法表达式的语义得到代码 1.4 中的第 4 行中间代码。第四个出现的结构体完整实例是赋值语句,于是根据赋值语句的语义得到代码 1.4 中的第 5 行中间代码。

　　从上述源代码到中间代码的翻译可知,这种翻译是基于语法定义制导的一种机械式翻译,没有考虑上下文彼此之间的联系。这种翻译得出的中间代码具有可优化性。下面举例来展示这种翻译特性。代码 1.5 是矩阵转置变换源代码中一个片段,其中 a 为一个二维数组,假定其定义为:int a[10][20]。在中间代码中,数据要用其逻辑地址表达。地址空间是线性空间。数组元素是数据,因此在中间代码中也要用其逻辑地址表达。对于二维数组,假定采用行优先原则存储。在中间代码中,数组元素 a[i,j] 的逻辑地址用 a[k] 表达,其中,a 表示数组第 1 个元素的逻辑地址,即数组起始地址;k 表示数组元素 a[i,j] 相对数组起始地址的偏移量(offset),单位是字节。因此,$k = (20 * i + j) * WIDTH(int)$,其中,WIDTH(int) 是一个常量值,对于 32 位机器,它的值为 4。

代码 1.5　源程序片段

```
1  x = a[i, j];
2  a[i, j] = a[j, i];
3  a[j, i] = x;
```

　　代码 1.5 由三个赋值语句组成。在基于语法制导的翻译中,第二个赋值语句的翻译与第一个赋值语句无关,于是对于数组元素 a[i,j],会出现计算其偏移量 t3 的中间代码。其实在第二个赋值语句的翻译中,计算数组元素 a[i,j] 的偏移量 t3 的中间代码可以省去。其原因是:第一个赋值语句的翻译中已经计算出了数组元素 a[i,j] 的偏移量 t3。第三个赋值语句的翻译也是如此。对代码 1.5 基于语法制导的翻译,得出的中间代码如代码 1.6 所示。对其进行优化,可去掉其中的 6 行代码,优化后的结果如代码 1.7 所示。

代码 1.6 翻译所得中间代码

```
1    t1 = 20 * i
2    t2 = t1 + j
3    t3 = t2 * WIDTH(int)
4    x = a[t3]
5    t1 = 20 * i
6    t2 = t1 + j
7    t3 = t2 * WIDTH(int)
8    t4 = 20 * j
9    t5 = t4 + i
10   t6 = t5 * WIDTH(int)
11   a[t3] = a[t6]
12   t1 = 20 * j
13   t2 = t1 + i
14   t3 = t2 * WIDTH(int)
15   a[t3] = x
```

代码 1.7 优化后的中间代码

```
1    t1 = 20 * i
2    t2 = t1 + j
3    t3 = t2 * WIDTH(int)
4    x = a[t3]
5    t4 = 20 * j
6    t5 = t4 + i
7    t6 = t5 * WIDTH(int)
8    a[t3] = a[t6]
9    a[t6] = x
```

由此可知,中间代码优化是编译的重要一环,中间代码优化就是要缩减中间代码量。代码量减少,于是运行时计算量减少,计算时间也相应减少,有助于尽快得到计算结果。中间代码优化的另一方面是减少存储需求。在中间代码中,要引入临时变量来存储中间计算结果,减少临时变量的使用也就减少了存储需求。中间代码优化的相关内容也将在第 7 章详细讲解。

1.3.3 编译器的结构特性

从 1.3.2 节可知,将源程序编译成目标程序,在逻辑上包括 7 个环节,即词法分析、语法分析、语义分析、中间代码生成、中间代码优化、机器代码生成,以及机器代码优化。前 5 个环节构成编译器的前端,后 2 个环节构成编译器的后端,如图 1.3 所示。将编译分为前端和后端,其好处是:用任何一门高级程序语言编写的程序,都只须经过前端和后端两步编译,便能得到任何一种机型的机器码程序,从而实现了高级程序语言与机器之间既相互独立,又能对接组合。其前提是在中间语言上要建立起标准,而且前端和后端都遵循这个标准。将编译划分成前端与后端之后,高级程序语言的设计者只须专注于高级程序语言的特性研究,以及高级语言到中间语言的翻译,并不需要去关心机器特性和机器语言。机器的设计者也是如此,只须专注于机器特性研究,以及中间语言到机器语言的翻译,并不需要去关注高级程序语言特性。

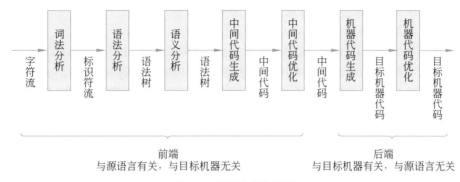

图 1.3　编译流程和环节

在具体实现上,词法分析、语法分析、语义分析、中间代码生成这 4 个环节构成一个模块。这个模块的输入为源程序文件,输出为中间代码文件。当输入的源程序无词法错误、无语法错误、无语义错误时,便能得到输出结果,即中间代码文件。否则,模块就会报错,得不到中间代码文件。

思考题 1-2　对中间代码的优化主要是从逻辑层面思考如何减少不必要的计算,而对机器代码的优化是基于机器特性来思考如何减少不必要的数据传输,以及如何使得计算任务能尽快完成。这个说法准确吗?对于多核并行处理,以及流水线作业处理这两种机器特性,并不能加以利用来减少计算,只能用来加快计算任务的完成时间,为什么?请查阅资料来回答。对于多级缓存这一机器特性,能够加以利用来减少不必要的数据传输,进而提升 CPU 的利用率,加快计算任务的完成时间,为什么?请查阅资料来回答。

思考题 1-3　对于一门高级程序语言,谁来负责开发其编译器前端?对于某种机型,谁来负责开发其编译器后端?编译器前端开发者与后端开发者都必须熟悉和遵循中间语言标准,为什么?

1.4　编译器构造方法学

对于一门高级程序语言,编写它的编译器源程序属于复杂工程问题。以词法分析为例,每门高级程序语言都有它自身的词法构成法则。例如 C 语言中,词可以分成两类:预定义词和自定义词。预定义词又可分为预留词、符号词等。例如 if、int、for、while 等都是 C 语言的预留词,而＋、＋＋、＜、＜＝等则是符号词。自定义词又分为变量和常量两类。例如 i、num 是变量,而 10、"abc"是常量。如果以"就事论事"方式来直接编写词法分析源程序,那么从输入字符流的第一个字符开始,就要人工穷举出所有可能的情形,导致程序中的分支既多又深,分支的复杂性很难使得编程正确——例如,i 是变量,if、in、int 是预留字,ift 和 inte 是变量,integer 又是预留字,integet 又为变量。要人工厘清其中所有关系,很复杂,极易弄错。

手工编程实现编译器不仅难度大,容易弄错,而且效率也很低。更大的一个问题是源代码的维护非常困难。当词法出现变动时,手工修改源代码,会牵涉很多地方,极易出现遗漏或差错。这就迫使人们去寻找编译器的构造方法。对于词法分析,首先要解决的问题是:

使用一门简单语言(假定为语言 A)来描述出另一门复杂高级程序语言(假定为语言 B)的词法。接下来的工作是:用一个懂语言 A 的工具去分析语言 B 的词法,穷举出所有的可能情形。再基于穷举结果,自动编写出语言 B 的词法分析器,即词法分析源程序。

用工具来做事情,不仅效率高,而且质量可靠,有保障。人类生产力的提升就体现在人们不断地研究出新工具,优化已有的工具。上述用来自动生成词法分析器的工具称为词法分析器构造工具,穷举出的所有可能情形用确定性有穷自动机来表达。第 2 章将详细讲解词法分析器构造工具的实现技术,其中包括三项内容:①描述词法的语言(即正则语言);②确定性有穷自动机的构造方法,即如何通过算法来穷举出所有的可能情形,得出所有可能情形的表达方式;③词法分析器构造工具的编程实现。

用语言 A 描述语言 B 的词法,得到的内容可以理解为一段用语言 A 编写的代码。词法分析器构造工具要能理解这段代码的含义,就必须对这段代码按语言 A 的词法和语法执行词法分析和语法分析。也就是说,词法分析器构造工具中肯定包含了语言 A 的词法分析器和语法分析器。因为语言 A 非常简单,用手工方式编程实现其词法分析器和语法分析器并不复杂。因此,词法分析器构造方法学中的问题求解思路就是用一门简单语言来描述另一门复杂语言的词法,再通过工具来理解词法,通过算法来穷举出所有可能的情形,以此实现词法分析器的自动生成。

有了词法分析器构造工具之后,要得到一门高级程序语言的词法分析器,人要做的事情就是用正则语言(即上述的语言 A)描述出该高级程序语言的词法,描述结果表现为用语言 A 写的一段程序代码。再把这段程序代码作为词法分析器构造工具的输入,运行工具后所产生的输出就为该高级程序语言的词法分析器。

语法分析也是如此。第 3 章将详细讲解语法分析器构造工具的实现技术,其中也包括三项内容:①用正则语言来描述语法,得到的描述结果称为上下文无关文法;②确定性有穷自动机的构造方法,即如何通过算法来穷举出所有可能情形,得出所有可能情形的表达方式;③语法分析器构造工具的编程实现。语法分析比词法分析更加复杂,其原因是词是由字符连接而成的,因此呈线性结构,而源程序呈树状结构。处理树状结构问题自然要比处理线性结构问题更为复杂。

语义分析在逻辑上是位于语法分析之后的一个独立环节,但在实现中,语义分析通常是在语法分析的过程中附带完成的。本书第 3 章中将会看到,构造语法分析器会基于语法穷举出所有可能的情形。因此在语法分析过程中,对输入的每一个词,都能知道其所处的上下文。例如,当遇到一个变量时,会知道这个变量是处于变量定义语句中,还是处于变量使用语句中。这为语义分析带来了方便。假定"变量要先定义后使用"是一条语义法则,当遇到一个变量,而且知道它是处于变量使用语句中时,就附带执行语义分析:基于前面对变量定义所做的记录,检查这个变量是否在前面已经定义。如果发现变量没有定义,就报"变量未定义"的语义错误。语义分析的实现将在第 5 章详细讲解。

中间代码生成和语义分析一样,在逻辑上是一个独立环节,但实际上也并不这么做。中间代码生成也是在语法分析的过程中附带完成的。在语法分析的过程中,只要某个结构体的完整实例一旦出现,就生成该实例的中间代码。这点在 1.3.2 节中图 1.1 所示语法分析树的例子中已说明。图 1.1 中,当第二个结构体的完整实例(即乘法表达式)出现时,就生成其中间代码。此时要知道两个操作数的逻辑地址,第一个操作数是函数调用的返回结果,第二个操作数是 stepLen 这个变量。

为了中间代码生成,在针对语法中的结构体定义非终结符时,还要定义其属性才可以。例如,图 1.1 中的乘法运算式 E ∗ E 表达了两个数相乘。要生成其中间代码,就要知道这两个数的逻辑地址。因此,要给非终结符 E 定义一个属性 address。为了区分乘法运算式 E ∗ E 中的两个 E,将其改写为 E1 ∗ E2。(注意,图 1.1 中所示的符号,例如 E,表达的是实例对象,而不是类。也就是说,上述 E1 ∗ E2 中的 E1 和 E2 都是类 E 的实例对象。这一点将在第 4 章再详细讲解。)有此属性之后,生成乘法运算式的中间代码就变得非常简单,即 E1.address ∗ E2.address。给 E1.address 赋值(即 t1,见代码 1.4 中的中间代码)是在前面生成函数调用代码时完成的。给 E2.address 赋值(即 stepLen 变量的逻辑地址)是在前面扫描到 stepLen 这个变量且知道它已定义时完成的。中间代码生成将在第 5 章详细讲解。

思考题 1-4　对于语言的处理,都有词法分析和语法分析问题。对于一门简单语言,例如正则语言,用手工方式来编写其词法分析和语法分析源代码不会很复杂,甚至可能很容易做到。对于一门复杂语言,设为语言 B,其词法分析和语法分析的源代码非常复杂,已不适合手工方编程,须通过工具来生成。将解决语言 B 的词法分析和语法分析问题转化为工具设计问题。工具中包含了正则语言的词法分析和语法分析模块。在其他领域或者现实生活中,是否有这种类似特性的求解案例?请举例说明。生物中的 DNA 有它的简单性,仅由 4 种碱基 A,T,C,G 串接组成。源代码也一样,由字符连接组成。基因是 DNA 片段,而函数是源代码片段。蛋白质是非常复杂的有机物质。能否借用编译技术中的求解思路去探索生物问题?

1.5　编译前对源程序文本的预处理

很多高级程序语言都提供了宏定义和模板功能,例如 C,C++,Java 等语言。这两个功能属于预处理中的内容。逻辑上,预处理是在词法分析之前的一个源程序文本处理环节。经过预处理后得到的源代码文本才是要交给编译器进行编译的内容。预处理要做的事情其实非常简单,那就是文本替换。提出宏定义的目的是使得源程序具有更好的可读性和可维护性。提出模板概念则是为了使源程序更为简洁,避免类似的代码段在源文件中多次出现,以利于代码维护。模板通过提取共性,引入参数,使得文本代码具有动态性,或者说具有可变性、通适性。

下面通过举例来说明宏定义产生的功效。代码 1.2 中就有一个宏定义:♯define STEP_NUM 100。可读性增强表现在,读者见到 STEP_NUM 就能知道其含义,一目了然。另外,一眼就看出这是一个宏定义,知道 STEP_NUM 的值应该是 100 这个常数。如果不用宏定义,直接在源代码中写成 100,那么读者初看到这个 100,其含义就不明显,要去琢磨甚至猜测它到底是什么含义。

宏定义还能增强源代码的可维护性。假定 STEP_NUM 在源代码中的很多地方都要用到,甚至在很多源程序文件中要用到。当源代码的应用场景发生变化时,可能要改变 STEP_NUM 的值,例如将其改为 500。如果不使用宏定义,就只好到每个源文件中去查找 100 出现的地方,将其全部替换成 500。这样做存在风险,因为源代码中的其他表达也可能用到 100 这三个字符。这样就导致了不该替换的地方也被替换掉了,导致程序错误。使用宏定义后,要修改时就只须修改宏定义这一处,不仅修改简单容易,而且能确保修改正确无误。理解了宏定义能发挥的作用后,对宏定义通常要写在头文件中就容易理解了。在源程序文件中,要包含的头文件总是放在前面,确保宏定义出现在宏使用的前面。

对于一个模板,在代码中每出现它的一次新使用,预处理器就会复制一份该模板的定义,并用所给的实参文本去替换模板中的形参文本,得到需要的模板实例。就模板而言,预处理要输出的内容是模板实例,而不是模板本身。现举例说明。代码 1.8(a)是用 C++ 语言写的一个模板定义。这个模板是一个类模板,名叫 Stack。程序中对这个模板的使用如代码 1.8(b)所示。其中第 1 行代码"Stack＜std∷string＞ stringStack;"的含义是:使用模板 Stack,以 std∷string 作为实参,得到一个类的定义源代码,然后再定义这个类的一个实例变量,该变量的名称为 stringStack。预处理器对该行代码所做的处理是:复制一份模板 Stack 的定义,然后把定义中出现的形参 T 全部替换为实参 std∷string,得到模板 Stack 的一个实例。这个模板实例是一个类的定义源代码,如代码 1.9(a)所示。

代码 1.8　模板的定义和在程序中使用

(a) 类模板示例

```
1   template <class T> class Stack {
2   private:
3     std::vector<T> elems;
4   public:
5     void push(T const& elem) {
6       elems.push(elem);
7     }
8     T pop() const{
9        return elems.pop();
10    }
11    T top() const{
12      return elems.top();
13    }
14    bool empty() const {
15      return elems.empty();
16    }
17  }
```

(b) 模板的使用示例

```
1   Stack<std::string> stringStack;
2   Stack<int> intStack;
3   intStack.push(7);
4   stringStack.push("hello");
```

注意:这个类的类名,不能是 Stack＜std∷string＞,其原因是名称中只能包含字母、数字、下画线。一种处理方法是把 Stack＜std∷string＞中非字母、非下画线、非数字的字符全部改为下画线,如代码 1.9(a)所示。代码 1.8(b)中第 1 行代码,在预处理中会被相应地修改为"Stack_std__string_ stringStack;",如代码 1.9(b)所示。同理,对代码 1.8(b)中第 2 行代码进行预处理,也会复制一份模板 Stack 的定义,然后用实参替换形参,得到另一个类的定义源代码。

代码 1.9　预处理后的程序

（a）预处理后得到的类定义

```
1   class Stack_std__string_{
2     private:
3       std::vector<std::string> elems;
4     public:
5     void push(std::string const& elem) {
6       elems.push(elem);
7     }
8     std::string pop() const {
9       return elems.pop();
10    }
11    std::string top() const{
12      return elems.top();
13    }
14    bool empty() const{
15      return elems.empty();
16    }
17  }
```

（b）预处理后的程序代码

```
1   Stack_std__string_stringStack;
2   Stack_int_ intStack;
3   intStack.push(7);
4   stringStack.push("hello");
```

在代码 1.8(a)中定义的模板，其第 3 行"std::vector<T> elems;"使用了另一个模板。这个模板名为 std::vector。std::vector<T>的含义是使用模板 std::vector，得到一个类的定义源程序。"std::vector<T> elems;"则是定义一个所得类的变量，其名称为 elems。

思考题 1-5　在代码 1.8(b)所示的程序代码中，假定后面还有一行代码"Stack<std::string> stringStack2;"，对这行代码进行预处理时，还会复制一份模板 Stack 的定义，使用实参代替形参，再一次产生类 Stack_std__string_的定义代码吗？如果不会，怎么才能做到？请给出一个方案。

1.6　程序调试

程序员在编程时，很难保证不出现漏洞（bug）。当出现词法错误、语法错误、语义错误时，编译不能通过，编译器会指出错误发生的地方以及详细情况。即使编译通过，生成可执行文件之后，程序还可能因逻辑错误，在运行时出现异常或运行结果不正确等问题。逻辑错误包括边界条件控制不到位，变量和运算符的使用张冠李戴，算法逻辑不完备等。有些逻辑错误隐藏很深，通常很难通过检查源代码来发现，要通过运行和调试才能发现。

调试程序时，程序员通常让程序从 main 函数开始运行到某个断点，然后检查在此期间的执行路径,以及各个变量的值。这两个内容是找到程序逻辑错误的关键线索。程序的执行路径指程序运行期间的函数调用轨迹图,即从 main 函数开始函数被调用的情况。函数调用轨迹图也叫活动树。如何跟踪和捕获活动树,将在第 6 章讲解。

调试程序时,开发环境所在的进程称为调试进程,被调试的程序通常运行在另一个独立的进程中,称作被调进程。调试进程要能操控被调进程,例如请求被调进程把活动树和各变量的值发送给调试进程,以便将其显示在调试窗口中。为了实现调试,编译器会在源程序中插入一些调试代码。例如,在每一个断点处插入一个暂停等待指令;在每一个函数体的起始位置插入一段调用跟踪记录代码,记下被调函数名、被传递的参数值,以及局部变量的基地址。调试完毕之后,编译器再将调试代码从源程序中全部删除。调试中,调试进程需要将源代码中的变量名称和其运行时的值关联起来,还须将变量名称与其在源代码中出现的位置关联起来。程序调试的实现细节将在第 6 章详细讲解。

1.7 编译执行和解释执行

1.3 节中介绍,编译的特点是源程序被等价翻译成目标程序,输出可执行文件。可执行文件再在运行环境下独立运行。最常见的运行环境为操作系统。源程序的这种执行方式称作编译执行方式。源程序还能以另外一种方式执行,那就是解释执行方式。在解释执行方式下,源程序被解释器(interpreter)解释执行。也就是说,源程序是解释器的输入,解释器的输出则为源程序的执行结果。这种方式存在的不足是执行效率低。在同一台计算机上,对同一个程序分别以解释和编译两种方式执行,前者的完成时间要长很多,通常是后者的几倍,甚至达十几倍。用高级程序语言编写的源程序通常以编译方式执行。用脚本语言编写的程序通常以解释方式来执行。常见的脚本语言有 JavaScript、Visual Basic、Python 等。

源程序上述的两种执行方式差异在于:编译执行方式有两个独立的处理环节,即编译和运行,而解释执行方式则只有一个处理环节。要理解解释执行方式,必须首先回顾计算机的历史。在计算机出现的早期,源程序的执行采用解释执行方式。由于当时计算机主要用来做科学计算,计算任务的完成时间是人们最为看重的一个指标。编译执行方式因具有执行效率高的优点而被广泛采纳,逐渐取代了解释执行的地位。后来随着机型和操作系统的不断增多,尤其是互联网应用的兴起,编译执行方式暴露的弊端日显突出。如果继续采用编译执行方式,应用程序的提供商就要为每种平台都提供可执行程序,导致应用程序的维护非常困难,成本飙升。在这种背景下,平台无关性编程变得至关重要。于是脚本语言流行开来,解释执行方式又"复燃"了。不过在经历了编译盛行之后,解释执行方式的实现已不再是单纯的旧貌复原,而是吸纳了编译的成果。

在传统意义上的解释执行中,解释器是一个应用程序,它有输入和输出。要被解释执行的源程序可看作数据,作为解释器的输入。解释器的输出即为针对输入的处理结果。如果站在被解释执行的源程序角度,即从逻辑角度来看,解释器的输出是源程序被执行的结果。有了这个认识之后便可知,被解释执行的源程序作为输入数据,指示了解释器的执行路径,导致解释器的输出和源程序被执行的效果完全一样。下面说明解释器解释执行源程序的实现方法。

1.1 节中已解释了操作指令的特性,可将其视作一个函数。执行一条操作指令就相当于调用一个函数。对于一条操作指令,其参数的个数、顺序、含义、宽度和取值范围,这些内容在机器设计时就确定了。函数也是如此,在定义时就确定好了。从数据视角来看,机器代码指示出了要机器执行的操作指令序列。同理,将源代码翻译成中间代码之后,中间代码也指示出了要解释器调用的函数序列。

下面以解释执行"10＋20＊30"为例来诠释解释器的处理过程。解释器首先对输入执行词法分析和语法分析,将输入的源代码翻译成中间代码。所得的中间代码如代码 1.10 所示。其中第 1 行代码的含义是"为四个整数申请分配存储空间",这里假定一个整数的宽度为 4 字节,因此申请的存储空间大小是 16 字节。其中前三个整数分别用来存储输入的三个值 10,20,30,第四个整数用来存储计算结果。第 2、3、4 行代码表示为前三个整数分别赋值 10,20,30。这里的 0,4,8 分别是前三个整数的相对地址。第 5 行代码为乘法运算,即第二个整数和第三个整数相乘,并将结果赋给第四个整数。这里的 4,8,12 分别为两个操作数及结果的相对地址。第 6 行代码为加法运算,即第一个整数和第四个整数相加,结果再赋给第四个整数。这里的 0,12,12 为分别为两个操作数及结果的相对地址。

代码 1.10　解释代码

```
1  allocateMemeory 16
2  setIntValue 10, 0
3  setIntValue 20, 4
4  setIntValue 30, 8
5  intMultiple 4, 8,12
6  intAdd 0, 12, 12
```

解释器对中间代码的处理逻辑如代码 1.11 所示。其含义是解释器逐行读取并处理中间代码。注意,解释器读取的是文本数据,因此要将其中的数字文本转换成整数。代码中的第一个 case 语句(第 4 行)是执行内存分配操作。该操作只有一个参数,即空间大小。这个参数是一个数字串,需要调用 C 语言的 atoi 函数将其转化成一个整数,然后调用系统函数 malloc 分配存储空间。第二个 case 语句是给一个整型变量赋值,该操作有两个参数,第一个参数是要赋的值,第二个参数是变量的相对地址。对第二个参数,要调用 address 函数把它转换为内存地址。第三个 case 语句是处理加法运算的代码,第四个 case 语句是处理乘法运算。

代码 1.11　解释器的实现代码片段

```
1   input.open();
2   while(line = input.nextLine())  {
3     switch(line.operation){
4       case "allocateMemory":
5         int size = atoi(line.parameter);
6         baseAddress = malloc(size);
7       break;
8       case "setIntValue":
9         int value = atoi(line.parameter1);
10        int * ret = address(line.parameter2);
11        setIntValue(ret, value);
12      break;
```

```
13      case "intAdd":
14        int * p1 = address(line.parameter1);
15        int * p2 = address(line.parameter2);
16        int * ret = address(line.result);
17        int result = IntAdd(p1, p2);
18        setIntValue(ret, result);
19      break;
20      case "intMultiple":
21        int * p1=address(line.parameter1);
22        int * p2=address(line.parameter2);
23        int * ret =address(line.result);
24        int result =IntMultiple(p1, p2);
25        setIntValue(ret, result);
26      break;
27      ……
28      }
29  }
```

从上例可知,代码 1.10 所示中间代码指示代码 1.11 所示解释器执行了 6 次循环,每次循环指示了要执行哪一个 case 语句。也就是说,是中间代码指示了解释器的执行路径。

由上可知,解释器包括两个部分,一个是编译器的前端,一个是解释执行器。前端将脚本程序翻译成中间代码,解释执行器则以中间代码作为输入,得出输出结果。现有的很多解释器并不完全采用传统的解释执行方式,而是借鉴编译成果,将源程序翻译成机器码,再执行机器码,以此提升执行效率。执行效率的提升是通过中间代码优化和机器代码优化来达成的,Python 解释器就是如此。当今用脚本语言写的程序,其解释执行效率已不再是明显的短板,其原因是应用了编译的成果。

1.8 编译方式的演进

经典的编译就是将源程序编译成目标程序。例如,在 x86 机器和 Windows 平台上,可使用微软公司的 Visual Studio 开发工具(简称 VS)来编写 C++ 程序,然后通过编译和链接两个环节来生成 EXE 文件。在 VS 中,编译所做的事情就是把一个源程序 CPP 文件编译成一个 OBJ 文件。OBJ 文件中的内容已经是机器码程序了,而不再是中间代码。在 VS 中,链接要做的事情有两个:①把多个 OBJ 文件合并生成一个 EXE 文件;②解决外部引用问题,例如调用其他 DLL 文件中的函数。外部引用的实现机理将在第 6 章讲解。一个应用程序通常由一个 EXE 文件和数个 DLL 文件构成,这里的数个可以指 0 个、1 个,或者多个。DLL 文件可分为两类:公共 DLL 文件和专业 DLL 文件。公共 DLL 文件通常放在windows 文件夹下的 system 目录下,供机器上安装的所有应用程序共享。专业 DLL 文件通常放在 EXE 文件所在的目录下。

尽管高级程序语言是平台无关的,但是经典的编程实际上与平台相关。其原因是开发工具由厂商主导,而开发工具厂商通常又和平台绑定。编写应用程序,免不了要调用支撑库中的函数。不同平台的支撑库互不相同。例如,同样针对 x86 机器,Windows 平台下的支撑库就与 Linux 平台下的支撑库互不相同。Windows 平台下的可执行文件采用 PE 格式,而 Linux 平台下的可执行文件采用 ELF 格式,彼此互不兼容。这种局势导致了"源程序与平台相关"这一现实,背离了"高级程序语言具有平台无关性"这一初衷。

要扭转源程序与平台相关这一现实,出路在于对支撑库中的函数定义建立起标准,然后各个平台对标准中定义的函数提供实现库。针对操作系统这一级已产生的成果有 POSIX (Portable Operating System Interface,可移植操作系统接口)标准。POSIX 现已成为国际标准。不过,源程序与平台相关的现状已经蔓延开了,覆水难收。

把源程序编译成目标机器码程序既有优点,也有缺点。优点是应用程序的开发者对源程序进行一次编译,然后将可执行文件发布给用户,安装运行在用户的机器上。开发者自己保留源代码,有助于保护知识产权。缺点是只能针对特定的目标机型进行编译,例如 x86 机器的 Windows 32。单就 x86 机器来说,它也有很多版本型号,如 386,586 等,新版本通常兼容旧版本。对于一些应用程序,开发者事先并不知道其用户的机器版本型号。保守起见,通常选择低版本型号来进行编译,以确保应用程序在任何用户的机器上都能运行。如果用户的机器是高版本型号,那么很多新特性就没有被应用程序利用,白白荒废了。

Java 就是针对上述问题而提出的一种改进方案。Java 的本质就是把编译器的前端和后端分离开来。前端还是放在应用程序的开发者一端,以保留原有的优点;而后端则前推到用户的机器上。Java 中,中间代码叫 Java 字节码,与物理机器无关。Java 编译器的后端内置在 Java 虚拟机中。由于后端安装在用户的机器上,自然知道机器的型号和版本,因此后端在将中间代码翻译成机器码时能充分利用机器特性做优化。这也就是 Java 变得流行的重要原因。现在每种操作系统都提供有自己的 Java 虚拟机,并随操作系统一起分发安装。这等于说,Java 虚拟机已成了操作系统的组成部分。使用 Java 编程,应用程序的开发者只须维护一个发布版本,源代码自己保留即可。这种特质自然深受大众的欢迎。.NET 技术和 Java 技术类似,其特点是其编译器前端能将各种高级语言程序编译成 MSIL 中间代码。

现在 Node.js,Python 等脚本语言非常流行。从编译的角度来看,脚本语言比 Java 更前进了一步,把编译器前端也前推到了用户的机器上。应用程序的开发者直接把源程序分发给用户。脚本语言的流行与互联网应用的蓬勃发展密切相关,也与软件开源的普遍化密切相关。编程本是一门技术活,通过卖软件来赚钱也被认为是天经地义的事情。但在互联网大潮的席卷下,卖软件演变成了卖服务,软件交易量急剧下降。软件本身变得不再值钱,保守源程序编程秘密已失去意义。在此背景下,脚本语言流行起来。

脚本语言对用户具有吸引力——用户拿到的是应用程序的源代码,因此用户也就具备了对应用程序进行改装的条件。用户可以修改源代码以满足自己的需要。另外,脚本语言出现的时间晚于传统的高级程序语言,自然克服了原有语言的不足,增加了很多新特性。例如,用 Python 语言编程,代码量能够缩减至用 C++ 或 Java 编程的十几分之一。代码量变小,不仅可以提高编程效率,使得代码简洁,而且还能保证代码质量,增强软件的可靠性。

脚本语言的另一优点是安全可信。外部拿到的应用程序,无论是中间代码文件还是机器码文件,对用户而言都是一个黑盒。其中是否还夹带了带有其他目的的代码,例如窃取用户机器上数据的代码,用户无法了解和判断。因此,用户对从外部拿来的应用程序通常心存疑虑,不敢放心使用。如果用户从外部拿到的是应用程序源代码,就能对其进行检查,然后自己编译,确保程序的安全。

思考题 1-6　对于嵌入式软件、支撑库、编译器、数据库管理系统、Office 或 WPS、浏览器、网站这些软件,其中哪些适合用 C++ 编程,编译成目标机器码程序,再将可执行文件发布给用户? 哪些适合用 Java 语言编程,而不适合用 C++ 编程? 哪些适合用脚本语言编程? 请分析这些软件的特性,说明理由。

1.9 虚拟机

上面提到的编译是将源程序翻译成目标程序。目标机器的含义其实很广,可以是某种型号的计算机,也可以是某种操作系统,还可以是虚拟机,甚至还可以是某个特定的应用程序。目标机器提供运行环境,对于某种型号的计算机,其运行环境就是它提供的操作指令集。针对某种型号的计算机,编译生成的目标程序是一个操作指令序列,这点已经在 1.1 节说明。对于嵌入式应用程序,通常就是如此。计算机在设计时,就会对加电启动后要执行的第一条操作指令所在的存储位置进行设定,例如 0 地址位置。要让某个计算机运行某个应用程序,就要事先把编译好的目标程序复制到起始地址为 0 的存储空间中,随后只要接通电源,计算机便会运行该应用程序。这种程序运行方式叫裸机运行。

操作系统运行在计算机之上,它对外提供的运行环境可以是计算机的运行环境,再加上操作系统自身的运行环境(即操作系统 API)。API 是 Application Programming Interface 的缩写,即应用程序接口,亦即一些预先定义的函数。1.1 节已经讲到,函数和操作指令有相同的性质。如果仅从代码角度来看,它们没有什么差异。为了表述简洁,后文对操作指令和函数不再作区分,统一称为函数。在这种情形下,针对某种操作系统生成的目标程序是一个函数调用序列。这种目标程序既与计算机型号相关,也与操作系统相关。Windows 操作系统就是如此。

操作系统还可以屏蔽计算机的运行环境,对外仅提供自己的运行环境。如果是这种情形,编译器针对该操作系统生成的目标程序就与计算机型号无关了,只与操作系统相关。这种目标程序交由操作系统编译执行或解释执行。

思考题 1-7 在当今计算机型号多种多样的情况下,操作系统对外提供的运行环境应该是计算机相关好,还是计算机无关好? 请说明理由。

对于同一种操作系统,它也在发展,因此会出现多种版本。例如 Windows 操作系统就先后推出了 Windows 16,Windows 32,Windows 64 三种版本。旧版本下的可执行文件在新版本下自然不能运行,反之亦然。为了前向兼容性,让新版本能运行旧版本下的可执行文件,新版本不得不提供旧版本的虚拟机。例如,Windows 64 就提供了 Windows 32 虚拟机和 Windows 16 虚拟机。Windows 32 虚拟机可采用编译方式,将 Windows 32 目标码翻译成 Windows 64 目标码,然后再去执行它。Windows 32 虚拟机也可采用解释执行方式运行 Windows 32 可执行文件。

不同操作系统下的可执行文件互不兼容。例如 Windows 32 下的 EXE 文件不能在 Linux 32 下运行,反之亦然。为了扩展可执行文件的运行范围,Linux 32 平台下已开发了 Windows 32 虚拟机。在 Linux 32 下安装 Windows 32 虚拟机这一应用程序之后,便可用 Windows 32 虚拟机来运行 EXE 文件。在这种情况下,Windows 32 虚拟机要做的事情就是把 Windows 32 目标码翻译成 Linux 32 目标码,然后再去执行它。Windows 32 虚拟机也可采用解释执行方式来运行 EXE 文件。

有了上述分析,便能将编译的定义规范为:将用语言 α 写的代码等价转化成用语言 β 写的代码。对用语言 β 写的代码,可将其提交给 β 虚拟机去执行。β 虚拟机可以是一个裸机,该情形下语言 β 就是该型号计算机的操作指令集;β 虚拟机可以是一个软件,那么该情形下语言 β 就是该软件定义的函数集(APIs)。如果 β 虚拟机是一个软件,那么它就有宿主概念。宿主也可称作一个虚拟机。以这种逻辑来看,操作系统的宿主是计算机。上述 Linux 32 下的 Window 32 虚拟机,其宿主是 Linux 32。Linux 32 也可视作一个虚拟机,它的宿主是某种型号的计算机。对于 β 虚拟机,如果它的宿主是 θ 虚拟机,那么 β 虚拟机要做的就是将 β 代码等价转化成 θ 代码,然后提交给 θ 虚拟机去运行。β 虚拟机也可以用解释执行方式来执行 β 代码。

思考题 1-8　Java 虚拟机符合上述逻辑吗? 如果符合,那么它的宿主是谁? Java 字节码是一个函数调用序列,其中的每一个函数都要是 JDK 中定义的函数。"每个 Java 虚拟机都提供了 JDK 的实现,于是它能运行 Java 字节码",这种说法对吗?

思考题 1-9　虚拟机的别称是引擎。例如浏览器中的 JavaScript 引擎,可以说是一个 JavaScript 虚拟机。浏览器中还有一个 HTML 虚拟机,它的功能就是把 HTML 文档和 CSS 文档转化成 JavaSript 脚本,转化中能调用的原生函数就是 Web 标准 DOM 和 BOM 中定义的函数。"HTML 虚拟机的宿主是 JavaScript 虚拟机",这种说法恰当吗? 请说明理由。

1.10　程序语言的发展历程

程序语言的发展在新领域、新产业、新需求的驱动之下已经历了四代: 第一代是机器语言和汇编语言,第二代是面向过程语言,第三代是面向对象语言,第四代是脚本语言。在计算机出现后,人们首先用机器语言来编程,后来出现了汇编语言。汇编语言的编译很简单,因为汇编指令和机器操作指令呈一一对应关系,变量名称和存储地址也呈一一对应关系。相对于机器语言,汇编语言引入了名称概念,例如操作指令名、寄存器名、变量名等,使得程序可读性大为增强。然而,因汇编指令和机器指令呈一一对应关系,于是汇编程序也具有每行都很短小,但行数很多的特点,可读性和可维护性差的问题并未得到根本解决。

于是,出现了高级语言 FORTRAN。FORTRAN 是 Formula Translation 的缩写,是面向过程语言。计算机出现的当初主要被用来做科学计算,FORTRAN 语言自然主要面向科学计算。FORTRAN 程序首先采用的是解释执行方式,后来改为编译执行方式,执行效率低的问题得以解决。

FORTRAN 语言的出现,直接把软件开发带入了高级程序语言时代,使得软件编程之前面临的门槛高、效率低、质量差、维护难问题不复存在。科学计算中的大量基础函数,例如矩阵运算、三角函数、傅里叶变换、微积分求解等,都能够用 FORTRAN 语言实现。这些代码至今都作为底层被广泛使用。因此可以说,FORTRAN 对程序语言的发展产生了深远影响。这也就是现有编译器产品几乎都带有 FORTRAN 编译器的原因。

计算机的应用在不断扩展,并逐渐延伸到了控制领域。相较科学计算领域,控制领域有完全不同的特点和需求,例如资源的精致化管理、控制的时效性等。而科学计算领域的很多东西在控制领域并不重要,甚至根本用不到,例如精确的浮点运算。这就催生了新的高级程序语言的出现,例如 C 语言、C++ 语言。

随着计算机在办公、管理、自动控制领域的广泛应用,人机交互成了至关重要的事情。X Window 图形用户界面(GUI)被各种平台采纳,用以构建其视窗系统。不过各平台在 GUI 的应用编程接口定义上并未取得一致,例如 Windows、Linux、mac OS、Andriod,它们各有自己的定义。这就导致了 GUI 应用程序的源代码与平台相关。尽管 GUI 应用程序开发商希望其源代码与平台无关,但在平台厂商的主宰下也只好随遇而安。

互联网的兴起把平台无关性编程推到了浪尖,这直接导致了 Java 语言的出现。Java 语言由 SUN 公司提出,其中最为关键的事情是由 SUN 公司牵头定义了 JDK。在 Java 的风靡席卷下,各平台提供商为了自己在大潮中不至被边缘化,纷纷为自己平台提供了 JDK 的实现,推出自己平台上的 JVM(Java 虚拟机),以支持 Java。20 世纪 90 年代,当时的平台霸主微软公司想凭自己的统治地位,推出自己的 Java 方案。在受平台相关编程之苦久矣的程序员面前,微软公司因逆潮流被重重地打了一耳光。

一波未平,一波又起。互联网应用的深化使得安全问题成了头等大事。这为程序语言的发展带来了新的机遇。脚本语言应运而生,JavaScript 和 Python 变得非常流行。服务提供商通过给用户提供源代码,以此来证明自己的应用程序安全可信,搏得用户的信赖。

总之,新领域、新产业、新需求是推动程序语言发展的动力。20 世纪 80 年代,在数据管理中,当数据的正确性、一致性、不丢失性,以及操作的简单性问题成为人们关注的中心时,SQL 语言出现了。人工智能(AI)是当前最大的热门领域,针对 AI,未来肯定会出现优美的程序语言。目前,Python 语言在 AI 领域广受欢迎。

1.11 当前主流的编译器产品

尽管编译分为前端和后端,但现有的很多编译器通常是一个整体,并未强调前后端的严格划分。其原因是编译器都由平台厂商提供,为特定平台服务。例如 CL 编译器,即微软 C 和 C++ 编译器,就是微软公司的产品,专门面向 Windows 平台。Visual Studio 是微软提供的 Windows 应用集成开发环境(IDE,Integrated Drive Electronics),CL 编译器只是其中的一个组件(kit)。CL 编译器的输出结果就是机器码。编译时提供选项,以指示编译器基于哪种机型版本来进行编译,例如,/G3 选项的含义为基于 80386 处理器生成机器代码,而 /G5 选项的含义为基于 Pentium 处理器生成机器代码。

Open64 是 Linux 平台下 C、C++ 、FORTRAN 这三种语言的编译器,起源于 SGI (Supercomputer Graphics Insight)公司。SGI 公司是著名的超级计算机系统提供商,在高性能计算领域久负盛名。Open64 能对用上述三种语言写的程序进行集成,支持多种型号和版本的处理器。

ICC(Intel C++ Compiler)编译器是 Intel 公司的产品。ICC 编译器是 C、C++ 、FORTRAN 三种语言编译器的套装件,适用于 Linux、Windows 和 mac OS X 操作系统,广泛应用于高性能计算、分布式计算等商业计算领域。

GCC(GNU C Compiler /Collection)是 GNU 操作系统下的编译器。GNU 操作系统是类 UNIX 操作系统,例如 Linux、BSD、macOS X 等。GCC 支持的高级程序语言包括 C、C++ 、FORTRAN、Pascal、Objective -C、Java、Ada、Go 等。GCC 支持的处理器架构包括 ARM、

IA32、IA64、Alpha 等。与上述 ICC、Open64，以及微软编译器不同，GCC 不是由某个公司主导的，而是开源软件。GCC 对其他编译器产生了重要影响，很多编译器都从 GCC 演化而来。

Clang 是一个 C、C++、Objective-C 语言的轻量级编译器，是苹果公司的产品。Clang 编译器由 GCC 演化而来，不过拥有很多自己的新特性。Clang 与上述编译器不同的地方是严格地进行了前后端划分。严格来说，Clang 是编译器的前端，编译器的后端称为 LLVM (Low Level Virtual Machine)，中间语言称为 IR(Intermediate Representation)。

从上述这些编译器产品可看到，它们要么是大公司的产品，要么是有大公司在背后作强大支撑。这些大公司通过这些编译器产品来扩大自己的用户群体，增强自己的影响力，再通过开源来不断垒高进入的门槛，以此来达到操控市场的目的。对于我国，想要进军高端领域，在国际上夺得自己的一席之地，就免不了要在芯片设计制造领域、操作系统领域、编译器领域，以及数据库领域来拿出自己的解决方案，推出自己的产品，去渗透国际市场。华为公司的发展就是很好的例证。华为的 5G 产品已超越了国外的技术水平，在国际上具有强大的竞争力。

目前中国在产业升级，向高端进军的征程中面临着美国的卡脖子问题。美国打压华为，造成了华为前行的艰难和困境。但是，只要顶住压力，奋力前行，坚定地走好自己的路，就没有不可逾越的障碍。在编译器领域，华为公司已经推出了方舟编译器(Ark Compiler)，并在全国举办"毕昇杯"编译大赛，这些消息令国人大为振奋。方舟编译器一定会像华为的 5G 技术一样，独辟蹊径，变成一颗夺目的明珠。

1.12　编译知识的广泛应用

编译知识的应用包括技术的应用和方法学的应用。编译中对树状结构的构成法则描述方法，以及状态刻画与穷举方法，已经被广泛应用于安全领域、网络领域、自然语言处理、查重检测等领域。例如，正则表达式和状态机在安全领域的特征匹配，网络领域的 IP 查找，自然语言处理中的分词与语义识别方面都有广泛的应用。

掌握了编译知识，要实现浏览器之类的应用程序便变得轻而易举。HTML 文档具有典型的树状结构特征。浏览器要做的第一件事是将 HTML 文本翻译成 JavaScript 脚本，也就是说在 HTML 语言和 JavaScript 语言之间做翻译。生成的 JavaScript 脚本中能调用的原生函数就是 DOM 和 BOM 中定义的函数。DOM(Document Object Model) 和 BOM (Browser Object Model) 是 Web 编程接口标准。每个浏览器都要提供 DOM 和 BOM 的实现。浏览器要做的第二件事就是提供一个 JavaScript 引擎，来解释执行 JavaScript 脚本。解释执行的结果是：①将 HTML 文档内容可视化在视窗中；②实现人机交互。

编译器构造方法学的核心理念是用程序来生成程序，例如用词法分析器构造工具来生成词法分析器。这种设计理念已经被应用到了电路设计中，通过模型、算法、工具来自动完成复杂电路的设计。其中人们只须用电路设计语言来描述出电路规范，而电路的具体设计则可以通过工具来自动完成。

1.13 本章小结

编译就是将一种语言的代码等价转化成另一种语言的代码,其中也包括文件格式的转换。编译有 7 个环节,分别是词法分析、语法分析、语义分析、中间代码生成、中间代码优化、目标代码生成、目标代码优化。前 5 个环节构成编译器的前端,后 2 个环节构成编译器的后端。将编译分为前端和后端,其好处是:用任何一门高级程序语言编写的程序,都只需要经过前端和后端两步编译,便能得到任何一种目标机器的可执行码,从而实现了高级程序语言与机器之间既彼此独立,又能对接组合。将编译划分成前端与后端之后,高级程序语言的设计者只须专注高级程序语言的特性研究,以及高级语言到中间语言的翻译,并不需要去关心机器特性和机器语言。机器的设计者也只须专注机器特性研究,以及中间语言到机器语言的翻译和优化,并不需要去关注高级程序语言特性。

编译器的构造和代码维护是一个复杂工程问题。以"就事论事"方式来处理编译器的构造和维护问题不可行,必须借助模型、算法、工具来实现编译器的自动构造。编译器构造方法学是编译原理的核心内容,其问题求解思路是:用一门简单语言来描述另一门复杂语言的词法和语法,再通过工具来解析词法和语法,以确定性有穷自动机来表达状态空间,并通过算法来穷举出所有可能的情形,以此来实现编译器构造工具。有了工具之后,人要做的事情就是使用正则表达式描述词法,使用上下文无关文法描述语法,再在语法描述中嵌入语义分析法则和中间代码生成法则,即写出 SDT(Syntax Directed Translation)。剩下的事情就交由工具来自动完成。

用高级程序语言编程,其优点是代码的可读性好,可维护性强,另外代码可通用,具有可重用性。高级程序语言通过抽象归纳引出了很多概念,例如函数定义、函数实现、函数调用等。这些概念为编程带来了简洁性、高效性、高质性,也为分工协作带来了可行性,直接推动了软件行业的快速发展。高级程序语言的发展就是针对特定领域的应用需求,不断地通过抽象归纳,提炼新概念、新模式,以此带动生产力水平的提升。

编译中的优化至关重要,优化反映了编译技术的水平。优化包括中间代码优化和机器代码优化。优化的另一表现就是:关键共性问题的求解在不断沉淀,朝机器端下沉。例如,线性规划、梯度下降优化求解是机器学习中的关键共性问题,现已被实现到 AI 芯片中,变成了 AI 芯片的操作指令。而大规模矩阵运算则是科学计算中的关键共性问题,也已被实现在超算芯片中,成为了超算芯片的操作指令。因此,芯片的操作指令概念也越来越丰富。随着编译技术的进步,对特定算法中并行处理潜能的挖掘,流水作业潜能的挖掘,以及数据使用规律的挖掘,将会不断深化,其中所发现的规律与特征对芯片设计具有重要的指导意义。反之亦然——芯片的新特征特性又会给编译提出新要求,推动编译技术的进步。

知识拓展:别名的概述

在 C++ 中为什么要提出别名概念?看代码 1.9(a)中第 5 行,这里就体现出了别名的意义。代码第 5 行定义并实现了一个成员函数 push,其中有一个形参:std::string const&

elem。这里的形参 elem 是类型为 std::string 的一个实例变量的别名,别名定义体现在"&"上。再看代码 1.9(b)中第 4 行:stringStack.push("hello")。这里传递的实参是一个 std::string 类型的实例对象。从函数调用规范可知,调用一个函数时,调用者要把实参的值复制一份放在栈中,传递给被调函数。如果上述 push 函数的定义中没有把形参 elem 定义成一个别名,即没有"&"这个符号,那么上述调用者就会把 hello 这个实例对象复制到栈中,将其传递给被调函数。

当把形参定义成别名后,尽管代码 1.9(b)中第 4 行的函数调用代码还是一样,没有变化,但是编译器在编译这行代码时,会基于函数的定义来决定该如何传递参数。此时,参数传递的处理就不一样了。不是把实例对象 hello 复制到栈中,而是把该实例对象的存储地址复制到栈中。也就是说,传递的是指针,而不是值。在面向对象编程中,对象的 size 值通常都很大。因此,在函数调用的参数传递中,如果要传递的是对象值,那么要复制传递的数据量通常就会很大。如果改为传递对象的存储地址,那么要复制传递的数据量就会很小,程序执行效率大为提升。

这么一说,有人就会问:为什么不干脆把上述形参定义成指针变量呢?这样不更加直截了当吗?是的,如果定义成指针变量,确实是更加直观明了。但问题就在于:如果把上述形参定义成指针变量,那么在被调函数中,依据指针变量的含义,就可出现如下情形的代码:读写其成员变量,对其进行指针运算。对这种情形的代码,编译时编译器认为正确。这就导致了一个大问题:对位于调用者空间中的对象,其地址因在函数调用中被传递给了被调函数。于是在被调函数中可对其执行任意操作,例如修改其成员变量的值,甚至能访问位于调用者空间的其他对象。例如,将该指针值加上其类型的 size 值,就得到了位于该对象之后的对象的地址。这种情形对于调用者来说不可接受。

将形参定义成别名之后,被调函数中就不能出现有如下情形的代码:将其值赋给其他指针变量,或者将其作为指针值用在指针运算中。对这种情形的代码,编译时会报语义错误。因此,提出将形参定义成别名的真实用意是为了起到安全保护作用,保护调用者空间中的对象不至在被调函数中被肆意访问。形参定义中还加了 const 约束,其意思是只能作常量处理,即对被传递过来的对象,在被调函数中只能出现读取对象的代码,不能出现修改对象的代码。如果出现,编译时就会通不过。

思考题 1-10　通过上述分析,是否可以说 C 和 C++ 中的别名符"&"和只读约束符 const 主要用在函数的定义中,对传递的形参,或者返回值作限定?请查找资料,说明理由。对返回值,什么时候要加别名符"&"?什么时候要加只读约束符 const?请举例说明。线索:代码 1.9(a)中第 8 行对返回值添加了 const 约束。

思考题 1-11　对于一门语言,已有的法则千万不能改动。要升级时,只能添加新的法则。在面对上述安全问题时,C++ 只好提出了"将形参定义成别名"这样一个前向兼容的解决方案。但这个方案晦涩难懂。这就是 Java 宣称要革除的弊端。Java 中没有指针概念,该如何理解?在 C++ 中可直接定义类的实例对象,也可通过 new 在堆中创建类的实例对象。为什么 Java 中对类的实例对象,必须通过 new 在堆中创建?请分析其理由。Java 中有别名符"&"和只读变量符 const 吗?如果有的话,其含义是不是和 C++ 中一样?

习题

1. 编译器和解释器之间的区别是什么? 编译执行方式与解释执行方式各有什么特点? 哪些应用适合于编译执行方式,哪些应用适合于解释执行方式? 请举例说明。

2. 对于 1.2 节提到的变量别名,与 C 和 C++ 中的引用(也叫别名)要能准确区分。在 C 和 C++ 中,一个变量的别名定义如代码 1.12 第 2 行所示。该行定义了变量 a 的一个别名 c。在随后的代码中,就可使用变量 c,其含义就是 a。第 3 行是一个错误语句,因为在同一个块中,变量不能同名。变量名 c 在第 2 行已经使用了,在第 3 行不能再重名定义。请问: 第 3 行是违背了语法法则,还是语义法则?

代码 1.12   变量的别名定义示例

```
1  int a,b = 3;
2  int &c = a;
3  int &c = b;
```

3. C++ 中,对代码 1.13 所示 4 种函数进行定义。在前面 3 种中任选 2 种定义,在编译时会报函数重定义错误吗? 请说明理由。若将前 3 种定义再加上第 4 种放在一起编译,会报函数重定义错误吗?

代码 1.13   函数定义的 4 种情形

```
1  int fun(classA p);
2  int fun(classA & p);
3  int fun(const classA & p);
4  int fun(classA * p);
```

4. 对代码 1.14 所示块结构代码,指出最终赋给 w 和 z 的值为多少。

代码 1.14   块结构代码

```
1   int w,z;
2   int i=4;
3   int j=5;
4   {
5     int j = 7;
6     i= 6;
7     i = i+j;
8   }
9   w=i+j;
10  {
11    int i = 8;
12    i = i+j;
13  }
14  z=i+j;
```

第 2 章

词 法 分 析

词法分析是编译的第一个环节。词法分析针对某门高级程序语言,其输入是一个文本文件,内容为用该语言编写的源程序。对于一个文本文件,可将其视为一个字符(character)序列。词法分析的输出为一个词(lexeme)序列。如何将一个字符序列切分成词序列,是词法分析要解决的问题。执行词法分析的过程为:对输入的字符序列从头到尾逐一扫描,依据语言的词构成法则(即词法),每当看到一个词已完整出现时,就把它放到输出队列中输出,然后启动对下一个词的分析。将这个过程持续下去,直至扫描到字符序列的末尾。词法分析的理想实现是:对输入的字符序列从头到尾逐一扫描一遍,就能完成词法分析,整个过程中指向当前字符的指针无须回退。

扫描过程中,要判断一个词已完整出现,就要针对语言的词首先定义其构成法则。词的构成法则简称词法。只有明确了语言的词法,才能编程实现其词法分析器。因此,词法分析中要解决的第一个问题就是词法定义。1.4 节中已讲到,以“就事论事”的人工方式来编写词法分析器源程序,会因分支过多过深,而难以做到正确无误。即使编写好之后,当词法出现一点变更时,修改就会涉及很多地方,难以做到不出差错。解决这种复杂问题的一种策略是:构造一个工具来穷举出词法分析中所有可能出现的情形,厘清其关系,然后自动生成词法分析器。于是,就只有词法分析器的生成问题,不再存在维护问题了,原因是每当出现词法更新时,就把原有的词法分析器直接舍弃,再使用工具来重新生成词法分析器。

用词法分析器构造工具来自动生成目标语言的词法分析器,其中人工要做的事情就是使用另一门非常简单的语言(即正则语言),把目标语言的词法描述出来。描述所得的代码称为正则表达式,作为工具的输入。工具懂得正则语言,对输入的正则表达式能解析出其含义,也能穷举出词法分析中所有可能出现的情形,厘清其关系,然后自动生成词法分析器。

本章 2.1 节以 C 语言源代码为例,来分析高级程序语言的词构成特性。2.2 节讲解正则语言,用其来描述词法,得到正则表达式。2.3 节讲解正则表达式的状态转换图,以及基于状态转换图的词法分析方法。2.4 节讲解正则表达式的状态转换图自动构建方法,这是词法分析的核心所在。2.5 节讲解正则表达式及其状态转换图在其他领域中的应用。

2.1 高级程序语言的词构成特性

首先从一个例子来看词法分析的直观情形。图 2.1(a)是词法分析的一个输入示例,其中内容为用 C 语言编写的一行源代码,表达一个返回语句。从输入可知,它是一个由 51 个字符构成的字符序列,其中包括在“initial”和“＜＝”之间的 2 个空格字符,以及末尾的文件结束符。图 2.1(b)所示为词法分析的输出结果。从输出可知,它是一个由 18 个词构成的词序列,其中最后一个词为结束词(后文用符号"＄"表示)。

return (initial <= 10.5) ? 100 : (position + initial ** 2) ;

(a) 词法分析的输入示例

return	(	initial	<=	10.5	)	?	100	:	(	position	+	initial	**	2	)	;	$

(b) 词法分析的输出示例

图 2.1 词法分析的输入和输出示例

接下来看图 2.1(b)所示 18 个词的类别性。这 18 个词可分为两类:预定义词和自定义词。其中"return""(""<="")""?"":""＋""∗∗"";""＄"这 10 个词为 C 语言中的预定义词。而"initial""10.5""100""position""2"这 5 个词为 C 语言中的自定义词。预定义词又分为关键词(如"return")、算术运算词(如"＋")、比较运算词(如"<=")、逻辑运算词(如"＆＆")以及标点符号词(如";")等。自定义词则分为变量和常量。其中"initial"和"position"为变量,而"10.5""100"和"2"为常量。常量又分为数值类常量和字符类常量。数值类常量可进一步分为整数和实数。字符类常量可进一步分为字符常量和字符串常量。字符类常量通常以单引号括起来,而字符串常量则以双引号括起来。

思考题 2-1 C 语言中的注释是预定义词还是自定义词? 单引号和双引号是单独的预定义词吗? 小数点是一个预定义词吗?

从上述词例可知,一个词可以由一个字符构成,也可以由多个字符串接而成。对于词法分析中识别出的词,从其有用性来看,可分为输出词和非输出词两类。图 2.1(b)中的词都是输出词,在语法分析中要用到。非输出词有注释、空格和回车换行三种。这三种非输出词在词法分析中被过滤,不作为词法分析的输出内容。在 C 语言中,注释有单行注释和多行注释两种。单行注释以"//"开头,以回车换行符结尾。多行注释以"/∗"开头,其后再以首次出现的"∗/"结尾。空格词由一个空格字符或多个连续的空格字符构成。回车换行词由一个或者多个回车及换行符构成。

从上述例子可知,词不仅有类别(category)概念,还有值概念。例如,"initial"这个词的类别为变量,值为 initial。词法分析不仅要识别出词的值,还要识别出词的类别。也就是说,对词法分析输出的每个词,都包含 2 项内容:①词的类别;②词的值。词的类别属性将在语法分析中用到。

思考题 2-2 对于 C 语言,预留词中的关键词、标点符号词、算术运算词、比较运算词、逻辑运算词分别有哪些? 能否全部列出?

一门高级程序语言的词法要保证给定的任意一个输入,只要符合词法,经词法分析后得到的输出结果唯一。也就是说,不允许出现二义性。这也就解释了为什么绝大多数语言对变量的命名要求只能包含下画线、字母、数字这三种字符,而且不能以数字开头。为了不出现二义性,对有包含关系的词则规定了长度优先原则。例如,当词法分析中遇到"<="时,基于长度优先原则,词法分析的结果就是"<="这一个词,而不是"<"和"="这两个词。再举一个例子,当词法分析中遇到"if0"时,基于长度优先原则,词法分析的结果就是变量"if0"这一个词,而不是关键词"if"和数值常量"0"这两个词。

从词的构成来看,预定义词的构成具有确定性,可以全部罗列出来。例如,C 语言中的"if"这个关键词就由字符'i'和字符'f'串接而成,而"<="这个词就由'<'和'='这两个字符串接而成。自定义词的构成则不固定,但有构成法则。例如,整数常量由数字字符连接而成,字符串常量则由双引号括起来,长度任意。

2.2 词法的描述

2.2.1 正则语言和正则运算

一个词可以由一个字符构成,也可以由多个字符连接而成,其构成呈线性结构。对于一门高级程序语言,其词法通常用正则语言来描述。描述结果体现在写出的正则表达式上。正则语言是一门非常简单的语言,可以用来描述词法。正则表达式的实质是集合,即满足所指构成法则的字符串集合。构成法则的线性叠加则通过正则表达式的正则运算来表达。最小的正则表达式为一个字符,它满足正则表达式的定义,因为一个字符也可构成一个字符串,一个集合中可以只有一个元素。

现举例说明如下。字符'i'是一个正则表达式,字符'f'是另一个正则表达式。将这两个正则表达式做连接运算,其结果还是一个正则表达式,其集合中只含一个元素,这个元素为字符串"if"。这就是 C 语言中关键词"if"的构成法则的表达。在正则语言中,连接运算用符号'·'表示。上述连接运算的表达式为:{'i'}·{'f'}={"if"},成对的大括号表示集合。当集合中只含一个元素时,在正则运算表达式中可用其元素来表达集合,于是上述正则运算式也可写成:'i'·'f'="if"。

对于数值常量中的个位数,下面用正则表达式来描述其构成法则。字符'0'是一个正则表达式,字符'1'是另一个正则表达式。将这两个正则表达式做并运算,其结果还是一个正则表达式,其集合中含有 2 个元素,分别为字符串'0'和'1'。正则表达式的实质是集合,因此其并运算的含义就是集合的并运算。并运算用符号'∪'表示,也常用符号'|'表示。这就如同算术运算中除法运算符为'÷',也常用符号'/'表示一样。上述并运算表达式为:{'0'}∪{'1'}={'0','1'},也可写成:'0'∪'1'={'0','1'}。以此类推,有如下正则运算式:

{'0','1'}∪{'2'}={'0','1','2'}

{'0','1','2','3','4','5','6','7','8'}∪{'9'}={'0','1','2','3','4','5','6','7','8','9'}

因此对个位数的构成法则,用正则表达式描述,便为'0'∪'1'∪'2'∪'3'∪'4'∪'5'∪'6'∪'7'∪'8'∪'9'。其结果为{'0','1','2','3','4','5','6','7','8','9'}。

有了连接运算和并运算之后,再来看如何用正则表达式描述 2 位二进制数的构成法则。前面有正则运算表达式:'0'∪'1'={'0','1'}。对于一个正则表达式,可以给其取一个名字,就如给集合取名字一样。将正则表达式{'0','1'}取名为 bit,可写成 bit→{'0','1'}。2 位二进制数的构成法则用正则表达式来描述,便为 bit·bit。根据连接运算的含义可知,bit·bit={"00","01","10","11"}。

连接运算其实就是集合的笛卡儿乘积运算。前面介绍,正则表达式的实质是集合。连接运算是笛卡儿乘积运算的通俗叫法。其含义是:对输入的 2 个正则表达式,从第 1 个正则表达式所指集合中任选一个元素,与第2个正则表达式所指集合中任一元素连接起来,构成运算结果中的一个元素。依此规则,所有可能的组合情形便构成运算结果。这也正是集合的笛卡儿乘积运算的含义。想想数据库知识中的关系代数,其中就有笛卡儿乘积运算。以此类推,4位二进制数的词法构成法则用正则表达式来描述,便为 bit·bit·bit·bit。这个正则表达式所指集合含有16个元素,每个元素都是一个字符串,其串长为4。

思考题 2-3 连接运算满足交换律吗?也就是说如果 $x \neq y$,那么 $x \cdot y$ 是否等于 $y \cdot x$?并运算满足交换律吗?

由于连接运算其实就是集合的笛卡儿乘积运算,因此连接运算也称**点积运算**。类似于算术运算中的乘法运算,上述 bit·bit 可写成为 bit^2,即**幂运算**。bit·bit·bit·bit=bit^4。对幂运算进行外延,有 $\text{bit}^1 = \text{bit}$,$\text{bit}^0 = \{\varepsilon\}$。$\varepsilon$ 表示空字符串,这与算术运算中的 $x^0 = 1$ 类似,是一个定义。

定义了连接运算、并运算、幂运算之后,下面定义**闭包运算**。对于正则表达式 L,它的闭包定义为:$L^* = L^0 \cup L^1 \cup L^2 \cup L^3 \cup \cdots \cup L^\infty$,简称闭包。它的正闭包定义为:$L^+ = L^1 \cup L^2 \cup L^3 \cup \cdots \cup L^\infty$。另外还有定义:$L? = L^0 \cup L^1$。这个运算就称为"?"运算。定义还可以扩展,例如 $L^{0\sim 4} = L^0 \cup L^1 \cup L^2 \cup L^3 \cup L^4$。有了上述这些定义,便可用正则表达式描述词法。例如,任意长度的比特串可用 bit^+ 表示。空串和任意长度的比特串可用 bit^* 表示。8位二进制数可用 bit^8 表示。

思考题 2-4 已知正则表达式 base→{'h','d','b'} 和 bit→{'0','1'},那么正则表达式 base·bit,base∪bit,$(\text{base}\cup\text{bit})^2$,$(\text{base}\cup\text{bit})^{0\sim 2}$ 的运算结果是什么?$(\text{base}\cdot\text{bit})^2$ 的运算结果中有多少个元素?$(\text{base}\cup\text{bit})^2 = \text{base}^2 \cup \text{bit}^2$ 成立吗?$(\text{base}\cdot\text{bit})^2 = \text{base}^2 \cdot \text{bit}^2$ 成立吗?$\text{bit}^* = \text{bit}^+ \cup \varepsilon$ 正确吗?

由正则表达式及其运算的含义可知:已知一个字符串,如果它是某个正则表达式所指集合中的一个元素,就称该字符串匹配该正则表达式。

为了写出数值常量和变量的正则表达式,先定义如下基础正则表达式:

$$\text{letter}→\text{'A'}\cup\text{'B'}\cup\text{'C'}\cup\cdots\cup\text{'Z'}\cup\text{'a'}\cup\text{'b'}\cup\text{'c'}\cup\cdots\cup\text{'z'}$$
$$\text{digit}→\text{'0'}\cup\text{'1'}\cup\text{'2'}\cup\cdots\cup\text{'9'}$$

对连续的字符,可以用范围来表示。上述两个正则表达式也可写作:

$$\text{letter}→['A'\sim'Z']\cup['a'\sim'z'] \tag{2.1}$$
$$\text{digit}→['0'\sim'9'] \tag{2.2}$$

假定变量由下画线、数字、字母三种字符构成,而且不能以数字开头。用正则表达式来描述变量的构成法则,便可写成:

$$\text{id}→(\text{letter}\cup\text{'\_'})\cdot(\text{letter}\cup\text{digit}\cup\text{'\_'})^* \tag{2.3}$$

注意:在正则运算中,一元运算的优先级高于二元运算的优先级。二元运算中,连接运算的优先级高于并运算的优先级。括号的优先级最高。这与算术运算中的优先级一致。也就是说,幂运算、闭包运算的优先级高于连接运算,连接运算的优先级高于并运算。

对 0~127 这个范围的数值常量,用正则表达式来描述其构成法则,便可写成:

$$\text{num}→\text{digit}\cup\text{digit}^2\cup\text{'1'}\cdot(\text{'0'}\cup\text{'1'})\cdot\text{digit}\cup\text{'1'}\cdot\text{'2'}\cdot['0'\sim'7']$$

其中,digit 表示个位数(一位数),digit^2 表示两位数,'1'·('0'∪'1')·digit 表示 100~119 之间的数,'1'·'2'·['0'~'7']表示 120~127 之间的数。

对于数值常量,例如 32,0.1,49.8,3.6E8,0.5E－2,8.9E＋5 这 6 个数值常量中,第 1 个为整数,第 2 和第 3 个为实数,后面 3 个为用科学记数法表示的数值常量。用正则表达式来描述其构成法则,便可写成:

$$\text{digits} \rightarrow \text{digit}^+ \tag{2.4}$$

$$\text{optionalFraction} \rightarrow \text{`.'} \cdot \text{digits} \tag{2.5}$$

$$\text{optionalExponent} \rightarrow \text{`E'} \cdot (\text{`+'} \cup \text{`-'})? \cdot \text{digits} \tag{2.6}$$

$$\text{numberConst} \rightarrow \text{integerConst} \cdot \text{optionalFraction}? \cdot \text{optionalExponent}? \tag{2.7}$$

其中,digits 表示任意长度的数字串,optionalFraction 表示小数部分,optionalExponent 表示乘以 10 的 n 次幂部分。由上述正则表达式可知,optionalFraction 和 optionalExponent 是可有可无的部分,于是就用"?"运算来表达。在 optionalExponent 中,'＋'或'－'也是可有可无的,也用"?"运算来表达。

2.2.2　C 语言词法的正则描述

现以 C 语言为例,使用正则语言来描述其词法。2.1 节中讲到,C 语言中的词的分类。变量和数值类常量的正则表达式定义已在前面给出。对于预定义词,只从其关键词、算术运算词、逻辑运算词、比较运算词、标点词这 5 类中各选一个来作为代表。这 5 个代表分别是"int""＋""＜＝""&&"";"。预定义词的正则表达式为:

$$\text{reservedLexeme} \rightarrow \text{`i'} \cdot \text{`n'} \cdot \text{`t'} \cup \text{`+'} \cup \text{`<'} \cdot \text{`='} \cup \text{`&'} \cdot \text{`&'} \cup \text{`;'} \tag{2.8}$$

字符类常量包括字符常量和字符串常量两种。字符类常量以单引号括起来,而字符串常量以双引号括起来,其正则表达式定义为:

$$\text{stringConst} \rightarrow \text{`''} \cdot (\text{character} - \text{`''}) \cdot \text{`''} \cup \text{`"'} \cdot (\text{character} - \text{`"'})^* \cdot \text{`"'} \tag{2.9}$$

其中,character 表示 C 语言中允许出现的字符的集合。character－'''是集合的差运算,即不包含单引号的字符。差运算用减号(－)表示。

思考题 2-5　上述字符串常量的正则表达式定义能改写成 stringConst→('''∪'"')·(character－'''－'"')*·('''∪'"')吗? 请说明理由。

注释有单行注释和多行注释两种,其正则表达式定义为:

$$\text{singleRowNote} \rightarrow \text{`/'} \cdot \text{`/'} \cdot (\text{character} - \text{cr} - \text{lf})^* \cdot \text{cr} \cdot \text{lf} \tag{2.10}$$

$$\text{multiRowNoteContent}_1 \rightarrow (\text{character} - \text{`*'})^* \cdot (\text{`*'})^+ \tag{2.11}$$

$$\text{multiRowNoteContent}_2 \rightarrow (\text{character} - \text{`*'} - \text{`/'}) \cdot (\text{character} - \text{`*'})^* \cdot (\text{`*'})^+$$

$$\tag{2.12}$$

$$\text{multiRowNoteContent} \rightarrow \text{multiRowNoteContent}_1 \cdot \text{multiRowNoteContent}_2^* \tag{2.13}$$

$$\text{multiRowNote} \rightarrow \text{`/'} \cdot \text{`*'} \cdot \text{multiNoteContent} \cdot \text{`/'} \tag{2.14}$$

$$\text{note} \rightarrow \text{singleNote} \cup \text{multiRowNote} \tag{2.15}$$

注释有如下特征。单行注释以"//"开头,以回车换行符结尾。给回车符的正则表达式取名为 cr,给换行符的正则表达式取名为 lf。对于多行注释,将开头标志"/＊"以后的内容分为两部分:一部分是以'＊'结尾的字符串(取名为 multiRowNoteContent),一部分是字符'/'。

multiRowNoteContent 中肯定不含"＊/"子串。对 multiRowNoteContent,从左至右扫描,当发现'＊'字符后面不再为'＊'字符时,就进行一次切分。于是 multiRowNoteContent

被切分成了一个或者多个以'＊'结尾的子字符串。经此切分之后,给其中第一个子字符串取名为 multiRowNoteContent$_1$,其他子字符串取名为 multiRowNoteContent$_2$。multiRowNoteContent$_2$ 的第一个字符肯定不为'＊'字符,也不可能为'/'字符。不为'＊'字符,是从切分方法得出的结论。不可能为'/'字符,是从不含"＊/"得出的结论。对于 multiRowNoteContent$_1$,则允许'＊'字符之前的字符可以是'/'字符。multiRowNoteContent$_1$ 必须有,而 multiRowNoteContent$_2$ 则可有可无。于是就得到了上述多行注释内容的定义。

思考题 2-6　字符串"/＊/"是多行注释吗?

空格的正则表达式定义为:

$$\text{blankSpace} \rightarrow (\text{空格字符})^+ \tag{2.16}$$

回车换行的正则表达式定义为:

$$\text{crlf} \rightarrow (\text{cr} \cdot \text{lf})^+ \tag{2.17}$$

于是 C 语言的词构成法则,用正则语言来表达,就为:

$$\text{lexeme} \rightarrow \text{reservedLexeme} \cup \text{id} \cup \text{numberConst} \cup \text{stringConst} \cup \text{note} \cup \text{blankSpace} \cup \text{crlf} \tag{2.18}$$

从语言的词构成来看,上述正则表达式 lexeme 描述了 C 语言。C 语言的构成词指正则表达式 lexeme 所指字符串集合中的元素。于是,正则表达式所指字符串集合也就称作语言(language)。显然,语言是词的集合,也可以说是字符串的集合。这就是语言由正则表达式来描述的缘由。不过要注意,词不是语言的全部,只是其中的一个方面。语言还有其他方面的内容,例如语法等。

正如算术运算表达式有多种写法,正则表达式也是如此。算术运算表达式 $a \times b$ 也可写成 $a \cdot b$,或者把乘号省略,写成 ab。正则表达式 $a \cdot b$ 同样也可写成 ab。正则表达式 $a \cup b$,也可写成 $a|b$。其中 a 和 b,都应写成斜体,其含义为表达式名,相当于编程中的变量名。对于字符'a'和'b',在正则表达式中也可把单引号省略,写成 a 和 b。字符和正则表达式的区别在于:字符不用斜体表示,而正则表达式用斜体表示。因此,正则表达式 $(a|b)*abb$,其含义是字符 a 和 b 先做并运算,再做闭包运算,再和字符 a 做连接运算,再和字符 b 做连接运算,最后再和字符 b 做连接运算。

2.2.3　词法分析的实现框架

有了正则语言后,对于某门高级程序语言(设为语言 B),其词法分析的求解思路就显而易见了。先由人使用正则语言,对语言 B 的词法进行归纳和抽象,定义出语言 B 的正则表达式。词法分析时,词法分析器的输入是用语言 B 写的源程序,为一个字符序列。词法分析器要对输入字符序列从头到尾逐一扫描,将其切分成一个词序列。其中会用到两个指针:起始指针 pStart 和当前指针 pCurrent。初始时,指针 pStart 和 pCurrent 都指向输入字符序列的第一个字符。将从 pStart 开始到 pCurrent 结尾的这一段字符所构成的串称为当前串。

随后便进行词法分析。如果当前串是正则表达式所指集合中的元素,就对 pCurrent 指针后移一步,这样当前串就加长了一个字符。接着继续进行判断,直至当前串不为正则表达式所指集合中的元素。这时,就解析出了一个词,这个词为从 pStart 至(pCurrent −1)这一段字符所构成的串。将解析出的词输出,然后解析下一个词。此时要把 pCurrent 的值赋给 pStart,让指针 pStart 后移,指向新的当前串起始位置。这个过程不断进行下去,直至

pStart 和 pCurrent 都指向输入字符序列末尾的结束字符,便完成了对输入字符序列的词法分析。

　　思考题 2-7　上述词法分析过程的 C 语言源代码表达是怎样的?

　　上述求解思路中有一个问题有待解决,那便是该如何判断当前串是否为正则表达式所指集合中的元素。对于一个正则表达式,通常不能将其所指集合中的元素全部穷举出来,例如变量、字符常量、数值常量等都是如此。为了解决此问题,需要构建正则表达式的**状态转换图**。改用状态转换图来判断,问题便迎刃而解,而且判断变得非常简单容易。正则表达式的状态转换图以及基于它的词法分析方法将在 2.3 节中讲解。

2.2.4　正则表达式的含义

　　从上述讲解可知,正则语言是一门非常简单的语言,其中只有 3 个概念和 6 种运算。3 个概念为字符、字符串、正则表达式。6 种正则运算分别为连接运算、并运算、闭包运算、正闭包运算、0 个或 1 个运算、减运算。其中最基本的运算只有 3 种,即连接运算、并运算、减运算。其他 3 种运算是由基本运算衍生出来的运算。正则表达式的实质是字符串集合。正则运算具有自封性,即运算结果还是正则表达式,这点和关系代数类似。在关系代数中,关系的运算结果还是关系。关系其实也是集合。正则表达式和关系是集合理论针对不同问题的两种应用。

　　本节所讲到的正则语言内容并不是其全部。对正则表达式的把握只须记住一点,它的实质是集合,是集合理论在词法分析上的一种应用。正则表达式对集合中的某些内容基于应用作了直观化处理,例如将笛卡儿乘积运算称作连接运算,另将闭包运算凸显出来。集合中的其他概念和运算,例如差运算,也常在正则表达式中用到。

　　正则语言常被用来描述和刻画高级程序语言的词法。对于一门高级程序语言,其词法分析的首项工作就是对其词法进行归纳和抽象,然后使用正则语言将其描述出来。这种描述表现为正则表达式的定义。定义出来的正则表达式可视为用正则语言写出的程序。词法分析器构造工具要能理解该程序,并基于它来自动生成词法分析器。从程序角度来看,这就相当于词法分析器构造工具是正则语言程序的解释执行器,其解释执行的输出结果为词法分析器。正则语言简单,而高级程序语言复杂。这种处理方式显然是一种高级形式的迭代。

　　思考题 2-8　正则语言作为一门语言,自然也有其词法。其包含的词也可分为预定义词和自定义词。并运算符($\bigcup$)、连接运算符($\cdot$)、闭包运算符(*)、正闭包运算符($^{+}$)、赋值符($\rightarrow$)、左括号、右括号都是预定义词。正则表达式名是自定义词。赋值符($\rightarrow$)相当于 C 语言中的等号($=$),正则表达式名相当于 C 语言中的变量名。正则语言中的常量只有一种,即字符常量。正则表达式的类型是集合。上述理解对吗?

　　对正则表达式,可从面向对象的视角来理解。正则表达式本身相当于类的概念,是一种归纳和抽象的表达形式。而正则表达式所指集合中的元素就相当于类的实例对象。类的实例对象通常情况下无法穷举,也没有必要去穷举。正则表达式所指集合中的元素也是如此。二者的差异体现在应用上:在面向对象编程中是基于类定义来创建实例,而在词法分析中则是判断一个字符串是不是某正则表达式的实例对象。

　　从特征工程的视角来看,正则表达式是词的**模式**(pattern)的一种表达方式。词则是模式的实例。例如正则表达式 letter^{+} 就表达了任意长度的字母串。模式是对特征进行归纳和抽象所得出的结果。对于字符串（即词）的集合，其特征常可从其前缀（prefix）、后缀（suffix）、子串（substring）、子序列（subsequence）这些方面入手来寻找。前缀、后缀、子串都是人们熟知的概念。子序列是指：对一个字符串，拿掉其中的一些字符后，将剩下的字符依照其原有次序连接起来所构成的字符串。例如，"cut"是"p_current"的子序列，而"cup"则不是"p_current"的子序列。对 C 语言的字符串常量和注释寻找特征时，就是从前缀和后缀入手。

思考题 2-9　子串和子序列有什么差异？

2.3　基于状态转换图的词法分析

2.2 节讲到，判断一个字符串是否是某个正则表达式所指集合中的元素，是词法分析要解决的关键问题。先穷举集合中的所有元素，然后逐个和输入字符串进行对比，是一种最直接的方法。该方法实际上行不通，因为集合中的元素是无穷多的。因此，要转变策略，改为先求正则表达式的状态转换图，然后对输入字符串逐字符依图匹配。下面先来看正则表达式的状态转换图的具体样式。

以整数常量的正则表达式 $digit^+$ 为例，其状态转换图如图 2.2 所示。图中的圆圈表示

图 2.2　正则表达式 $digit^+$ 的状态转换图

状态，圆圈中的数字表示状态的序号。图中一定有一个开始状态，开始状态的序号通常设为 0，因此也称 0 状态。图中的有向边表示状态的转换。每条边上都有驱动字符。例如从状态 0 到状态 1 的有向边，其驱动字符为 digit。其含义为：如果当前状态为开始状态 0，并且当前输入字符为一个数字，那么当前状态就转换成状态 1。由 2.2 节可知，digit 表示 '0' 到 '9' 之间 10 个字符中的任何一个。图中允许出现指向自己的边。在状态 1 就有一条边指向自己，这条边的驱动字符为 digit。其意思是说，如果当前状态为状态 1，并且当前驱动字符为一个数字，那么当前状态就转换成状态 1。尽管转换到的状态编号没有变，但发生了转换。

如果当前状态为状态 1，当前输入字符为 'a'，情形就不一样了。在 1 状态没有出边，其驱动字符包含 'a'。因此，就不存在匹配关系。状态转换图中的每个状态都有一个属性 type，其取值要么为 MATCH（匹配），要么为 UNMATCH（不匹配）。为 MATCH 时通常把状态的圆圈画成双圆圈，表示匹配，也称接受。为 UNMATCH 时把状态的圆圈画成单圆圈，表示中间过渡。有了状态转换图，匹配判断就变得简单容易了。

2.3.1　基于状态转换图的匹配判断

如果输入字符串 s 是正则表达式 α 所指集合中的元素，就称字符串 s 匹配正则表达式 α，否则就称不匹配。已知正则表达式 α 的状态转换图，判断字符串 s 是否匹配正则表达式 α 的算法如代码 2.1 所示。其中第 2 行和第 3 行进行初始化，将当前状态设为开始状态 0，将当前驱动字符设为输入字符串的第一个字符。代码第 4 行至第 10 行是对输入字符串逐字符进行处理。其中第 5 行是到状态转换图上检查当前状态对于当前驱动字符是否存在有出边。如果有出边，就将出边所指的目标状态赋给当前状态变量，即当前状态在当前驱动字符下发生了转换。如果没有出边（用函数返回值为 -1 表示），那么判断就直接结束，结论为

不匹配。

代码 2.1　基于状态转换图的匹配判断算法

```
1   bool match(char inputString[ ], int inputSize)  {
2     int currentState = 0;
3     int currentIndex = 0;
4     while(currentIndex < inputSize) {
5       currentState = getNextStateInGraph(currentState, inputString[currentIndex]);
6       if(currentState == -1)
7         return false;
8       else
9         currentIndex ++;
10    }
11    if(getStateTypeInGraph (currentState) == MATCH)
12        return true;
13    else
14      return false;
15  }
```

对于当前状态和当前驱动字符,在状态转换图上有转换边时,就更新当前状态和当前字符,进行下一轮匹配,即将出边所指状态变为当前状态,将当前字符的下一字符变为当前字符。当输入字符串的最后一个字符都匹配完之后,就检查当前状态的 type 属性值。如果 type 属性值为 MATCH,就得出匹配结论,否则就得出不匹配结论。

现举例说明。设输入字符串为"17"。输入字符串只含 2 个字符,因此只有 2 轮匹配。在第 1 轮匹配中,当前状态为 0,当前驱动字符为'1'。对照图 2.2 所示的状态转换图,在状态 0 对数字字符有出边,指向状态 1。于是,当前状态转换为 1。在第 2 轮匹配中,当前状态为 1,当前驱动字符为'7'。对照图 2.2 所示的状态转换图,在 1 状态,对数字字符有出边,出边指向状态 1。于是,当前状态转换为 1。匹配完之后,再来看当前状态的 type 属性值。当前状态为 1,对照图 2.2 所示的状态转换图,可知其 type 属性值为 MATCH。于是,得出 MATCH(匹配)的判断结论。

假设输入字符串为"1k",再来看判断过程。第一轮匹配与上例一样;在第二轮匹配中,当前状态为 1,当前驱动字符为'k',对照图 2.2 所示的状态转换图,发现没有出边,因此就直接得出 UNMATCH(不匹配)结论。

从上述算法和举例可知,这种判断方法简单容易。对于匹配判断,最直接的想法是先把正则表达式所指集合中的元素全部穷举出来,然后拿输入字符串和集合中的元素一一对比。这种思路虽然直观,但根本行不通,因为集合中的元素无法穷举。与其相对应地,基于正则表达式的状态转换图对输入字符串逐字符匹配,不仅可行,而且简单高效。2.2 节中讲到,正则表达式相当于面向对象中的类,它所指集合中的元素相当于类的实例对象。状态转换图和正则表达式是等价关系,也相当于类。该方法的本质是将输入字符串视作类的实例,去与类进行匹配,得出判断结论。

2.3.2　状态转换图的特征

基于状态转换图来判断输入字符串是否匹配某个正则表达式,这是词法分析的基础。

上述关于整数的状态转换图略显简单。图 2.3 是 2.2 节中有关描述 C 语言词法的正则表达式 lexeme(见式 2.18)的状态转换图。其中对于预定义词,还补充了"＋＋""＋＝""＜"这三个。不过要注意,图 2.3 没有画出双引号字符串常量和回车换行的状态转换图。从图 2.3 可以看到一门高级程序语言的状态转换图的基本形貌,其中 0 状态为开始状态。

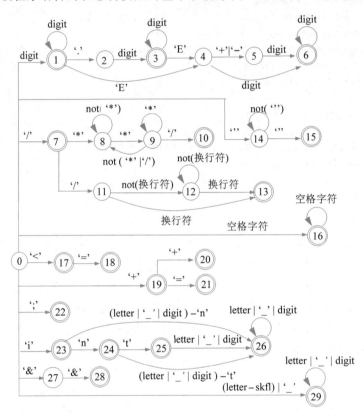

图 2.3　正则表达式 lexeme 的状态转换图

状态转换图具有如下 3 个特性。

(1) 状态转换图中的每个状态,其出边都是在字符驱动下指向下一状态。下一状态可以是自己,也可以是其他状态。对于一条边,它的驱动字符可以是一个字符,也可以是一个字符集合中的任一字符。例如,2.2 节中讲到,letter 是由 52 个大小写字母字符构成的集合,而 digit 是由 10 个数字字符构成的集合。如果一个集合中只有一个元素时,常用这个元素来表示该集合。因此式子(letter|'_'|digit)－'n'是集合运算式,其结果还是字符的集合。该式中的符号"|"是并运算,符号"－"是差运算。有了该认识之后,看 23 状态转换到 26 状态的边,其驱动字符为集合(letter|'_'|digit)－'n'中的任一字符。

(2) 状态转换图中任意一个状态,它的任意 2 条出边的驱动字符集都不存在交集。图 2.3 中从 0 状态到 23 状态的边,其驱动字符为'i',刻画预定义词中以'i'为首字符的关键词(如"int"和"if"),以及以'i'为首字符的变量。从 0 状态到 29 状态的边,则是刻画以(letter－skfl)|'_'集合中元素为首字符的变量,其中 skfl 是指预定义词中所有关键词的首字符构成的集合,其名称来自 set of keywords' first letter。于是,它与 0 状态到 23 状态的驱动字符集不存在交集。这样就保证了开始状态(即 0 状态)的任意 2 条出边,其驱动字符都不存

在交集。其他状态的出边也是如此。

（3）图 2.3 中对于 type 属性值为 MATCH 的状态，即双圆圈状态，它还有一个属性 category，记录词的类别。其中 1 状态的 category 属性值为 INTEGER_CONST 量（整数常量）；3 状态的 category 属性值为 FLOAT_CONST（实数常量）；6 状态的 category 属性值为 SCIENTIFIC_CONST（科学记数法常量）；7 状态的 category 属性值为 NUMERIC_OPERATOR（数值运算词）；10 状态和 13 状态的 category 属性值都为 NOTE（注释）；15 状态的 category 属性值为 STRING_CONST（字符串常量）；16 状态的 category 属性值为 SPACE_CONST（空格常量）；17 状态和 18 状态的 category 属性值都为 COMPARE_OPERATOR（比较运算词）；23 状态和 24 状态，以及 26 状态和 29 状态的 category 属性值都为 ID（变量词）；28 状态的 category 属性值都为 LOGIC_OPERATOR（逻辑运算词）。

2.3.3　基于状态转换图的通用词法分析器

对于一门高级程序语言，得出了其词法的状态转换图之后，词法分析就水到渠成了。对输入的源程序字符序列从头到尾逐一扫描一遍，基于状态转换图，从开始状态（0 状态）进行状态转换。在转换中，对于当前状态和当前字符，如果在状态转换图上发现没有出边，而且当前状态的 type 属性值为 MATCH，那么就解析出了一个词。再看当前状态的 category 属性值，如果为预定义词、变量、数值类常量，或字符类常量，那么就将解析出的这个词输出，否则就将其舍弃。然后把当前状态重设为开始状态（0 状态），继续下一个词的解析，直至把输入字符串中的所有词都解析出来。

基于状态转换图的词法分析算法如代码 2.2 所示。该算法给出了词法分析中解析得到下一输出词的实现函数 getNextLexeme。这个函数将被语法分析器反复调用，以获得源程序中的下一个输出词。调用该函数之后获得的输出词，其内容为从 input[startIndex] 至 input[currentIndex −1] 的字符串，其 category 属性值用全局变量 category 存储。其中 input 为字符数组全局变量，存储输入的源程序字符串。startIndex 和 currentIndex 也是全局变量，分别存储当前词在输入字符串中的开始位置和结束位置。全局变量 inputSize 存储输入串的长度。在第一次调用 getNextLexeme 之前，currentIndex 被初始化为 0。

代码 2.2　基于状态转换图的词法分析算法

```
1    Lexeme * getNextLexeme()  {
2    int currentState = 0;
3    startIndex = currentIndex;
4    while(currentIndex < inputSize)  {
5     int nextState = getNextStateInGraph(currentState, input[currentIndex]);
6     if(nextState == -1)  {
7       if(getTypeInGraph(currentState) == MATCH) {
8         category = getCategoryInGraph( currentState);
9         if(category == ID | INTEGER_CONST | FLOAT_CONST |
            SCIENTIFIC_CONST | CHAR_CONST | STRING_CONST |
            NUMERIC_OPERATOR | LOGIC_OPERATOR | COMPARE_OPERATOR |
            OTHER_RESERVED)
10          return new Lexeme(startIndex, currentIndex -1, category);
11        else {     //非输出词,将其舍弃,继续解析下一个词
```

```
12              startIndex = currentIndex;
13              currentState = 0;
14       }
15    }
16    else
17      raise exception('源代码有词法错误');
18    }
19  else {     //继续匹配下一字符
20    currentState = nextState;
21    currentIndex ++;
22  }
23 }
```

从 getNextLexeme 的实现可知,在对照状态转换图对输入串逐字符匹配时,采取最长匹配原则。例如,对于输入串"int_",会将其解析成一个变量,而不会将其解析为一个预定义词"int"和一个变量"_"。上述正则表达式的状态转换图是手工画出的。接下来要解决的问题是如何通过算法来自动构建正则表达式的状态转换图。

2.4　正则表达式的状态转换图自动生成方法

2.3 节中,正则表达式的状态转换图由人工画出。能否有一种方法(算法),实现以正则表达式作为输入,以状态转换图作为输出呢? 答案是有。本节将讲解这种方法。将状态转换图形式化,上升为一种理论知识,称作有穷自动机(Finite Automata)。有穷自动机是一种数学理论,在很多领域都有应用。有穷自动机可分为两种,一种称为确定性有穷自动机(Deterministic Finite Automata),简称 DFA。另一种称为非确定性有穷自动机(Nondeterministic Finite Automata),简称 NFA。2.3 节给出的状态转换图就是 DFA。其特征也已给出,那就是每条边上的驱动字符集是一个已知集,其中至少含有一个驱动字符。另外,对于一个状态,它的任意两条出边,其驱动字符集不存在交集。

NFA 则不同于 DFA。NFA 中边上的驱动字符集可以是一个空集。另外,对于 NFA 中的一个状态,它的任意两条出边,其驱动字符集可以存在交集。下面来看两个正则表达式的 NFA。正则表达式(a|b)*abb 和 aa* | bb* 的 NFA 分别如图 2.4(a)和图 2.4(b)所示。在图 2.4(a)中的 0 状态有三条出边,其中两条出边的驱动字符都为 a。而在图 2.4(b)中的 0 状态有两条出边,其驱动字符都为 ε(空字符)。由 ε 驱动的状态变迁称作空转换。图 2.4(b)中从 0 状态到 1 状态的转换,以及从 0 状态到 2 状态的转换都是空转换,其含义是:如果当前状态为开始状态 0,那么状态 1 和 2 也是当前状态。这样一来,当前状态就不止一个状态了。注意,空转换有方向性。

DFA 能用于词法分析,而图 2.4(a)中的 NFA 不能直接用于词法分析。其原因是:在当前状态为 0 状态,当前字符为'a'时,无法确定应该按哪一条边进行转换,也无法确定是转换到 0 状态,还是转换到 1 状态。图 2.4(b)中的 NFA 可以直接用于词法分析,不过和基于 DFA 做词法分析有差异。那就是当前状态可能不止一个状态,而是有多个状态。

为了词法分析,需要得到正则表达式的 DFA,即状态转换图。不过直接由正则表达式得到其 DFA 很困难。能否迂回一下,先得到正则表达式的 NFA,再将 NFA 转化成 DFA

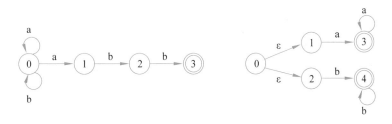

(a) 正则表达式(a|b)*abb 的 NFA　　　　(b) 正则表达式 aa*|bb*的 NFA

图 2.4　正则表达式的 NFA 示例

呢？答案是可以。NFA 相较于 DFA,其约束条件要宽松很多,表现在如下两点：①一个状态的两条出边,其驱动字符集可以存在交集；②状态转换的驱动字符可以是空字符。

2.4.1　正则表达式的 NFA 原生构造方法

NFA 中有空字符转换概念,这为正则表达式中的运算与状态图建立直观的一一对应提供了方便。最简单的正则表达式为单字符正则表达式,即 $r \to x$,这里的 x 指某个特定字符。它的 NFA 如图 2.5(a)所示。这个构造显而易见正确。将其引申,对于正则表达式 $r \to \varepsilon$(ε 为空字符),它的 NFA 如图 2.5(b)所示,这个状态转换称为空转换。

(a) 单字符正则表达式的 NFA　　　　(b) 空字符的 NFA

图 2.5　单字符和空字符的 NFA 原生构造法

空转换的含义是：如果当前状态是 0 状态,那么 1 状态其实也是当前状态,即当前状态不止一个状态了。空字符 ε 驱动的状态转换,在实际中不会出现。但通过引入这样一个概念,能把很多关系清晰地表达出来,从而使得问题的求解一目了然。ε 在正则表达式的 NFA 构建以及基于 NFA 的匹配中发挥了非常重要的作用,这很好地体现了数学思维。

对于连接运算 $s \cdot t$(s 和 t 都是正则表达式),它的 NFA 可由 s 的 NFA 和 t 的 NFA 组合出来,组合情形如图 2.6 所示。注意,图中 s 的 NFA,其开始状态序号为 0,结束状态序号为 s,于是其双虚线表达了另外的 $s-1$ 个状态以及转换。注意,这里的正则表达式和状态序号都用了符号 s,这是为了简洁起见,尽量少引入符号。图中 t 的 NFA,开始状态序号为 0,结束状态序号为 t,双虚线表达的含义与上相同。组合前,要重新编排状态序号,使得结果 NFA 中每个状态的序号唯一,且连续编排。对于 s 的 NFA,其所有状态的序号都无须修改。对于 t 的 NFA,其所有状态的序号都要修改。从 0 状态至 t 状态,每个状态的序号都要加上 s。

这种组合的正确性显而易见。组合之后得到的 NFA 有 $s+t+1$ 个状态,序号从 0 至 $s+t$。组合之后,s 状态的 type 属性值不再为 MATCH,而要改为 UNMATCH。

对于并运算 $s|t$,它的 NFA 也可由正则表达式 s 的 NFA 和正则表达式 t 的 NFA 组合出来,组合情形如图 2.7 所示。同样,这种组合的正确性显而易见。组合之前也要对原有两个 NFA 的状态序号进行重新编排,使得结果 NFA 中每个状态的序号唯一,且整个 NFA 的

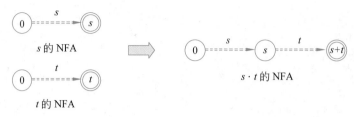

图 2.6　连接运算的 NFA 原生构造法

状态序号是连续编排的,从 0 至 $s+t+3$。另外,原来的 s 状态和 t 状态的 type 属性值不再为 MATCH,改为 UNMATCH。只有 $s+t+3$ 状态的 type 属性值为 MATCH。从这个 NFA 可见,如果当前状态是开始状态 0,由空转换的含义可知,1 状态和 $s+2$ 状态也属于当前状态。这样一来,当前状态不再是单个状态了,变成了状态集合。

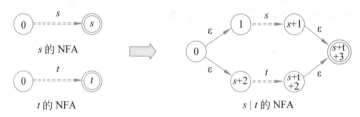

图 2.7　并运算的 NFA 原生构造法

对于正闭包运算 s^+,它的 NFA 也可通过对正则表达式 s 的 NFA 添加一条由空字符驱动的边来得到,添加边的情形如图 2.8 所示。图中由 s 的 NFA 得到 s^+ 的 NFA 的处理显而易见正确。

图 2.8　正闭包运算的 NFA 原生构造法

对于闭包运算 s^*,考虑 $s^* = s^+ | \varepsilon$,于是它的 NFA 也可由正则表达式 s^+ 的 NFA 和 $t \rightarrow \varepsilon$ 的 NFA 组合出来。组合情形如图 2.9 所示。直接组合之后,可看到从 0 状态到 $s+2$ 状态,再到 $s+3$ 状态,再到 $s+4$ 状态都是空转换,而且该路径中没有分叉,因此可将三个空转换合并成从 0 状态到 $s+4$ 状态的一个空转换。合并之后,由于减少了两个状态,要再次调整状态序号,将 $s+4$ 状态改为 $s+2$ 状态。从这个 s^* 的 NFA 可知,如果当前状态是开始状态 0,那么 1 状态和 $s+2$ 状态也属于当前状态。如果当前状态是 $s+1$ 状态,那么 1 状态和 $s+2$ 状态也属于当前状态,但 0 状态不属于当前状态。这表明了空转换的有向性。

对于运算 $s?$,考虑 $s? = s | \varepsilon$,它的 NFA 可由正则表达式 s 的 NFA 和 $t \rightarrow \varepsilon$ 的 NFA 组合出来,组合情形如图 2.10 所示。同样,直接组合之后,可看到从 0 状态到 $s+2$ 状态,再到 $s+3$ 状态,再到 $s+4$ 状态都是空转换,而且该路径中没有分叉,因此可将三个空转换合并成从 0 状态到 $s+4$ 状态的一个空转换。合并之后,由于减少了两个状态,因此再次调整状态序号,把 $s+4$ 状态改为 $s+2$ 状态,如图 2.10 中 $s?$ 的 NFA 所示。

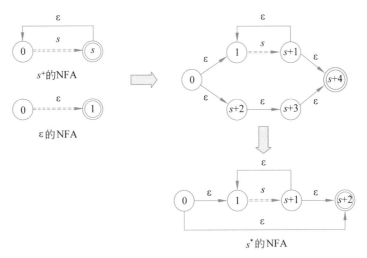

图 2.9　闭包运算的 NFA 原生构造法

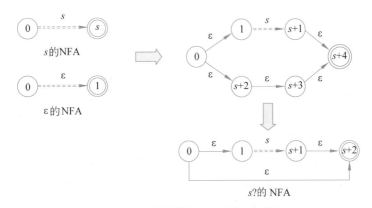

图 2.10　问号运算的 NFA 原生构造法

上述正则运算的 NFA 构造法可称为 **NFA 原生构造法**。对于一个正则表达式,以上述 NFA 原生构造法得到的 NFA 称为**原生 NFA**。原生 NFA 有如下 5 个特性。

(1) 状态序号连续编排,开始状态序号最小,结束状态的序号最大。

(2) 只有一个开始状态和一个结束状态,它们不会重合。

(3) 只有结束状态的 type 属性值为 MATCH,其他状态的 type 属性值都为 UNMATCH。

(4) 开始状态不会有实入边,结束状态不会有实出边。这里,实入边和实出边中的"实"指的是边上的驱动字符不为空字符 ε。如果边上的驱动字符为空字符 ε,就称为虚边。

(5) 通过 NFA 原生构造法组合而成的 NFA 依然具有该特性。

有了上述 NFA 原生构造法之后,任一正则表达式的 NFA 便可轻易地构造出来。现举例说明正则表达式的 NFA 构造过程。对于正则表达式(a|b)*abb,其含义可理解为如下 7 个正则表达式:$r_1 \rightarrow a$;$r_2 \rightarrow b$;$r_3 \rightarrow r_1|r_2$;$r_4 \rightarrow r_3{}^*$;$r_5 \rightarrow r_4 \cdot r_1$;$r_6 \rightarrow r_5 \cdot r_2$;$r_7 \rightarrow r_6 \cdot r_2$。根据上述运算的 NFA 原生构造法,其中 $r_3 \rightarrow r_1|r_2$,$r_4 \rightarrow r_3{}^*$,$r_7 \rightarrow r_6 \cdot r_2$ 的 NFA 分别如图 2.11(a)~图 2.11(c)所示。

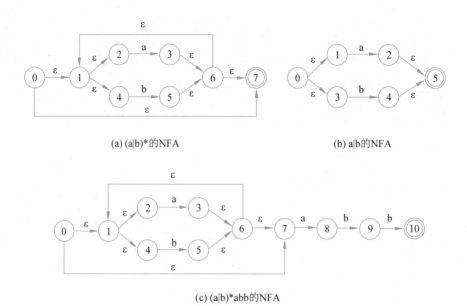

(a) (a|b)*的NFA

(b) a|b的NFA

(c) (a|b)*abb的NFA

图 2.11　正则表达式(a|b)ˇabb 的 NFA 构建过程

2.4.2　基于 NFA 的匹配判断算法

对于一个正则表达式,通过上述方法构建的 NFA 能够用于词法分析。基于 NFA 的词法分析模型是:已知一个正则表达式的 NFA,判断一个输入字符串是否匹配该正则表达式。2.3 节中给出的基于状态转换图的匹配判断框架(见代码 2.1)依然适应基于 NFA 的匹配判断。唯一的差异体现在:由于 NFA 中存在空转换,当前状态不再是单个状态,而是一个状态集合。下一状态也是如此,同样为一个状态集合。因此,要得到基于 NFA 的匹配判断算法,只须将代码 2.1 稍作修改即可。

基于 NFA 的匹配判断算法如代码 2.3 所示。在该算法中,当前状态不再是一个状态,而是一个状态集合。下一状态也是如此。于是原来的函数 getNextStateInGraph 要修改成 getNextStateSetInNFA。getNextStateSetInNFA 函数也叫 Dtran 函数,是 Driving Transition 的缩写。在求当前状态集合时,要用到一个名为 ε_closure 的函数,其中 closure 的含义是闭包。一个已知的状态集合,其 ε 闭包的结果还是一个状态集合,其含义为通过 ε 变迁能到达的所有状态。

代码 2.3　基于 NFA 的匹配判断算法

```
1   bool match(char inputString[ ], int inputSize)  {
2    IntegerSet currentStateSet =ε_closure({0});
3    int currentIndex = 0;
4    while(currentIndex <inputSize)  {
5      currentStateSet = DTran(currentStateSet, inputString[currentIndex]);
6      if(currentStateSet ==∅)
7        return false;
8      else
9        currentIndex ++;
```

```
10     }
11     if(getStateTypeInNFA (currentStateSet) == MATCH)
12        return true;
13     else
14        return false;
15  }
```

该算法中的关键问题是如何求当前状态的集合,以及下一状态的集合。下面举例阐释该问题。第一个例子是,输入字符串"abb"匹配正则表达式(a|b)*abb吗?该正则表达式的 NFA 如图 2.11(c)所示。首先对 currentStateSet 进行初始化。在 NFA 中,依旧是 0 状态为开始状态。因此初始化就是:currentStateSet=ε_closure({0}),其中参数{0}表示 1 个状态集合,其中只有状态 0。从 NFA 可知,ε_closure({0})={0,1,2,4,7}。其含义为:从 0 状态开始,通过 ε 变迁能到达的所有状态,即 ε 闭包。ε_closure 函数的实现如代码 2.4 所示。该函数通过迭代穷举,从输入状态集合开始,以广度优先策略逐层查找,在 NFA 中找出由 ε 变迁能到达的所有状态。

代码 2.4　ε_closure 函数的实现

```
1  IntegerSet ε_closure(IntegerSet input) {
2    IntegerSet resultStateSet, currentStateSet, nextStateSet;
3    resultStateSet = currentStateSet = input;
4    while(not currentStateSet.isEmpty())  {
5      nextStateSet = NullTransition(currentStateSet);
6      nextStateSet -= resultStateSet;
7      if(nextStateSet.isEmpty())
8        return resultStateSet;
9      else {
10         resultStateSet += nextStateSet;
11         currentStateSet = nextStateSet;
12      }
13    }
14  }
```

在该例中,初始化后,resultStateSet={0},currentStateSet={0}。第 1 轮迭代之后,resultStateSet={0,1,7},currentStateSet={1,7}。第 2 轮迭代之后,resultStateSet={0,1,7,2,4},currentStateSet={2,4}。在第 3 轮迭代中,nextStateSet=∅,搜索结束。于是返回得到结果 ε_closure({0})={0,1,2,4,7}。

匹配算法的第 5 行是调用 DTran 函数(见代码 2.3 第 5 行),针对当前状态集合和当前驱动字符,求下一状态集合。DTran 包含两个动作:①move;②ε_closure。move 的含义是在 NFA 中就当前状态集合和当前驱动字符,求下一状态集合。ε_closure 指对 move 函数的返回结果求 ε 闭包。DTran 函数的实现如代码 2.5 所示。

代码 2.5　DTran 函数的实现

```
1  IntegerSet DTran(IntegerSet currentStateSet, char currentDriverChar)   {
2    IntegerSet nextStateSet = move(currentStateSet, currentDriverChar);
3    return ε_closure(nextStateSet);
4  }
```

对于该例,在第 1 轮匹配中,currentStateSet＝{0,1,2,4,7},当前驱动字符为第 1 个输入字符'a',对照 NFA,可知 move(currentStateSet,a)＝{3,8}。对其求 ε 闭包,从 NFA 可知,ε_closure({3,8})＝{1,2,3,4,6,7,8},其含义是从 3 状态和 8 状态通过空变迁能到达的所有状态。在第 1 轮匹配之后,currentStateSet 被更新为{1,2,3,4,6,7,8},当前驱动字符变为第 2 个输入字符'b'。

在第 2 轮匹配中,move(currentStateSet,b)＝{5,9},不为空。ε_closure({5,9})＝{1,2,4,5,6,7,9},其含义为从 5 状态和 9 状态通过空变迁能到达的所有状态。在第 2 轮匹配之后,currentStateSet 被更新为{1,2,4,5,6,7,9},当前驱动字符变为第 3 个输入字符'b'。

在第 3 轮匹配中,move(currentStateSet,b)＝{5,10},不为空。于是求 ε_closure({5,9})＝{1,2,4,5,6,7,10},其含义为从 5 状态和 10 状态通过空变迁能到达的所有状态。在第 3 轮匹配之后,currentStateSet 被更新为{1,2,4,5,6,7,10}。

此时,所有输入字符都已匹配完毕。接下来就是调用函数 getStateTypeInNFA,检查最终是否匹配。在该函数中,对 currentStateSet 集合中的每一个状态在 NFA 中检查其 type 属性值。其中只要有一个的 type 属性值为 MATCH,就返回 MATCH,否则返回 UNMATCH。

在该例的 NFA 中,只有 10 状态的 type 属性值为 MATCH。现在 10 状态是 currentStateSet 集合中的元素。因此输入串"abb"匹配正则表达式(a|b)* abb。

再来看第二个例子:输入串"abbb"匹配正则表达式(a|b)* abb 吗? 这个输入串比上一例子的输入串只多了一个字符'b',因此要进行第 4 轮匹配。在第 4 轮匹配中,currentStateSet＝{1,2,4,5,6,7,10},当前驱动字符变为第 4 个输入字符'b'。于是,move(currentStateSet,b)＝{5},不为空。再求 ε_closure({5})＝{1,2,4,5,6,7}。可知 10 状态不在其中,因此调用函数 getStateTypeInNFA 得到的返回值为 UNMATCH,不匹配。

再来看第三个例子,输入串"acb"匹配正则表达式(a|b)* abb 吗? 该例中的第 1 轮匹配与第一个例子的第 1 轮匹配相同。在第 2 轮匹配中,当前驱动字符为'c',得到 move(currentStateSet,c)＝∅。于是直接得出不匹配的结论,无须第 3 轮匹配。

思考题 2-10 如果输入串为"abbabb",它匹配正则表达式(a|b)* abb 吗?

从上述几个例子可知,基于 NFA 的词法分析与基于状态转换图(即 DFA)的词法分析相比,开销要大很多。这里所说的开销大,体现在三方面。首先,对输入字符串中的每一个字符进行匹配时,都须调用一次 ε_closure 函数。其次,当前状态和下一状态由单一状态变成了集合。最后,NFA 中有很多空转换,导致 NFA 中的边数要比 DFA 中的边数多。这些特性表明,最好把 NFA 变成 DFA,从而舍弃基于 NFA 的词法分析。

2.4.3 基于 NFA 的 DFA 构造方法

在基于 NFA 的词法分析中,对输入字符串中每一个字符进行匹配时,都是以当前状态集合和当前驱动字符到 NFA 上找出其下一状态集合。匹配过程中,如果发现下一状态集合为空,就称不匹配。如果能匹配至最后一个字符,就要检查 NFA 的结束状态是否在其下一状态集合中。如果不在,就称不匹配,否则就称匹配。这种处理方式较为直观,但每轮匹配都要到 NFA 上针对当前状态集合和当前驱动字符找出其下一状态。这种处理带有临时

性和被动性,导致匹配中反复搜索 NFA,对某一当前状态集合和驱动字符重复不断地求解
DTran 函数值。

为了避免重复不断地针对 NFA 求解 DTran,可从 NFA 本身穷举出所有可能的当前状
态集合,以及所有可能的驱动字符,事先一次性地算出所有可能的 DTran 函数值。当用于
匹配时,就可免去 NFA 及其 DTran 函数值求解,改为查表匹配。这种处理就相当于求出了
正则表达式的 DFA。

对于一个正则表达式,很难直接得出其 DFA,但能通过对其 NFA 中包含的所有可能情
形进行穷举,从而得出其 DFA。得出一个正则表达式的 NFA 很容易,穷举 NFA 包含的所
有可能情形也很容易。于是一个看似很难做到的事情,经过这么一番“迂回”,问题便迎刃而
解。这种问题求解之策非常优美,具有艺术性。

穷举一个 NFA 所有可能的当前状态集合,以及所有可能的驱动字符,可以从开始状态
切入。唯一已知的当前状态集合就是开始状态集合,为 ε_closure({0})。穷举可采用广度
优先策略。对于开始状态集合中的任意状态,如果它有一条实出边,那么该实边上的驱动字
符也就是开始状态集合的驱动字符之一。实出边指驱动字符不为 ε 的出边。驱动字符为 ε
的出边称作虚出边。在 NFA 上扫描开始状态集合中的所有状态,便能穷举出开始状态集
合的所有驱动字符。对开始状态集合的每一驱动字符,用 DTran 函数求出其下一状态集
合。如果下一状态集合不等于开始状态集合,那么也要将其视作一个当前状态集合,采取和
开始状态集合一样的处理办法进行穷举。

穷举完毕之后,便得到一个状态集合的转换表。以后当要用于匹配时,就可抛开 NFA,
转去查转换表即可。为每个状态集合分配一个唯一的序号,于是这个状态集合的转换表就
变成了状态序号转换表。状态序号转换表其实就是 DFA 的表格表达方式。NFA 的开始状
态集合就是 DFA 的开始状态。状态集合的序号就是 DFA 的状态序号。

下面以正则表达式 (a|b)* abb 的 NFA 为例来展示状态集合及其转换的穷举方法。其
NFA 如图 2.11(c) 所示。在这个 NFA 中,开始状态集合为 ε_closure({0})={0,1,2,4,7},
为其分配一个集合序号,为 0。从该集合中包含的状态可知,在 2 状态上有一条实出边,其
驱动字符为 'a'。在 4 状态上有一条实出边,其驱动字符为 'b'。在 7 状态上有一条实出边,
其驱动字符为 'a'。于是可以得知,当前状态为开始状态集合时,所有可能的驱动字符有 'a'
和 'b'。

用 move 函数和 ε_closure 函数分别求 DTran 函数值,即可得出每一转换的下一状态
集合:

move({0,1,2,4,7},a)={3,8};ε_closure({3,8})={1,2,3,4,6,7,8};

move({0,1,2,4,7},b)={5};ε_closure({5})={1,2,4,5,6,7}。

得出的这两个下一状态集合,与前面已知的状态集合(即开始状态集合)不相同。因此
它们都是新状态集合,为它们分别分配集合序号 1 和 2。

接下来对 1 号状态集合进行穷举。从 {0,1,2,3,4,6,7,8} 中包含的状态可知,在 2 状
态上有一条实出边,其驱动字符为 'a'。在 4 状态上有一条实出边,其驱动字符为 'b'。在 7
状态上有一条实出边,其驱动字符为 'a'。在 8 状态上有一条实出边,其驱动字符为 'b'。于

是可得知,当前状态为 1 号状态集合时,所有可能的驱动字符有'a'和'b'。

用 move 函数和 ε_closure 函数分别求 DTran 函数值,得出每一转换的下一状态集合:

move({0,1,2,3,4,6,7,8},a)={3,8}; ε_closure({3,8})={1,2,3,4,6,7,8};

move({0,1,2,3,4,6,7,8},b)={5,9}; ε_closure({5,9})={1,2,4,5,6,7,9}。

从其可知,第 1 个下一状态集合就是 1 号状态集合,不是一个新状态集合;而第 2 个下一状态集合与前面已知的状态集合(即序号为 0,1,2 的状态集合)都不相同。因此它是一个新状态集合,为其分配集合序号 3。

接下来对 2 号状态集合进行穷举。从 {1,2,4,5,6,7} 中包含的状态可知,在 2 状态上有一条实出边,其驱动字符为'a'。在 4 状态上有一条实出边,其驱动字符为'b'。在 7 状态上有一条实出边,其驱动字符为'a'。由此可知,当前状态为 2 号状态集合时,所有可能的驱动字符有'a'和'b'。

用 move 函数和 ε_closure 函数分别求 DTran 函数值,得出每一转换的下一状态集合:

move({1,2,4,5,6,7},a)={3,8}; ε_closure({3,8})={1,2,3,4,6,7,8};

move({1,2,4,5,6,7},b)={5}; ε_closure({5})={1,2,4,5,6,7,9}。

从其可知,第 1 个下一状态集合就是 1 号状态集合,而第 2 个下一状态集合就是 2 号状态集合。它们都不是新状态集合。

接下来对 3 号状态集合进行穷举。从 {1,2,4,5,6,7,9} 中包含的状态可知,在 2 状态上有一条实出边,其驱动字符为'a'。在 4 状态上有一条实出边,其驱动字符为'b'。在 7 状态上有一条实出边,其驱动字符为'a'。在 9 状态上有一条实出边,其驱动字符为'b'。于是可以得知,当前状态为 3 号状态集合时,所有可能的驱动字符有'a'和'b'。

用 move 函数和 ε_closure 函数分别求 DTran 函数值,得出每一转换的下一状态集合:

move({1,2,4,5,6,7,9},a)={3,8}; ε_closure({3,8})={1,2,3,4,6,7,8};

move({1,2,4,5,6,7,9},b)={5,10}; ε_closure({5})={1,2,4,5,6,7,10}。

从其可知,第 1 个下一状态集合就是 1 号状态集合。而第 2 个下一状态集合与前面已知的状态集合(即 0,1,2,3 号状态集合)都不相同。因此它是一个新状态集合,为其分配集合序号 4。

接下来对 4 号状态集合进行穷举。从 {1,2,4,5,6,7,10} 中包含的状态可知,在 2 状态上有一条实出边,其驱动字符为'a'。在 4 状态上有一条实出边,其驱动字符为'b'。在 7 状态上有一条实出边,其驱动字符为'a'。由此可知,当前状态为 4 号状态集合时,所有可能的驱动字符有'a'和'b'。

用 move 函数和 ε_closure 函数分别求 DTran 函数值,得出每一转换的下一状态集合:

move({1,2,4,5,6,7,10},a)={3,8}; ε_closure({3,8})={1,2,3,4,6,7,8};

move({1,2,4,5,6,7,10},b)={5}; ε_closure({5})={1,2,4,5,6,7}。

从其可知,第 1 个下一状态集合就是 1 号状态集合,而第 2 个下一状态集合就是 2 号状态集合。它们都不是新状态集合。

至此,已全部穷举出来。将上述穷举结果汇总到 DFA 状态转换表 DTran 中,如表 2.1 所示。

表 2.1　DFA 状态转换表 DTran

NFA 中对应的状态集合	状态集合序号 （即 DFA 状态序号）	驱动字符对应的下一状态集合序号	
		a	b
$\{0,1,2,4,7\}$	0	1	2
$\{1,2,3,4,6,7,8\}$	1	1	3
$\{1,2,4,5,6,7\}$	2	1	2
$\{1,2,4,5,6,7,9\}$	3	1	4
$\{1,2,4,5,6,7,10\}$	4	1	2

将表 2.1 以状态转换图形式画出，得到的 DFA 如图 2.12 所示。

上述通过穷举由正则表达式的 NFA 来构造其 DFA 的方法称为 DFA 的子集构造法（Subset Construction）。有了上述转换表，匹配时就不再需要 NFA，也无须求 DTran 函数值，直接查表即可。

思考题 2-11　发现一个下一状态集合是否为一个新状态集合，其实只需比较 move 函数的结果即可，并不需要去比较 DTran 函数值。为什么？

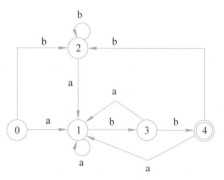

图 2.12　由正则表达式的 NFA 得出的 DFA

2.4.4　正则表达式的最简 NFA 构造法

对于正则表达式，构建其 NFA 不是目标而是策略和手段，构建 DFA 才是目标。对于正则表达式 $r \rightarrow (a|b)^* abb$，按照 NFA 原生构造法得到 NFA 如图 2.11(c) 所示。再使用子集构造法，得到 DFA 如图 2.12 所示。对于该正则表达式，其最简 NFA 如图 2.13(a) 所示。使用子集构造法从其得到的 DFA 如图 2.13(b) 所示。对照图 2.12 和图 2.13(b) 所示的两个 DFA，可以发现后者少了一个状态和两条边，比前者简单。对于一个正则表达式，人们当然希望得到的 DFA 越简单越好，这样有利于降低词法分析的计算和存储开销。

思考题 2-12　图 2.13(a) 所示 NFA 中尽管没有空转换，但它是一个 NFA，为什么？既然它是一个 NFA，那么就可使用 DFA 子集构造法，来得出其状态转换表 DTran。该状态转换表中有几个状态集合？每一状态集合含哪些状态？写出其状态转换表 DTran。

上述同一个正则表达式的两个 DFA，后者比前者简单，再对照它们对应的 NFA，可以发现后者的 NFA 要比前者的 NFA 简单很多。由此可知，由简单的 NFA 能得出简单的 DFA。NFA 的简单性体现在空转换少很多。对于 NFA 原生构造法中的空转换，是否有条件可以省掉？省掉的条件是什么？这就是最简 NFA 构建法要回答的问题。

对于正则表达式的最简 NFA 构建，下面通过举例来展示空变换的作用。有 5 个正则表达式：$r_1 = a$；$r_2 = b$；$r_3 = r_1^+$；$r_4 = r_2^+$；$r_5 = r_3 \cdot r_4$。按照正则表达式的 NFA 原生构造法，得出的这 5 个正则表达式的 NFA 如图 2.14(a)～图 2.14(e) 所示。现在观察正则表达式 r_3、r_4 和 r_5 的 NFA 特性。r_3 和 r_4 的 NFA 的开始状态都有入边，结束状态都有出边。如

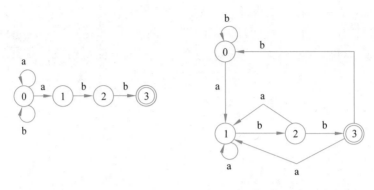

(a) 正则表达式(a|b)*abb 的最简 NFA   (b) 由最简 NFA 得出的 DFA

图 2.13 正则表达式 $(a|b)^*abb$ 的最简 NFA 和由其得到的 DFA

图 2.14(e)所示,r_5 的 NFA 其实不正确,其原因是:字符串"abab"匹配 r_5 的 NFA,但是根据 r_5 的语义,不应该匹配。因此按原生构造法得到的 r_5 的 NFA 错误,其原因是:r_3 的结束状态有出边,而 r_4 的开始状态有入边,当把 r_3 的 NFA 的结束状态与 r_4 的 NFA 的开始状态接合在一起时,会出现倒灌情形。倒灌的含义是:由 2 状态通过空转换到达 1 状态,再通过空转换到达 0 状态。而语义并不是这样。语义是由 2 状态通过空转换到达 1 状态,不允许再到 0 状态。

为了得出正确的 r_5 的 NFA,需要引入一个空转换,如图 2.14(f)所示。通过引入一个空转换,便消除了倒灌情形,保证了 NFA 构造的正确性。由这个案例分析可知,正则表达式的 NFA 构建,要对输入的 NFA 检查其开始状态是否有入边,结束状态是否有出边,确保不出现倒灌情形。

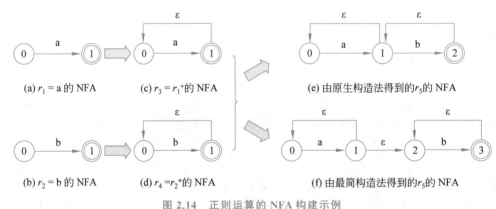

(a) $r_1 = a$ 的 NFA   (c) $r_3 = r_1^+$的 NFA   (e) 由原生构造法得到的r_5的 NFA

(b) $r_2 = b$ 的 NFA   (d) $r_4 = r_2^+$的 NFA   (f) 由最简构造法得到的r_5的 NFA

图 2.14 正则运算的 NFA 构建示例

对于连接运算 $s \cdot t$,其最简 NFA 由正则表达式 s 的 NFA 和正则表达式 t 的 NFA 结合而成。要将其区分成两种情形来考虑,如图 2.15 所示。只有在 s 的 NFA 的结束状态有出边,且 t 的 NFA 的开始状态有入边时,需要引入一个空转换边来消除倒灌,如图 2.15(a)所示。在其他情形下不会出现倒灌,构造方法和原生构造法一样,如图 2.15(b)所示。

在连接运算 $s \cdot t$ 的最简 NFA 构建中,要对输入的两个 NFA 重新编排状态序号,保证结果 NFA 中每个状态的序号唯一,而且是连续编排。也要保证结果 NFA 的开始状态的序

(a) s 的 NFA 的结束状态 s 有出边，且 t 的 NFA 的开始状态 0 有入边

(b) 其他情形

图 2.15　联接运算的最简 NFA 构造法

号为 0，结束状态的序号最大。

对于闭包运算 s^*，其最简 NFA 由正则表达式 s 的 NFA 得出。要分门别类将其区分成 4 种情形来考虑，如图 2.16 所示。对于 s 的 NFA，当其开始状态有入边，且其结束状态有出边时，要采用原生构造法构建。在该情形下引入的空转换最多，为 4 个，在其他情形下空转换数可以减少，每种情形的减少数不一样。对于 s 的 NFA，如果其开始状态无入边，且其结束状态无出边，则引入的空转换数可减少 2 个，如图 2.16 的最后一种情形所示。从 4 种情形的对比可知，原生构造法是一种保守的构造法，以一概全，带来了构造的简单性，但是没有使得空转换数最少。

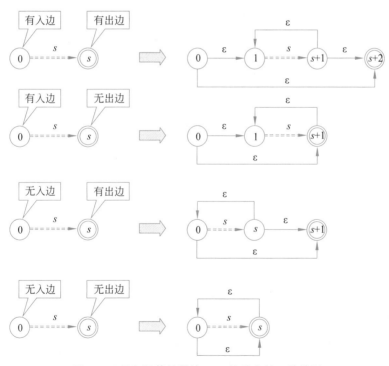

图 2.16　闭包运算的最简 NFA 构造中的 4 种情形

对于 0 个或 1 个运算 $s?$，其最简 NFA 由正则表达式 s 的 NFA 得出。和闭包运算一样，要对 s 的 NFA 区分成 4 种情形来分别考虑，如图 2.17 所示。

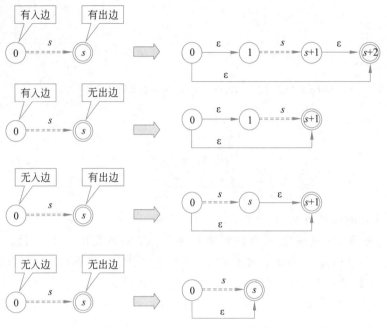

图 2.17　0 个或者 1 个运算的最简 NFA 构造中的 4 种情形

　　对于并运算 $s|t$，其最简 NFA 由正则表达式 s 的 NFA 和正则表达式 t 的 NFA 组合得出。对于 s 的 NFA 和 s 的 NFA，当它们的开始状态都无入边，结束状态都无出边，且 category 属性值都为空时，并运算的结果 NFA 如图 2.18 所示。从其可知，组合中无须引入空转换边。结果 NFA 中共有 $s+t$ 个状态，开始状态序号为 0，结束状态序号为 $s+t-1$。组合中，要重新编排状态序号，保证结果 NFA 中每个状态的序号唯一，而且是连续编排。其中对于 s 的 NFA，仅须将 s 状态的序号改为 $s+t-1$，其他保持不变。对于 t 的 NFA，除了 0 状态之外的其他状态，序号都要修改。具体来说，从 1 状态至 t 状态，每个状态的序号都加上 $s-1$。

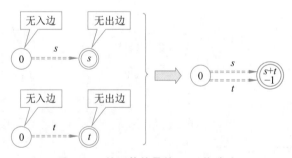

图 2.18　并运算的最简 NFA 构造法

　　当 s 的 NFA 的开始状态有入边，或者结束状态有出边，或者结束状态的 category 属性值不为空时，就要先对其改造，然后再去参与并运算。改造分为两步。第 1 步改造是针对开始状态有入边，或者结束状态有出边，这种改造包含 3 种子情形，如图 2.19 情形中，第 1 种和第 3 种子情形会导致状态序号重新编排。原有状态的序号因此会发生改变，但其 category 属性值保持不变。对于 t 的 NFA 也是如此。

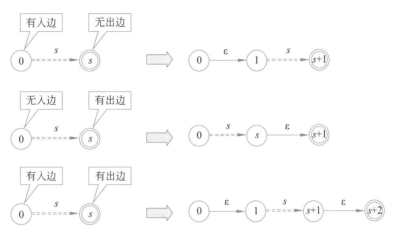

图 2.19　并运算之前对其分量 NFA 的等价改造

在第 1 步改造之后，如果 s 的 NFA 的结束状态，其 category 属性值不为空，那么其结束状态要接一个空转换，以便保留其标志性。改造情形如图 2.20 所示。category 属性值不为空的状态都是标志状态，在并运算的组合中不能和其他状态合并。这就是要做该改造的缘由。对于此情形，意味着在第 1 步改造前，s 的 NFA 的结束状态肯定无出边。否则第 1 步改造之后，s 的 NFA 的结束状态后已经增加了一个空转换，新的结束状态的 category 属性值肯定为空。对于 t 的 NFA 也要如此。

图 2.20　并运算之前对其分量 NFA 的第 2 步等价改造

对并运算的分量执行上述两步改造之后，再按照图 2.18 所示方法得出并运算的结果 NFA。当 s 和 t 的 NFA 的开始状态都有入边，结束状态都有出边或者 category 属性值都不为空时，并运算的结果 NFA 如图 2.21 所示。这就是原生构造法。由此可得，原生构造法是一种保守的构造法。最简 NFA 构造法与原生构造法的区别在于，前者依据具体情形分门别类考虑，消除不必要的空转换边，使得结果 NFA 最简。

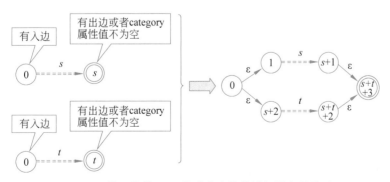

图 2.21　并运算的 NFA 构造中空转换增加最多的情形

对于闭包运算 s^*，当 s 的 NFA 只含两个状态，且开始状态无入边，结束状态无出边时，可进一步将结果 NFA 由两个状态化简成一个状态，将两个空转换边消除。最终结果 NFA 如图 2.22 所示。

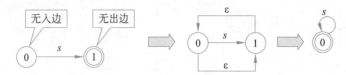

图 2.22　特殊情形下闭包运算的最简 NFA 构建

最简 NFA 构建法则具有动态性和量体裁衣性，能够使得构造出来的 NFA 具有最少的空转换边，从而使得所获的 DFA 具有简单性。下面举例说明。对于正则表达式 $(a|b)^*a$，其含义可理解为如下 5 个正则表达式：$r_1 \rightarrow a; r_2 \rightarrow b; r_3 \rightarrow r_1 | r_2; r_4 \rightarrow r_3^*; r_5 \rightarrow r_4 \cdot r_1$。根据上述运算的 NFA 原生构造法，这 5 个正则表达式的 NFA 分别如图 2.23(a)～图 2.23(e) 所示。

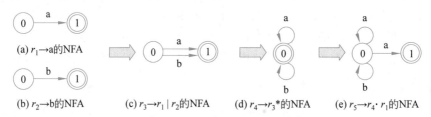

(a) $r_1 \rightarrow a$ 的 NFA

(b) $r_2 \rightarrow b$ 的 NFA

(c) $r_3 \rightarrow r_1 | r_2$ 的 NFA

(d) $r_4 \rightarrow r_3^*$ 的 NFA

(e) $r_5 \rightarrow r_4 \cdot r_1$ 的 NFA

图 2.23　正则表达式 $(a|b)^* a$ 的最简 NFA 构建过程

2.4.5　特殊正则表达式的最简 NFA 构造

多行注释的前缀为"/*"，后缀为"*/"，中间内容的正则表达式为：

$$r \rightarrow (character - `*')^* \cdot (`*')^+ \cdot ((character - `*' - `/') \cdot (character - `*')^* \cdot (`*')^+)^*$$

这个表达式的来历已在 2.2 节讲解。使用最简 NFA 构造法，得到其 NFA 如图 2.24 所示。图中将 character 简化成了 c。

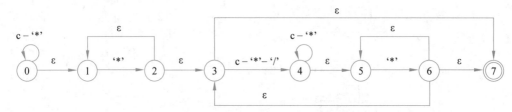

图 2.24　多行注释中间内容的最简 NFA

对该 NFA 使用子集构造法，得到的 DFA 状态转换表 DTran 如表 2.2 所示。

表 2.2　多行注释中间内容的 DFA 状态转换表 DTran

NFA 中对应 的状态集合	状态集合序号 （即 DFA 状态序号）	驱动字符对应的下一状态集合序号		
		$c-`*`$	`*`	$c-`*`-`/`$
$\{0,1\}$	0	0	1	
$\{1,2,3,7\}$	1	1	1	2
$\{4,5\}$	2	2	3	
$\{3,5,6,7\}$	3	3	3	2

将上述状态转换表以状态转换图形式画出，得到的 DFA 如图 2.25 所示。

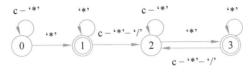

图 2.25　由子集构造法得到的 DFA

对于图 2.24 所示的 NFA 进行人为观察，可简化成如图 2.26 所示的 NFA。对该 NFA 使用子集构造法，得到的 DFA 如图 2.27 所示。对比图 2.25 和图 2.27 所示的两个 DFA，可知后一个要简单很多。

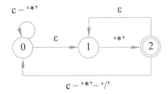

图 2.26　多行注释中间内容的等价 NFA　　图 2.27　由子集构造法得到的最简 DFA

对上述多行注释中间内容的正则表达式进行归纳，可得出其一般化形式为 $r \rightarrow s \cdot (t \cdot s)^*$，其中 s 和 t 为正则表达式。它的 NFA 也可由 s 的 NFA 和 t 的 NFA 组合出来，组合情形如图 2.28 所示。由于 t 的 NFA 中含有 $t+1$ 个状态，s 的 NFA 的双虚线中含有 $s-1$ 个状态，因此结果 NFA 的状态数为 $s+t$ 个。从而得知结果 NFA 的结束状态序号为 $s+t-1$。

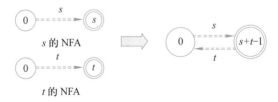

图 2.28　正则表达式 $s \cdot (t \cdot s)^*$ 的最简 NFA 构造法

为了使得结果 NFA 中的每个状态的序号唯一，且连续编排，要对 t 和 s 的 NFA 中状态的序号重新布局。从结果 NFA 可知，对 t 的 NFA，其结束状态的序号要由 t 改为 0，而开始状态的序号则要由 0 改为 $s+t-1$。为此，先将 t 状态与 0 状态的序号对换，这种对换并不改变 t 的逻辑。对换方法是：先将 0 状态的序号改为 $t+1$，将 0 序号腾空出来；然后把 t 状态的序号改为 0,再把 $t+1$ 状态的序号改为 t,于是就实现了它们序号的互换。此时,t 的 NFA 中,t 状态是开始状态,0 状态是结束状态。再将 t 的 NFA 中开始状态的序号由 t 改为 $s+t-1$,即结果 NFA 的结束状态序号。现在 t 的 NFA 状态序号已全部重新布局完毕,占用的序号段为 0 至 $t-1$,以及 $s+t-1$。因此 s 的 NFA 能用的状态序号段只能为 t 至 $s+t-1$。对于 s 的 NFA,开始状态的序号保持不变,依然为 0。其他从 1 至 s 的状态序号都要加上 $t-1$,使其变为从 t 至 $s+t-1$。

思考题 2-13　对于 s 的 NFA,其 1 状态至 s 的状态,序号都要加上 $t-1$,使其变为从 t 至 $s+t-1$。修改时不能顺着从 1 状态开始改,直至 s 状态,而要从 s 状态开始,倒着改,直至 1 状态。为什么?请结合上述状态序号,重新布局方案,对于多行注释前后缀之间夹着的中间内容,根据其正则表达式,看能否得出图 2.26 所示的最简 NFA?

就正如闭包运算一样,$s \cdot (t \cdot s)^*$ 也是一个复合运算表达式,为它取一个运算名,将其提升为基本运算。我们暂且将这个运算称作残正闭包运算,记作 $s{\char`\^}t$。残的意思是表达式中第一个 s 前面少了一个 t,如果有,那么就是正闭包了。

2.4.6　NFA 和 DFA 中状态属性值的确定方法

由 NFA 而得的 DFA 中,每个状态都有 type 属性。对于 type 属性值为 MATCH 的状态,它还有 category 属性。这两个属性的含义已在 2.3 节讲解。当使用 NFA 原生构建法或者最简 NFA 构建法来构建一个正则表达式的 NFA 时,每一个 NFA 有且仅有一个状态(即结束状态),其 type 属性值为 MATCH。其他状态的 type 属性值都为 UNMATCH。因此,对于 NFA 来说,不用考虑状态的 type 属性值,只需要在 NFA 中记录它的结束状态序号即可。

开始状态序号和结束状态序号都是 NFA 的重要属性。为 NFA 中的状态分配序号时,将其开始状态序号设为 0,所有状态的序号连续编排,使结束状态的序号最大。如此处理之后,对于每种正则运算,按照最简 NFA 构造法,其结果 NFA 中状态数都能算出,于是也就知道了其结束状态的序号。因此,在 NFA 构建中并不用关心状态的 type 属性,只须明确结束状态序号即可。

正则表达式有 category 属性。在定义正则表达式时,要给其确定 category 属性值。例如,假定在一门高级程序语言中,数值常量要区分整数常量、实数常量和科学记数法常量。另外还有变量、预留字等概念。为了满足这一要求,就要定义如下 7 个正则表达式:

(1) int→'i'·'n'·'t';

(2) if→'i'·'f';

(3) id→letter$^+$;

(4) integerConst→digit$^+$;

(5) optionalFraction→'.'·digits;

(6) optionalExponent→'E'·('+'|'-')?·digits;

(7) numberConst→IntegerConst·optionalFraction?·optionalExponent?。

并且对前 6 个正则表达式的 category 属性值,分别设置为 RESERVED、RESERVED、ID、INTERGER_CONST、FLOAT_CONST 和 SCIENTIFIC_CONST。第 7 个正则表达式的 category 属性值不用定义,让其为空。

当构造出一个正则表达式的 NFA 时,将其 NFA 中结束状态的 category 属性值设为该正则表达式的 category 属性值。当一个正则表达式参与某个正则运算时,其 NFA 中每个状态的 category 属性值要代入正则运算的结果 NFA 中。例如,对于上述第(4)至第(7)的 4 个正则表达式,使用最简 NFA 构造法分别构建其 NFA,其结果分别如图 2.29(a)～图 2.29(d)所示。图 2.29(a)所示的 NFA,其结束状态 1 的 category 属性值为 INTERGER_CONST,来自正则表达式 IntegerConst 的定义。图 2.29(b)所示的 NFA,其结束状态 2 的 category 属性值为 FLOAT_CONST,来自正则表达式 optionalFraction 的定义。图 2.29(c)所示的 NFA,其结束状态 3 的 category 属性值为 SCIENTIFIC_CONST,来自正则表达式 optionalExponent 的定义。

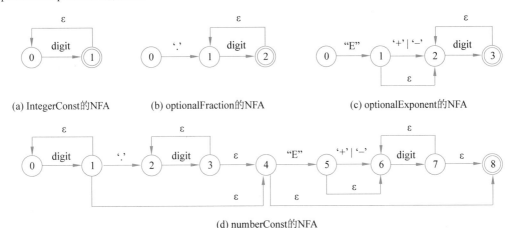

(a) IntegerConst的NFA　　　　(b) optionalFraction的NFA　　　　(c) optionalExponent的NFA

(d) numberConst的NFA

图 2.29　4 个正则表达式的简化 NFA

图 2.29(d)所示正则表达式 numberConst 的 NFA 由前 3 个 NFA 组合所得。它有 3 个状态的 category 属性的值不为空。其中 1 状态的 category 属性值为 INTERGER_CONST,由第 1 个 NFA 带入;3 状态的 category 属性值为 FLOAT_CONST,由第 2 个 NFA 带入;7 状态的 category 属性值为 SCIENTIFIC_CONST,由第 3 个 NFA 带入。

用子集构造法将 NFA 转化为 DFA 后,DFA 中状态的 type 属性值和 category 属性值按照如下方法确定。对于 DFA 的状态 i,设它在 NFA 中对应的状态集合为 α_i。如果集合 α_i 中包含了 NFA 的结束状态,那么 DFA 的状态 i 的 type 属性值就为 MATCH。如果集合 α_i 包含一个状态,其 category 属性值不为空,那么它就是状态 i 的 category 属性值。

现以图 2.29(d)所示 NFA 为例,展示 DFA 状态属性的确定方法。根据子集构造法得出的 DFA 状态转换表 DTran 如表 2.3 所示。

表 2.3　正则表达式 numberConst 的状态转换表

NFA 中对应的状态集合	状态集合序号(即 DFA 状态序号)	驱动字符下的目标状态序号			
		digit	'.'	'E'	'+' | '−'
{0}	0	1			
{0,1,4,8}	1	1	2	3	
{2}	2	4			

续表

NFA 中对应的状态集合	状态集合序号（即 DFA 状态序号）	驱动字符下的目标状态序号			
		digit	'.'	'E'	'+' | '—'
{5,6}	3	6			5
{2,3,4,8}	4	4		3	
{6}	5	6			
{6,7,8}	6	6			

将该状态转换表以状态转换图形式画出,得到的 DFA 如图 2.30 所示。这就是图 2.3 所示状态转换图上面部分的由来。

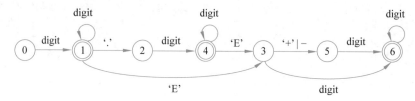

图 2.30 由正则表达式 numberConst 的 NFA 得出的 DFA

从状态转换表的第 1 列(即 NFA 中对应的状态集合)来看,NFA 的结束状态 8 出现在状态集合序号为 1,4,6 的行中。因此,DFA 的 1,4,6 状态的 type 属性值为 MATCH。

再来看 category 属性,NFA 中的 1,3,7 这 3 个状态的 category 属性值不为空。这 3 个状态出现在集合序号为 1,4,6 的状态集合中。因此,DFA 中 1,4,6 状态的 category 属性值不会为空。接下来求这 3 个状态的 category 属性值。

表中集合序号为 1 的状态集合为{0,1,4,8},其中 1 状态在 NFA 中的 category 属性值为 INTERGER_CONST,其他的为空,于是 DFA 中 1 状态的 category 属性值就为 INTERGER_CONST。表中集合序号为 4 的状态集合为{2,3,4,8},其中 3 状态在 NFA 中的 category 属性值为 FLOAT_CONST,其他的为空,于是 DFA 中 4 状态的 category 属性值为 FLOAT_CONST。表中集合序号为 6 的状态集合为{6,7,8},其中 7 状态在 NFA 中的 category 属性值为 SCIENTIFIC_CONST,其他的为空,于是 DFA 中 6 状态的 category 属性值为 SCIENTIFIC_CONST。

2.4.7 正则表达式之间的包含关系

两个正则表达式所表达的集合可能具有包含关系,即一个集合是另一个集合的真子集。例如,如下的 4 个正则表达式:

(1) int→'i'·'n'·'t';

(2) if→'i'·'f';

(3) id→letter[+];

(4) keyword&id→id|if|int。

其中正则表达式 id 就包含了正则表达式 int 和 if,因为输入串 int 和 if 都匹配 id 正则表达式。int 和 if 是描述预留词 int 和 if 的正则表达式,而 id 是描述变量的正则表达。因此,正则表达式 int 和 if 的 category 属性值都为 KEYWORD,而 id 的 category 属性值为
ID。正则表达式 keyword&id 则描述了变量和两个预留字。

按照最简 NFA 构造法,得出正则表达式 id,if 和 int 的 NFA 如图 2.31 左边部分所示。
id 的 NFA 中,1 状态的 category 属性值为 ID;if 的 NFA 中,2 状态的 category 属性值为
RESERVED;int 的 NFA 中,3 状态的 category 属性值为 KEYWORD。正则表达式
keyword&id 为 int,if 和 id 三者做并运算。按照最简 NFA 构造法,组合前要对 3 个分量
NFA 分别作改造。改造后的 3 个 NFA 分量如图 2.31 右边部分所示。其中 id 的 NFA 添
加了 2 个空转换,因为开始状态有入边,结束状态有出边,另外结束状态的 category 属性值
不为空。而 if 和 int 的 NFA 的右边分别添加了 1 个空转换,其原因是它们的结束状态的
category 属性值不为空。改造之后,因为状态序号的重新编排,id,if 和 int 三者的 NFA 中,
分别是 2 状态、2 状态、3 状态的 category 属性值不为空。

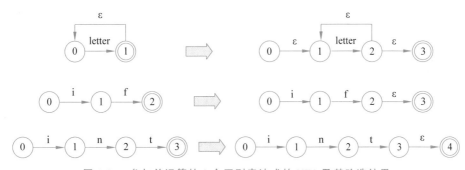

图 2.31　参与并运算的 3 个正则表达式的 NFA 及其改造结果

按照最简 NFA 构造法,得出正则表达式 keyword&id 的 NFA 如图 2.32 所示。状态序
号重新编排后,keyword&id 的 NFA 中,2 状态、4
状态、7 状态的 category 属性值不为空,分别为 ID、
KEYWORD、KEYWORD。

用子集构造法从 keyword&id 的 NFA 得出其
DFA。NFA 的开始状态集合为{0,1}。该例有一
个特殊性的地方是:0 状态的实出边的驱动字符为
'i';1 状态的实出边的驱动字符为 letter,其中包含
了字符'i'。因此它们存在交集。DFA 的一个最基
本要求是:对于一个状态的多条出边,它们的驱动
字符不能存在交集。于是要将驱动字符分为'i'和
letter－'i',使其不相交。

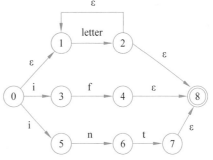

图 2.32　正则表达式 keyword & id 的 NFA

首先穷举 NFA 开始状态集合的出边,驱动字符,以及下一状态集合。ε_closure({0})＝
{0,1}。驱动字符设为'i'和 letter－'i'。用 move 函数和 ε_closure 函数分别求 DTran 函数
值,即可得出每一转换的下一状态集合:

move({0,1},'i')＝{2,3,5};ε_closure({2,3,5})＝{1,2,3,5,8};
move({0,1},letter－'i')＝{2};ε_closure({2})＝{1,2,8}。

注意:因 letter 中含有字符'i',因此 2 状态在 move({0,1},'i')的结果中。从 move 结

果可知,这两个下一状态集合与前面已知的状态集合(即开始状态集合)不相同。因此它们都是新状态集合,为它们分别分配集合序号 1 和 2。

接下来对 1 号状态集合进行穷举。从 {1,2,3,5,8} 中包含的状态可知,在 1 状态上有一条实出边,其驱动字符为 letter。在 3 状态上有一条实出边,其驱动字符为'f'。在 5 状态上有一条实出边,其驱动字符为'n'。这三者之间存在交集。为了彼此不相交,3 个驱动字符设为'f','n',letter-'f'-'n'。这 3 个驱动的下一状态集合分别为:

move({1,2,3,5,8},'f')={2,4}; ε_closure({2,4})={1,2,4,8};
move({1,2,3,5,8},'n')={2,6}; ε_closure({2,6})={1,2,6,8};
move({1,2,3,5,8},letter-'f'-'n')={2}。

从 move 结果可知,只有前 2 个下一状态集合为新状态集合,分别给其分配集合序号 3 和 4。第 3 个是已有的序号为 2 的状态集合。

接下来对序号为 2 的状态集合进行穷举。从 {1,2,8} 中包含的状态可知,只有在 1 状态上有一条实出边,其驱动字符为 letter。其下一状态集合为:move({1,2,8},letter)={2}。它是已有的序号为 2 的状态集合。

接下来对 3 号状态集合进行穷举。从 {1,2,4,8} 中包含的状态可知,只有在 1 状态上有一条实出边,其驱动字符为 letter。其下一状态集合:move({1,2,4,8},letter)={2}。它是已有的 2 号状态集合。

接下来对 4 号状态集合进行穷举。从 {1,2,6,8} 中包含的状态可知,在 1 状态上有一条实出边,其驱动字符为 letter。在 6 状态上有一条实出边,其驱动字符为't'。两者之间存在交集。为了彼此不相交,2 个驱动字符设为't'和 letter-t。它们的下一状态集合分别为:

move({1,2,6,8},'t')={2,7}; ε_closure({2,7})={1,2,7,8};
move({1,2,6,8},letter-'t')={2}。

从 move 结果可知,只有第一个下一状态集合为新状态集合,给其分配集合序号 5。

接下来对 5 号状态集合进行穷举。从 {1,2,7,8} 中包含的状态可知,只有在 1 状态上有一条实出边,其驱动字符为 letter。其下一状态集合为:move({1,2,7,8},letter)={2}。它是已有的 2 号状态集合。

至此已全部穷举出来。将上述穷举结果汇总到 DFA 状态转换表 DTran 中,如表 2.4 所示。

表 2.4 keyword & id 的 DFA 状态转换表 DTran

NFA 中对应的状态集合	状态集合序号(即 DFA 状态序号)	驱动字符对应的下一状态集合序号							
		'i'	'n'	'f'	't'	letter-'i'	letter-'f'-'n'	letter-'t'	letter
{0,1}	0	1				2			
{1,2,3,5,8}	1		4	3			2		
{1,2,8}	2								2
{1,2,4,8}	3								2
{1,2,6,8}	4				5			2	
{1,2,7,8}	5								2

将上述状态转换表以状态转换图形式画出,得到的 DFA 如图 2.33 所示。

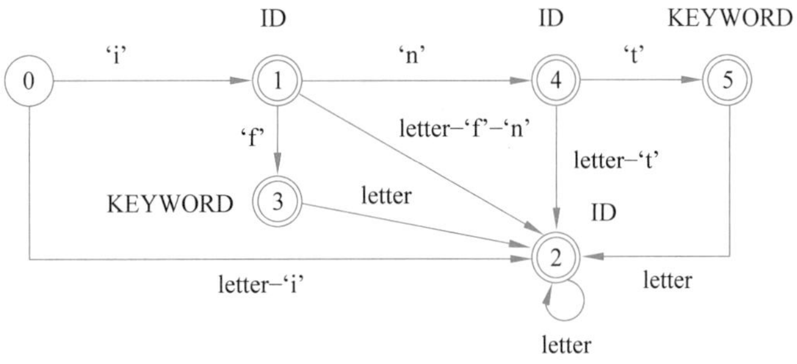

图 2.33　正则表达式 keyword&id 的 DFA

接下来识别 DFA 中的哪些状态的 type 属性值为 MATCH,然后求这些状态的 category 属性值。NFA 的结束状态序号为 8。从转换表可知,集合序号为 1,2,3,4,5 的 5 个集合中都含有 NFA 中的 8 状态。因此,DFA 中序号为 1,2,3,4,5 的这 5 个状态的 type 属性值为 MATCH。

再来看 category 属性。NFA 中的 2,4,7 这 3 个状态的 category 属性值不为空。集合序号分别为 1,2,4 的状态集合分别为{1,2,3,5,8},{1,2,8},{1,2,6,8}。这 3 个集合中都含 NFA 的 2 状态,不含 4 状态和 7 状态。而 NFA 中 2 状态的 category 属性值为 ID。因此 DFA 中 1,2,4 这 3 个状态的 category 属性值都为 ID。集合序号为 3 的状态集合为{1,2,4,8},其中含有 2 个 category 属性值不为空的 NFA 状态(2 和 4)。2 和 4 的 category 属性值分别为 ID 和 KEYWORD。这就是正则表达式之间的包含关系被暴露出来的具体体现。DFA 中 3 状态的 category 属性值取为 RESERVED,DFA 中 5 状态也是如此。标明了 type 和 category 属性值的 DFA 如图 2.33 所示。

正则表达式之间的包含关系可通过它们排列的前后关系来暗示。把正则表达式 int 和 if 排在 id 的前面,以此表明一旦出现某个集合中含有多个 category 属性值时,就优先选择排在前面的正则表达式的 category 属性值。

2.5　正则表达式及其 DFA 在文本搜索中的应用

对于正则表达式 r →(a|b)* abb,表面上来看,其含义仅是刻画以“abb”结尾的任一字符串。其实不然,因为其正则子式(a|b)* 所指的字符串集合中也包含了带有“abb”子串的字符串。r 的 DFA 带有非常有用的特征信息。为了观察 r 的 DFA 特性,再次将其 DFA 画出,如图 2.34 所示。对于一个输入字符串,从头到尾逐字符扫描一遍,在和该 DFA 匹配的过程中,只要当前状态变为 3 状态,就说明在输入字符串中已经发现了子串“abb”,而且当前字符就是该子串“abb”的末尾字符。这也就相当于还求出了子串“abb”在输入字符串中的位置。继续扫描,还可找出子串“abb”的下一次出现,及其在输入字符串中的位置。扫描完后,还能得到子串“abb”在输入字符串中出现的次数。这正是文本搜索要解决的问题——文本搜索就是在一个字符串中查找某一个特定的子字符串。

因此,对于正则表达式 r→(a|b)* abb,它的真实意义远不止表面上能够见到的。它表

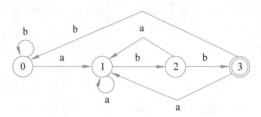

图 2.34　正则表达式(a│b)* abb 的 DFA

面上的含义仅是刻画以"abb"结尾的任一字符串,而实际上它还能刻画包含子串"abb"的字符串。这种特质体现在 DFA 具有发现子串"abb"出现的特征状态,即 3 状态。有了其DFA,在文本搜索中,就只需要对输入字符串扫描一遍,便能解决搜索中的所有问题。试想,如果没有这个知识,那么文本搜索的原始做法就需要有两个指针:pStart 指针指向匹配的起始位置,pCurrent 指针指向匹配位置。起始时,pStart 和 pCurrent 都指向输入字符串的起始字符。随后开始匹配,一旦发现不匹配时,只能将 pStart 后移一个字符,再重新开始匹配。可想而知,有 DFA 的文本搜索和无 DFA 的文本搜索根本就不在一个档次上。它们在性能和开销上有着天壤之别。这个例子充分展示了正则表达式及其 DFA 的魅力所在。

　　思考题 2-14　想在英文字母串中搜索"abb"这个搜索词,正则表达式就为 $r \rightarrow$ (letter)* abb。按照 2.4.7 节所述正则表达式的包含关系处理方法,如何得出其 DFA? 如果想在只包含英文字母的输入字符串中搜索"itait"这个搜索词,请写出该搜索词的正则表达式,然后画出其 DFA。

2.6 本章小结

　　正则表达式的 DFA 使得词法分析这一复杂问题的求解豁然开朗。试图直接得出正则表达式的 DFA 看似可行,实则难以下手。但是直接得出正则表达式的 NFA 却较为容易,其中 ε 的引入使得 NFA 构建非常简单而且直观。再通过穷举 NFA 中所有可能的状态转换情形,便能得出 DFA。本章展示了这种迂回求解策略的优美性。

　　一门高级程序语言的词法分析器由两部分构成:①一段通用代码;②描述该语言词法的 DFA。通用代码的功能是对输入字符串(即源程序文本文件)逐字符扫描一遍,采用最长匹配原则去匹配 DFA。词一旦形成,就把它输出。构造高级程序语言的词法分析器,不是指写词法分析器的源程序,而是指生成其词法的 DFA。

　　对于词法分析器构造工具,它的输入是正则表达式,输出为 DFA。本章给出了 DFA 的子集构造方法。实现一个词法分析器构造工具,要解决两个问题。第一个问题是如何识别和解析输入的正则表达式,构建出其语法分析树,得出正则运算表。第二个问题是如何基于正则运算表构建出其 DFA。本章仅只给出了第二个问题的解决方案。对于第一个问题,本章并没有给出解决方案,其中涉及正则语言的词法分析和语法分析。对于正则语言的词法分析,有了本章知识后,已能解决。对于正则语言的语法分析部分,要具备下一章知识之后才能解决。

　　在构造正则运算式的 NFA 时,通过引入空字符和空转换,可以使得 NFA 的构建有固定的模式,既直观又通俗易懂。NFA 的实质是在正则运算与状态图之间建立一一对应关系。有了 NFA 之后,便可通过穷举把所有可能的状态集合及其之间的转换情形全部罗列出来,然后以 DFA 形式表现出来。穷举是从开始状态集合入手,逐层展开,直至穷尽所有转换情形。

词法分析具有两个特性。第一个特性是上下文无关性,这带来了词法分析的简单性。第二个特性是对输入字符串从头到尾逐一扫描一遍,便能完成词法分析,在此期间指向当前字符的指针不须回退。这一特性体现了解决方案的优美性。

试想一下,如果以“就事论事”方式来构建词法分析器,那么源代码就会异常复杂,很难维护。要将所有情形穷举出来,每种情形都会对应为词法分析器源代码中的一个分支语句。层层穷举就会对应为分支的层层嵌套。稍有偏差,源程序便会不正确。词法分析的特点是穷举空间很大。以就事论事方式来处理行不通,会面临代码量大、可读性差、维护困难等一系列问题。

基于 DFA 执行词法分析,情况则截然不同。首先体现在词法分析的源代码固定不动、通用,而且代码量很小,一目了然。而构建 DFA 的复杂工作则交由词法分析器构造工具来完成。基于这种技术线路来构建词法分析器,不但简单、工作量小、高效,而且质量绝对有保证。这就是“科学技术是第一生产力”的生动体现。

知识拓展：NFA 和 DFA 构造中涉及的数据结构

2.4 节讲解了正则运算式的 NFA 构造方法以及 DFA 的生成方法。要编程实现上述方法,首先要设计出正则运算式和 NFA 的数据结构。其中最基本的概念是字符和字符集,以及正则运算。

正则运算式的数据结构定义如下:

```
class regularExpression {
  int regularId;
  String name;
  char operatorSymbol;    //正则运算符,共有 7 种: '= ','~','-','|','.','*','+','?'
  int operandId1;                //左操作数
  int operandId2;                //右操作数
  OperandType type1;             //左操作数的类型
  OperandType type2;             //右操作数的类型
  OperandType resultType;        //运算结果的类型
  LexemeCategory category;       //词的 category 属性值
  Graph * pNFA;                  //对应的 NFA
}
```

正则运算表的定义为:

```
List < regularExpression * > * pRegularTable;
```

其中 OperandType 为枚举类型,其取值有 3 种:CHAR、CHARSET、REGULAR,分别表示字符、字符集、正则表达式。对于第 1 个操作数(也叫左操作数),如果其类别为字符(即字段 type1 取值为 CHAR),operandId1 字段的值为字符在 ASCII 码表中的序号;如果其类别为字符集(即字段 type1 取值为 CHARSET),operandId1 的值为字符集的 id(字符集的定义将在后面给出);如果其类别为正则表达式(即字段 type1 取值为 REGULAR),operandId1 的值为正则运算式的 id,即正则运算表中另一行的行 id。右操作数也是如此。

LexemeCategory 指词的类别,也为枚举类型,其取值已在 2.3.2 节给出。

对于一元运算,就没有右操作数概念,即 operandId2 和 type2 这两个字段的值都为 null。

以正则表达式 $(a|b)^*abb$ 为例,它在正则运算表 pRegularTable 中便有如表 2.5 所示的 5 行数据。

表 2.5　正则运算表 pRegularTable

regularId	name	operatorSymbol	operandId1	operandId2	type1	type2	resultType
1	r1	|	'a'	'b'	CHAR	CHAR	CHARSET
2	r2	*	1		CHARSET		REGULAR
3	r3	.	2	'a'	REGULAR	CHAR	REGULAR
4	r4	.	3	'b'	REGULAR	CHAR	REGULAR
5	r5	.	4	'b'	REGULAR	CHAR	REGULAR

注:表中最后两个字段没有给出。

字符集的数据结构定义如下:

```
class CharSet {
    int indexId;          //字符集 id
    int segmentId;        //字符集中的段 id,一个字符集可以包含多个段
    char fromChar;        //段的起始字符
    char toChar;          //段的结尾字符
}
```

字符集表的定义如下:

```
List <charSet *> * pCharSetTable;
```

注意:一个字符集可以只包含一段字符,也可包含多个段。例如,letter|digit|'_'就包含 4 段字符;第 1 段为 'a'~'z',第 2 段为 'A'~'Z',第 3 段为 '0'~'9',第 4 段为 '_'~'_'。

字符与字符之间的运算有两种:①范围运算(运算符为'~'),例如'a'~'z';②并运算(运算符为'|'),例如'a'|'b'。这两种运算的结果都是一个新的字符集对象。字符集和字符之间也有差运算和并运算,其运算结果也都是一个新的字符集对象,例如 letter-'i' 和 letter|'_';字符集和字符集之间有并运算,其运算结果是一个新的字符集对象,例如 letter|digit。

NFA 和 DFA 的数据结构相同,统称为图,其定义如下:

```
class Graph {
    int graphId;
    int numOfStates;
    List <Edge * > * pEdgeTable;
    List <State * > * pStateTable;
}
class Edge {
    int fromState;
    int nextState;
    int driverId;
    DriverType type;
}
class State {
    int stateId;
    StateType type;
    LexemeCategory category;
}
```

其中 DriverType 为枚举类型,其取值有 3 种：NULL、CHAR、CHARSET,分别表示空字符 ε、字符、字符集。StateType 和 LexemeCategory 也都为枚举类型。StateType 的取值有两种：MATCH 和 UNMATCH。LexemeCategory 的取值已在前面给出。

对于 NFA,其状态表中只需要存储 category 属性值不为空的那些状态,其他状态不需要存储。另外,在 NFA 中,只有结束状态的 type 属性值为 MATCH,其他状态的 type 属性值都为 UNMATCH。在 DFA 中,则是只有在 type 属性值为 MATCH 的状态,其 category 属性值才不为空。

习题

1. 基于上述数据结构的定义,针对字符集的创建,实现如下函数：

```
int range (char fromChar, char toChar);         //字符的范围运算
int union(char c1, char c2);                     //字符的并运算
int union(int charSetId, char c);                //字符集与字符之间的并运算
int union(int charSetId1,int charSetId2);        //字符集与字符集的并运算
int difference(int charSetId, char c);           //字符集与字符之间的差运算
```

这 5 个函数都会创建一个新的字符集对象,返回值为字符集 id。创建字符集,表现为向字符集表中添加新的行。当一个字符集包含多个段时,便会在字符集表中添加多行,一行记录一段。

2. 基于上述 NFA 的数据结构定义,请按照最简 NFA 构造法,实现如下函数：

```
Graph * generateBasicNFA(DriverType driverType,int driverId );
Graph * union(Graph * pNFA1, Graph * pNFA2);      //并运算
Graph * product(Graph * pNFA1, Graph * pNFA2);    //连接运算
Graph * plusClosure(Graph * pNFA)                 //正闭包运算
Graph * closure(Graph * pNFA)                     //闭包运算
Graph * zeroOrOne(Graph * pNFA);                  //0 或者 1 个运算
```

其中第 1 个函数 generateBasicNFA 是针对一个字符或者一个字符集,创建其 NFA。其 NFA 的基本特征是:只包含 2 个状态(0 状态和 1 状态),且结束状态(即 1 状态)无出边。后面 5 个函数则都是有关 NFA 的组合,分别对应 5 种正则运算,创建一个新的 NFA 作为返回值。

3. 针对上述 NFA 的数据结构定义,实现如下函数。

(1) 子集构造法中的 3 个函数:move,ε_closure,DTran。

(2) 将 NFA 转化为 DFA 的函数:Graph * NFA_to_DFA(Graph * pNFA)。

在这个函数的实现代码中,会创建一个 DFA,作为返回值。

(3) 实现了上述函数之后,请以正则表达式(a|b)* abb 来测试,检查实现代码的正确性。

4. 写出下列语言的正则定义。

(1) 仅由 5 个小写元音字母 a,e,i,o,u 构成的字符串。

(2) 仅由 5 个小写元音字母 a,e,i,o,u 构成的字符串中,它们中的任何一个最多出现一次,且它们在串中出现是有序的,要么顺着排,要么逆着排。

(3) 在只含小写字母的字符串中,5 个小写元音字母 a,e,i,o,u 全都含有,并且这 5 个元音小写字母在串中以 a,e,i,o,u 的顺序先后出现,串中还可以包含其他辅音小写字母。

(4) 在只含小写字母的字符串中,如果含有 5 个小写元音字母 a,e,i,o,u,那么它们在串中以 a,e,i,o,u 的顺序先后出现。

(5) 仅由 a 和 b 这 2 个字符组成的字符串,其中 a 后面必跟 b。

(6) 仅由 a 和 b 这 2 个字符组成的字符串,其中 a 和 b 出现的次数都为偶数次。

(7) 仅由 a 和 b 这 2 个字符组成的字符串,其中不含子串 abb。

(8) 仅由 a 和 b 这 2 个字符组成的字符串,其中不含子序列 abb。

5. 对上述第 4 题中(7)~(8)小题写出的正则表达式,使用最简 NFA 构造法得出其 NFA,再用子集构造法得出其 DFA 状态转换表 DTran,并画出 DFA 图。

第3章

语 法 分 析

语法分析(syntax analysis)是编译的第二个环节。语法分析的输入是词法分析的输出,即词序列,或称为词串。语法分析的任务是检查输入的词串是否满足语法要求,如果满足,就构造出其语法分析树(parse tree)。与之相对,词法分析的任务是检查输入的字符串是否满足词法要求,如果满足,就得出其词串。尽管语法分析与词法分析是编译中两项完全不同的事情,但它们又有密切的联系。它们在理论上都可以归结为匹配问题,有着相同的理论基础。在词法分析中,描述词法的正则表达式实质上是刻画了一个字符串集合,如果输入的字符串为该集合中的元素,那么它就匹配该正则表达式;在语法分析中,描述语法的文法实质上刻画了一个词串集合,如果输入的词串为该集合中的元素,那么它就匹配该文法。

和词法分析一样,语法分析要解决的核心问题是如何实现匹配。词法分析的三大任务是:①描述词法;②构造描述词法的正则表达式的DFA;③基于DFA执行词法分析。语法分析也是如此:首先是描述语法,得出文法;然后构造文法的DFA;再基于DFA执行语法分析。用于语法分析的DFA和用于词法分析的DFA一样,也采用穷举策略来构造。

语法分析与词法分析都是处理有关构成的问题,不过它们处理的构成结构有差异。词在构成上呈线性结构,而程序在构成上呈树状结构。相比于线性结构,树状结构更复杂,有其自身独有的特征及特性。因此语法分析要比词法分析更为复杂,有其独立的一套理论与方法。如果孤立地来看待这些理论与方法,会发现它们既抽象又深奥,难以理解和掌握。然而,如果基于词法分析的策略与方法,从联系和对比的视角来理解语法分析的理论与方法,便能发现它们并不抽象。词法分析是从正则表达式的NFA构造入手,给出基于NFA的词法分析方法。然后将NFA转化为DFA,上升到更高一级的基于DFA的词法分析。语法分析与之类似,先从自顶向下的语法分析入手,得出自顶向下的语法分析实现方法。然后引出自底向上的语法分析,得出文法的DFA构造方法。再将DFA转化成为语法分析表,得出基于语法分析表的语法分析方法。

本章主要讲解语法分析器构造工具(parser generator)的实现技术。描述语法的文法也可使用正则语言来表达。语法分析器构造工具的输入是描述语法的文法,其输出为语法分析表。语法分析器(parser)和词法分析器相似,也由两部分构成,即通用代码和语法分析表。

本章3.1节以C语言的例子展示程序的树状结构特性。3.2节讲解语法的描述方法,随后的3.3节讲解词串的语法分析树及其构造策略。3.4节对语法描述和词法描述进行比较,进而揭示语法描述具有的特征。3.5节讲解自顶向下的语法分析方法。自底向上的语法分析方法则在3.6节讲解,这是语法分析的核心所在。3.7节对两种语法分析方法进行对比,诠释自底向上语法分析的优点。3.8 节讲解自底向上语法分析中的文法设计。3.9 节讲解自底向上语法分析中错误的恢复方法。

3.1 程序的树结构特性

程序具有树结构特性(也称树状结构特性),或称嵌套结构特性。这种结构特性可通过一个 C 语言程序例子来展示。代码 3.1 是一个简单的 C 语言程序示例。在对程序进行观察分析时,要采用第 2 章中所述的分类策略和面向对象策略。词法分析将词分为预定义词和自定义词。预定义词又分为关键词、标点符、运算符等。自定义词也分常量和变量。常量又再分为数值类常量和字符类常量。数值类常量再分为整数、实数、科学记数法数。这种分类策略其实就是先将词结构化成一棵树,然后采用面向对象思维对树中的叶结点进行归纳抽象,给其定义一个类。类的定义在词法分析中表现为正则表达式的定义,最终表现为 DFA。词法分析问题被模型化成:对于一个输入的字符串,将它和定义的类进行匹配判断。如果匹配,就说输入的字符串是类的实例。

语法分析也是如此。可将程序视作一个语句串。一个语句串会有 3 种情形:①含 0 个语句,称为空语句串;②含一个语句;③含多个语句。语句串的构成自然能用语句的闭包运算来表达。但在语法描述中不使用闭包运算,而是通过递归引用来表达。递归引用具有更强大的表达能力,其具体体现将在 3.2 节讲解。代码 3.1 所示程序从整体来看,就包含一个语句,即函数实现语句。

代码 3.1 C 语言程序的一个示例

```
1   float area(float xStart, float xEnd)  {
2     float area, stepLen;
3     area = 0;
4     stepLen = (xEnd - xStart) / 100;
5     while (xStart < xEnd)  {
6       area = area + fun(xStart) * stepLen;
7       xStart = xStart + stepLen;
8     }
9     return area;
10  }
```

程序的语句中可能又包含有语句串。也就是说,程序具有语句嵌套特性,或者说程序具有树状结构特性。代码 3.1 中所示函数实现语句中就包含一个语句串,该语句串中包含 5 个语句。第 1 个语句为变量定义语句,第 2 和第 3 个语句为赋值语句,第 4 个语句为 while 语句,第 5 个语句为返回语句。while 语句中又嵌有一个语句串,该语句串中含有 2 个语句(见代码 3.1 的第 6 行和第 7 行)。进一步深化,第 6 行的赋值语句中,等号右侧是一个算术运算表达式,该算术运算表达式为加法运算式,其中的一个数又是乘法运算式的运算结果,乘法运算中的一个因子又为函数调用的结果。在 while 语句中,还有一个比较运算表达式(见第 5 行的 xStart < xEnd)。

代码 3.1 中,就程序的构成(即语法)而言,便有程序、语句、语句串、算术运算表达式、函数调用、比较运算表达式这些结构体概念。其中语句又分为函数实现语句、变量定义语句、赋值语句,while 语句、返回语句等。算术运算表达式又分加法运算式、乘法运算式等。以面向对象的思维来看,这些概念的每一个都相当于面向对象中的一个类(class)。而代码 3.1 中内容则相当于类的实例。整个代码是程序这个类的一个实例。area 函数实现语句是语句的一个实例,更确切地说,是函数实现语句的一个实例。在这个语句实例中又嵌有一个语句串实例,这个语句串实例又由 5 个语句实例构成。

3.2　语言的语法描述

　　程序在构成上具有树结构。程序中有很多结构体概念,例如程序、语句、语句串、算术运算表达式、函数调用、逻辑运算表达式等。接下来的工作便是对这些概念就其构成进行定义。从面向对象的角度来看,这些概念中的每一个都相当于面向对象中的一个类。对这些概念的构成还是采用正则语言来描述。对于一门高级程序语言,其语法的正则描述称为上下文无关文法(context-free grammar),简称文法(grammar)。语言中最大的语法概念是程序(program),设其文法符号为 P。因此,一门语言的文法就是指文法符号 P 的正则定义,因此称作开始符。由于程序为树状结构,因此还会附有其他结构体概念的正则定义,例如语句、语句串、算术运算表达式、比较运算表达式等。

　　对于语法中的结构体概念,它的一种构成情形可用一个正则运算式来刻画。正则运算式在语法描述中称为产生式(production)。例如,对于算术运算表达式(expression),设其文法符号为 E,它在代码 3.1 所示程序中便有 8 个实例。每个实例都有不同的构成情形。因此可以归纳出,算术运算表达式有 8 种构成情形,每种情形的正则定义如文法 3.1 所示。

---

(1) $E \rightarrow \text{num}$

(2) $E \rightarrow \text{id}$

(3) $E \rightarrow \text{id}(P)$

(4) $E \rightarrow (E)$

(5) $E \rightarrow E/E$

(6) $E \rightarrow E * E$

(7) $E \rightarrow E - E$

(8) $E \rightarrow E + E$

(文法 3.1)

　　文法 3.1 中每个被命名的正则运算式在语法描述中称为产生式。

　　注意:文法中的正则运算式对连接运算都省略了连接运算符'·'。如正则运算表达式 id(P),其含义是将 id、左括号、P、右括号这 4 个文法符号做连接运算。在语法描述中,产生式中出现的所有符号都称作文法符号,简称文法符(grammar symbol)。文法 3.1 所示的 8 个产生式中,出现的文法符号有 10 个,分别是 E、num、id、P、(、)、/、$*$、$-$ 和 $+$。

　　文法符被区分成终结符(terminal)和非终结符(nonterminal)两类。上述 10 个文法符号中,num、id、(、)、/、$*$、$-$ 和 $+$ 这 8 个是终结符。其含义是这些文法符为词法分析结果中的词,即语法分析的输入基本单元。对于终结符,在文法中自然就没有其定义了。不过,num 和 id 这 2 个终结符与其他 6 个终结符又稍有差异,它们是指词的类别,而不是词值。

而其他6个终结符是指词值。这也就是为什么在词法分析中既要识别词的类别,又要识别词值的原因。num 指数值常量词,id 指变量词。非终结符指语法中定义的结构体。例如上述的 E 和 P,分别表示算术运算表达式和函数调用中的实参列表。对于非终结符,在文法中必有它的定义,也就是说在语法上必有描述其构成的产生式。文法3.1中只给出了 E 的8种定义,没有给出非终结符 P 的定义。

文法3.1给出的8个产生式,描述了算术运算表达式 E 的8种构成情形,也可以说是文法符 E 的8种定义。

(1) $E \rightarrow$ num 表示一个算术运算表达式可以由一个数值常量构成。其中 num 是一个终结符,其含义是数值常量。

(2) $E \rightarrow$ id 表示一个算术运算表达式可以由一个变量构成。其中 id 是一个终结符,其含义是变量。

(3) $E \rightarrow$ id(P) 表示一个算术运算表达式可以由函数调用的返回结果构成。其中 id、左括号、右括号是终结符,而 P 是非终结符,表达实参列表。id(P) 表示函数调用的构成,此处的 id 是变量,为函数名。函数是变量的一个类别。

(4) $E \rightarrow (E)$ 表示一个算术运算表达式由左括号、E、右括号三者连接而成。这个产生式中出现了递归引用,即 E 既出现在产生式的左边,也出现在产生式右边。左边的 E,表示它是对 E 的定义。右边的 E 表示它是左边的 E 的一个构成部分,可以是 E 的8种定义中的任何一种。

其余的4种情形分别表示减法运算式、加法运算式、除法运算式、乘法运算式,其中也带有递归引用。递归引用的出现使得产生式有别于词法描述中的命名正则表达式。

一个产生式由头部和产生式体两部分构成。头部指正则命名符(→)左边的文法符号,自然是一个非终结符。产生式体指正则命名符(→)右边的正则运算表达式。产生式体描述了头部文法符的构成。产生式体也称产生式的右部,头部也称产生式的左部。上述8个正则表达式也可合写成一个正则表达式:

$$E \rightarrow \text{num} \mid \text{id} \mid \text{id}(P) \mid (E) \mid E/E \mid E*E \mid E-E \mid E+E$$

这个正则表达式就是描述算术运算表达式的文法,记作 $G[E]$,其中 G 是 Grammar 的首字符,E 指该文法是对非终结符 E 的定义。有了算术运算表达式的文法定义之后,下面举例说明算术运算表达式实例的语法分析树。在代码3.1中,第4行为一个赋值语句,等号右边有一个算术运算表达式:(xEnd−xStart)/100。其语法分析树如图3.1(a)所示。

对这棵语法分析树要从面向对象的角度来理解。将(xEnd−xStart)/100看作输入的词串,它是算术运算表达式 E 的一个实例。变量 xEnd 是输入词,它匹配文法3.1中的第2个产生式 $E \rightarrow$ id,于是就得到一个 E 的实例 E_1^2。同样,输入词 xStart 也匹配第2个产生式 $E \rightarrow$ id,于是也就得到一个 E 的实例 E_2^2。这两个实例和它们之间的输入词(−)连接起来,又匹配第7个产生式 $E \rightarrow E-E$,于是又得到一个 E 的实例 E_3^7。该实例和它左边的输入词(左括号),以及右边的输入词(右括号)连接起来,又匹配第4个产生式 $E \rightarrow (E)$,于是又得到一个 E 的实例 E_4^4。

注意:E 的上标数字表示产生式的序号,下标数字表示时序的先后。100这个数值常量因匹配第1个产生式 $E \rightarrow$ num,于是得到一个 E 的实例 E_5^1。E_4^4、输入词(/)、E_5^1 三者连接起来,又匹配第5个产生式 $E \rightarrow E/E$,于是又得到一个 E 的实例 E_6^5。至此,算术运算表达式(xEnd−xStart)/100 的语法分析树构造完毕。将该语法分析树的叶结点从左至右连接起来,便是输入的词串(xEnd−xStart)/100。

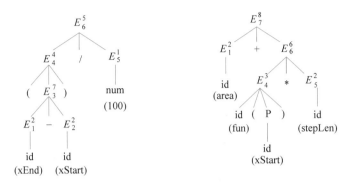

(a) (xEnd−xStart)/100 的语法分析树　　(b) area + fun(xStart) * stepLen 的语法分析树

图 3.1　两个算术运算表达式的语法分析树

由一个输入的词串构造出一棵语法分析树之后,其语义(即构成关系)就表达出来了。文法中的每个产生式,从计算角度来看,表达了计算中的一种功能单元,相当于是一个功能函数,或者机器的操作指令。产生式体表达功能单元的输入,产生式头部表达功能单元的输出。在语法分析树中,每个非叶结点都是某个非终结符(更确切地说是某个产生式)的实例,表达了功能函数的一次调用,或者操作指令的一次执行。树中结点之间的父子关系表达了依赖关系,即父依赖于子。也就是说,子结点的输出是父结点的输入参数之一,子结点处理在前,父结点处理在后。对于同父的兄弟结点,它们在时序上按照从左到右的顺序排列。

因此,语法分析树不仅表达了有哪些计算环节,而且还表达了这些计算环节的时序。例如图 3.1(a)的语法分析树,共有 6 个非叶结点,相当于有 6 次函数调用,而且这 6 次函数调用的先后顺序为 E_1^2,E_2^2,E_3^7,E_4^4,E_5^1 和 E_6^5,其中上标数字为功能函数的标识号,下标数字为函数调用的先后顺序。这就是中间代码的雏形。需要注意的是:由语法分析树可得出 E_1^2,E_2^2,E_3^7,E_4^4,E_5^1 和 E_6^5 这个序列,但由这个序列不能得出语法分析树。因此,语法分析树是语法分析的目标,即语法分析器的输出。

思考题 3-1　代码 3.1 所示程序代码的第 6 行,等号右边的 area + fun(xStart) * stepLen 为一个算术运算表达式的实例。其语法分析树如图 3.1(b)所示。其中有几次匹配? 分别匹配了哪些产生式? 请排出非叶结点在生成上的先后顺序。

接下来针对代码 3.1 归纳和抽象出语句的文法定义。该程序包含函数实现语句、变量定义语句、赋值语句、while 语句,以及返回语句。设语句(statement)的文法符号为 S。语句的上述 5 种构成情形,其文法描述如文法 3.2 所示。

(1) $S \rightarrow T$ id $(L)\ \{Q\}$

(2) $S \rightarrow T\ V$;

(3) $S \rightarrow V = E$;

(4) $S \rightarrow$ while$(B)\ \{Q\}$

(5) $S \rightarrow$ return E;　　　　　　　　　　　　　　　　　　　　　　　(文法 3.2)

（1）$S{\rightarrow}T$ id (L) $\{Q\}$ 为函数实现语句的定义。其含义是它由类型文法符 T、变量 id（即函数名）、左括号、形参列表 L、右括号、左大括号、语句串 Q，以及右大括号这 8 个构件连接而成。其中只有函数名 id、左括号、右括号、左大括号、右大括号为终结符，其他的文法符号 S,T,L 和 Q 都为非终结符。对于非终结符，文法中必有它们的定义。

（2）$S{\rightarrow}T$ V；为变量定义语句的定义，由类型文法符号 T、变量名列表文法符号 V，以及分号这 3 个构件连接而成。

（3）$S{\rightarrow}V{=}E$；为赋值语句的定义，由变量名列表文法符号 V、等于号、算术运算表达式文法符号 E，以及分号这 4 个构件连接而成。

（4）$S{\rightarrow}$while(B) $\{Q\}$ 为 while 语句的定义，由 while、左括号、逻辑运算表达式文法符号 B、右括号、左大括号、语句串 Q，以及右大括号这 7 个构件连接而成。

（5）$S{\rightarrow}$return E；为返回语句的定义，它由 return、算术运算表达式文法符号 E，以及分号这 3 个构件连接而成。语句 S 的文法记作 $G[S]$。

为了描述代码 3.1 所示程序的语法分析树，文法 3.3 给出了其中需要的语法概念及其文法符号，还有它们的正则定义。程序文法符号 P 是最大的概念，它由语句串文法符号 Q 构成，见文法 3.3 中的第一个产生式。语句串(queue)的文法符号设为 Q，它的构成又有 2 种情形，见文法 3.3 中产生式(2)和(3)。其中产生式(2)中包含了递归引用。针对一门高级程序语言而定义的文法符号中，要指明哪一个文法符号为开始符。上述的程序文法符号 P 就是开始符。开始符是语法分析树的树根符。不过要注意，图 3.1 中的语法分析树不是程序的语法分析树，而是算术运算表达式的语法分析树。因此，开始符不是 P，而是 E。当说到语法分析树时，一定要指明是哪一个概念的语法分析树。

产生式	产生式	产生式
（1）$P{\rightarrow}Q$	（11）$L{\rightarrow}T$ id	（21）$E{\rightarrow}E*E$
（2）$Q{\rightarrow}Q$ S	（12）$L{\rightarrow}L$，T id	（22）$E{\rightarrow}E-E$
（3）$Q{\rightarrow}S$	（13）$L{\rightarrow}\varepsilon$	（23）$E{\rightarrow}E+E$
（4）$S{\rightarrow}T$ id (L) $\{Q\}$	（14）$V{\rightarrow}$id	（24）$P{\rightarrow}E$
（5）$S{\rightarrow}T$ V；	（15）$V{\rightarrow}V$, id	（25）$P{\rightarrow}P$，E
（6）$S{\rightarrow}V=E$；	（16）$E{\rightarrow}$num	（26）$P{\rightarrow}\varepsilon$
（7）$S{\rightarrow}$while(B) $\{Q\}$	（17）$E{\rightarrow}$id	（27）$B{\rightarrow}E>E$
（8）$S{\rightarrow}$return E；	（18）$E{\rightarrow}$id(P)	（28）$B{\rightarrow}E<E$
（9）$T{\rightarrow}$integer	（19）$E{\rightarrow}(E)$	（29）$B{\rightarrow}B$ && B
（10）$T{\rightarrow}$float	（20）$E{\rightarrow}E/E$	（30）$B{\rightarrow}B\|\|B$　（文法 3.3）

从文法 3.3 所示文法符号的定义中可知，存在递归引用的情形。例如语句串文法符 Q 的定义中，就引用了语句文法符 S，见表中产生式(2)和(3)。反过来，语句文法符 S 的定义中，也引用了语句串文法符 Q，见表中的产生式(4)和(7)。另外的一个特点是自引。例如语句串文法符 Q，见表中产生式(2)，Q 出现在产生式的左右两边。算术运算表达式文法符 E 的定义中也出现了自引，见表中的产生式(19)和(23)。程序的树状结构特性在文法定义中就体现在递归引用和自引的出现。

注意：文法 3.3 中的文法定义，将非终结符的名称使用大写字母，再配以斜体。对于终结符，分两种情形。一种情形指输入词串中的自定义词，其名称使用小写字母，因包含字母个数多于 1 个，因此配以正体。另一种情形是指输入词串中的预定义词，名称使用小写字母但不用斜体。斜体的含义为由一个字母构成的变量名。另外，连接运算的运算符'·'被省略了。语法中还有一个特殊文法符 ε，其含义为 null(空)，其含义已在第 2 章讲解。

思考题 3-2　对文法 3.3 所示定义，找出哪些是终结符，哪些是非终结符。

3.3　词串的语法分析树及其构造策略

有了文法 3.3 中所述文法符号的定义之后，代码 3.1 的语法分析树如图 3.2(a)所示。树根为程序文法符 P。由于它的语法分析树太大，现将其进行拆分，其中 while 语句的语法分析树如图 3.2(b)所示。第 4 行和第 6 行的赋值语句的语法分析树分别如图 3.2(c)、图 3.2(d)所示。其中的 E_7^8 和 E_6^5 见图 3.1。另外，第 3 行、第 7 行的赋值语句，以及第 9 行的返回语句没有展开。图中文法符号 S 的下标数字表示顺序和嵌套关系。S_1 表示程序的第 1 个语句。$S_{1,4}$ 表示嵌在 S_1 语句中的第 4 个语句。$S_{1,4,1}$ 表示嵌在 $S_{1,4}$ 语句中的第 1 个语句。在理解语法分析树时，对树中任一结点和它的子结点，要将其视作某个类(即产生式)的实例，其中父结点为产生式头部文法符的实例，子结点为产生式体的实例。也就是说，将子结点从左到右连接起来，就是其父结点的构成。

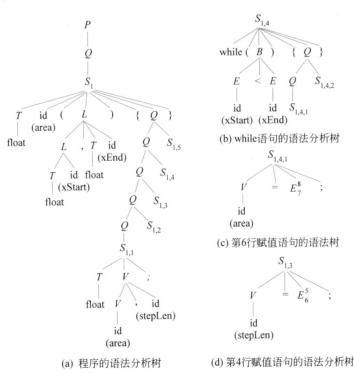

图 3.2　程序的语法分析树示例

思考题 3-3 语法分析树中,叶结点全为终结符,非叶结点全为非终结符。这种说法对吗?

思考题 3-4 请参照图 3.2 所示语法分析树的已有部分,将残缺部分补齐。然后把整个语法分析树的所有叶结点从左至右连接起来,得到的是否为输入的词串(即代码 3.1 所示程序)?

语法分析树的构造有两条途径。一条途径是从树根(即文法的开始符)开始,选择开始符的某个产生式,得出开始符的子结点。这个操作称为推导(derivation)。推导是以文法中的某个产生式,从其头部到其产生式体的一个展开过程,也是从树中一个结点得出其子结点的过程。对树中的叶结点,如果采取从左到右的原则来推导,便称为最左推导(leftmost derivation)。也就是说,每一步推导前,先检查树的叶结点,而且是按照从左到右的原则检查,遇到第 1 个非终结符时,就对其进行推导。每步推导都是如此,直至树的所有叶结点都为终结符,便完成了语法分析树的构造。构造完成之后,将树的所有叶结点从左到右连接起来,就是输入的词串。这种语法分析树的构造采取自顶向下的策略,因此称为自顶向下的语法分析(top-down parsing)。

对于自顶向下的语法分析,常遇到的问题是:对于要推导的某个非终结符,如果它的定义存在多个产生式,那么该选择其中的哪一个来进行推导? 例如在图 3.2(a)中,当要对非终结符 Q 进行推导时,它的定义中就有两个产生式。当要对非终结符 S 推导时,它的定义中有 5 个产生式。到底选择哪一个来进行推导?

语法分析还可以采取自底向上的策略。采用这种策略的语法分析称为自底向上的语法分析(bottom-up parsing),是上述自顶向下的语法分析的逆过程。推导的逆过程称为规约(reduction)。规约是针对文法中的某个产生式,从其产生式体到其头部的一个蜷缩过程,也是从树中子结点得出其父结点的过程。该过程将输入词串中的每个词都视作树的叶结点,然后从左到右检查,看其中的哪一段能进行规约。如能规约,便将其蜷缩为产生式头部文法符号。每一步规约都是如此,即每步规约都对树的叶结点从左到右检查,看其中的哪一段能进行规约,然后执行蜷缩操作,直至规约出树根为止,便完成了语法分析树的构造。树根当然是文法的开始符。

由图 3.2 和图 3.1 可知,对于构造好了的语法分析树,树中的叶结点都是终结符,从左至右连接起来就为输入的词串。树中的任一非叶结点都是某个非终结符的实例,它的子结点指明了它来自于哪一个产生式。将它的子结点从左至右连接起来,就得到了它的构成。例如,图 3.1(a)中的 E_6^5 结点,它是非终结符 E 的实例对象,它的子结点指明了它来自于产生式 $E \rightarrow E/E$。它的 3 个子结点 E_4^4、和 E_5^1 连接起来便是它的构成。在自底向上的语法分析中,因为叶结点符号串中的 E_4^4 / E_5^1 这一段匹配 $E \rightarrow E/E$ 这个产生式,可以得出其父结点 E_6^5。然后拿 E_6^5 去置换叶结点符号串中的 E_4^4 / E_5^1 这一段,使得叶结点符号串得以蜷缩,最终被蜷缩成一个符号 E_6^5,即树根。

树中的非叶结点具有双重角色。每个产生式也可视为一个功能函数。树中的每个非叶结点都是某个产生式的实例,其含义等价为某功能函数的一次调用。因此,非叶结点的一个角色是函数调用,它的每个子结点充当本次函数调用的实参,实参的顺序为其子结点从左到右的顺序。非叶结点的另一角色是函数调用的输出结果,它是某个类(即文法符号)的实例对象,充当其父结点的输入参数。因此,在自底向上的语法分析中,匹配基于参数的类型和参数的排列顺序,来推断出该调用哪个函数,即该用哪个产生式进行规约。也就是说,匹配时,对于树中的结点,人们关心的是其类型及其排列顺序。而创建一个树中的非叶结点时,关心的是哪一个产生式。

因此,语法分析的特点是虚实结合。"虚"意味着匹配,在匹配中,要把树中的结点看作一个参数,拿其类型(即文法符号)信息去参与匹配。"实"意味着树中结点的创建。在构造语法分析树时,一旦出现了匹配,便要创建一个结点,作为参与匹配的结点的父结点。结点创建是针对文法符的。也就是说,结点是文法符的实例对象。这就是语法中文法符号定义和产生式定义都很有讲究的原因。

抽象与具体相结合,是文法定义的一大特点。抽象体现在文法符号上,具体则体现在产生式的定义上。抽象能把复杂多样的组合情形以非常简洁的方式统一起来;具体则能保证语法分析树的明确具体,不含糊,不出现二义性。例如,前面给出的算术运算表达式文法定义,只有一个文法符号 E 和 8 个产生式,便把千变万化的算术运算表达式统一起来了。在随后的变量赋值、函数返回、函数实参传递、比较运算等概念的表达中,凡是需要一个数值的地方,便可统一用文法符 E 概括之,就如文法 3.3 中产生式(6)(8)(24)(25)(27)(28)定义所示。这是抽象带来的功效。

更进一步来看,文法中的每个非终结符,其本质都是指一个词串集合。其原因是每个非终结符都有一个定义它的正则表达式。例如,定义算术运算表达式 E 的正则表达式为: $E \rightarrow num \mid id \mid id(P) \mid (E) \mid E/E \mid E * E \mid E - E \mid E + E$。既然是一个正则表达式,那它的本质就是一个词串集合。当把语法分析树中的任一非叶结点看作一棵子树的树根时,由这棵子树的所有叶结点从左至右连接起来构成的词串,便是该非叶结点关联的非终结符所指集合中的元素。这表明语法分析和词法分析具有共同的理论基础。它们在理论上都可以归结为一个匹配问题。语法分析和词法分析具有共同的实现框架:在词法分析中,要得出描述词法的正则表达式的 DFA;在语法分析中,便是得出描述语法的开始符的 DFA。语法分析中的DFA 也是使用穷举策略来获得。然后基于 DFA 进行匹配判断。

3.4　语法描述和词法描述的比较

语法和词法都是有关语言构成特性的描述。词法是在词一级进行描述,词由字符构成,是字符串。词法分析是将输入的字符串变成词串。语法是在程序一级描述,程序由词构成,是词串。语法分析由输入的词串构造出语法分析树。词呈线性结构,而程序呈树状结构。词法和语法都用正则语言来描述,以正则表达式为载体。词法和语法中各有一些概念。语法中的概念,如语句、语句串、算术运算表达式等,不同于词法中的那些概念相互独立,呈平行对等关系。这就是词的线性结构特性在词法描述上的体现。语法中的概念存在嵌入关系甚至相互嵌入关系。例如,算术运算表达式中就可嵌有算术运算表达式,语句中可嵌有语句串,语句串又由语句组成。这就是程序的树状结构特性在语法描述上的体现。

无论是词法还是语法,都可针对某一概念,用正则表达式来定义其构成。词的线性结构特性表现为:前面定义的命名正则表达式只会被后面定义的命名正则表达式引用,不会出现反过来的情形,也不会出现自引。例如,要描述由字符 a 和 b 构成,且以 abb 结尾的词,描述其构成特性的命名正则运算式可以是：$r_1 \rightarrow a$；$r_2 \rightarrow b$；$r_3 \rightarrow r_1 \mid r_2$；$r_4 \rightarrow r_3{}^*$；$r_5 \rightarrow r_4 \cdot r_1$；$r_6 \rightarrow r_5 \cdot r_2$；$r_7 \rightarrow r_6 \cdot r_2$。这里定义了 7 个正则运算表达式，前面的命名正则运算表达式被后面的引用，没有出现反过来的情形，也没有出现自引。而程序的树状结构特性则表现为：前面定义的命名正则表达式和后面定义的命名正则表达式可以递归引用，也可以自引。

在语法描述中，常通过引入文法符号来增强表达能力。这是语法描述与词法描述的不同之处。词法描述和语法描述中都常使用连接运算和并运算。不过在表达列表时，也就是表达 0 个、1 个或者多个这 3 种情形时，在词法定义中使用闭包运算。而在语法定义中，不再使用闭包运算，而是通过引入文法符号，改用自引来表达。例如文法 3.3 中定义的语句串 $Q \rightarrow QS \mid S$，就等价于 $Q \rightarrow S^+$。闭包运算能表达的内容，采用文法符号的递归或者自引肯定能表达出来，但反过来时就不一定成立。也就是说，文法符号的递归或者自引具有比闭包运算更加强大的表达能力。例如，左括号和右括号的成对出现和嵌套，用闭包就表达不出来，但用文法符号的自引就能简单地表达出来。具体来说，对类似 $(((a)))$ 这种特性的字符串，用闭包运算无法表达出来，但用递归就很容易表达出来，其正则定义为：$s \rightarrow (s) \mid a$。

思考题 3-5 对于正则运算式 $s \rightarrow (s) \mid a \mid \varepsilon$，试问 a，()，(())，(((a))) 以及空串，都是其实例吗？

树状结构涵盖线性结构，因为线性结构是树状结构的特例。当树只有两层时，根的子结点从左到右连接起来就形成线性结构。因此对词法分析问题，采用语法分析方法来处理也肯定可行。也就是说，语法分析方法涵盖词法分析方法。不过当用语法分析方法来处理词法分析问题时，得到的 DFA 要比用词法分析方法得到的 DFA 复杂。这一点将在 3.6 节中通过实例展示出来。复杂的原因是引入了文法符号。这表明，引入文法符号在带来收益的同时也有代价。收益是增强了表达能力，代价体现在 DFA 变得更加复杂。这就印证了"天下没有免费的午餐"这一哲理。这也表明了第 2 章知识的不可替代性。

词法描述其实是一个不含文法符号，只含输入字符的正则表达式，而语法描述不可能是一个只含输入词的正则表达式。词法描述中可以存在多个命名的正则表达式。由于不存在递归引用和自引，因此可把前面的命名正则表达式代入后面引用它的正则表达式中，从而消除文法符号，使得词法描述就是一个只含输入字符的正则表达式。但在语法描述中，不可能把存在递归引用，或者自引的文法符号消除，只剩一个开始符。这就是语法描述与词法描述的本质差异。树状结构比线性结构复杂，用正则运算来将其描述清楚必定要付出代价，而代价的具体体现就是文法符号的引入。文法符号的引入会造成 DFA 更加复杂，这点将在 3.6 节阐明。

在语法描述中，常通过引入文法符号来增强表达能力。在 3.2 节给出的算术运算表达式的定义中，通过一个文法符号 E，就将算术运算表达式的 8 种表现情形刻画出来了。但是这个定义没有将运算的优先级表达出来。即括号运算优先于乘除运算，以及乘除运算优先加减运算，没有体现出来。要将上述优先法则表达出来，可通过引入新的文法符号来加以实现。有两级优先，因此需要引入两个文法符号 T 和 F。带优先级的算术运算表达式 E 的文法描述如文法 3.4 所示。其中符号 E 表达加/减法运算，同时也是算术运算表达式的开始符。符号 T 表达乘/除法运算。符号 F 表达括号运算、函数调用结果、变量、数值常量。

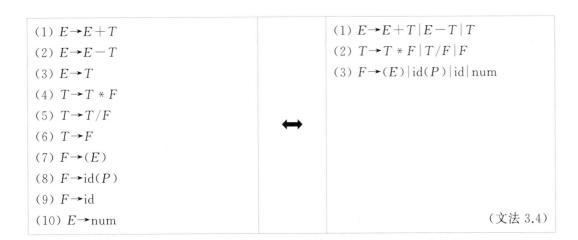

(1) $E \rightarrow E + T$	(1) $E \rightarrow E + T \mid E - T \mid T$
(2) $E \rightarrow E - T$	(2) $T \rightarrow T * F \mid T/F \mid F$
(3) $E \rightarrow T$	(3) $F \rightarrow (E) \mid \mathrm{id}(P) \mid \mathrm{id} \mid \mathrm{num}$
(4) $T \rightarrow T * F$	
(5) $T \rightarrow T/F$	
(6) $T \rightarrow F$	
(7) $F \rightarrow (E)$	
(8) $F \rightarrow \mathrm{id}(P)$	
(9) $F \rightarrow \mathrm{id}$	
(10) $E \rightarrow \mathrm{num}$	（文法 3.4）

为了突出运算的优先级问题,以后将算术运算表达式的 8 种表现情形缩减成加法运算、乘法运算、括号运算和单变量这 4 种具有代表性的情形。现以算术运算表达式 i+j*k 和 i*(j+k)作为输入的词串,观察优先级的控制实施情况。基于文法 3.4,这两个算术运算表达式的语法分析树分别如图 3.3(a)和图 3.3(c)所示。对于 i+j*k,从文法得不出先算 i+j 的语法分析树。如果强行先算 i+j,那么它的语法分析树如图 3.3(b)所示,不可能再把 * k 插进来。因此,是文法保证了优先级的实施。

文法 3.4 可以以如下方式理解。首先是文法的开始符。这里的开始符是 E,由第 1 个和第 2 个产生式可知,开始符 E 要么是一个加/减法运算的结果、要么是一个乘/除法运算的结果;要么是一个括号运算、函数调用结果、变量、数值常量,共有 3 种情形。再来看文法符号 T,它要么是一个乘/除法运算的结果,要么是一个括号运算、函数调用结果、变量、数值常量,共有 2 种情形,少了一种情形。也就是说,T 不会是一个加/减法运算的结果,这就是优先级的具体表现。再来看 F,它只有括号运算、函数调用结果、变量、数值常量这 1 种情形了。F 不会是一个加/减法运算的结果,也不会是一个乘/除法运算的结果,这就是括号运算优先级更高的具体表现。

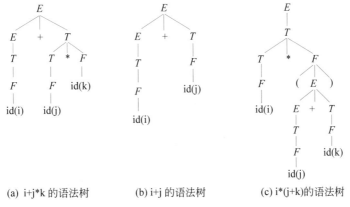

(a) i+j*k 的语法树　　(b) i+j 的语法树　　(c) i*(j+k)的语法树

图 3.3　算术运算表达式的语法分析树

对照图 3.1 和图 3.3 所示的语法分析树可以发现,每引入新的文法符号来增强语法表达功能时,语法分析树会变得更加复杂,因此,要尽量少使用新的文法符号。

3.5　自顶向下和最左推导的语法分析

自顶向下和最左推导的语法分析具有直观、通俗易懂的特点,就如正则表达式的 NFA 构造一样。不过,这种语法分析方法对文法有很多限制条件。例如,文法中的产生式不能存在左递归,同一非终结符的产生式不能存在左公因子,同一非终结符的产生式要具有可区分性。推导一个非终结符时,如果它有多个产生式,该选择其中哪一个产生式进行推导是其中要解决的核心问题。

首先,3.5.1 节讲解自顶向下和最左推导的语法分析过程。3.5.2 节阐释文法中的产生式存在左递归时为什么不能用于自顶向下和最左推导的语法分析,然后讲解了基于等价变换的左递归消除方法。3.5.3 节通过举例说明当同一非终结符的多个产生式有左公因子时,自顶向下和最左推导的语法分析会遇到的问题,然后讲解提取左公因子的处理方法。自顶向下和最左推导的语法分析中,产生式的选择是最为关键的问题。3.5.4 节讲解基于文法分析的产生式选择策略,通过定义产生式的 FIRST 函数和非终结符的 FOLLOW 函数来刻画文法特性,作为产生式选择的指示灯。3.5.5 节讲解产生式的 FIRST 函数值和非终结符的 FOLLOW 函数值求解方法。3.5.6 节探讨文法的二义性,定义 LL(1)文法,阐释如果一个文法不是 LL(1)文法,它就不能用于自顶向下和最左推导的语法分析。3.5.7 节给出基于符号栈和 LL(1)语法分析表的语法分析器通用代码。

3.5.1　自顶向下和最左推导的语法分析过程

基于最左推导的自顶向下语法分析也叫 LL 语法分析,是边推导,边匹配,逐步完成语法分析树的构造。起始时,语法分析树只含一个根结点,即文法的开始符结点。对于输入的词串,待匹配的词称为当前词。起始时,当前词自然为输入串的第一个词。随后便是推导和匹配的交替执行,直至语法分析的完成。每一轮推导和匹配又包括如下 3 个子步骤。

(1) 选择要推导的叶结点。从当前树的叶结点中选择最左的非终结符结点来进行推导。如果当前树的叶结点中没有非终结符,且当前词为输入词串的结束符,就说明语法分析已完成。

(2) 选择产生式。对被选的非终结符,从定义它的产生式中选择一个来进行推导。对于语法分析,选择的提示信息仅有当前词。

(3) 推导之后,进行匹配。推导之后,所选结点被展开,变成了非叶结点,其子结点成了新的叶结点。以刚被展开结点的第一个子结点为起始位置,将该位置的符号称为当前符号。接下来进行匹配。每次匹配时,可能发生的情形最多有 3 种:①当前符号为一个终结符,但不等于当前词;②当前符号为一个非终结符;③当前符号为一个终结符,并等于当前词。当出现情形①时,说明输入词串存在语法错误,语法分析就此中断结束。当出现情形②时,匹配结束,转入下一轮推导和匹配。当出现情形③时,说明匹配成功,将当前符号和当前词都后移一步,然后开始下一轮匹配。迭代匹配的最终结果如果是情形②,那么就转入下一轮推导和匹配。

现举例说明基于最左推导的自顶向下语法分析过程。假定算术运算表达式中只含加法运算、乘法运算、括号运算和单变量这 4 种具有代表性的情形。其文法如文法 3.5 所示。这个文法含有 5 个非终结符：E,E',T,T' 和 F。开始符为 E。该文法中含有 2 个空产生式，即产生式(3)$E'→ε$ 和产生式(6)$T'→ε$。这里的 ε 是空词的意思，与第 2 章中 NFA 构造中使用的空字符 ε 类似，起着过渡作用。设输入的词串为 i+j＊k，其语法分析过程如下。

---

(1) $E→T\ E'$

(2) $E'→＋T\ E'$

(3) $E'→ε$

(4) $T→F\ T'$

(5) $T'→^*\ F\ T'$

(6) $T'→ε$

(7) $F→(\ E\ )$

(8) $F→id$

（文法 3.5）

开始时，语法分析树只有一个结点，即根结点，为开始符 E。当前词为变量 i，即输入词串的第一个词，其类别名为 id。随后要经历以下 11 轮推导和匹配的迭代。

（1）推导开始符 E。因 E 的定义只有一个产生式，不存在选择问题。选择产生式 $E→T\ E'$ 推导之后，树的叶结点串变为 TE'。由于所选产生式右部第一个文法符 T 为非终结符，因此不存在匹配。

（2）树的叶结点串中最左的非终结符为 T。文法中定义 T 的产生式只有一个，不存在选择问题。选择产生式 $T→F\ T'$ 推导之后，树的叶结点串变为 $F\ T'E'$。由于所选产生式右部第一个文法符 F 为非终结符，不存在匹配。

（3）树的叶结点串中最左的非终结符为 F。文法中定义 F 的产生式有两个，存在选择问题。这两个产生式右部第一个文法符都为终结符，一个为左括号，另一个为 id。当前词为 id，匹配第二个产生式。因此选择第二个产生式 $F→id$ 进行推导。推导之后，树的叶结点串变为 id $T'E'$。由于所选产生式右部第一个符号 id 为终结符，因此有匹配问题。当前符号为 id，当前词的词类也为 id，因此匹配。将当前符号和当前词都后移一步，分别变为 T' 和＋。现当前符号为非终结符，因此匹配结束。

（4）树的叶结点串中最左的非终结符为 T'。文法中定义 T' 的产生式有两个，存在选择问题。第一个产生式右部第一个字符为终结符＊，与当前词（＋）不相同，因此肯定不能选。只好选第二个产生式 $T'→ε$ 进行推导，其正确性放到后面再讲解。推导之后，树的叶结点串为 id ε E'。由于所选产生式右部第一个符号为 ε，因此跳过它，当前符号变为 E'，它为非终结符，不存在匹配。

（5）树的叶结点中最左的非终结符为 E'。文法中定义 E' 的产生式有两个，存在选择问题。第一个产生式右部第一个文法符为终结符＋，与当前词相同。第二个产生式 $E'→ε$，似乎也可选，但其实不可选，理由将在后面讲解。选择第一个产生式 $E'→＋T\ E'$ 进行推导。推导之后，树的叶结点串变为 id ε＋$T\ E'$。由于所选产生式右部第一个符号＋为终结符，因此有匹配问题。匹配之后，当前符号和当前词都后移一步，分别变为 T 和 id。

（6）树的叶结点串中最左的非终结符为 T。T 的产生式只有一个，不存在选择问题。选择产生式为 $T→F\ T'$ 推导之后，树的叶结点串变为 id ε＋$F\ T'E'$。由于所选产生式右部

第一个文法符 F 为非终结符,不存在匹配。

(7) 树的叶结点中最左的非终结符为 F。F 的产生式有两个。当前词为 id 匹配第二个产生式 $F \to$ id,因此选其进行推导。推导之后,树的叶结点串变为 id ε+id $T'E'$。由于所选产生式右部第一个符号 id 为终结符,因此有匹配问题。匹配之后,当前符号和当前词都后移一步,分别变为 T' 和 $*$。

(8) 树的叶结点中最左的非终结符为 T'。T' 的产生式有两个,存在选择问题。第一个产生式 $T' \to^* F T'$ 右部的首符与当前词 $*$ 相同,因此选其进行推导。推导之后,叶结点串变为 id ε+id $* F T'E'$。由于所选产生式右部首符 $*$ 为终结符,因此有匹配问题。匹配之后,当前符号和当前词分别变为 F 和 id。

(9) 树的叶结点中最左的非终结符为 F。文法中定义 F 的产生式有两个,存在选择问题。根据当前词 id,选择第二个产生式 $F \to$ id 进行推导。推导之后,树的叶结点串变为 id ε+id* id $T'E'$。由于所选产生式右部第一个符号 id 为终结符,因此有匹配问题。匹配之后,当前符号和当前词分别变为 T' 和 \$。\$ 是输入词串的结束符,标志着词串的结束。

(10) 树的叶结点中最左的非终结符为 T'。文法中定义 T' 的产生式有两个,存在选择问题。现当前词为 \$,因此只能选第二个产生式 $T' \to$ ε 进行推导,其正确性放到后面讲解。推导之后,树的叶结点串变为 id ε+id $*$ id ε E'。由于产生式右部第一个符号为 ε,因此要跳过它。当前符号改为 E'。

(11) 树的叶结点中最左的非终结符为 E'。文法中定义 E' 的产生式有两个,存在选择问题。现当前词为 \$,因此只能选第二个产生式 $E' \to$ ε 进行推导。推导之后树的叶结点串变为 id ε+id* id ε ε。由于产生式右部第一个符号为 ε,因此要跳过它。在它后面没有符号了,再加上当前词为 \$,因此推导结束。

语法分析树完成构造。将树的叶结点串中的 ε 去掉后,便是输入词串 id+id $*$ id。11 轮推导和匹配的可视化化过程如图 3.4 所示。该过程就是语法分析树的构造过程。

上述语法分析树中,E 既是开始符,也是加法运算符。为了区分开,在文法中再引入一个增广非终结符 R(取自 Root 的首字符),作为开始符,它的产生式为:$R \to E$ \$。其中,\$ 为结束符,是一个终结符。这样处理之后,语法分析便会以文法中的结束符与输入词串中的结束符相匹配成为语法分析的结束标志。以后的语法分析算法都按此方法处理。

对比图 3.3(a)和图 3.4 可知,输入的词串相同,但文法不相同时,得出的语法分析树也不相同。非终结符越多,语法分析树就越复杂。

思考题 3-6 按照上述自顶向下最左推导语法分析方法,基于文法 3.5,构造出输入词串 i*(j+k)的语法分析树。

3.5.2 左递归及其消除方法

当文法中某个文法符号的产生式存在左递归(left recursion)时,它不能用于自顶向下的最左推导。其原因是在选择产生式时,会出现无法做出正确选择的问题。现举例说明。

现有一个只含两个产生式和一个非终结符 E 的文法。它的两个产生式为:①$E \to E+$id;②$E \to$id。该文法描述了加法运算表达式。为了后续对比,将该文法称为文法 a。该文法的第一个产生式中存在左递归,即产生式右部第一个文法符与产生式左部的文法符相同。

对于输入词串 i+j+k,推导中在选择产生式时无法做出正确选择。原因是每一轮的推

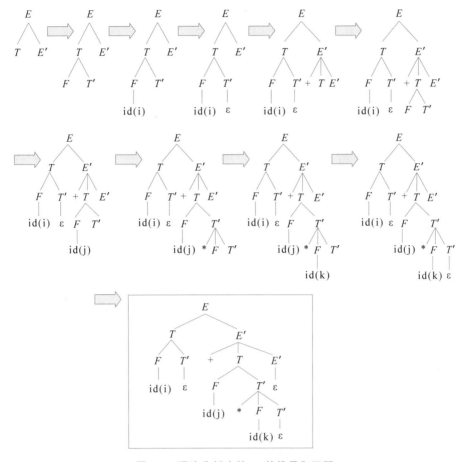

图 3.4　语法分析中的 11 轮推导和匹配

导，基于当前词，两个产生式都能选，因为都符合要求，其理由将在 3.5.4 节讲解。但是实际上每一轮推导必须选择正确，才能得出输入词串的语法分析树。图 3.5 所示的 4 种推导方案都满足推导算法，但前面 3 种都是错误的推导，只有第 4 种推导正确。究其原因，是因为第一个产生式存在左递归。因此，对于含左递归的文法，不能用于自顶向下的最左推导。

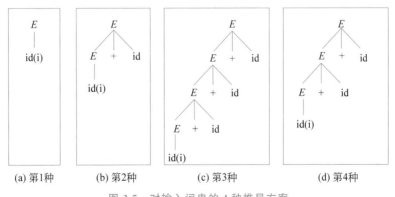

(a) 第1种　　(b) 第2种　　(c) 第3种　　(d) 第4种

图 3.5　对输入词串的 4 种推导方案

对含左递归的文法,可通过增加文法符号来对其改造,得出不含左递归的等价文法。以上述加法运算表达式为例,文法 $G[E]$: $E \rightarrow id\ E'$; $E' \rightarrow +id$ $E'|\varepsilon$ 也可以用来描述它。该文法有 3 个产生式,两个非终结符 E 和 E',两个终结符 id 和十,另外还含 ε。为了对比,将该文法称为文法 b。该文法的特点是不含左递归。基于该文法,对输入词串 i+j+k 进行推导,就不会出现多个产生式都能选的情形。所得的语法分析树如图 3.6 所示。

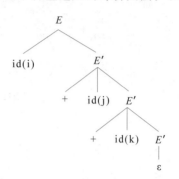

图 3.6 算术运算表达式 i+j+k 的语法分析树

对比上述文法 a 和文法 b,发现有如下特征。文法 b 的第一个产生式 $E \rightarrow id\ E'$,其右部的 id 部分来自文法 a 的第二个产生式 $E \rightarrow id$。文法 b 的第二个产生式 $E' \rightarrow +id\ E'$,是一个含右递归的产生式,即产生式右部的最后一个文法符 E' 和产生式左部的文法符 E' 相同。在这个产生式的右部,文法符 E' 的左边部分为+id,它来自文法 a 的第一个产生式 $E \rightarrow E+id$,即左递归文法符 E 右边部分的内容。也就是说,文法 a 中左递归文法符 E 的右边部分内容,变成了文法 b 中右递归文法符 E' 的左边部分内容。这种等价变换,通过引入一个右递归文法符 E',消除了原有文法中的左递归,也就是把左递归变成了右递归。

将上述特征归纳起来,可得出消左递归的通用方法。对于含左递归的文法符 X,将其产生式分成含左递归的和不含左递归的两个部分。设含左递归的产生式有 i 个: $X \rightarrow X\alpha_1|X\alpha_2|\cdots\cdots|X\alpha_i$。不含左递归的产生式有 j 个: $X \rightarrow \beta_1|\beta_2|\cdots|\beta_j$。为了消左递归,现引入一个新的文法符 X'。等价变换后得到关于文法符 X 的产生式如下:

$$X \rightarrow \beta_1 X'|X \rightarrow \beta_2 X'|\cdots|\beta_j X'$$
$$X' \rightarrow \alpha_1 X'|X' \rightarrow \alpha_2 X'|\cdots|X' \rightarrow \alpha_i X'|X' \rightarrow \varepsilon$$

观察上述产生式,可发现把 $X' \rightarrow \varepsilon$ 这个产生式代入 X 的产生式后,就是原来不含左递归的产生式 $X \rightarrow \beta_1|\beta_2|\cdots|\beta_j$。然后把 X 的左递归变换成了 X' 的右递归。

注意:变换前,非终结符 X 的产生式有 $i+j$ 个。变换后,非终结符 X 的产生式变成了 j 个,新引入的非终结符 X' 的产生式则有 $i+1$ 个。

现举例说明。对于只含加法、乘法,以及括号运算的算术运算表达式,其文法如文法 3.6 左边部分所示。该文法有三个非终结符 E,T,F,表达了运算的优先级,其中文法符 E 和 T 都含有左递归。为了消除 E 和 T 的左递归,只好引入两个新的文法符 E' 和 T'。采用上述左递归消除法得到的新文法如文法 3.6 右边部分所示,它就是文法 3.5 所示 LL 文法的由来。

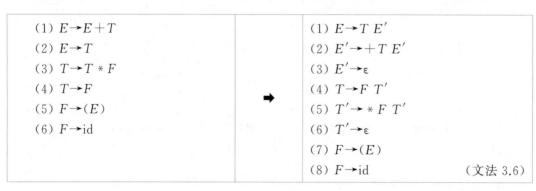

(1) $E \rightarrow E+T$	(1) $E \rightarrow T\ E'$
(2) $E \rightarrow T$	(2) $E' \rightarrow +T\ E'$
(3) $T \rightarrow T * F$	(3) $E' \rightarrow \varepsilon$
(4) $T \rightarrow F$	(4) $T \rightarrow F\ T'$
(5) $F \rightarrow (E)$	(5) $T' \rightarrow * F\ T'$
(6) $F \rightarrow id$	(6) $T' \rightarrow \varepsilon$
	(7) $F \rightarrow (E)$
	(8) $F \rightarrow id$ (文法 3.6)

在上述左递归消除法中,通过新引入文法符号以及空词符 ε,使得原本不适合于自顶向下最左推导的文法变得适合了,其实质是增强了文法的表达能力。ε 在其中发挥了很大甚至关键的作用。ε 在第 2 章正则表达式的 NFA 构造中也发挥了关键作用,使得 NFA 构造不仅直观,而且模式固定。仅从 ε 本身来看,它似乎毫无意义。但是通过引入它,使得原本卡住的地方能够走通,衔接不上的东西能衔接上,道理上通顺。这就是数学思维的体现。

再举一个消左递归的例子。对于文法 $G[S]$: $S{\rightarrow}Aa\,|\,b$; $A{\rightarrow}Ac\,|\,Sd\,|\,ε$。观察可发现,非终结符 A 有直接的左递归,非终结符 S 和 A 彼此相互引用,但是 S 的产生式中没有出现自引。这时,自然会想到能否消除一个文法符。能不能消除? 消除哪一个? S 还是 A? 在 3.4 节已经讲过,凡是在产生式中出现自引的文法符都不可能消除。因此文法符 A 不可能消除。S 的产生式中没有出现自引,因此可把它消除。将 S 代入 A 的产生式后,A 的产生式变为: $A{\rightarrow}Ac\,|\,(Aa\,|\,b)d\,|\,ε$。注意这里的左括号和右括号指正则运算中的括号运算,不是词。去掉括号运算得: $A{\rightarrow}Ac\,|\,Aad\,|\,bd\,|\,ε$。消左递归得: $A{\rightarrow}(bd\,|\,ε)A'$; $A'{\rightarrow}(c\,|\,ad)A'$; $A'{\rightarrow}ε$。这里的括号也指正则运算。去掉括号运算得: $A{\rightarrow}bdA'\,|\,A'$; $A'{\rightarrow}cA'\,|\,ad\,A'\,|\,ε$。共 5 个产生式。这就是消左递归后所得到的新文法。

3.5.3　左公因子及其提取方法

当文法中某个文法符号有多个产生式,并且其中两个或者以上存在有左公因子(left factoring)时,它不能用于自顶向下的最左推导。其原因是在选择产生式时,会出现无法做出正确选择的问题。现举例说明如下。程序中的语句有 if 语句和 if else 语句。它们的文法定义为: $S{\rightarrow}if(B)Q$; $S{\rightarrow}if(B)Q$ else Q。文法符 S 的这两个产生式存在有左公因子 $if(B)Q$。在自顶向下最左推导中,如果当前词为 if,且当前要推导的文法符为 S,对于这两个产生式,无法做出正确选择。如果选择第一个产生式,那么当输入词串中 if 后面还有 else 时,便会得出有语法错误的结论。而实际上没有语法错误。如果选择第二个产生式,那么当输入词串中 if 后面没有 else 时,随后也会得出有语法错误的结论。而实际上没有语法错误。因此,当一个文法符的多个产生式存在有左公因子时,它不能用于自顶向下的最左推导。

对含左公因子的产生式,可引入一个新的文法符,将其改造成不含左公因子的产生式。例如,对于上述两个含左公因子 $if(B)Q$ 的产生式,引入一个新的文法符 S',将上述两个产生式等价改造成如下三个产生式:

$$S{\rightarrow}if(B)Q\ S'$$
$$S'{\rightarrow}else\ Q$$
$$S'{\rightarrow}ε$$

这三个产生式中不存在含左公因子的情形,能用于自顶向下的最左推导。这种改造的实质是: 推导中,在当前词为 if,且当前要推导的文法符为 S 时,不急于区分其是 if 语句还是 if else 语句,将区分后延到要推导文法符 S' 的时刻。这又是一个通过新增文法符来增强文法表达能力的例子。

提取左公因子一定要彻底,否则就不能用于自顶向下的最左推导。现举例说明。有含 3 个非终结符 S,T 和 M,6 个产生式的文法 $G[S]$: $S{\rightarrow}TM$ (id); $S{\rightarrow}T-$ id; $T{\rightarrow}÷T$; $T{\rightarrow}id$; $M{\rightarrow}+$; $M{\rightarrow}-$。观察之,发现 M 不含自引,可将其消除; T 含自引,不能消除; S 为开始符,也不能消除。消掉 M 后的文法为: $S{\rightarrow}T-$(id); $S{\rightarrow}T+$(id); $S{\rightarrow}T-$ id; $T{\rightarrow}÷$

T；$T\rightarrow$id。其中 S 的 3 个产生式有左公因子 T，于是通过新引入一个文法符 S'，实现左公因子提取。得到的新文法为：$S\rightarrow TS'$；$S'\rightarrow-(id)$；$S'\rightarrow+(id)$；$S'\rightarrow-id$；$T\rightarrow\div T$；$T\rightarrow$id。进一步观察发现新引入的文法符 S' 的第 1 个产生式和第 3 个产生式有左公因子一。因此要进一步提取左公因子。再引入一个新文法符 S''，以实现左公因子提取。得到的新文法为：$S\rightarrow TS'$；$S'\rightarrow-S''$；$S'\rightarrow+(id)$；$S''\rightarrow(id)$；$S''\rightarrow$id；$T\rightarrow\div T$；$T\rightarrow$id。这才是最终结果。

3.5.4 推导中的产生式选择

在自顶向下最左推导中，最为关键的事情是对当前要推导的非终结符，基于当前词来选择产生式。对于一个非终结符，定义它的产生式可能有多个。从前面文法举例来看，一个非终结符 X 的产生式可区分为两类。一类是虚产生式，即 $X\rightarrow\varepsilon$。另一类为实产生式，即除虚产生式之外的其他产生式。对于实产生式，不能存在左公因子。如果存在左公因子，就会在推导时不知道到底要选哪一个产生式。前面讲的提取左公因子，只讲到概念和处理过程。能否找到一个算法，来判断某一非终结符的实产生式是否存在左公因子？对于虚产生式，在推导中选择产生式时，什么情况下应该选取它？一个文法应具有什么特征，才能用于自顶向下最左推导的语法分析？本节将回答这 3 个问题。

(1) 能否找到一个算法，来判断某一非终结符的实产生式是否存在左公因子？

第一个问题将通过定义产生式的 FIRST 函数来予以解答。对于文法符 X 的实产生式 $X\rightarrow\alpha$，现以 X 为树根结点，第一轮推导选择 $X\rightarrow\alpha$，随后采用穷举法进行自顶向下最左推导。每次推导直至树的第一个叶结点为终结符，便告结束。注意，这里所说的推导没有输入词串，没有当前词，完全是基于文法的穷举式推导。另外，这里说的是每次，而不是每轮。每次推导都可能包含多轮推导。穷举完毕之后，每次推导所得的第一个叶结点文法符所构成的集合，就是该产生式 $X\rightarrow\alpha$ 的 FIRST 函数值。它是一个终结符的集合。

现举例说明产生式的 FIRST 函数值含义。对于文法 3.5，试求第一个产生式 $E\rightarrow TE'$ 的 FIRST 函数值。产生式右部的第一个文法符为 T，推导它时，发现它只有一个产生式 $T\rightarrow FT'$。于是对 T 推导之后，树的叶结点为 $FT'E'$。再来看第一个叶结点 F，它有两个产生式 $F\rightarrow(E)$ 和 $F\rightarrow$id。而且这两个产生式右部的第一个文法符都为终结符。因此推导 F 之后，就无须再推导了。穷举中总共只有两种推导。于是得出 $FIRST(E\rightarrow TE')=\{,$ id$\}$，即该产生式的 FIRST 集合中只含有两个终结符元素：(和 id。

对于 LL 文法(文法 3.5)的第二个产生式 $E'\rightarrow+TE'$，求其 FIRST 函数值。这个产生式的右部第一个文法符为终结符 $+$，因此，$FIRST(E'\rightarrow+T E')=\{+\}$。求第三个产生式 $E'\rightarrow\varepsilon$，求其 FIRST 函数值。这个产生式的右部第一个文法符为空符 ε，因此，$FIRST(E'\rightarrow\varepsilon)=\{\varepsilon\}$。注意：这个产生式为虚产生式。

对于文法中的某个非终结符，如果它的所有实产生式的 FIRST 函数值两两之间不存在交集，那么对于该非终结符的实产生式，任何两个之间都不存在左公因子。这样，第一个问题就得到了解答。

(2) 什么时候选择虚产生式进行推导？

这个问题可以通过定义非终结符的 FOLLOW 函数来解答。对 FOLLOW 函数，先从例子入手来理解其含义。对于文法 3.5 所示文法，E 既为开始符，也为加法运算符。为了语法分析的规范化，引入一个增广文法符 R，它只有一个产生式：$R\rightarrow E$ $\$$，其中 $\$$ 为结束符，自然是终结符。这种规范化处理的缘由已在 3.5.1 节讲解。也就是说,开始符 E 后面必定跟着一个结束符。要注意的是,这里说的是开始符 E,没有说是文法符 E。E 还充当加法运算符。当 E 不充当开始符时,它后面接的不一定是结束符。

该文法中的非终结符 E' 和 T' 都有虚产生式。进行自顶向下最左推导时,当要推导 E' 或者 T' 时,什么情况下该选择其虚产生式? 现以穷举法来执行自顶向下最左推导。由于 E 只有一个产生式 $E \to TE'$,因此在第二轮推导后,仅有一种情形,此时树中的叶结点串为 $TE'\$$。再对树的叶结点 T 和 E' 分别进行一轮推导。由于 T 只有一个产生式 $T \to FT'$,而 E' 有两个产生式: $E' \to +T\ E'$ 和 $E' \to \varepsilon$。因此这两轮推导之后,只会有两种情形,树的叶结点分别为 $FT'+TE'\$$ 和 $FT'\varepsilon\$$,如图 3.7(a)和图 3.7(b)所示。

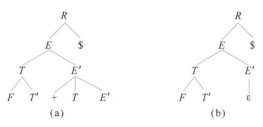

图 3.7 4 次推导后的所有情形

从图 3.7(a)可知,这棵树的叶结点串为 $FT'+TE'\$$。跟在 T' 后的终结符为 +,跟在 E' 后面的符号为结束符 $\$$。于是在这里,就有 $\text{FOLLOW}(T')=\{+\}$,$\text{FOLLOW}(E')=\{\$\}$。非终结符的 FOLLOW 函数值为一个终结符的集合。对图 3.7(a)中的 T' 进行推导时,如果是选择其虚产生式 $T' \to \varepsilon$,那么当前词一定要是 $\text{FOLLOW}(T')$ 中的元素才行,即一定要是 + 才行。这就解释了在 3.5.1 节的推导举例中,在第 4 轮推导时,选择虚产生式 $T' \to \varepsilon$ 的正确性。也解释了在第 11 轮推导时,选择虚产生式 $E' \to \varepsilon$ 的正确性。

从图 3.7(b)来看,这棵树的叶结点串为 $FT'\varepsilon\$$。跟在 T' 后的终结符为结束符 $\$$。原因是 ε 为空符,要跳过它。于是在这里,就有 $\text{FOLLOW}(T')=\{\$\}$。对 T' 进行推导时,选择其虚产生式 $T' \to \varepsilon$ 的条件是当前词一定要是 $\text{FOLLOW}(T')$ 中的元素才行,即一定要是 $\$$ 才行。这就解释了在 3.5.1 节的推导举例中,在第 10 轮推导时,选择虚产生式 $T' \to \varepsilon$ 的正确性。

就文法而言,通过穷举所有情形,找出跟在 T' 后面的终结符,它们构成的集合称作非终结符 T' 的 FOLLOW 函数值。在讲解某个非终结符的 FOLLOW 函数值求解算法之前,还要先定义非终结符的 FIRST 函数值。因为这个函数会在 FOLLOW 函数求解中用到。前面讲解了产生式的 FIRST 函数概念。对于非终结符 X,定义它的所有产生式的 FIRST 函数值的并集,就是非终结符 X 的 FIRST 函数值。

有了非终结符的 FIRST 函数概念之后,现在来观察一个产生式中蕴含的 FOLLOW 信息。对于产生式 $X \to Y_1 Y_2 \cdots Y_{n-1} Y_n$,其中 $X,Y_1,Y_2,\cdots,Y_{n-1},Y_n$ 都是文法符。这个产生式蕴含如下两个明显的 FOLLOW 信息。

① 对于末尾符 Y_n,如果它为非终结符,那么 $\text{FOLLOW}(X)$ 属于 $\text{FOLLOW}(Y_n)$。该信息是根据推导的含义所得。使用该产生式推导时,是用 $Y_1 Y_2 \cdots Y_{n-1} Y_n$ 的去替换 X。于是,X 的 FOLLOW 自然也就是末尾非终结符 Y_n 的 FOLLOW。

② FOLLOW 信息还有：除了末尾符 Y_n 之外，对于产生式右部中任一文法符 Y_i，其中 $0 < i < n$，如果 Y_i 是一个非终结符，那么 $\text{FIRST}(Y_{i+1}) - \varepsilon$ 属于 $\text{FOLLOW}(Y_i)$。这个显然成立，为 FOLLOW 函数的本意。需要说明的是：如果 Y_{i+1} 是一个终结符，那么 $\text{FIRST}(Y_{i+1}) = Y_{i+1}$。要去掉 ε 是因为 FOLLOW 函数值是一个终结符的集合，ε 不是终结符，自然不能在其中。与其相对，ε 可以是 FIRST 函数值中的元素。

FOLLOW 信息①可有条件延伸。如果 Y_i 为非终结符，其中 $0 < i < n$。而且从 Y_{i+1} 至 Y_n 全为非终结符，且都含虚产生式，那么 $\text{FOLLOW}(X)$ 属于 $\text{FOLLOW}(Y_i)$，这个也显然成立。因为使用该产生式推导后，对于 Y_{i+1} 至 Y_n，在都用虚产生式推导的情况下，Y_i 便变成了末尾符。于是，X 的 FOLLOW 也就是末尾符 Y_i 的 FOLLOW。

FOLLOW 信息②也可有条件延伸。如果 Y_i 为非终结符，其中 $0 < i < n-1$，而且从 Y_{i+1} 至 Y_j，其中 $i+1 < j < n$，全为非终结符，且都含虚产生式，那么 $\text{FIRST}(Y_{j+1}) - \varepsilon$ 属于 $\text{FOLLOW}(Y_i)$，这个也显然成立。因为使用该产生式推导后，对于 Y_{i+1} 至 Y_j，在都用虚产生式推导的情况下，Y_{j+1} 便跟在 Y_i 的后面。

这两个延伸的可视化表示如图 3.8 所示。$\text{FOLLOW}(X)$ 属于 $\text{FOLLOW}(Y_i)$ 可表达为：$\text{FOLLOW}(Y_i) += \text{FOLLOW}(X)$。$\text{FIRST}(Y_{j+1}) - \varepsilon$ 属于 $\text{FOLLOW}(Y_i)$ 可表达为：$\text{FOLLOW}(Y_i) += \text{FIRST}(Y_{j+1}) - \varepsilon$。对于产生式 $X \rightarrow Y_1 Y_2 \cdots Y_{n-1} Y_n$，其中蕴含的 FOLLOW 信息求解算法如算法 3.1 所示。把文法中所有产生式蕴含的 FOLLOW 信息求解出来之后，每个非终结符的 FOLLOW 函数值也就能求解出来。

算法 3.1 产生式中蕴含的 FOLLOW 信息求解

```
对于产生式 X→Y₁ Y₂… Yₙ₋₁ Yₙ
if(Yₙ 是一个非终结符)
    FOLLOW(Yₙ) += FOLLOW(X);
bool nullStand = true;
int i = n -1;
int j = n;
while(i >= 1)  {
    if (Yᵢ 是一个非终结符)  {
        for (k = i+1; k <= j; k ++)
            FOLLOW(Yᵢ) += FIRST(Yₖ) - ε;
        if (ε 不属于 FIRST(Yᵢ))
            j = i;
        if(nullStand && ε 不属于 FIRST(Yᵢ₊₁))
            nullStand = false;
        if(nullStand)
            FOLLOW(Yᵢ) += FOLLOW(X);
    }
    else  {
        j = i;
        if(nullStand)
            nullStand = false;
    }
    i --;
}
```

　　实产生式的 FIRST 函数值、非终结符的 FOLLOW 函数值都是文法自身特性的刻画方法,表达的是所有可能的情形。它们与输入词串没有直接联系,也与当前词没有直接联系。只有在对输入词串采用自项向下最左推导时,对于当前要推导的非终结符(用 X 表示),它的实产生式的 FIRST 函数值和它的 FOLLOW 函数值才和当前词发生关系:如果当前词在 X 的某个实产生式的 FIRST 函数值中,那么就选取该实产生式进行推导;如果当前词在 X 的 FOLLOW 函数值中,那么就选取 X 的虚产生式($X{\rightarrow}\varepsilon$)进行推导。

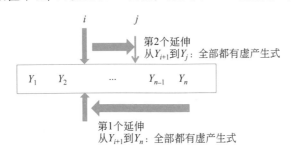

图 3.8　FOLLOW 信息的有条件延伸

　　(3) 一个文法应具有什么特征,才能用于自项向下最左推导的语法分析?

　　一个文法至少含有一个非终结符。一个非终结符可能含有多个实产生式,还可能含有一个虚产生式。在自项向下最左推导的语法分析过程中,当对某个非终结符(设其为 X)推导时,不能出现有两个产生式都可选用的情形。如果出现,就称该文法具有二义性。而程序语言不允许出现二义性。

　　语法分析中,设当前要推导的非终结符为 X,当前词为 w,两个产生式可选用的情形有两种:①两个都为实产生式;②一个为实产生式,另一个为虚产生式。对于第一种情形,设可选用的实产生式为 $X{\rightarrow}\alpha$ 和 $X{\rightarrow}\beta$,其含义是:w 既属于 FIRST($X{\rightarrow}\alpha$),也属于 FIRST($X{\rightarrow}\beta$)。对于第二种情形,设可选用的实产生式为 $X{\rightarrow}\alpha$,虚产生式为 $X{\rightarrow}\varepsilon$,其含义是:$w$ 既属于 FIRST($X{\rightarrow}\alpha$)也属于 FOLLOW(X)。

　　因此,对于自项向下最左推导的语法分析,无二义性文法的基本特征是:其中任一非终结符 X,如果它不含虚产生式,那么在其所有实产生式的 FIRST 函数值中,两两之间不能存在交集。如果它含有虚产生式,那么进一步要求 X 的任一实产生式的 FIRST 函数值和 X 的 FOLLOW 函数值之间也不能存在交集。如果存在交集,那么就会出现两个产生式都可选用,不知道到底要选哪个的情形。

　　由上分析可知,FOLLOW 函数是专门针对虚产生式提出的概念,专门用来解决什么情形下该选择虚产生式进行推导的问题。

3.5.5　FIRST 和 FOLLOW 函数值求解算法

　　前面讲了产生式的 FIRST 函数概念,它指所有可能情形下的第一个终结符的集合。求解产生式中蕴含的 FIRST 信息,与求解产生式中蕴含的 FOLLOW 信息相类似。对于产生式 α:$X{\rightarrow}Y_1 Y_2 \cdots Y_{n-1} Y_n$,其中 $X, Y_1, Y_2, \cdots, Y_{n-1}, Y_n$ 都是文法符。这个产生式蕴含一个明显的 FIRST 信息,即 FIRST(Y_1) 属于 FIRST(α)。

　　注意:这里不是 FIRST(X),这个 FIRST 信息可有条件延伸。如果从 Y_1 至 Y_j,$0 < j < n$,全为非终结符,且都含虚产生式,那么 FIRST(Y_{j+1}) 属于 FIRST(α),这个显然成立。

因为使用该产生式推导后,对于 Y_1 至 Y_j,在都用虚产生式推导的情形下,Y_{j+1} 便成了 α 的第一个以终结符开头的文法符。产生式中蕴含的 FIRST 信息求解算法如算法 3.2 所示。

算法 3.2 产生式中蕴含的 FIRST 信息求解

```
bool nullStand = true;
int i = 1;
while(nullStand && i <= n) {
    FIRST += FIRST(Yi) - ε
    if(ε 不属于 FIRST(Yi))
        nullStand = false;
    else
        i ++;
}
if(nullStand && i == n)
    FIRST += ε;
```

执行完这个算法并不等于求出了产生式的 FIRST 函数值。原因是,计算到 $\text{FIRST}(\alpha) + = \text{FIRST}(Y_{j+1})$ 时,$0 < j < n$,如果 Y_{j+1} 是一个非终结符,那么 $\text{FIRST}(Y_{j+1})$ 在此时可能还没有求出。只有当 Y_{j+1} 是一个终结符时,$\text{FIRST}(Y_{j+1})$ 才为已知。因此,这个算法只得出了逻辑关系式,并没有直接得出结果。只有在求出了文法中所有产生式蕴含的 FIRST 信息之后,才能求出产生式的 FIRST 函数值。因此,需要构造一个 RecordFirst 表,来存储产生式与非终结符之间的 FIRST 蕴含关系。当算法 3.2 执行到 $\text{FIRST}(\alpha) + = \text{FIRST}(Y_i)$ 时,就向表中添加一行,记录产生式 α 蕴含非终结符 Y_i。

下面以文法 3.5 为例,来阐释每个产生式的 FIRST 函数值,以及每个非终结符的 FIRST 函数值求解中涉及的数据结构和处理过程。产生式的 FIRST 和非终结符的 FIRST 的求解具有交替进行、互相依赖的特性。其中要用到 3 张表。第 1 张表是前面说的 recordFirst 表,记录所有产生式蕴含的 FIRST 信息;第 2 张表是 productionFirst,记录产生式的 FIRST 函数值;第 3 张表是 symbolFirst,记录非终结符的 FIRST 函数值。

对文法的所有产生式执行算法 3.2,每发现一条蕴含的 FIRST 信息,便向 recordFirst 表中添加一行记录。对于文法 3.5,最终得出的 FIRST 蕴含记录如表 3.1 所示。

表 3.1 文法 3.5 中 FIRST 蕴含信息记录表(recordFirst)

行号 rowId	产生式序号 productionId	头部文法符 symbol	被蕴含的非终结符 dependent	包含的终结符 firstSet
1	1	E	T	
2	2	E'		+
3	3	E'		ε
4	4	T	F	
5	5	T'		*
6	6	T'		ε
7	7	F		(
8	8	F		id

思考题 3-7　在 recordFirst 表中,对于一个产生式,可能存在多行的情形。什么情况下会出现多行?

求每个产生式的 FIRST 函数值,以及每个非终结符的 FIRST 函数值,是一个交替进行的过程,也是一个迭代求解过程。每轮迭代包含如下两步操作。

(1) 基于 recordFirst 表,求出部分非终结符的 FIRST。对于 recordFirst 表中的记录,如果某个非终结符(指第 3 列 symbol),它在表中每行的第 4 列(即字段 dependent)取值都为空,那么这个非终结符的 FIRST 函数值就能直接求出,为它在表中每行的第 5 列(即字段 firstSet)取值的并集。这个显然成立,因为这个条件表达了该非终结符的 FIRST 不依赖其他非终结符。对于这样的终结符,得出其 FIRST 函数值,将其添加到 symbolFirst 表中;得出其产生式的 FIRST 函数值,将其添加到 productionFirst 表中。然后在 recordFirst 表中删除其记录,以示该终结符及其产生式的 FIRST 已经求解完毕。recordFirst 表中仅记录待求的非终结符。

表 3.1 所示数据中,这样的非终结符有 E', T', F。于是求出 $FIRST(E') = \{+, \varepsilon\}$; $FIRST(T') = \{^*, \varepsilon\}$; $FIRST(F) = \{(, id\}$。把这 3 个非终结符及其 FIRST 函数值添加到 symbolFirst 表中,如表 3.2 所示;再得出这 3 个非终结符的产生式的 FIRST 函数值,将其添加到 productionFirst 表中,如表 3.3 所示;然后把这 3 个非终结符的记录从 recordFirst 表中删除。于是 recordFirst 表中只剩 2 行记录了,即 rowId 为 1 和 4 的两行。

表 3.2　非终结符的 FIRST 表(symbolFirst)

非终结符 symbol	FIRST 函数值 firstSet
E'	$+, \varepsilon$
T'	$^*, \varepsilon$
F	$(, id$

表 3.3　产生式的 FIRST 表(productionFirst)

产生式序号 productionId	头部文法符 symbol	FIRST 函数值 firstSet
2	E'	$+$
3	E'	ε
5	T'	*
6	T'	ε
7	F	$($
8	F	id

(2) 对于表 recordFirst 中任一行,如果第 4 列(即 dependent 字段)值所指非终结符的 FIRST 函数值已经在上一步求出,那么就将其替换成已知值。也就是说,给该行的第 5 列(即 firstSet 字段)赋值,设为该非终结符的 FIRST 函数值。同时还把该行的第 4 列(即 dependent 字段)值改为 null,表示已经求出。对于该例,执行该操作后,对于表 recordFirst 中 rowId 为 4 的行,其 firstSet 字段值被赋为 $\{(, id\}$,其 dependent 字段值被改为 null。

第 2 步操作之后,检查表 recordFirst,如果还有行记录,则进行下一轮迭代处理。否则求解完毕。对于该例,recordFirst 表中还有 2 行记录,因此转入第 2 轮迭代处理。在第 2 轮迭代中,非终结符 T 的 FIRST 函数值被求出,并被添加到 symbolFirst 表中,它的产生式的

FIRST 函数值也被求出,添加到 productionFirst 表中。然后将表 recordFirst 中 rowId 为 1 的行的 firstSet 字段值改为{(,id},其 dependent 字段值改为 null。在第 3 轮迭代中,非终结符 E 的 FIRST 函数值被求出,并被添加到 symbolFirst 表中,它的产生式的 FIRST 函数值也被求出,添加到 productionFirst 表中。至此,FIRST 的求解完毕。

求出了所有非终结符,以及所有产生式的 FIRST 函数值之后,下面再求所有非终结符的 FOLLOW 函数值。FOLLOW 的求法与 FIRST 相似,也是一个迭代求解过程。先对文法中所有产生式执行算法 3.1,每发现一条蕴含的 FOLLOW 信息,便向 recordFollow 表中添加一行记录。最后把结束符 $ 是开始符的 FOLLOW 这一天然已知条件也作为一条记录添加到 recordFollow 表中。

对于文法 3.5,其蕴含的所有 FOLLOW 信息如表 3.4 所示。注意,对于 recordFollow 表,前两列其实没有意义,完全可以省略。添加这两列,是为了表明数据是从哪个产生式而来,以增强可读性。

表 3.4　文法 3.5 中蕴含的 FOLLOW 信息记录表(recordFollow)

行号 rowId	产生式序号 productionId	头部文法符 symbol	被蕴含的非终结符 dependent	包含的终结符 followSet
1	1	E'	E	
2	1	T		+
3	1	T	E	
4	2	E'	E'	
5	2	T		+
6	2	T	E'	
7	4	T'	T	
8	4	F		*
9	4	F	T	
10	5	T'	T'	
11	5	F		*
12	5	F	T'	
13	7	E		)
14	开始符	E		$

表 3.4 中的数据存在重复的行和无意义的行。例如,第 5 行是第 2 行的重复,第 11 行是第 8 行的重复。因此,在计算非终结符的 FOLLOW 之前,应该先把重复的行消除。另外,第 3 列和第 4 列取值相同的行,表示自己蕴含自己,自然没有意义,例如第 4 行和第 10 行就是如此。这些无意义的行应该删除。删除重复的行和无意义的行是求解非终结符的 FOLLOW 函数值之前要做的预处理工作。

预处理完毕后,下面计算每个非终结符的 FOLLOW 函数值。这是一个迭代求解过程。每轮迭代,包含如下 2 步操作。

（1）基于 recordFollow 表，检查是否存在有非终结符，其 FOLLOW 函数值可直接求出。对于 recordFollow 表中记录，如果某个非终结符（指第 3 列 symbol 字段），它在表中每行的第 4 列（即 dependent 字段）值都为空，那么这个非终结符的 FOLLOW 函数值就能直接求出，为它在表中每行的第 5 列（即 followSet 字段）值的并集。这个显然成立，因为这个条件表达了该非终结符的 FOLLOW 不依赖其他非终结符。对于该例，从表 3.4 中可看到，这样的非终结符有 E。于是求出 FOLLOW(E)={)，\$}，将其添加到 symbolFollow 表中，如表 3.5 所示。再从 recordFollow 表中把关于它的记录行删除，即删除第 3 列 symbol 字段值为 E 的行，也就是删除 rowId 为 13 和 14 的行。recordFollow 表中仅只记录待求的非终结符。

表 3.5　文法 3.5 中非终结符的 FOLLOW 函数值表（symbolFollow）

非终结符 symbol	FOLLOW 函数值 followSet	非终结符 symbol	FOLLOW 函数值 followSet
E	)，\$	T'	+，)，\$
E'	)，\$	F	*，+，)，\$
T	+，)，\$		

（2）对于表 recordFollow 中任一行，如果第 4 列（即 dependent 字段）值所指非终结符的 FOLLOW 函数值，已经在上一步求出，那么就将其替换为已知值。也就是说，给该行第 5 列（即 followSet 字段）赋值，设为该非终结符的 FOLLOW 函数值。同时还把该行的第 4 列（即 dependent 字段）值改为 null，表示已经求出。对于该例，执行该操作后，表 recordFollow 中 rowId 为 1 和 3 的行，其 followSet 字段值被赋为{)，\$}，其 dependent 字段值改为 null。

第 2 步操作之后，检查表 recordFollow，如果还有行记录，则进行下一轮迭代处理。否则求解完毕。对于该例，recordFollow 表中还有行记录。因此又转入第 2 轮迭代。

在第 2 轮迭代中，能直接求出 E' 的 FOLLOW 函数值，即{)，\$}。然后对于 rowId 为 4 和 6 的行，将其 followSet 字段值改为{)，\$}，dependent 字段值改为 null。在第 3 轮迭代中，能直接求出 T 的 FOLLOW 函数值，即{+，)，\$}。然后对于 rowId 为 7 和 9 的行，将其 followSet 字段值改为{+，)，\$}，dependent 字段值改为 null。在第 4 轮迭代中，能直接求出 T' 的 FOLLOW 函数值，即{+，)，\$}。然后对于 rowId 为 12 的行，将其 followSet 字段值改为为{+，)，\$}，dependent 字段值改为 null。在第 5 轮迭代中，能直接求出 F 的 FOLLOW 函数值，即{*，+，)，\$}。至此求解完成。

FOLLOW 的求解过程中，在每一轮迭代的第 1 步，对于能直接求出 FOLLOW 函数值的非终结符，有可能连一个都找不到。如果不做处理，就会陷入死循环。出现这种情形的原因是存在依赖环。依赖环的意思是"你中有我，我中有你"，即依赖环中的非终结符有相同的 FOLLOW 函数值。于是，就要把依赖环中的非终结符找出来，把它们作为一个整体看待，然后求其 FOLLOW 函数值。例如，对于文法 3.7，开始符为 S。求出其非终结符的 FIRST 函数值如表 3.6 所示。文法蕴含的所有 FOLLOW 信息被记录在 recordFollow 表中，删除重复的行和无意义的行（即预处理）之后，所得数据如表 3.7 所示。

(1) $S \rightarrow T B$

(2) $B \rightarrow S' B$

(3) $B \rightarrow \varepsilon$

(4) $S' \rightarrow + S$

(5) $S' \rightarrow T B$

(6) $T \rightarrow (S)$

(7) $T \rightarrow a$

(文法 3.7)

表 3.6　文法示例及其非终结符的 FIRST 函数值

非终结符	FIRST 函数值	非终结符	FIRST 函数值
S	(,a	S'	(,a,+
B	(,a,+,ε	T	(,a

表 3.7　文法 3.7 中蕴含的 FOLLOW 信息记录表(recordFollow)

非终结符 symbol	被蕴含的非终结符 dependent	包含的终结符 followSet
B	S	
T	S	
T		(,a,+
S'	B	
S'		(,a,+
S	S'	
B	S'	
T	S'	
S		)
S		$

观察表 3.7 中的数据,发现没有一个非终结符,其所有行的 dependent 字段值都为空。因此在第 1 轮迭代的第 1 步中,得不出一个非终结符的 FOLLOW 函数值,这就说明存在依赖环。另外,所有行中,发现 dependent 字段未出现的非终结符有 T,因此 T 不在依赖环中。再看 T 依赖 S,S 依赖 S',S'依赖 B,B 依赖 S 和 S'。因此 S,S',B 三者构成一个大依赖环。另外 S',B 两者也构成一个小依赖环。除了构成环这一条件之外,还要求环中的非终结符不能存在有依赖环外非终结符的情形。S' 和 B 两者构成的依赖环不满足此条件,因为环中的 B 依赖环外的 S。而 S,S'和 B 三者构成的依赖环则满足此条件。

因此将 S,S',B 作为一个整体来求,得出 FOLLOW(S)=FOLLOW(S')=FOLLOW(B)={(,a,+,),\$}。然后将表中第 1 列(即 symbol 列)字段值为依赖环(S,S',B)中元素的行删除掉,以示已经求出。在第 1 轮迭代的第 2 步中,第 2 行第 2 列的 S 可以更新为已知值,即第 3 列 followSet 字段值设为{(,a,+,),\$},第 2 列 dependent 字段值设为 null,以示求出。在第 2 轮迭代的第 1 步中,便可求出 FOLLOW(T)＝{(,a,＋,),\$}。至此 FOLLOW 求解完毕。

思考题 **3-8**　基于 recordFollow 表,对依赖环的识别,以及环中非终结符不能存在依赖 环外非终结符的情形,能否结合 SQL 语句,写出求取满足上述两个条件的非终结符集合的 算法。

3.5.6　LL(1)文法特性及其语法分析表

自顶向下最左推导的语法分析常简称为 LL(1)语法分析。其中的第一个 L 表示对输入词串从左到右扫描匹配,第二个 L 表示最左推导,1 表示向前看文法符只需要一个。向前看文法符指终结符,只有在选择虚产生式进行推导时,才有该概念,才与当前词关联起来。

对于文法中的非终结符 X,如果 $\varepsilon \in \text{FIRST}(X)$,就说 X 有虚产生式。虚产生式可以是显式的,也可以是隐式的。文法中的产生式 $X \rightarrow \varepsilon$ 是显式虚产生式。对于产生式 $X \rightarrow Y_1 Y_2 \cdots Y_n$,其中 $Y_1, Y_2, \cdots, Y_n$ 都是非终结符,且对于任一 i,$0 < i \leqslant n$,都有 $\varepsilon \in \text{FIRST}(Y_i)$,那么这个产生式就隐含了一个虚产生式 $X \rightarrow \varepsilon$。

对于一个文法,其中的任一非终结符 X,设其实产生式有 $X \rightarrow \alpha_1, X \rightarrow \alpha_2, \cdots, X \rightarrow \alpha_n$,若满足 $\text{FIRST}(X \rightarrow \alpha_i) \cap \text{FIRST}(X \rightarrow \alpha_j) = \varnothing$,其中 $i \neq j$ 且 $0 < i, j \leqslant n$。如果 X 还有虚产生式 $X \rightarrow \varepsilon$,若进一步满足 $\text{FIRST}(X \rightarrow \alpha_i) \cap \text{FOLLOW}(X) = \varnothing$,其中 $0 < i \leqslant n$。具有这种特性的文法称为 LL(1)文法。一个文法是不是 LL(1)文法,就按照上述条件进行判断。

自顶向下最左推导的语法分析只适合于 LL(1)文法。对于 LL(1)文法,在自顶向下最左推导当中,设当前要推导的非终结符为 X,当前词为 w,如果 $w \in \text{FIRST}(X \rightarrow \alpha_i)$,就选择 $X \rightarrow \alpha_i$ 进行推导。如果存在有 $X \rightarrow \varepsilon$ 且 $w \in \text{FOLLOW}(X)$,就选择 $X \rightarrow \varepsilon$ 进行推导。推导中,不会出现有两个产生式都能选的情形。如果没有产生式能选,就说明输入词串存在语法错误。这就是定义和求解 FIRST 函数和 FOLLOW 函数的缘由。如果一个文法不是 LL(1)文法,那么在进行自顶向下最左推导的语法分析时就会面临有多个产生式能选,而不唯一的问题。不唯一,就表明文法存在二义性。对于高级程序语言,其文法不允许出现二义性。

对于一个 LL(1)文法,可以利用其产生式的 FIRST 函数值,以及非终结符的 FOLLOW 函数值来构造其 LL(1)语法分析表,用于自顶向下最左推导的语法分析。LL(1)语法分析表有时也称 LL(1)预测分析表,其横坐标为终结符,表示当前词的所有可能取值情形;纵坐标为非终结符,表示当前要推导的非终结符的所有可能取值情形。表格中填写的值表示要选取的产生式。例如,对于文法 3.5,其 LL(1)语法分析表如表 3.8 所示。

表 3.8　文法 3.5 的 LL(1)语法分析表

非终结符	id	＋	*	(	)	\$
E	$E \rightarrow TE'$			$E \rightarrow TE'$		
E'		$E \rightarrow +TE'$			$E' \rightarrow \varepsilon$	$E' \rightarrow \varepsilon$
T	$T \rightarrow FT'$			$T \rightarrow FT'$		
T'		$T' \rightarrow \varepsilon$	$F \rightarrow {}^* FT'$		$T' \rightarrow \varepsilon$	$T' \rightarrow \varepsilon$
F	$F \rightarrow \text{id}$			$F \rightarrow (E)$		

文法的 LL(1)语法分析表(GT)构造包括实产生式的填写和虚产生式的填写。对于文法中的每个实产生式,用其 FIRST 函数值中元素作为横坐标值,用其头部非终结符作为纵坐标值,将该产生式填入对应的表格中。例如文法 3.5 中的产生式 $E \rightarrow TE'$,其 FIRST 函数值为 $\{id,(\}$。因此 $E \rightarrow TE'$ 要填入 $GT[id,E]$ 和 $GT[(,E]$ 这两个坐标格中,如表 3.8 的第 1 行数据所示。

对于文法中的每个虚产生式,用其头部非终结符的 FOLLOW 函数值中元素作为横坐标值,用其头部非终结符作为纵坐标值,将该虚产生式填入对应的表格中。例如,文法 3.5 中的虚产生式 $T' \rightarrow \varepsilon$,其头部 T' 的 FOLLOW 函数值为 $\{+,),\$\}$。于是将 $T' \rightarrow \varepsilon$ 填入 $GT[+,T']$,$GT[),T']$ 和 $GT[\$,T']$ 这 3 个格中,如表 3.8 的第 4 行数据所示。

思考题 3-9 如果一个文法是 LL(1)文法,那么它的 LL(1)语法分析表中,不可能出现某个格子中被填入了两个产生式的情形。为什么?

3.5.7 二义性文法的可改造性

下面举一个文法例子,它不是 LL(1)文法。表达 if 语句和 if else 语句的文法 3.8 由如下 3 个产生式构成:①$S \rightarrow if(B) S S'$;②$S' \rightarrow else\ S$;③$S' \rightarrow \varepsilon$。

> (1) $S \rightarrow if(B) S S'$;
> (2) $S' \rightarrow else\ S$;
> (3) $S' \rightarrow \varepsilon$ (文法 3.8)

其中非终结符有 S,B 和 S',S 为开始符。这里省略了非终结符 B 的产生式,因为它不影响非终结符 S 和 S' 的 FOLLOW 函数值。显而易见,该文法中,FIRST$(S)=\{if\}$,FIRST$(S')=\{else,\varepsilon\}$。文法 3.8 的产生式中蕴含的 FOLLOW 信息,消除重复的行和无意义的行之后如表 3.9 所示。观察发现,S 和 S' 构成一个依赖环。因此要作为一个整体求解,得出 FOLLOW$(S)=$FOLLOW$(S')=\{else,\$\}$。

表 3.9 文法 3.8 中蕴含的 FOLLOW 信息记录表 recordFollow

非终结符 symbol	被蕴含的非终结符 dependent	包含的终结符 followSet
S'	S	
S		else
S	S'	
S		$\$$

对于非终结符 S',它有实产生式 $S' \rightarrow else\ S$,也有虚产生式 $S' \rightarrow \varepsilon$。现在有:
$$FIRST(S' \rightarrow else\ S) \bigcap FOLLOW(S') = \{else\} \neq \varnothing$$
因此,该文法不是 LL(1)文法。该文法的 LL(1)语法分析表如表 3.10 所示。在 $GT[else,S']$ 这个格子中填入了 2 个产生式。导致推导时,若当前要推导的非终结符为 S',当前词为 else,那么就有 2 个产生式能选,不唯一,出现二义性。

表 3.10 if 语句的 LL(1)语法分析表

	if	else	$
S	$S \rightarrow \text{if}(B) \, S \, S'$		
S'		$S' \rightarrow \text{else} \, S$ $S' \rightarrow \varepsilon$	$S' \rightarrow \varepsilon$

由此可知,该文法表达出了产生式 $S' \rightarrow \text{else} \, S$ 和 $S' \rightarrow \varepsilon$ 处于对等地位,即文法的上下文无关性。实际上,if 语句后接 else 时,就不再是单纯的 if 语句,而是 if else 语句。对于这一条语法规则,上述文法没有体现出来。为了把这一条语法规则体现到文法中去,可以人为干预,把[else,S']这个格子中第 2 个产生式 $S' \rightarrow \varepsilon$ 删除掉。这样处理之后,该文法就变成 LL(1)文法了。也就是说,没有表达至文法中的语法法则,可以通过人为干预的方式将其表达至语法分析表中。干预的手段就是在 LL(1)语法分析表中,如果某个格子中有多个产生式,就基于语法规则只留下一个产生式,删除其他产生式。这种处理不仅将语法规则表达至语法分析表中,而且还消除了文法的二义性,使其变成了 LL(1)文法。

从上例可知,语法不仅可通过文法来表达,还可以通过对语法分析表进行人为干预来表达。这种干预能消除文法的二义性,使其成为 LL(1)文法。另外,在设计文法时,并不需要把诸如结合律之类的语法内容通过文法来表达。对于文法没有表达出的语法法则,或者无法表达出的语法法则,还可通过对语法分析表进行人为干预来表达。文法主要表达语法中有关构成的法则。对于结合律和优先级这类语法规则,可通过对语法分析表进行人为干预来表达。

上述人工干预不仅把“else 与 if 优先结合”这一语法法则表达至文法中,而且还把“就近结合”这一语法法则也表达至语法分析表中了。else 与 if 优先结合很容易理解,只要 if 语句后面接有 else,就要选择 $S' \rightarrow \text{else} \, S$ 这个产生式。对于就近结合,现举例来说明。

对于如下程序代码:

```
if(a>b) if(c<d) a++; else b++;
```

这里的 else 是与 if(c<d)结合,而不是与 if(a>b)结合。从此例可知,对文法描述中无法表达的语法内容可通过人工修改 LL(1)语法分析表来表达。当然这种人工修改要谨慎,以防弄错。

思考题 3-10 对上述案例进行总结。设某文法中有两个如下形式的产生式:$X \rightarrow \alpha$ 和 $X \rightarrow \alpha\beta$,且 $\text{FOLLOW}(X) \bigcap \text{FIRST}(\beta)$ 不为空集,那么该文法就不为 LL(1)文法。为什么?如果某文法有两个如下形式的产生式:$X \rightarrow \alpha X$ 和 $X \rightarrow \alpha X\beta$,那么该文法就不为 LL(1)文法。为什么?针对 if 语句和 if else 语句,能否通过新引入非终结符来改造文法,表达 if 与 else 的优先与就近结合?

3.5.8 基于 LL(1)语法分析表和符号栈的语法分析器通用代码

在自顶向下最左推导的语法分析中,得出文法的 LL(1)语法分析表后,推导时的产生式选择问题便得到了解决。语法分析树的构造过程是一个推导和匹配交替进行的过程。初始时,树根的叶结点只有两个文法符号,即开始符和结束符 $ 。当前词为输入词串的第一个词,然后便进入推导和匹配的迭代过程。推导和匹配的详细步骤如下。

(1) 从当前树的叶结点串中找出最左边的非终结符。找出的这个非终结符所在位置称为当前位置,在当前位置的文法符称为当前符。推导时的当前符自然是一个非终结符。

(2) 基于当前词和当前符,到文法的 LL(1)语法分析表中查出该用哪个产生式进行推导。

(3) 对当前符进行推导。推导就是用所选产生式的右部去替换当前符,于是当前位置变成了刚替换进来部分的第一个文法符位置。

(4) 接下来的匹配就是从当前位置开始,一直进行下去,直至遇上一个非终结符,匹配才结束。于是当前位置的非终结符就是下一轮推导的当前符。

从上述推导与匹配特性可知,对于当前树的叶结点串,当前位置左边的部分都是已经匹配过的终结符,在随后的推导和匹配中不再有用。对随后的推导和匹配,只有当前位置右边的部分有用。因此,基于这一特性,可以用一个栈来存储当前位置右边的部分。栈顶就是当前位置。推导时,栈顶的非终结符就是当前符。推导所选产生式如果是一个实产生式,那么推导就是将栈顶的当前符弹出,然后把所选产生式右部包含的文法符号按从右到左的顺序压入栈中。

随后的匹配就是拿栈顶符和当前词匹配。如果匹配,就将栈顶符从栈中弹出,当前词指针后移一步,指向下一待匹配词,然后继续匹配。如果栈顶符是一个非终结符,那么匹配就此结束,转入下一轮推导。如果栈顶符是一个终结符,但与当前词不匹配,就说明输出词串有语法错误。基于符号栈和 LL(1)语法分析表的自顶向下和最左推导语法分析器的实现代码如算法 3.3 所示。

算法 3.3　自顶向下和最左推导的语法分析通用代码

```
pSymbolStack->push(结束符);
pSymbolStack->push(开始符);
currentLexeme = getNextLexeme();
while(not pSymbolStack->isEmpty()) {
    currentSymbol = pSymbolStack->pop();
    if(currentSymbol 是一个非终结符) {      //推导
        production = getProductionInLL1Table(currentLexeme, currentSymbol);
        if(production != null)
            if(production 是一个实产生式)
                将 production 右部包含的文法符从右到左依次压入栈中;
            else
                continue;
        else {
            报输入词串有语法错误;
            return false;
        }
    }
    else                       //为终结符,执行匹配
        if(currentLexeme == currentSymbol)
            currentLexeme = getNextLexeme();
        else {
```

```
         报输入词串有语法错误；
            return false;
        }
    }
    return true;
```

由此可知，一门高级程序语言的 LL(1)语法分析器和其词法分析器一样，由两部分构成。一部分为通用代码，另一部分为 LL(1)语法分析表。构造一门高级程序语言的语法分析器，人们要做的事情就是用正则语言描述出其文法（即产生式），然后运行 LL(1)语法分析器构造工具，以文法作为其输入，得出文法的 LL(1)语法分析表。这就是自顶向下和最左推导语法分析的真实情形。

下面以表 3.8 中所示 LL(1)语法分析表为例，来分析输入词串(i＋j)＊k 的语法分析详细情形。符号的入栈和出栈详细情形如图 3.9 所示。起始时，将结束符 $ 和开始符 E 压入符号栈中，当前词为输入词串的第一个词；然后通过迭代式推导/匹配来完成语法分析。前 5 轮推导/匹配的详情如下：

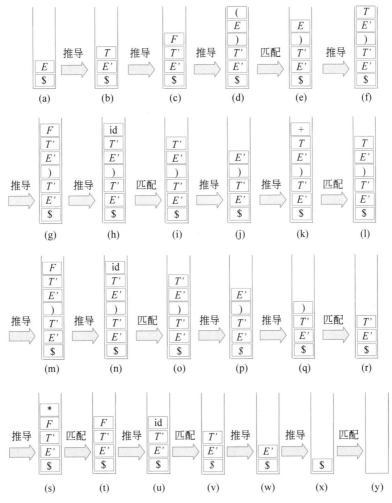

图 3.9　基于预测分析表和符号栈的语法分析过程示例

（1）将栈顶符从栈中弹出，赋给当前符。发现它是一个非终结符 E，于是以当前词"("为横坐标值，当前符 E 为纵坐标值，到 LL(1)语法分析表中查找产生式。查出的产生式为 $E \rightarrow TE'$。于是将 E' 和 T 依次压入栈中。

（2）弹出的栈顶符为 T，是一个非终结符，于是要进行推导。以当前词"("为横坐标值，当前符 T 为纵坐标值，到 LL(1)语法分析表中查找产生式。查出的产生式为 $T \rightarrow FT'$。于是将 T' 和 F 依次压入栈中。

（3）弹出的栈顶符为 F，是一个非终结符，于是要进行推导。以当前词"("为横坐标值，当前符 F 为纵坐标值，到 LL(1)语法分析表中查找产生式。查出的产生式为 $F \rightarrow (E)$。于是将")"、"E"和"("依次压入栈中。

（4）弹出的栈顶符为"("，是一个终结符，于是要进行匹配。当前词"("与当前符"("相同。匹配成功后，当前词更新为输入词串的下一个词，即 id。

（5）弹出的栈顶符为 E。以当前词 id 为横坐标值，当前符号 E 为纵坐标值，到 LL(1)语法分析表中查产生式。查出的产生式为 $E \rightarrow TE'$。于是将 E' 和 T 依次压入栈中。

以此类推，一共要经历 24 轮推导/匹配，才完整该输入词串的语法分析。24 轮推导/匹配过程中文法符的出栈和入栈情形如图 3.9 所示。

最终得出的语法分析树如图 3.10 所示。从该树可知，虚产生式在其中发挥了很大作用。T' 的本意是接乘运算。当不再接乘运算时，那么 T' 就是 ε，树中出现了 3 次这种情形。E' 的本意是接加运算。当不再接加运算时，那么 E' 就是 ε，树中出现了两次这种情形。

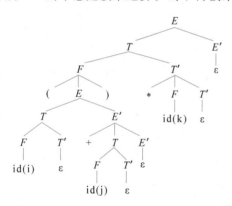

图 3.10　语法分析树示例

LL(1)语法分析不允许产生式存在有左递归，产生式也不能有左公因子，还要求文法是 LL(1)文法。如果不满足前两个条件式，就要引入新的文法符来消除左递归，来提取左公因子。文法符越多，语法分析就越复杂，语法分析树也越复杂。对(i+j)*k 这样一个简单的算术表达式做语法分析，就涉及 16 轮推导。因此，这种语法分析的开销大，效率低。由此可见，语法分析的新途径和新方法有待探索。

3.6　自底向上的语法分析

与自顶向下的语法分析相比，自底向上的语法分析有许多优点。3.6.1 节讲解自底向上的语法分析过程，以及其中要解决的关键问题。3.6.2 节阐释文法的 DFA 构造方法，以及它在自底向上语法分析中发挥的导航作用。基于状态栈和文法 DFA 的 LR 语法分析方法在3.6.3 节讲解。基于非终结符 FOLLOW 函数值的冲突解决方法在 3.6.4 节阐释。3.6.5 节给出基于语法分析表的 LR 语法分析通用代码。3.6.6 节将 FOLLOW 由非终结符一级精细化到 DFA 状态中的产生式一级，以此增强冲突解决能力。最后归纳总结自底向上语法分析的特性，定义 4 种文法，阐释它们之间的关系。

3.6.1 自底向上的语法分析及有待解决的关键问题

自顶向下的语法分析除了最左推导之外,还可采用最右推导。最右推导与最左推导相反,每次推导都是选择叶结点中最右端的非终结符进行推导。最左推导对输入词串执行从左到右匹配,切合实际。与其相反,最右推导对输入词串执行从右到左匹配,不具备实用性。不过最右推导的逆过程为自底向上的语法分析提供了启示。现举例说明。

对于算术运算表达式,其文法如前文讲述的文法 3.6 左边部分。该文法有 3 个非终结符 E,T,F,其中 E 为开始符。该文法表达了运算的优先级。对于输入词串 i+j*k,在自顶向下和最右推导中,从树根的开始符 E 开始,逐步推导,树的叶结点串变化情况为:$E \Rightarrow E+T \Rightarrow E+T^*F \Rightarrow E+T^*id \Rightarrow E+F^*id \Rightarrow E+id^*id \Rightarrow T+id^*id \Rightarrow F+id^*id \Rightarrow id+id^*id$。其逆过程便是:$id+id^*id \Rightarrow F+id^*id \Rightarrow T+id^*id \Rightarrow E+id^*id \Rightarrow E+F^*id \Rightarrow E+T^*id \Rightarrow E+T^*F \Rightarrow E+T \Rightarrow E$。逆过程的"逆"体现在 3 方面:①自顶向下的逆为自底向上;②推导的逆为规约;③对输入词串从右到左地扫描和匹配,其逆便为从左到右地扫描和匹配。语法分析中,对输入词串只有实施从左到右逐一扫描匹配才可行。因此,自底向上的语法分析不仅可行,还具有许多新特性。

自底向上的语法分析也称为 **LR 语法分析**。这里的 L 表示对输入词串从左到右扫描匹配,R 表示最右推导的逆。LR(1)语法分析则是指:向前看文法符数只需要一个的语法分析。

在 LR 语法分析中,也可将分析过程中每步规约之后树的叶结点串分成两个部分。对刚规约出来的非终结符及其左边的部分构成一个部分,使用一个符号栈来存储。它的右边部分构成另外一个部分,为输入词串中待匹配和待分析的部分。

在基于符号栈的语法分析中,对于 LL 语法分析,每轮处理都基于栈顶符号的类别,要么执行推导,要么执行匹配。与之相对应地,对 LR 语法分析,则是基于整个栈中的符号情况,要么执行规约,要么执行移入。要规约时,栈顶已出现了某个产生式的右部(即产生式体)。规约就是把栈顶的产生式体弹出来,再将产生式左部的非终结符压入栈中,即以头部去替代产生式体。移入就是把当前词压入栈中,然后将当前词更新为紧挨其后的下一个词。整个 LR 语法分析的过程就是一个规约/移入的迭代过程。在上述例子中,对输入词串 i+j*k 执行 LR 语法分析,要经历 13 轮迭代,其中含有 8 次规约和 5 次移入。移入和规约的具体详情如表 3.11 所示。

表 3.11 自底向上的语法分析过程示例

操作序号	操 作 前		操作	操 作 后	
	符号栈中的符号 栈底在左,栈顶在右	输入词串 待分析部分		符号栈中的符号 栈底在左,栈顶在右	输入词串 待分析部分
1	null	id+id*id	移入	id	+id*id
2	id	+id*id	规约	F	+id*id
3	F	+id*id	规约	T	+id*id
4	T	+id*id	规约	E	+id*id
5	E	+id*id	移入	$E+$	id*id

续表

操作序号	操 作 前		操作	操 作 后	
	符号栈中的符号 栈底在左,栈顶在右	输入词串 待分析部分		符号栈中的符号 栈底在左,栈顶在右	输入词串 待分析部分
6	$E+$	id*id	移入	$E+$id	*id
7	$E+$id	*id	规约	$E+F$	*id
8	$E+F$	*id	规约	$E+T$	*id
9	$E+T$	*id	移入	$E+T^*$	id
10	$E+T^*$	id	移入	$E+T^*$id	null
11	$E+T^*$id	null	规约	$E+T^*F$	null
12	$E+T^*F$	null	规约	$E+T$	null
13	$E+T$	null	规约	E	null

在基于符号栈的 LR 语法分析中,有如下概念。符合文法的输入词串称为句子。句子中自然不含非终结符。起始时,符号栈为空,输入词串待分析部分为整个输入词串。在正确的语法分析过程中,符号栈中的符号,连接上输入词串中待分析部分,称作语法分析中的格局(layout),也称句型(sentential)。由于 LR 语法分析方法是自顶向下和最右推导的逆过程,因此这里的句型也称最右句型。分析过程中,如果栈顶出现了某个产生式右部的产生式体,这时栈顶的产生式体称作句柄(handle)。只有栈顶出现了句柄时,才可规约。注意,上述提到的句型有一个前提,那就是正确的语法分析。

在语法分析过程中,栈顶出现了句柄,并不一定就要进行规约。例如,在表 3.11 所示详细分析过程的第 9 轮,栈顶就出现了两个句柄,一个是 $E+T$,另一个是 T,但此时不是要将其规约成 E,而是要执行移入。在第 12 轮中,栈顶也出现了两个句柄,一个是 T^*F,另一个是 F。此时要执行规约,但不是要将句柄 F 规约成 T,而是要将句柄 T^*F 规约成 T。这就引出了一系列问题:什么时候要规约?什么时候要移入?要规约时,如果栈顶出现了多个句柄,那么按照哪一个产生式进行规约?如果该移入时不移入,该规约时不规约,或者规约时选择了错误的句柄进行规约,那么随后栈中符号就不构成可行前缀,所做的语法分析就不是正确的语法分析,也就得不出语法分析树。只有栈中符号构成可行前缀,语法分析才能继续进行下去。上述问题也称作移入与规约的冲突问题,以及规约与规约的冲突问题。这两种冲突也正是 LR 语法分析必须要解决的问题。

3.6.2 文法的 DFA 构造方法

解决上述两种冲突的切入点是基于文法穷举出所有可能的情形,并明确从一种情形变迁到另一种情形的驱动力,也就是得出文法的 DFA。这一思想来源于词法分析中将 NFA 转化为 DFA 所采用的穷举策略。具体来说,在 LR 语法分析过程中,每一轮处理,无论是规约还是移入,按照文法的 DFA,都会导致栈的状态发生变迁。对于符号栈来说,移入一个终结符,会导致栈的状态变迁到另一状态。当栈顶出现句柄,要执行规约时,句柄会从栈中弹出,导致栈状态回到了此前的某一个状态。当把规约出的非终结符压入栈中后,栈的状态又会发生一次变迁。

　　因此,就栈的某一个状态 α 而言,移入一个终结符,便会发生状态变迁;压入一个非终结符,也会发生状态变迁。不过对于压入一个非终结符这种情形,在其前面肯定有一个规约过程。也就是说,在此之前的某一时刻,栈在状态 α,因为移入终结符或者非终结符变化到了状态 β。现在因为规约,要把句柄从栈中弹出,导致栈又回到了状态 α。规约后,再把规约出的非终结符压入栈中,导致栈从状态 α 再发生一次变迁。

　　将上述情况归纳起来,当栈处于某一状态时,移入一个文法符号(终结符或者非终结符),即可变迁到另一个状态。因为移入会导致规约,当把句柄从栈中弹出来后,栈状态会回到从前的某一个状态。因此,构造文法的 DFA,就是从某一状态开始,穷举出它会有哪些变迁,每一变迁的驱动文法符,以及它的下一状态。如果下一状态是一个新状态,那么也使用同样的策略穷举。该过程迭代下去,直至把所有的状态变迁都穷举出来,得出文法的 DFA。

　　对于 LR 语法分析,最终要规约出开始符,而且开始符后面接一个结束符 $。该情形表达了语法分析的完成与结束。因此 DFA 的 0 状态就是栈为空时的状态。在 0 状态期待移入一个开始符,这就是状态变迁穷举的切入点。当栈处于 0 状态时,移入哪些文法符会助推开始符的最终出现? 这就是状态变迁穷举的基本思路。这一思路用数学来表达,自然就是求开始符的闭包。下面以文法 3.6 左边部分为例来阐释其 DFA 的构造过程。

　　由于文法 3.6 左边部分的开始符 E 有多义,既是开始符,也是加法运算符,因此引入一个增广文法符 E',以表达语法分析的完成。文法符 E' 只有一个产生式,即 $E' \rightarrow E$,这里的 E 指开始符。在产生式中放置一个专用圆点符号 · 来表示时刻,当然也就表达了栈状态。具体来说,$E' \rightarrow \cdot E$ 表示栈为空的状态,期待一个开始符 E 的移入。如果此时移入了一个开始符 E,那么就变成了 $E' \rightarrow E \cdot$。这显然是一个新状态,表示栈中已经有一个开始符 E,期待结束符 $ 的出现。结束符 $ 的出现表示语法分析的完成和结束。

　　期待开始符 E 的出现,自然要看定义 E 的产生式,因为 E 的出现要通过规约得出。E 有两个产生式:$E \rightarrow E + T$ 和 $E \rightarrow T$。第 1 个产生式是期待 E 的出现,即 $E \rightarrow \cdot E + T$;第 2 个产生式是期待 T 的出现,即 $E \rightarrow \cdot T$。递推下去,有 $T \rightarrow \cdot T * F$;$T \rightarrow \cdot F$;$F \rightarrow \cdot (E)$;$F \rightarrow \cdot \text{id}$。这种传递性的穷举过程如图 3.11 所示。一个产生式带上圆点符号 · 之后,就表达了它在某时刻所处的一种状态,称作 LR(0) 项目,这里的 0 表示不涉及向前看文法符。图 3.11 表达了求 LR(0) 项目 $E' \rightarrow \cdot E$ 的闭包的过程。闭包中所含的 LR(0) 项目构成一个项集。这个项集就表达了文法的 DFA 中的 0 状态,记作 I_0 状态。

　　接下来进行第 1 轮状态变迁的穷举。在 I_0 状态,圆点符号后的文法符为期待出现的文法符,有 E、T、F、(、id 共 5 个,因此就有 5 种变迁,驱动文法符分别为 E、T、F、(、id。5 种变迁及其目标状态中包含的 LR(0) 项目情形如图 3.12 所示。变迁也叫 **GOTO** 操作。对这 5 种变迁的目标状态分别编号为 I_1、I_2、I_3、I_4、I_5。

　　在第 2 轮状态变迁穷举中,要分别对 I_1、I_2、I_3、I_4、I_5 的状态变迁进行穷举。变迁之前,先要分别求 I_1、I_2、I_3、I_4、I_5 状态中所含项目的闭包。对于 DFA 中的一个状态,它事先就包含的 LR(0) 项目称为该状态的核心项目。对一个状态中包含的核心项目,求其闭包的过程中新增进来的 LR(0) 项目称为该状态的非核心项目。例如,在 I_0 状态,其核心项目只有一项,那就是 $E' \rightarrow \cdot E$。其他的 6 个 LR(0) 项目都是非核心项目,在图 3.11 中用灰色背

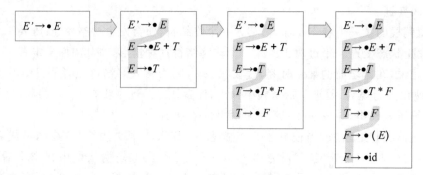

图 3.11 LR(0)项目 $E' \to \cdot E$ 的闭包求解过程

景表示。图 3.12 所示的 I_1、I_2、I_3、I_4、I_5 状态都是新状态,其中包含的项目都是核心项目。

对新状态,分别先求其核心项目的闭包。I_1 状态包含 2 个核心项目:$E' \to E \cdot$;$E \to E \cdot + T$。其中第 1 个 LR(0)项目表明句柄已经形成,而第 2 个项目表明当前期待出现的文法符为终结符 +。因此在求这 2 个核心项目的闭包时,都不会新增非核心项目。其原因是:对于终结符来说,没有定义它的产生式。对于 I_2 状态,它包含 2 个核心项目:$E \to T \cdot$;$T \to T \cdot * F$。和 I_1 状态中的情况类似,在求这 2 个核心项目的闭包时,也不会新增非核心项目。同理,对于 I_3 状态,求其核心项目 $T \to F \cdot$ 的闭包时,也不会增加非核心项目。对于 I_4 状态,它包含 1 个核心项目 $F \to (\cdot E)$。其含义为:当前期待非终结符 E 的出现。其闭包求解过程如图 3.13 所示,新增了 6 个非核心项目:$E \to \cdot E + T$;$E \to \cdot T$;$T \to \cdot T * F$;$T \to \cdot F$;$F \to \cdot (E)$;$F \to \cdot$ id。对于 I_5 状态,它包含 1 个核心项目 $F \to$ id $\cdot$,求其闭包时不会增加新项目。

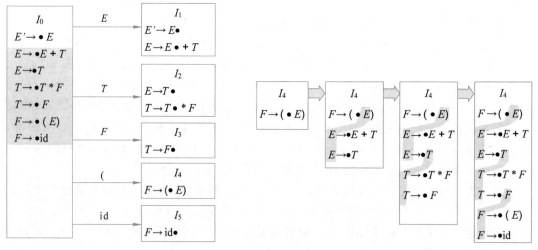

图 3.12 第 1 轮状态变迁的穷举   图 3.13 I_4 状态中核心项目的闭包求解过程

对 I_1、I_2、I_3、I_4、I_5 状态分别求完其核心项目的闭包之后,再分别对它们穷举状态变迁。I_1 状态因包含规约出增广文法符 E' 的 LR(0)项目,因此在结束符 $ 的驱动下,进入完成结束状态,用 Accept 表示。I_1 状态另有 1 个状态变迁;I_2 状态有 1 个状态变迁;I_4 状态有 5 个状态变迁。I_1、I_2 和 I_4 状态的变迁穷举如图 3.14 所示。I_3 状态和 I_5 状态因只含有规约项目,不存在变迁。

在第 2 轮状态穷举中,共穷举出了 8 个状态变迁,其中一个是完成结束状态 Accept,另有 3 个变迁的目标状态为新状态。还有 4 个变迁的目标状态不是新状态,分别为已有的 I_2、I_3、I_4、I_5 状态。对 3 个新目标状态,分别编号为 I_7、I_8、I_9,如图 3.14 所示,要继续对其穷举状态变迁。

在第 3 轮状态变迁穷举中,先分别对 3 个新状态 I_7、I_8 和 I_9 求其核心项目的闭包,然后穷举其状态变迁。其中 I_9 状态中包含的 2 个核心项目都表明当前期待出现终结符,因此在求其闭包时,不会新增非核心项目。对于 I_7 状态,它包含 1 个项目 $E→E+\cdot T$,表明当前期待出现非终结符 T。因此,求其闭包时会新增 4 个非核心项目:$T→\cdot T*F$;$T→\cdot F$;$F→\cdot(E)$;$F→\cdot$id。对于 I_8 状态,它包含 1 个项目 $T→T*\cdot F$,表明当前期待出现非终结符 F。因此,求其闭包时会新增 2 个非核心项目:$F→\cdot(E)$;$F→\cdot$id。

分别对 I_7、I_8 和 I_9 穷举状态变迁。I_7 状态有 4 个状态变迁;I_8 状态有 3 个状态变迁;I_9 状态有 2 个状态变迁,如图 3.15 所示。在该轮穷举中,共穷举出了 9 个状态变迁,其中只有 3 个变迁的目标状态为新状态。另有 6 个变迁的目标状态不是新状态,分别为已有的 I_3、I_4、I_5、I_4、I_5 和 I_7 状态。对 3 个新目标状态,分别编号为 I_{10}、I_{11} 和 I_{12},要继续对其穷举。

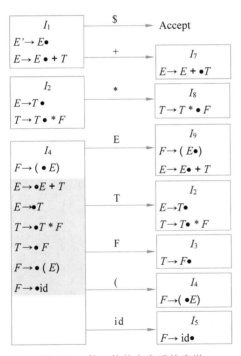

图 3.14　第 2 轮状态变迁的穷举

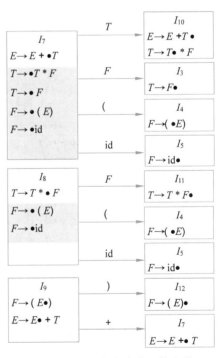

图 3.15　第 3 轮状态变迁的穷举

在第 4 轮状态变迁穷举中,先分别对 3 个新状态 I_{10}、I_{11}、I_{12} 求其核心项目的闭包,然后穷举状态变迁。其中 I_{10} 状态含有 2 个项目:$E→E+T\cdot$;$T→T\cdot*F$。其中第 1 个为规约项,第 2 个期待终结符 $*$ 的出现,因此在求其闭包时,不会新增非核心项目。I_{11} 状态和 I_{12} 状态因都只含有规约项目,不会有状态变迁了。对 I_{10} 状态穷举其状态变迁,发现只有 1

个状态变迁,如图 3.16 所示。这个变迁的目标状态不是新状态,而是已有的 I_8 状态。这轮穷举没有产生新状态,因此穷举完毕。

通过 4 轮穷举获得的文法 DFA 如图 3.17 所示。该 DFA 共有 12 个状态,21 条变迁边。其中 I_0、I_4、I_7、I_8 状态在求其中核心项目的闭包时,新增了非核心项目。非核心项目在图中用浅灰底色背景标示。文法的 DFA 中,状态变迁由文法符号驱动。状态变迁对应为文法符号的入栈。驱动状态变迁的文法符有终结符和非终结符之分。驱动状态变迁的终结符来源于文法本身;驱动状态变迁的非终结符来源于规约。规约包含两个动作:①把句柄(即产生式体)从栈顶弹出;②再把产生式左部的非终结符压入栈中。其中的第二个动作已经体现在 DFA 的状态变迁中,但第一个动作没有体现出来。为了在语法分析中把规约的第一个动作也体现出来,需要将符号栈改成状态栈。

图 3.16 中的状态：
I_{10}
$E \rightarrow E + T \bullet$
$T \rightarrow T \bullet * F$
$\xrightarrow{*}$
I_8
$T \rightarrow T * \bullet F$

图 3.16 第 4 轮状态变迁的穷举

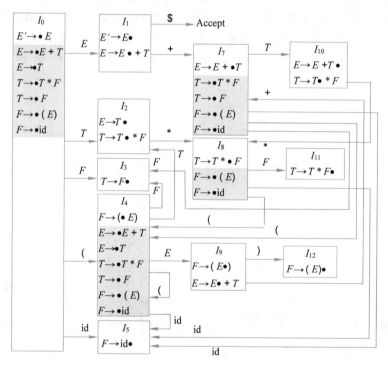

图 3.17 文法 3.6 的 DFA

3.6.3 基于状态栈和文法 DFA 的 LR 语法分析

基于状态栈的 LR 语法分析过程如下。起始时,将 0 状态压入状态栈中,当前词为输入词串的第一个词。随后便进入迭代处理。迭代中的每轮处理,将状态栈栈顶元素作为当前状态,然后到文法的 DFA 中检查当前状态针对当前词该作何种处理。一共只有 4 种处理方式:①移入;②规约;③语法分析完成与结束;④输入词串有语法错误。如果是移入,则把目标状态的编号压入状态栈中,并将当前词更新为下一个词。如果 DFA 指示的是规约,DFA 还会进一步指明该按哪一个产生式规约。假若是按 $X \rightarrow \beta$ 规约,其中 β 中含有的文法

符数量为 n 个,那么规约时,先从状态栈中弹出 n 个元素,然后再以栈顶元素为当前状态,以非终结符 X 为状态变迁驱动符,执行 GOTO 操作,即把目标状态压入状态栈中。如果是 Accept,表示语法分析完成与结束。

在当前状态,针对当前词,如果 DFA 既没有表明是移入或规约,也没有表明是 Accept,那就说明输入词串有语法错误。此时只能结束语法分析,或者进行错误恢复处理。错误恢复处理将在 3.9 节详解。

下面以输入词串 i+j* k 为例阐释基于状态栈的语法分析过程。其中共有 14 轮迭代处理,过程如下。

(1) 栈顶元素为 0,当前词为 id,即变量 i。查文法的 DFA,可知要执行移入动作,于是把目标状态编号 5 压入状态栈中,当前词更新为＋。

(2) 栈顶元素为 5,当前词为＋。查文法的 DFA,可知要执行规约动作,而且是按照产生式 $F{\to}id$ 规约。该产生式的右部只含一个文法符。于是从状态栈中弹出一个元素。现在栈顶元素为 0,当前规约出的非终结符为 F,查 DFA,可知要变迁到 3 状态。于是把目标状态编号 3 压入状态栈中。

(3) 栈顶元素为 3,当前词为＋。查文法的 DFA,可知要执行规约动作,而且是按照产生式 $T{\to}F$ 规约。该产生式的右部只含一个文法符。于是从状态栈中弹出一个元素。现在栈顶元素为 0,当前的非终结符为 T,查 DFA,可知要变迁到 2 状态。于是把目标状态编号 2 压入状态栈中。

(4) 栈顶元素为 2,当前词为＋。查文法的 DFA,可知在 2 状态,对于当前词＋,不存在移入动作,但可执行规约动作,按照产生式 $E{\to}T$ 规约。该产生式的右部只含一个文法符。于是从状态栈中弹出一个元素。现在栈顶元素为 0,当前的非终结符为 E,查 DFA,可知要变迁到 1 状态。于是把目标状态编号 1 压入状态栈中。

(5) 栈顶元素为 1,当前词为＋。查文法的 DFA,可知要执行移入动作。于是把目标状态编号 7 压入状态栈中,当前词更新为 id,即变量 j。

(6) 栈顶元素为 7,当前词为 id。查文法的 DFA,可知要执行移入动作。于是把目标状态编号 5 压入状态栈中,当前词更新为 *。

(7) 栈顶元素为 5,当前词为 *。查文法的 DFA,可知要执行规约动作,而且是按照产生式 $F{\to}id$ 规约。该产生式的右部只含一个文法符。于是从状态栈中弹出一个元素。现在栈顶元素为 7,当前的非终结符为 F,查 DFA,可知要变迁到 3 状态。于是把目标状态编号 3 压入状态栈中。

(8) 栈顶元素为 3,当前词为 *。查文法的 DFA,可知要执行规约动作,而且是按照产生式 $T{\to}F$ 规约。该产生式的右部只含一个文法符。于是从状态栈中弹出一个元素。现在栈顶元素为 7,当前的非终结符为 T,查 DFA,可知要变迁到 10 状态。于是把目标状态编号 10 压入状态栈中。

(9) 栈顶元素为 10,当前词为 *。查文法的 DFA,可知要执行移入动作。于是把目标状态编号 8 压入状态栈中,当前词更新为 id,即变量 k。

(10) 栈顶元素为 8,当前词为 id。查文法的 DFA,可知要执行移入动作。于是把目标状态编号 5 压入状态栈中,当前词更新为 $。

(11) 栈顶元素为 5,当前词为 $。查文法的 DFA,可知要执行规约动作,而且是按照产

生式 $F \rightarrow$ id 规约。该产生式的右部只含一个文法符。于是从状态栈中弹出一个元素。现在栈顶元素为 8,当前的非终结符为 F,查 DFA,可知要变迁到 11 状态。于是把目标状态编号 11 压入状态栈中。

(12) 栈顶元素为 11,当前词为 $\$$。查文法的 DFA,可知要执行规约动作,而且是按照产生式 $T \rightarrow T^* F$ 规约。该产生式的右部含有三个文法符。于是从状态栈中弹出三个元素。现在栈顶元素为 7,当前的非终结符为 T,查 DFA,可知要变迁到 10 状态。于是把目标状态编号 10 压入状态栈中。

(13) 栈顶元素为 10,当前词为 $\$$。查文法的 DFA,可知在 10 状态,对于当前词 $\$$,不存在移入动作,但可执行规约动作,而且是按照产生式 $E \rightarrow E + T$ 规约。该产生式的右部含有三个文法符。于是从状态栈中弹出三个元素。现在栈顶元素为 0,当前的非终结符为 E,查 DFA,可知要变迁到 1 状态。于是把目标状态编号 1 压入状态栈中。

(14) 栈顶元素为 1,当前词为 $\$$。查文法的 DFA,可知语法分析已经完成并结束。

由此可知,对输入词串 i+j*k 的自底向上语法分析要经历 14 轮迭代,其中含有 8 次规约和 6 次移入,每步操作中状态栈的具体详情如表 3.12 所示。

表 3.12　基于状态栈的自底向上语法分析过程示例

操作序号	操 作 前		操作	操 作 后	
	状态栈中的元素 栈底在左,栈顶在右	输入词串 待分析部分		状态栈中的元素 底在左,顶在右	输入词串 待分析部分
1	0	id+id* id $	移入	0-5	+id* id $
2	0-5	+id* id $	规约	0	+id* id $
	0			0-3	
3	0-3	+id* id $	规约	0	+id* id $
	0			0-2	
4	0-2	+id* id $	规约	0	+id* id $
	0			0-1	
5	0-1	+id* id $	移入	0-1-7	id* id $
6	0-1-7	id* id $	移入	0-1-7-5	* id $
7	0-1-7-5	* id $	规约	0-1-7	* id $
	0-1-7			0-1-7-3	
8	0-1-7-3	* id $	规约	0-1-7	* id $
	0-1-7			0-1-7-10	
9	0-1-7-10	* id $	移入	0-1-7-10-8	id $
10	0-1-7-10-8	id $	移入	0-1-7-10-8-5	$
11	0-1-7-10-8-5	$	规约	0-1-7-10-8	$
	0-1-7-10-8			0-1-7-10-8-11	

续表

操作序号	操作前		操作	操作后	
	状态栈中的元素 栈底在左,栈顶在右	输入词串 待分析部分		状态栈中的元素 底在左,顶在右	输入词串 待分析部分
12	0-1-7-10-8-11	$	规约	0-1-7	$
	0-1-7			0-1-7-10	
13	0-1-7-10	$	规约	0	$
	0			0-1	
14	0-1	$	移入	Accept(结束)	

如果上述输入词串中漏掉了 j 变成了"i + * k",那么在上述第 6 轮迭代处理中,栈顶元素为 7,当前词为 *。查阅文法的 DFA 可知,在 7 状态对于驱动符 *,既未指示移入,也未指示规约或 Accept。此时表明输入词串有语法错误。

3.6.4 基于 FOLLOW 函数值的冲突解决方法

现在回过头来看如图 3.17 所示文法的 DFA 特性。12 个状态中,其中 I_0、I_1、I_4、I_7、I_8、I_9 这 6 个状态只有状态变迁,不存在规约。而 I_3、I_5、I_{11}、I_{12} 这 4 个状态则只有规约,不存在状态变迁。另外,I_2 和 I_{10} 这两个状态则既有规约,也有状态变迁,于是存在移入与规约的冲突问题。具体来说,在语法分析过程中,当状态栈的栈顶为 2 状态或者 10 状态时,是选择规约还是选择移入? 在上述例子中,当栈顶元素为 2 时,对于当前词 +,不存在状态变迁,于是只好选择了规约;当栈顶元素为 10 时,对于当前词 *,存在状态变迁,于是选择了移入,没有选择规约。现在的问题是:当栈顶元素为 2 时,选择规约正确吗? 当栈顶元素为 10 时,能不能选择规约,而不选择移入?

上述两个具体问题可外延成一般性问题,也就是当存在冲突时,冲突能否解决? 对于状态 2,如果选择规约,那么就会规约出非终结符 E。于是当前词就会紧跟在非终结符 E 之后。这表明,如果要规约,那么当前词肯定要属于 FOLLOW(E) 才行。在状态 2,移入的终结符集合为 {*}。如果 FOLLOW(E) 与移入的终结符集合不存在交集,那么冲突就可以解决。具体来说,如果当前词属于 FOLLOW(E),就选择规约;如果当前词属于移入的终结符集合,就选择移入。既然它们不存在交集,就不会出现即可规约,也可移入的情形。如果当前词既不属于移入的终结符集合,也不属于 FOLLOW(E),那就说明输入词串存在语法错误。

对于图 3.17 所示 DFA,FOLLOW(E) = {+,), $}。在 I_2 状态,移入的终结符集合为 {*}。它们之间不存在交集。因此,冲突问题得以解决。在上例中,当栈顶元素为 2 时,当前词为 +,属于 FOLLOW(E)。因此,选择规约正确。当栈顶元素为 10 时,当前词 * 不属于 FOLLOW(E),因此不能选择规约。当前词属于移入的终结符集合 {*},因此选择移入完全正确。

归纳起来,当文法的 DFA 中某个状态 I_x 存在移入与规约的冲突时,就要对规约出的非终结符求其 FOLLOW 函数值,以便判明移入与规约的冲突能否解决。设规约出的终结

符为 X,如果 FOLLOW(X)与状态 I_x 的移入终结符集合不存在交集,那么在状态 I_x 存在的规约与移入冲突问题就能解决。

非终结符的 FOLLOW 函数值求解在 3.5.4 节已讲解。通俗地讲,对于非终结符 X,求其 FOLLOW,就要从文法中找出产生体含 X 的那些产生式。对于产生体含 X 的某个产生式,X 出现的位置又有两种情形:①X 位于最右端;②X 的右边还有文法符。对于第 1 种情形,FOLLOW(X)+ = FOLLOW(该产生式左部的非终结符)。对于第 2 种情形,FOLLOW(X)+=FIRST(跟在 X 后面的文法符)。这种简化求解的前提是文法中不存在虚产生式。

得出文法的 DFA 之后,某个非终结符的 FIRST 函数值便一目了然。例如图 3.17 所示的 DFA,在 I_0 状态是期待非终结符 E 的出现,其中包含的项目就是非终结符 E 的闭包。因此在 I_0 状态,移入的终结符集合就是 FIRST(E),即 FIRST(E)={(,id}。同样,在 I_7 状态是期待非终结符 T 的出现,于是 FIRST(T)={(,id}。在 I_8 状态是期待非终结符 F 的出现,于是 FIRST(F)={(,id}。

接下来举一个存在规约与规约冲突的文法例子。文法 $G[Z]$ 含有 3 个产生式:$Z→d$;$Z→cZa$;$Z→Za$。其中 c,a,d 为终结符,Z 为非终结符,也为开始符。设该文法为文法 3.9,其 DFA 如图 3.18 所示。

---

(1) $Z→d$;

(2) $Z→cZa$;

(3) $Z→Za$ (文法 3.9)

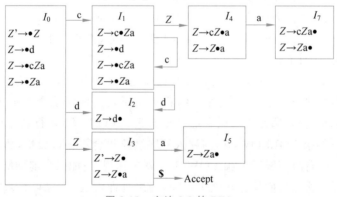

图 3.18   文法 3.9 的 DFA

其中的 I_7 状态就包含了规约与规约的冲突。而且两个要规约的产生式的左部都是非终结符 Z。这种冲突自然无法解决,于是该文法不能用于自底向上的语法分析。

3.6.5 基于语法分析表的 LR 语法分析通用代码

文法的 DFA 构造之后,用于语法分析时,只需要关心状态变迁以及规约两件事,状态中包含的 LR(0)项目不再有用。于是可把 DFA 转变成 **LR 语法分析表**。语法分析表的纵坐标为状态序号,横坐标包括两个部分:终结符部分和非终结符部分。横坐标的终结符部分刻画了文法中所有的终结符,亦称 ACTION 部分。横坐标的非终结符部分刻画了文法中能规约出的所有非终结符,亦称 GOTO 部分。由图 3.17 所示的 DFA 以及基于非终结符 FOLLOW 函数值的冲突解决方案,得出的 LR(1)语法分析表如表 3.13 所示。

表 3.13　文法 3.6 的 LR(1)语法分析表

状态	ACTION						GOTO		
	id	+	*	(	)	$	E	T	F
0	s5			s4			1	2	3
1		s7				acc			
2		r2	s8		r2	r2			
3		r4	r4		r4	r4			
4	s5			s4			9	2	3
5		r6	r6		r6	r6			
7	s5			s4				10	3
8	s5			s4					11
9		s7			s12				
10		r1	s8		r1	r1			
11		r3	r3		r3	r3			
12		r5	r5		r5	r5			

LR(1)语法分析表 GT 的构造方法是从 0 状态开始,逐行填写。对于 DFA 中的每个状态,它的每条出边都要在语法分析表中对应填写一格。如果出边的驱动符为终结符,就填到 ACTION 部分,在目标状态序号前加 s,s 的含义为移入(shift)。如果出边为非终结符,就填到 GOTO 部分,直接填上目标状态序号即可。例如在 0 状态有 5 条出边,其中 2 条出边的驱动符分别为终结符(和 id,目标状态序号分别为 4 和 5,因此在 GT[(,0]的格中填上 s4,在 GT[id,0]的格中填上 s5。另外 3 条出边的驱动符分别为非终结符 E,T,F,目标状态序号分别为 1,2,3,因此在 GT[E,0]的格中填上 1,在 GT[T,0]的格中填上 2,在 GT[F,0]的格中填上 3,如表 3.13 所示。

处理完状态的所有出边之后,如果状态中还含有规约项,就继续处理规约。处理规约要用到产生式表,如表 3.14 所示。先到产生式表中查出规约项目的产生式序号,然后求出该产生式头部非终结符的 FOLLOW 函数值。对 FOLLOW 集合中的每个终结符,都要在其对应格中填上规约项的产生式序号,并在产生式序号前加 r,r 的含义为规约(reduce)。例如 I_2 状态含有规约项目 $E \rightarrow T \cdot$,该产生式在产生式表中的序号为 2。规约出的非终结符为 E,求得 FOLLOW(E)={+,),$}。于是在 3 个坐标格,即 GT[+,2],GT[),2],GT[$,2]这 3 个格中,都填上 r2,如表 3.13 所示。

有了文法的产生式表和 LR(1)语法分析表之后,LR 语法分析的通用代码如算法 3.4 所示。语法分析是一个迭代处理过程。每一轮的处理都以当前词为横坐标,以状态栈的栈顶元素值(即当前状态号)为纵坐标,去查 LR(1)语法分析表,得出操作指示(indicator)。操作指示有 4 种情形:①移入;②规约;③语法分析完成;④输入词串有语法错误。代码中的

getNextLexeme 函数是词法分析函数,见第 2 章的代码 2.2。当要获取输入词串的第一个词,以及当前词的下一个词时,就调用该函数。

表 3.14 文法 3.6 的产生式表

产生式序号 id	产生式左部非终结符 head	产生式体 body	产生式体中文法符号数量 bodySize
1	E	$E+T$	3
2	E	T	1
3	T	$T*F$	3
4	T	F	1
5	F	(E)	3
6	F	id	1

算法 3.4 LR 语法分析的通用代码

```
pStateStack->push(0);
currentLexeme = getNextLexeme();
while(not pStateStack->isEmpty()) {
    currentState = pStateStack->getTop();
    indicator = getOperationInLR1Table(currentLexeme, currentState);
    if(indicator != null) {
        if(indicator->type == 's') {                //移入
            pStateStack->push(indicator->id);
            currentLexeme = getNextLexeme();
        }
        else if(indicator->type == 'r') {           //规约
            production = getProductionById(indicator->id);
            pStateStack->popElements(production->bodySize);
            currentState =pStateStack->getTop();
            nextState = getNextStateInLR1Table(production->head, currentState);
            pStateStack->push(nextState);
        }
        else if(indicator->type == "acc") {     //语法分析完成
            return true;
        }
    }
    else  {
        报输入词串有语法错误;
        return false;
    }
}
```

下面以输入词串(i+j)*k 为例来阐释 LR(1)语法分析的详细情形。设 LR 语法分析表为一个二维数组 GT。起始时状态栈中只有 0 这个元素,当前词为(。要经历 19 轮迭代处理才能完成输入词串的语法分析,其过程如下。

(1) 查得 GT[(,0]为 s4,于是执行移入,状态栈变为 0-4,当前词变为 id,即变量 i。

(2) 查得 GT[id,4]为 s5,于是执行移入,状态栈变为 0-4-5,当前词变为＋。

(3) 查得 GT[＋,5]为 r6,于是执行规约。从产生式表中查出第 6 个产生式的 head 为 F,bodySize 为 1。于是从状态栈弹出一个元素,状态栈变为 0-4。现栈顶元素为 4,查得 GT[F,4]为 3,于是把 3 压入状态栈中,状态栈变为 0-4-3。

(4) 查得 GT[＋,3]为 r4,于是执行规约。从产生式表中查出第 4 个产生式的 head 为 T,其 bodySize 为 1。于是从状态栈弹出一个元素,状态栈变为 0-4。现栈顶元素为 4,查得 GT[T,4]为 2,于是把 2 压入状态栈中,状态栈变为 0-4-2。

(5) 查得 GT[＋,2]为 r2,于是执行规约。从产生式表中查出第 2 个产生式的 head 为 E,bodySize 为 1。于是从状态栈弹出一个元素,状态栈变为 0-4。现栈顶元素为 4,查得 GT[E,4]为 9,于是把 9 压入状态栈中,状态栈变为 0-4-9。

(6) 查得 GT[＋,9]为 s7,于是执行移入。状态栈变为 0-4-9-7,当前词变为 id,即变量 j。

(7) 查得 GT[id,7]为 s5,于是执行移入。状态栈变为 0-4-9-7-5,当前词变为)。

(8) 查得 GT[),5]为 r6,于是执行规约。从产生式表中查出第 6 个产生式的 head 为 F,bodySize 为 1。于是从状态栈弹出一个元素,状态栈变为 0-4-9-7。现栈顶元素为 7,查得 GT[F,7]为 3,于是把 3 压入状态栈中,状态栈变为 0-4-9-7-3。

(9) 查得 GT[),3]为 r4,于是执行规约。从产生式表中查出第 4 个产生式的 head 为 T,bodySize 为 1。于是从状态栈弹出一个元素,状态栈变为 0-4-9-7。现栈顶元素为 7,查得 GT[T,7]为 10,于是把 10 压入状态栈中,状态栈变为 0-4-9-7-10。

(10) 查得 GT[),10]为 r1,于是执行规约。从产生式表中查出第 1 个产生式的 head 为 E,bodySize 为 3。于是从状态栈弹出三个元素,状态栈变为 0-4。现栈顶元素为 4,查得 GT[E,4]为 9,于是把 9 压入状态栈中,状态栈变为 0-4-9。

(11) 查得 GT[),9]为 s12,于是执行移入。状态栈变为 0-4-9-12,当前词变为 *。

(12) 查得 GT[*,12]为 r5,于是执行规约。从产生式表中查出第 5 个产生式的 head 为 F,bodySize 为 3。于是从状态栈弹出三个元素,状态栈变为 0。现栈顶元素为 0,查得 GT[F,0]为 3,于是把 3 压入状态栈中,状态栈变为 0-3。

(13) 查得 GT[*,3]为 r4,于是执行规约。从产生式表中查出第 4 个产生式的 head 为 T,bodySize 为 1。于是从状态栈弹出一个元素,状态栈变为 0。现栈顶元素为 0,查得 GT[T,0]为 2,于是把 2 压入状态栈中,状态栈变为 0-2。

(14) 查得 GT[*,2]为 s8,于是执行移入。状态栈变为 0-2-8,当前词变为 id,即变量 k。

(15) 查得 GT[id,8]为 s5,于是执行移入。状态栈变为 0-2-8-5,当前词变为 $。

(16) 查得 GT[$,5]为 r6,于是执行规约。从产生式表中查出第 6 个产生式的 head 为 F,bodySize 为 1。于是从状态栈弹出一个元素,状态栈变为 0-2-8。现栈顶元素为 8,查得 GT[F,8]为 11,于是把 11 压入状态栈中,状态栈变为 0-2-8-11。

(17) 查得 GT[$,11]为 r3,于是执行规约。从产生式表中查出第 3 个产生式的 head 为 T,bodySize 为 3。于是从状态栈弹出三个元素,状态栈变为 0。现栈顶元素为 0,查得 GT[T,0]为 2,于是把 2 压入状态栈中,状态栈变为 0-2。

(18) 查得 GT[$,2]为 r2,于是执行规约。从产生式表中查出第 2 个产生式的 head 为

E,bodySize 为 1。于是从状态栈弹出一个元素,状态栈变为 0。现栈顶元素为 0,查得 GT[E,0]为 1,于是把 1 压入状态栈中,状态栈变为 0-1。

(19) 查得 GT[$,1]为是 acc,于是语法分析结束。

3.6.6 基于 FOLLOW 精确化的冲突解决方法

对于文法 3.6 左边部分,其 DFA 的 I_2 状态和 I_{10} 状态中的移入与规约冲突,利用非终结符的 FOLLOW 函数值便能解决。也存在文法 DFA 状态中的移入与规约冲突,使用 FOLLOW 函数值解决不了。例如,C 语言的变量定义语句中,可以给变量赋值,定义的变量可以是指针变量。有关变量定义与赋值的文法 $G[S]$ 如文法 3.10 所示。

(1) $S \rightarrow L = R$

(2) $S \rightarrow R$

(3) $L \rightarrow {}^* R$

(4) $L \rightarrow$ id

(5) $R \rightarrow L$

(文法 3.10)

这个文法有 3 个非终结符:S、R 和 L。其中第 1 个产生式表示将一个变量的值赋给另一变量,等号左边的部分用非终结符 L 表示,等号右边的部分用 R 表示。L 可以是一个变量,也可以是任意个 * 后接一个变量,以表示指针所指的值。R 也是如此。对于该文法,"id=id"、"* id=id"、"id= * id"、"id =**id"、"**id=id"、"id"和"* id"都是其实例。输入词串"id =**id"的语法分析树如图 3.19 所示。

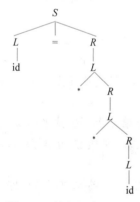

图 3.19　输入词串 id=**id 的语法分析树

这个文法的 DFA 如图 3.20 所示。从其 DFA 可知,在 I_3 状态存在移入和规约的冲突问题。由其中的规约项目 $R \rightarrow L$ • 可知,是规约出非终结符 R,因此要求解 FOLLOW(R) 函数值。很显然,FIRST(S)=FIRST(R)=FIRST(L)={ * ,id}。因开始符 S 没有出现在任何产生式的右部,于是有 FOLLOW(S)={ $ }。非终结符 R 只出现在产生式的最右端,由第 1 个产生式和第 3 个产生式可知,FOLLOW(R)+=FOLLOW(S);FOLLOW(R)+=FOLLOW(L)。再来看 L,由第 1 个产生式可知,FOLLOW(L)+={=};由第 5 个产生式可知,FOLLOW(L)+=FOLLOW(R)。由此可知 L 和 R 形成了依赖环。将其视作一个整体,求得 FOLLOW(R)=FOLLOW(L)={=, $ }。在 I_3 状态,移入的终结符集合为{=},它与 FOLLOW(R)的交集不为空,因此移入和规约的冲突没有得到解决。

FOLLOW 的含义在前面已经讲过,它是指所有可能。实际中,对于一个非终结符 X,它可能出现在多个产生式的右部。在这些产生式中,跟在非终结符 X 后面的终结符可能存在差异。例如算术运算表达式文法中的非终结符 E,从它为开始符这点来看,跟在 E 后面的终结符为 $ 。E 还出现在两个产生式的右部。从产生式 $F \rightarrow (E)$ 来看,跟在 E 后面的终结符是)。从产生式 $E \rightarrow E + T$ 来看,跟在 E 后面的终结符是+。因此,在上述规约与移入

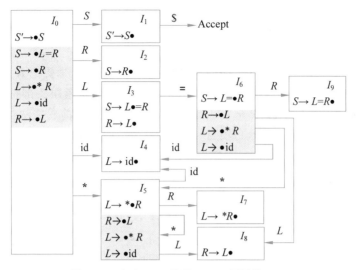

图 3.20 文法 3.10 基于 LR(0) 项目的 DFA

冲突的判断中,以 FOLLOW 函数值作为评判依据显得过于笼统和粗放。如果具体情况具体分析,也许冲突能够得以解决。

在图 3.20 所示的 DFA 中,对于 I_3 状态的规约项目 $R \to L \cdot$,规约出非终结符为 R。现具体分析跟在此处 R 后面的终结符到底是哪一个。在 3.5 节讲到 FOLLOW 时,唯一的天然已知条件就是跟在开始符后面的终结符为 $\$$,因此要从此条件入手,顺着线索步步推进。在 I_0 状态,对于 LR(0) 项目 $S' \to \cdot S$,由于 S 是开始符,因此,跟在 S 后面的自然是结束符 $\$$。将跟在后面的终结符也写到 LR(0) 项目的后面,即将 LR(0) 项目" $S' \to \cdot S$ "改写成" $S' \to \cdot S , \$$ "。改写后的项目叫 **LR(1) 项目**,该处的 1 指一个向前看文法符。

单从这个 LR(1) 项目来看,它有两层含义:①在此处跟在非终结符 S' 后面的终结符称为向前看文法符,即 $\$$;②这个产生式中,S 出现在产生式的最右端,因此跟在头部符号 S' 后的向前看文法符也是跟在 S 后面的向前看文法符,即 $\$$。求 LR(1) 项目的闭包时,对于新增进来的非核心项目,也要把向前看文法符标记上,使其成为 LR(1) 项目。I_0 状态中 LR(1) 核心项目" $S' \to \cdot S , \$$ "的闭包求解过程如图 3.21 所示。

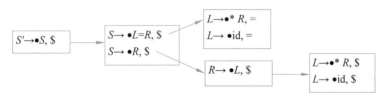

图 3.21 LR(1) 项目的闭包求解示例

在求 LR(1) 项目" $S' \to \cdot S , \$$ "闭包的第 1 轮拓展时,期待非终结符 S 的出现,于是要把 S 的产生式添加进来。由 LR(1) 项目" $S' \to \cdot S , \$$ "可知,S 出现在产生式的最右端,于是对于期待出现的这个 S,紧跟其后的终结符是 $\$$。这就是新增 LR(1) 项目" $S \to \cdot L = R , \$$ "和" $S \to \cdot R , \$$ "的由来。这里的向前看文法符 $\$$,是传递而来的。在第 2 轮拓展时,对于 LR(1) 项目" $S \to \cdot L = R , \$$ ",期待非终结符 L 的出现,于是要把 L 的产生式添加进来。

由于这个 L 不在产生式的最右端,因此紧接其后的终结符不是 $\$$,而是 $=$。这就是新增 LR(1)项目"$L \rightarrow \cdot \, ^* R, =$"和"$L \rightarrow \cdot \text{id}, =$"的由来。这里的向前看文法符 $=$,不是传递而来的,而是自动生成的。

对于 LR(1)项目"$S \rightarrow \cdot R, \$$",期待非终结符 R 的出现,于是要把 R 的产生式添加进来。由于该 R 在产生式的最右端,因此紧接其后的终结符就是紧跟头部符号 S 的终结符,即 $\$$。这就是新增 LR(1)项目"$R \rightarrow \cdot L, \$$"的由来。这里的向前看文法符 $\$$,也是传递而来的。在第 3 轮拓展时,对于 LR(1)项目"$R \rightarrow \cdot L, \$$",期待非终结符 L 的出现,于是要把 L 的产生式添加进来。由于这个 L 在产生式的最右端,因此紧跟其后的终结符就是紧跟头部符号 R 的终结符,即 $\$$。这就是新增 LR(1)项目"$L \rightarrow \cdot \, ^* R, \$$"和"$L \rightarrow \cdot \text{id}, \$$"的由来。

I_0 状态中 LR(1)项目"$L \rightarrow \cdot \, ^* R, =$"和"$L \rightarrow \cdot \, ^* R, \$$"可以合并成一个项目:"$L \rightarrow \cdot \, ^* R, = | \$$",其含义是:对于 I_0 状态中的项目"$L \rightarrow \cdot \, ^* R$",就这里的 L 而言,紧跟其后的终结符为 $=$ 或者 $\$$,或者说向前看文法符为 $=$ 或者 $\$$。同样,I_0 状态中 LR(1)项目"$L \rightarrow \cdot \text{id}, =$"和"$L \rightarrow \cdot \text{id}, \$$"也可以合并成一个项目:"$L \rightarrow \cdot \text{id}, = | \$$"。知晓了 LR(1)项目的闭包求解之后,便能得出含 LR(1)项目的状态变迁图,即 DFA,如图 3.22 所示。

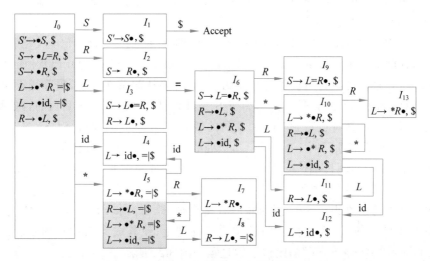

图 3.22 文法 3.10 基于 LR(1)项目的 DFA

从图 3.22 可知,I_3 状态的移入与规约冲突问题得到了解决。I_3 状态的规约项"$R \rightarrow L \cdot , \$$"表明,此处规约的 FOLLOW 集为 $\{\$\}$,它是 FOLLOW($R$) 函数值的子集。此处规约的 FOLLOW 集合 $\{\$\}$ 与 I_3 状态移入的终结符集合 $\{=\}$ 没有交集。因此,I_3 状态的移入与规约冲突问题不复存在。此例阐释了具体情况具体分析,精准确定规约时的 FOLLOW 集,对解决移入与规约的冲突有帮助。

另外从图 3.22 可知,基于 LR(1)项目构造文法的 DFA 导致了状态数的增加。与基于 LR(0)项目构造出的 DFA(如图 3.20)相比,新增了 4 个状态和 7 条边。新增的 4 个状态为 I_{10}、I_{11}、I_{12}、I_{13}。而且新增的状态和边并没有为解决 I_3 状态的移入与冲突问题带来帮助。再来看新增的 I_{10} 状态,它和 I_5 状态有相同的 LR(0)项目,只是向前看符号集不同。I_{11} 状态和 I_8 状态,I_{12} 状态和 I_4 状态,以及 I_{13} 状态和 I_7 状态也都是如此。

于是,有人建议在基于 LR(1)项目构造文法的 DFA 时,如果发现状态 I_x 中的 LR(1)项目和另一个已知状态 I_y 中的 LR(1)项目具有相同的 LR(0)项目,就不认为 I_x 是一个新状态,应将 I_x 状态并入 I_y 状态中。并入时,把 I_x 状态中的 LR(1)项目的向前看符号集并入 I_y 状态中对应 LR(1)项目的向前看符号集中。基于这样处理得出的 DFA 称为 **LALR(1)型 DFA**。此例中,I_{10} 状态就应并入 I_5 状态,I_{11} 状态应并入 I_8 状态,I_{12} 状态应并入 I_4 状态,I_{13} 状态应并入 I_7 状态。合并之后得到的 LALR(1)型 DFA 如图 3.23 所示。

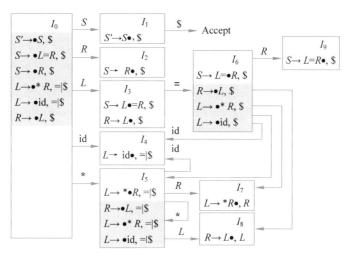

图 3.23　文法 3.10 的 LALR(1)型 DFA

于是,就有了 3 种 DFA。基于 LR(0)项目构造的 DFA 称为 **LR(0)型 DFA**,基于 LR(1)项目构造的 DFA 称为 **LR(1)型 DFA**。LALR(1)型 DFA 是介于 LR(0)型 DFA 和 LR(1)型 DFA 之间的一种 DFA。LALR(1)型 DFA 和 LR(0)型 DFA 具有相同的状态数。

思考题 3-11　一个文法的 LALR(1)型 DFA 与 LR(0)型 DFA 相比,状态数相同。它们的边数是否也相同呢?

对于一个文法,如果其 LR(0)型 DFA 中的任一状态都不存在移入与规约的冲突情形,也不存在规约与规约的冲突情形,那么就称该文法是 **LR(0)文法**。如果一个文法不是 LR(0)文法,但其 LR(0)型 DFA 中,对于存在冲突情形的任一状态,其中的冲突能够借助 FOLLOW 函数值予以解决,那么这样的文法称为简单 **LR(1)文法**,简称 **SLR(1)文法**。如果一个文法不是 SLR(1)文法,但其 LALR(1)型 DFA 中,对于存在冲突情形的任一状态,其中的冲突能够借助 LR(1)项目的向前看符号集予以解决,那么这样的文法称为 **LALR(1)文法**。如果一个文法不是 LALR(1)文法,但其 LR(1)型 DFA 中,对于存在冲突情形的任一状态,其中的冲突能够借助 LR(1)项目的向前看符号集予以解决,那么这样的文法称为规范 **LR(1)文法**,简称 **LR(1)文法**。

由此上述定义可知,LR(0)文法肯定是 SLR(1)文法,也肯定是 LALR(1)文法,当然也是 LR(1)文法,但反过来不一定成立。SLR(1)文法肯定是 LALR(1)文法,也肯定是 LR(1)文法,但反过来不一定成立。LALR(1)文法肯定是 LR(1)文法,但反过来不一定成立。

3.7 LL 语法分析和 LR 语法分析的对比

在 LL 语法分析中要做的处理包括左递归的消除、左公因子的提取、产生式的 FIRST 函数值求解以及非终结符的 FOLLOW 函数值求解。在 LR 语法分析中要做的处理为 DFA 的构造,其中又包含了状态中 LR 项目的闭包求解以及非终结符的 FOLLOW 函数值求解。状态中 LR 项目的闭包求解等价于产生式的 FIRST 函数值求解。在自顶向下语法分析中,

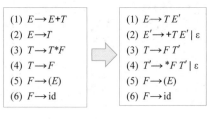

图 3.24 LR 文法向 LL 文法的转化

消除左递归和提取左公因子都会引入新的非终结符,使得语法分析树变复杂。从这点来看,LR 语法分析要优于 LL 语法分析。下面举例说明。

图 3.24 左边部分为算术运算表达式的 LR 文法,不能直接用于 LL 语法分析。如要将其用于 LL 语法分析,便要消除左递归,变成图 3.24 右边部分所示的 LL 文法。对于输入词串 i+j*k,用两种语法分析方法得出的语法分析树分别如图 3.25(a)和图 3.25(b)所示。从中可知,同一文法和同一输入词串,在 LL 语法分析中有 11 次推导,而在 LR 语法分析中则只有 8 次规约。也就是说,在 LL 语法分析中构造出的语法分析树要比在 LR 语法分析中构造出的语法分析树复杂。其原因在于新引入了非终结符。

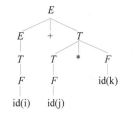
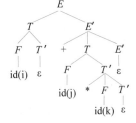

(a) 基于LR语法分析所得的语法树   (b) 基于LL语法分析所得的语法树

图 3.25 两种语法分析的对比

3.8 LR 文法设计

对于 LR 语法分析,文法最终体现在 LR 语法分析表中。因此 LR 文法的设计既包括文法本身的设计,也包括 LR 语法分析表的构造。而语法分析表的构造又离不开文法的 DFA 构造。于是,LR 文法设计包含 3 方面的内容:①文法本身的设计;②文法的 DFA 构造;③LR 语法分析表的构造。对于一门高级程序语言,其语法通常以文法来描述。文法表达能力的增强,常常以引入新的非终结符作为代价。例如,算术运算表达式的构成文法只含一个非终结符 E。该文法没有体现运算的优先级。为了把运算优先级描述出来,就要新引入两个非终结符 T 和 F。非终结符数量的增多,会增大语法分析的开销。其实有些约束性的语法规则,例如运算优先级和结合律等,可推延到 DFA 中来人工表达,甚至可推延到 LR 语法分析表的构造中来人工表达。本节通过案例来展示 LR 文法设计的优化途径和实现方法。

3.8.1　DFA 物理含义的挖掘和应用

图 3.24 左边部分所示算术运算表达式文法,包含 3 个非终结符 E,T,F,其中 T 为了表达乘法运算的优先级高于加法运算而引入,而 F 为了表达括号运算的优先级高于乘法运算而引入。原本的算术运算表达式文法 $G[E]$ 只含一个非终结符 E,以及 4 个产生式:①$E→E+E$;②$E→E^*E$;③$E→(E)$;④$E→id$。对于输入词串 i+j*k,都采用自底向上语法分析,用含 E,T,F 3 个非终结符的文法与只含 1 个非终结符的文法,所得的语法分析树分别如图 3.26(a)和图 3.26(b)所示。图 3.26(a)所示的语法分析树有 8 次规约,而图 3.26(b)所示的语法分析树只有 5 次规约。很显然,前者要比后者复杂。这再次表明,通过新引入非终结符,能增强语法表达能力,但也会带来副作用,导致语法分析树变得复杂。语法分析树变得复杂,就等于语法分析的效率降低,开销增大。

(a) 基于含3个非终结符文法所得的语法树　　(b) 基于含1个非终结符文法所得的语法树

图 3.26　由两种文法所得语法分析树的对比

运算的优先级除了通过引入新的文法符来加以实现之外,能否通过控制文法的 DFA 构造来加以实现? 对只含 1 个非终结符 E 的算术运算表达式文法 $G[E]$:①$E→E+E$;②$E→E^*E$;③$E→(E)$;④$E→id$,首先构造其 DFA,如图 3.27 所示。其中 I_7,I_8 两个状态中存在移入和规约的冲突。由于 $FOLLOW(E)=\{+,^*,),\$\}$,因此冲突无法解决。该文法不是 LR(1)文法。不过通过观察可发现,在 I_7 状态,规约的是一个加法运算,要移入的终结符是＋和 *。如果移入的是＋,意味着是两个连续的加法运算。对连加运算,按照先后顺序依次执行。因此,应该执行规约。如果移入的是 *,意味着前面是加法运算,后面是乘法运算。乘法运算的优先级高于加法运算。因此,应该执行移入。这样一来,冲突便得到了解决。

I_8 状态的规约与移入冲突也可解决。在 I_8 状态,规约的是一个乘法运算,要移入的终结符是＋和 *。如果移入的是＋,意味着前面是乘法运算,后面是加法运算。根据运算的优先级,应该先做乘法运算,因此应该规约。如果移入的是 *,意味着是两个连续的乘法运算。对连乘运算,应按照先后顺序依次执行,因此也应该执行规约。于是冲突也得以解决。

从另一视角来看,在 I_4 状态求核心项的闭包运算时,期待出现的 E 应该是一个比加法运算优先级更高的运算的结果,即乘法运算、括号运算、单元变量。因此,在 I_4 状态的非核心项 $E→•E+E$ 应该去掉。在 I_5 状态求核心项的闭包运算时,期待出现的 E 应该是一个比乘法运算优先级更高的运算的结果,即括号运算、单元变量。因此,在 I_5 状态的非核心项 $E→•E+E$ 和 $E→•E^*E$ 都应该去掉。

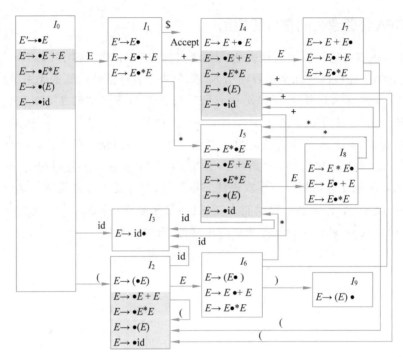

图 3.27　只含 1 个非终结符 E 的算术运算表达式文法的 LR(0)型 DFA

从上述例子可知,算术运算中的优先级也可通过控制文法的 DFA 构造来加以实现。这种控制需要人为完成。在 DFA 的状态中,由 LR(0)项目所指出,期待出现的非终结符,根据语法,有特定的物理含义,有时并不是泛指所有可能的情形。例如上述例子中的 I_5 状态,由其核心项目 $E \rightarrow E^* \cdot E$ 所指出的,期待出现的非终结符 E 应该是一个比乘法运算优先级更高的运算的结果,这就导致定义 E 的 4 个产生式中只有 2 个满足条件。另外,对 DFA 状态中存在的规约与移入冲突,以及规约与规约冲突,有时也可根据语法定义,以人工方式解决。例如上例中的 I_7 状态中存在的规约与移入冲突,就可依据运算的优先级来解决。

基于算术运算的优先级,将图 3.27 所示 DFA 中 I_4 状态和 I_5 状态的非核心项精简之后,得到的 DFA 如图 3.28 所示。该 DFA 只有 10 个状态和 19 条边。与其相对,图 3.17 所示的 DFA 中含有 12 个状态和 23 条边。这两个 DFA 表达了同样的语法,发挥着同样的功能,但图 3.28 无论状态数还是边数都比图 3.17 要少。状态数少和边数少,意味着语法分析表的存储空间开销更小,语法分析时表的查询计算开销更小。由于语法分析的频次高,因此带来的收益非常显著。

思考题 3-12　对图 3.28 所示 DFA,如何构造出无冲突的 LR 语法分析表?

上述例子表明,在设计文法时,要尽量减少非终结符的使用。定义的非终结符数量减少,带来的收益来自两方面。一方面是 DFA 中的边数和状态数会减少,导致语法分析表的存储空间开销减小,进而导致语法分析中查找表中条项的计算开销也随之减少。另一方面是语法分析当中的规约次数减少,语法分析树变得简单。这就诠释了自底向上语法分析优于自顶向下语法分析的根本原因。对于自顶向下的语法分析,消左递归和提取左公因子都会引入新的非终结符,带来语法分析开销的增大。

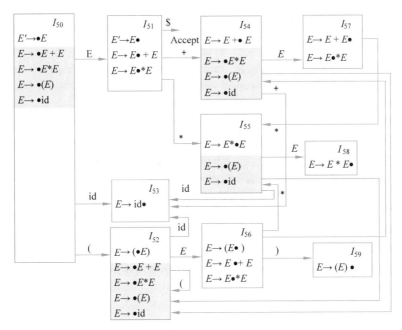

图 3.28 优化后的 LR(0)型 DFA

3.8.2 尽量减少文法中的非终结符数量

为了进一步认识文法设计中减少非终结符能带来显著收益,现再举一例。对于第 2 章中的正则表达式(a|b)*abb。如果用文法来表达,其文法 G[S]有 3 个产生式:①S→aS;②S→bS;③S→abb。其中只有一个非终结符 S,终结符有 a 和 b。将该文法写为文法 3.11,其 LR(0)型 DFA 如图 3.29 所示。这个文法尽管只有一个非终结符,其 DFA 有 8 个状态,16 条边。与其相对地,正则表达式没有文法符号,其 DFA 只有 4 个状态,8 条边,见第 2 章的图 2.13(b)。通过这个案例可知,尽管用文法也能描述词的构成法则,但它不能取代正则表达式。其原因是由文法得到的 DFA 要比由正则表达式得到的 DFA 复杂得多。这就回答了第 2 章知识的不可缺少性。

（1）S→aS

（2）S→bS

（3）S→abb   （文法 3.11）

在设计一门程序语言的文法时,从语法分析的效率来看,文法中出现的非终结符越少越好。除了算术运算表达式之外,还有逻辑运算表达式。在逻辑运算表达式文法中,也可把非终结符数量减少到一个。逻辑运算表达式的文法 G[B]如文法 3.12 所示。非终结符 B 取自 Boolean 的首字符。在这里只给出了 3 种逻辑运算,即或运算(||)、并运算(&&)、括号运算。并运算的优先级高于或运算;逻辑值通常是比较运算的结果;比较运算有大于(>),小于(<),不等于(!=)等,这里只给出了大于运算作为比较运算的代表。比较运算是两个数值的比较,而数值是算术运算表达式的结果,因此逻辑运算中可能蕴含有比较运算,而比较运算中又可能蕴含有算术运算。这 3 种运算中,算术运算的优先级高于比较运算,而比较

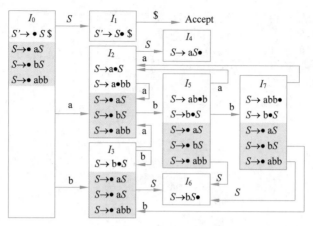

图 3.29 文法 3.11 的 LR(0)型 DFA

运算的优先级又高于逻辑运算。逻辑运算表达式文法的 DFA 如图 3.30 所示。

(1) $B \rightarrow B \mid\mid B$
(2) $B \rightarrow B \ \& \& \ B$
(3) $B \rightarrow (B)$
(4) $B \rightarrow E > E$
(5) $B \rightarrow \text{id}$

(文法 3.12)

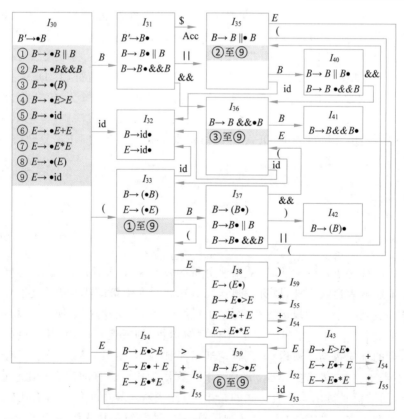

图 3.30 逻辑运算表达式的 LR(0)型 DFA

在该 DFA 中的 I_{32} 状态,存在规约与规约的冲突,而且冲突不能通过 FOLLOW 来解决。但该冲突可基于语义来解决。如果 id 的数据类型为布尔型,就应按 $B \to$ id 规约;如果 id 的数据类型为数值,就应按 $E \to$ id 规约。不过 C 语言中并没有这样做。在 C 语言中,$B \to$ id 这个产生式改为了 $B \to E$。这样修改之后,自然就没有冲突了。不过这样修改也会导致 B 的数据类型可能不为布尔型。

思考题 3-13　这样修改之后,为什么就没有冲突了?这种修改能在 DFA 构造一级解决冲突。能否在随后的语义分析中再检查 B 的数据类型是否为布尔型?如果不为布尔型,则报语义错误,或者执行强制类型转换。

该 DFA 通过精简状态中的非核心项实施了运算的优先级控制。在 I_{35} 状态,期待出现的 B 应该是高于或运算($||$)的逻辑运算的结果,因此就没有包含 $B \to \cdot B || B$ 这个 LR(0)项目。在 I_{36} 状态,期待出现的 B 应该是高于并运算($\&\&$)的逻辑运算的结果,因此就没有包含 $B \to \cdot B || B$ 以及 $B \to \cdot B \&\& B$ 这两个 LR(0)项目。另外在 I_{34},I_{38},I_{39},I_{43} 这 4 个状态都涉及算术运算表达式,因此有些移入的目标状态在图 3.28 所示的 DFA 中。

3.8.3　非终结符语义的宽泛化

对于 C 语言文法中的语句非终结符 S,以及语句序列非终结符 Q,可将它们规一成一个非终结符 S,达到减少一个非终结符的目的。规一之后,非终结符 S 显得更加宽泛和灵活,于是文法变得更加简洁。规一之后的程序文法 $G[P]$ 如文法 3.13 所示。

(1) $P \to S$
(2) $S \to T$ id $(L) S$
(3) $S \to T V;$
(4) $S \to V = E;$
(5) $S \to$ while$(B) S$
(6) $S \to$ return $E;$
(7) $S \to SS$
(8) $S \to \{S\}$
(9) $S \to \{ \}$

(文法 3.13)

非终结符 S 变得更加宽泛和灵活,在产生式 $S \to SS$ 上得以充分体现。该产生式是一个含左递归的产生式,其头部 S 和产生式体的第 1 个 S 都表示语句序列,而产生式体的第 2 个 S 则表示一个具体的语句。该产生式的含义是:一个语句序列加上一个语句之后还是一个语句序列。

在构造该文法的 DFA 过程中,会出现如下情形。多个状态中,它们的核心项目表明,当前期待非终结符 S 的出现,但期待出现的 S 通常并不是所有可能的情形,并且各状态之间存在差异。例如文法 3.13 对于 C 语言来说,当 DFA 中某状态所含核心 LR(0)项目为 $P \to \cdot S$ 时,这里期待出现的 S 指语句序列,而且语句序列中只含 3 种具体语句,即函数实现语句、全局变量定义语句和为全局变量赋常量值的语句。也就是说,求 LR(0)项目 $P \to \cdot S$ 的闭包时,只应该增加如下 4 个非核心项:"$S \to \cdot T$ id $(L)S$"、"$S \to \cdot T V;$"、"$S \to$

·V＝const;"以及"S→·SS",不应该包含"S→·while(B) S"、"S→·return E;"、"S→·{S}"和"S→·{ }"这4个非核心项目。

当DFA中某状态所含核心LR(0)项目为S→T id (L)·S时,其闭包运算只应该增加如下2个核心项:S→·{S}和S→·{ }。对于第1个非核心项S→·{S},因移入{导致在另一状态出现核心项目S→{·S}。对该核心项S→{·S}求闭包时,不应该增加非核心项S→·T id (L)S,原因是在C语言中,不允许在一个函数实现语句中再出现另一函数的实现语句。也不应该增加非核心项S→·{S}和S→·{ },因为增加它们会导致重复性的无意义嵌套。应该增加的非核心项为"S→·T V;"、"S→·V＝E;"、"S→·while(B) S"、"S→·return E;"和"S→·SS"。

思考题3-14 当DFA中某状态所含核心项目为S→while(B)·S时,这里期待出现的S指哪些产生式?

针对C语言,上述程序文法的DFA的部分状态和变迁边如图3.31所示。该DFA进一步补充了if语句和if else语句。在该DFA中,I_0,I_1,I_7,I_{10},I_{13},I_{24}这6个状态都期待非终结符S的出现,但是依据C语言语法,期待出现的产生式各不相同。尤其是I_1和I_{13}这2个状态,针对的核心项都是S→S·S,但期待出现的产生式并不相同。

该DFA的I_{14}状态期待非终结符B的出现,于是该状态有3条出边的目标状态在图3.30中。I_{21}状态也有2条出边的目标状态也在图3.30中。由于DFA太大,只好对DFA做拆分处理。另外,在该DFA的I_{22}状态,期待非终结符E的出现,于是该状态有2条出边的目标状态在图3.28中。在I_{25}状态也有2条出边的目标状态在图3.28中。

思考题3-15 图3.31所示的DFA,对于I_0,I_1,I_7,I_{10},I_{13},I_{24}这6个状态,它们期待出现的非终结符S的产生式为何有如此差异? 试结合C语言的语法来思考。

思考题3-16 非终结符E和B都是语句S的构件。也就是说,对于一个程序,不能只含一个算术运算表达式,或者只含一个逻辑运算表达式。因此在构造文法G[P]的DFA时,图3.28中的I_{50},I_{51}这2个状态,以及图3.30中的I_{30},I_{31}这2个状态都不会出现,为什么? 试通过观察图3.31的I_{14},I_{21}状态,以及I_{22},I_{25}状态来思考。

思考题3-17 基于图3.31所示的DFA,对代码3.1所示的C语言程序执行语法分析,要经历多少轮移入/规约处理才能完成语法分析? 得出每一轮处理后状态栈的变化情况。

由此可知,出于减少文法中非终结符数量的目的,文法设计者通常要对留存的非终结符作泛化处理,例如语句非终结符S等。泛化处理带来的好处是:文法变得更加简洁,覆盖的情形变得更为宽广。带来的弊端是:在求DFA中某状态所含核心项的闭包运算时,期待出现的非终结符可能并不指其所有产生式。这就要求在求文法的DFA时,工具软件在求出某状态中核心项的闭包之后将闭包运算的结果可视化,供文法的设计者对其进行判断,并作删改处理,以便精确地表达语言的语法含义。当某状态中出现移入与规约冲突,或者规约与规约冲突时,工具软件也应该将其可视化出来,供文法的设计者进行判断,以便做出裁决,解决冲突问题。

尽量减少文法中非终结符数量,带来的收益是语法分析效率的提升,付出的代价是DFA构造工具软件变得复杂,文法设计者要对状态中增加的非核心项逐一核实,对冲突予以调解。首先,工具软件要对包含非核心项的状态以及存在冲突的状态进行可视化,供文法设计者进行判断和处理。这自然给文法设计者增加了额外负担,使得DFA的构造效率降

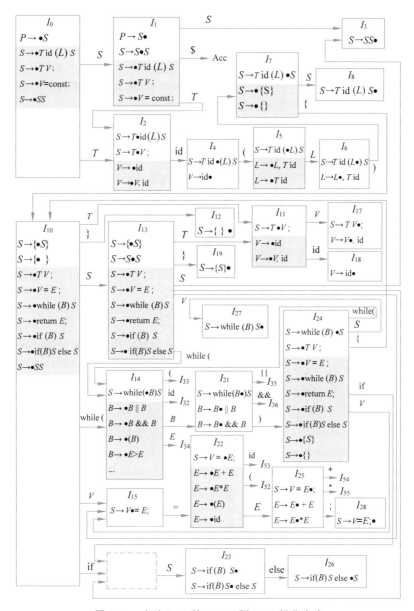

图 3.31　文法 3.13 的 LR(0)型 DFA 部分内容

低。但这项工作值得做,因为它是一次性工作。它换来的收益在每次语法分析中都会得到体现。语法分析是一项高频次性的工作,其效率的提升会让数百万甚至数千万的编译器用户受惠。

思考题 3-18　从减少文法符数量来看,逻辑运算表达式文法符 B 和算术运算表达式文法符 E 是否应该合并成一个文法符? 请说明理由。

思考题 3-19　对于 if 语句和 if else 语句,其文法分别为 $S{\rightarrow}if(B)S$ 和 $S{\rightarrow}if(B)S$ else S。其特征是 if else 语句是在 if 语句后面增加了 else S。假如输入词串的样式为if(B) if (B) S else S。这里的 else 是应该和第 1 个 if 结合,还是应该和第 2 个 if 结合? 很显然,不同的结合方法表达的语义完全不同。如果语法不就此做出明确的规定,那么该文法就是二义性文法。任何一门高级程序语言都不允许其文法为二义性文法。对于该情形,语法中采取就近结合原则,即 else 应该与第 2 个 if 结合。有此规定之后,文法就不再是二义性文法了。现假定文法的 DFA 中某状态含有 2 个核心项 $S \rightarrow \text{if}\ (B)\ S\ \bullet$ 和 $S \rightarrow \text{if}\ (B)\ S\ \bullet\ \text{else}\ S$。对于该状态,显然存在有规约和移入的冲突。什么情形下应该规约?什么情形下应该移入?

3.8.4 文法的二义性及其消除方法

有了上述自顶向下和自底向上的语法分析知识之后,便可对二义性文法做出明确定义。对于 LL 语法分析,如果一个文法是 LL(1)文法,那么它就不是二义性文法,否则就是二义性文法。对于 LR 语法分析,如果一个文法是 LR(1)文法,那么它就不是二义性文法,否则就是二义性文法。对于 LL 语法分析,二义性文法表现为其 LL(1)语法分析表中存在如下情形:至少有一个格,其中包含至少两个产生式,使得语法分析中不知道到底要选择哪一个产生式进行推导。对该情形,可以人为地基于语法执行删除处理,使得一个格中最多只有一个产生式,那么该 LL(1)语法分析表就不再带有二义性,即二义性得到消除。

同样,对于 LR 语法分析,二义性文法表现为其 LR(1)语法分析表中 ACTION 部分存在如下情形:至少有一个格,其中包含至少两个动作,使得语法分析中不知道到底要选择哪一个动作。对该情形,可以人为地执行删除处理,使得一个格中最多只有一个动作,那么该语法分析表就不再带有二义性,也就是二义性得到消除。

文法设计中,并不是所有语法内容都一定要通过文法来体现。文法通常聚焦于描述语法中的构成部分。对于语法中的限定性部分,例如优先级和结合律等,则可通过人为干预 DFA 的构造来体现,例如非核心项的削减或变迁边的删除。文法的二义性如果体现到了 LR 语法分析表中,还可基于语法通过人工方式来消除。对于算术运算表达式、逻辑运算表达式,以及程序,上面给出的文法尽管都是二义性文法,但通过对其 DFA 和语法分析表做删改处理之后,不仅把诸如运算的优先级、else 的就近结合等语法内容表达出来了,而且还能使得语法分析表不再带有二义性。

3.8.5 LALR(1)型 DFA 的收益和代价

有些文法,尽管是 LR(0)文法,但通过构造其 LR(1)型 DFA,能提供更加精准的语法分析表,用于语法分析时有助于语法错误的及早发现。现举例说明。文法 $G[S]$ 有如下 3 个产生式:①$S \rightarrow CC$;②$C \rightarrow cC$;③$C \rightarrow d$。其中 S 和 C 为非终结符,c 和 d 为终结符。该文法是 $LR(0)$ 文法。设其为文法 3.14,其 LR(1)型 DFA 如图 3.32 所示。将其改变成 LALR(1)型 DFA 时,要把 I_6、I_7、I_9 状态分别并入 I_3、I_4、I_8 状态。因为并入,I_3、I_4、I_8 状态中 LR(1)项目的向前看符号集中都增加了一个元素 $\$$。该文法的 LALR(1)型 DFA 如图 3.33 所示。

(1) $S \rightarrow CC$
(2) $C \rightarrow cC$
(3) $C \rightarrow d$

(文法 3.14)

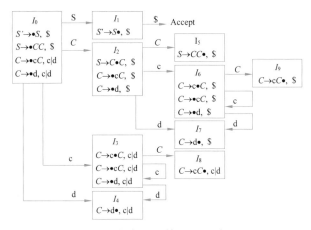

图 3.32　文法 3.14 的 LR(1)型 DFA

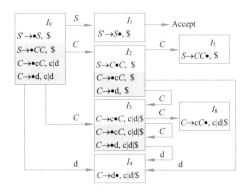

图 3.33　文法 3.14 的 LALR(1)型 DFA

思考题 3-20　为什么文法 3.14 为 LR(0)文法？

对于输入词串 ccd＄，如果基于 LR(1)型 DFA 执行语法分析，那么前 3 轮处理都是移入，状态栈中内容变为 0-3-3-4。第 4 轮处理时便发现了语法错误。因为栈顶状态为 4 状态，只有当前词为 c 或 d 时，才能规约。但现在的当前词为＄，于是及时地发现了语法错误。对该输入串，如果基于 LALR(1)型 DFA 执行语法分析，前 3 轮处理也都是移入，状态栈中内容变为 0-3-3-4。第 4 轮处理时，因为 I_4 状态的 LALR(1)项目表明，当前词为 c 或 d 或＄时，都能执行规约。因此，随后会执行第 4、5、6 轮规约。直至第 6 轮规约后，状态栈中内容变为 0-2，此时才发现语法错误。通过这一对比，可发现基于 LR(1)型 DFA 执行语法分析能带来收益，减少不必要的规约处理，提升语法分析的效率。

思考题 3-21　对于一门高级程序语言的文法，其 DFA 只须构造一次，便得到了其语法分析器。语法分析器构造好之后便发布给用户。用户如果想要对自己编写的程序编译，便要执行语法分析。因此，执行语法分析的频次非常高，而语法分析器的构造频次非常低。即使 DFA 的构造开销大也不是问题，因为构造频次非常低。反过来，语法分析因其执行频次高，降低语法分析的开销带来的成效就大。基于这一分析，在构造高级程序语言的语法分析表时，是不是应该基于 LR(1)型 DFA 来构造？它带来的好处是能及早发现语法错误，减少不必要的处理。不过它也有弊端，就是使得 DFA 的状态数和边数增加，增大语法分析表的内存开销和查询开销。试分析：是及早发现语法错误带来的收益大，还是将语法分析表尽量精简带来的收益大？

思考题 3-22　假定某门高级程序语言的文法是 SLR(1) 文法。是应该按照 LR(0) 型 DFA 和非终结符的 FOLLOW 函数值来构造其语法分析表，还是应该按照 LALR(1) 型 DFA 来构造其语法分析表？请说明理由。

3.8.6　文法的上下文无关性

语法探究的是一个结构体由哪些部分构成。一个结构体由一个或者多个构件组成，构件也可能是结构体。在探究结构体的构成时，涉及两个层面的事情：一个层面是抽象，另一个层面是具体。抽象层面对应为面向对象中的类定义，在文法中就是非终结符及其产生式的定义，非终结符相当于类名，产生式相当于类定义。具体层面对应为面向对象中类的实例对象，在语法分析中就是输入词串的语法分析树，树中的每个非叶结点都是某个产生式的实例对象。

在面向对象中，对于一个类，它的实例对象是彼此独立的。也就是说，类的实例对象具有上下文无关性，类与类之间也是彼此独立的。也就是说，类具有上下文无关性。就文法而言，上下文无关性指的是结构体的构成。例如代码 3.2 中的 3 个赋值语句，从语句的构成来看，每个语句都是实例对象，彼此相互独立，表现出上下文无关性。每个赋值语句都由变量名列表、等于号、算术运算表达式和分号这 4 部分构成。

代码 3.2　语句的上下文无关性示例

```
1  x = a[i, j];
2  a[i, j]=a[j, i];
3  a[j, i]=x;
```

与上下文无关相对应的便是上下文相关。下面举一个上下文相关的文法。

回文指具有对称性的数字串，例如，313，12344321，1 都是回文。用文法来描述便是：

```
currentDigit→digit
Palindrome→currentDigit · Palindrome · currentDigit|digit
```

其中 currentDigit 和 Palindrome 都是非终结符。在第 2 个产生式中，非终结符 currentDigit 出现了两次。第 2 个 currentDigit 就具有上下文相关性。就实例而言，要求第 2 个 currentDigit 实例要和第 1 个 currentDigit 实例一样。如果将该文法视作上下文无关文法，那么它就没有表达出回文的语义，也就是说它不是回文的文法。可通过穷举来得到回文的上下文无关文法：

```
Palindrome → 0 Palindrome 0|1 Palindrome 1|2 Palindrome 2|3 Palindrome 3|4
Palindrome 4|5 Palindrome 5|6 Palindrome 6|7 Palindrome 7|8 Palindrome 8| 9
Palindrome 9|digit
```

上下文无关性是设计方案的一种特性。在其他领域也常见上下文无关的例子，例如，数据库服务器对待用户的 SQL 请求就体现出上下文无关性。每一个 SQL 请求都是独立的，不依赖前面已提交的 SQL 请求。与其相对地,上下文相关的例子也很多。例如,变量先定义后使用,函数调用中的参数个数、顺序、类型要与函数定义相匹配。

3.9 LR 语法分析中错误的恢复

语法错误指由人编写出的程序中,结构体的构成出现了多余的构件,或者缺失了构件,或者构件出现了张冠李戴情形。例如,括号本应配对,但是漏写了右括号,导致右括号缺失;或者多写了右括号,导致右括号多余。大括号也是如此。张冠李戴的情形有:将分号写成了逗号,或者将逗号写成了分号等。在自底向上语法分析中,语法错误表现为:对于当前状态和当前词,发现在语法分析表 ACTION 部分的对应格为空,没有动作指示,导致语法分析被迫中断。语法分析被迫中断后,会指示程序员改错。错误被改正之后,程序员再编译。如果每遇到一个语法错误就中断语法分析,会影响程序员的工作效率,因为每次编译都是从头开始,需要一定的时间。如果编译器能将语法错误跳过,继续后续部分的语法分析,一次性把程序中的所有语法错误都指示出来,再由程序员进行改正,那么编程效率就会得到极大提高。语法分析中将语法错误跳过,继续后面部分的语法分析,称为语法错误的恢复。

语法错误的恢复要基于错误的类别,以及每个类别出现的频率,做到有的放矢。当表达式或者语句的嵌套比较深时,括号或者大括号的配对容易弄错,导致括号的多余或缺失,这是最常见的一种语法错误。另外,程序员在敲键盘或者修改代码时,易容出现重复敲键,或者词的错删,导致词的重复或缺失。另一种常见语法错误是敲错词,例如把分号敲成逗号,把方括号敲成括号等,出现张冠李戴类型的语法错误。

语法错误恢复中最为关键也最为困难的一项工作是识别错误的类型。错误类型有构件多余、构件缺失、构件张冠李戴 3 种。如果正确识别出了错误的类型,那么故障恢复就简单了:对于构件多余,就将其跳过;对于构件缺失,就将其补上;如果构件张冠李戴,就将其纠正。

文法的 DFA 穷举了所有结构体的形成过程,为语法错误的恢复提供了参考信息。以图 3.31 所示 DFA 中的 I_4 状态为例,该状态既有移入项,也有规约项。先看什么情况要执行规约?从其前面的 I_2 状态中所含项目"$S \to T \cdot V$;"和"$V \to \cdot V$,id"可知,当在 I_4 状态规约出非终结符 V 时,其 FOLLOW 应该为分号或者逗号。因此,如果当前词为分号或者逗号,在 I_4 状态就应该按照"$V \to$id$\cdot$"规约。再来看移入,在当前词为左括号时,执行移入。如果左括号漏写了,那就要看此处跟在该左括号后面的应该是哪些终结符。在这里,左括号后紧跟的终结符应该是 FIRST(L) 这个集合中的元素,即诸如 integer 之类的类型关键字或程序员自定义的类型 id。因此,如果当前词属于 FIRST(L),那么就说明遗漏了左括号,错误恢复就是补上左括号,移入 I_5 状态。

再以 I_6 状态为例,说明如何恢复语法错误。在 I_6 状态只有移入,没有规约。期待的当前词为逗号或者右括号。假定遗漏了右括号,那么当前词就应该为跟在右括号后面的非终结符。从 I_6 的下一状态 I_7 可知,跟在右括号后面的非终结符为左大括号。因此,如果当前词为左大括号,就可判断出遗漏了右括号,错误恢复方法便是补上右括号,移入 I_7 状态。如果漏掉的是逗号,那么此处跟在逗号后面的应该是 FIRST(T),即诸如 integer 之类的类型关键字或者程序员自定义的类型 id。因此,如果当前词属于 FIRST(T),那么就说明遗漏了逗号,错误恢复就是补上逗号,移入逗号驱动的目标状态。

在 I_7 状态,期待当前词为左大括号。如果当前词不为左大括号,一种最常见的错误是出现了多余的右括号,因为前面的移入为右括号。此时应该首先检查当前词,如果为右括号,就说明是右括号多余,应直接跳过。如果当前词不为右括号,那么只好假定是左大括号缺失错误。如果这个假定正确,那么补上左大括号后,就会移入 I_{14} 状态。此时的当前词应该属于 I_{10} 状态中的 FIRST(S)这个集合。因此,检查当前词是否属于 I_{14} 状态中的 FIRST(S)。如果是,就认为是缺失左大括号错误。

语法错误的另一表现为:当前状态为规约状态,但是因为当前词错误,导致查找语法分析表时对应格为空,没有见到规约指示。例如,图 3.31 所示 DFA 中的 I_{27} 状态,本应规约出一个 while 语句。如果此时出现了右大括号多余错误,那么当前词就为右大括号。查语法分析表时,对应格中为空,没有指示规约。遇到这种情形时,首先应该假定是出现了构件多余错误。试着跳过当前词,直至能规约为止。

图 3.31 中的 I_{25} 状态只有移入没有规约。移入的终结符集合为{;,+,*}。如果当前词是逗号,基本上可判定为张冠李戴,是程序员将分号错敲成了逗号。如果当前词是一个数据 id,那么就无法判定到底是漏写了分号,还是加号或者乘号。其原因是如果漏写了分号,那么补加上分号之后,赋值语句就已形成,随后是另一个语句的开始。如果随后的语句恰好是一个赋值语句,那么也应该以一个数值变量开始。这时,仅向前看一个符号显然不够,需要向前看两个符号。如果当前词后面的词为等于号或者逗号,那么就说明紧跟其后的是一个赋值语句,可以判断出是程序员漏写了分号,应该补加。如果当前词后面的词为运算符或者右括号,那么就说明是漏写了一个运算符。此时的错误恢复方法可以是跳过当前词,也可以是补加一个加号或者乘号。

错误恢复通常不需要回退,但也有特例。例如,代码 3.3 所示的程序代码段由 2 个函数实现语句构成。第 1 个函数实现语句在第 4 行缺失右大括号,导致语法分析时把第 2 个函数实现语句视为第 1 个函数实现语句中的内容。但是在函数体中不允许出现另一函数的实现语句。于是,当语法分析到当前词为 functionB 后面的左括号时,会发现语法错误。此时,当前状态为图 3.31 中的 I_{17} 状态,当前词为左括号。对于该错误,不能认为是在当前词位置发生了错误。必须回退两个词,在 bool 这个词的前面补加右大括号,才能实现错误恢复。否则对随后的代码再也不能进行语法分析了。不过这种缺失右大括号的语法错误有明显的特征,那就是当前状态为 I_{17} 状态,当前词为左大括号。

代码 3.3　函数实现语句缺失右大括号示例

```
1  int functionA(int a) {
2  int i;
3  return i;
4  bool functionB(bool b) { }
```

思考题 3-23　对于函数实现语句,当存在多余的右大括号时,它有何特征?即在错误发现时刻,当前状态为图 3.31 所示 DFA 中的哪一状态?当前词是什么?

通过上述个案分析,可归纳出错误恢复的一般性方法。当发现语法错误时,首先检查当前词是否与其前面的词相同。如果相同,则认为是出现了词重复所造成的构件多余错误,应将其跳过。该过程持续下去,直至能继续语法分析为止。否则,检查当前词的下一个词是不是期望出现的词。如果是,说明当前词是多余的构件,应将其跳过。否则,说明错误只可能是构件缺失错误,或者张冠李戴错误。于是,再检查当前词是否为当前状态的下一状态所期望的词。如果是,就说明为构件缺失错误,应该补上。如果不是,则再检查当前词的下一个词是否为当前状态的下一状态所期望的词。如果是,说明是出现了张冠李戴性错误,需要对当前词纠错。否则,就只好中断语法分析。有了此基础之后,再执行特殊处理。例如,前面所述错误发现时刻,如果当前状态为 I_{25},则要做进一步分析;如果当前状态为 I_{17},而且当前词为左括号,则要执行回退才能实现错误恢复。

思考题 3-24　对于算术运算表达式或者逻辑运算表达式,在程序中常因为嵌套过深,导致右括号缺失错误,有时右括号缺失的数量还不止一个。该错误的特征是:发现错误时,当前状态为图 3.28 所示 DFA 的 I_{56} 状态,或者图 3.30 所示 DFA 的 I_{37} 状态。能否通过一个或者多个向前看符号分析,得出缺失多个右括号错误的恢复方案?

3.10　本章小结

语法分析的任务是对输入词串进行检查,看其是否符合语法要求,如果符合,就构造出其语法分析树。语法分析能做到对输入词串从头到尾扫描一遍,就能完成分析任务。在分析期间,指向当前词的指针无须回退。语法定义了程序的构成关系,用文法来描述。文法可用正则语言来表达。文法由产生式构成。产生式为命名的正则运算表达式,描述了结构体的构成。

在自顶向下的语法分析中,产生式不允许出现左递归和左公因子,这导致文法中的非终结符数量多,产生式也多,语法分析树复杂,语法分析效率低。在自底向上的语法分析中,文法的 DFA 穷举出了所有结构体的形成过程以及彼此之间的关系,并以状态变迁图的形式揭示出来。DFA 状态中的 LR 项目除了表达构成关系之外,还带有物理含义。因此,语法中除构成之外的其他内容,例如优先级和结合律,可以不通过文法来表达,而通过控制 DFA 的构造来表达。于是,语法表达的途径和手段增多,从而使得文法中的非终结符和产生式数量都减少,进而使文法更简洁。此举带来的收益包括语法分析的开销减少和效率提升,以及语法分析树更加简洁。因此,自底向上的语法分析优于自顶向下的语法分析。

一门高级程序语言的语法分析器由通用代码和语法分析表两部分构成。一门高级程序语言的语法最终体现在其语法分析表中。要构造一门高级程序语言的语法分析器,人们要做的事情就是使用正则语言描述其语法,得出其文法。文法包括文法符和产生式,文法符又分为终结符和非终结符。产生式表达了结构体的构成关系。得出文法之后,再使用语法分析器构造工具,将文法转换成语法分析表。

本章很大一部分内容是讲解语法分析器构造工具的实现技术,即如何通过算法将文法转换成语法分析表。自顶向下的语法分析包括的内容有消左递归、提取左公因子、求产生式的 FIRST 函数值、求非终结符的 FOLLOW 函数值,以及 LL 语法分析表的构造。自底向上的语法分析包括的内容有文法的 DFA 构造、求非终结符的 FOLLOW 函数值、LR 语法分析表的构造。

语法分析的另一个重要内容是错误恢复。在自底向上的语法分析中,错误发现时刻的当前状态序号表达了错误处的上下文信息,因此可以基于错误的表现形式和规律以及错误所处的位置,有针对性地来实施错误恢复,做到有的放矢。

知识拓展:语法分析表构造中涉及的数据结构

要编程实现语法分析表的构造,先要对其中有关概念定义数据结构。语法分析中最基本的概念是文法符,文法符有终结符和非终结符两种。对于非终结符,必有描述其构成的产生式。文法符的数据结构定义如下:

```
class GrammarSymbol  {           //文法符
    String name;                 //名字
    SymbolType type;             //文法符的类别
}
```

SymbolType 为枚举类型,取值有 3 种:TERMINAL(终结符),NONTERMINAL(非终结符),NULL(ε)。

```
class TerminalSymbol :public GrammarSymbol {        //终结符
    LexemeCategory category;                        //终结符的词类
}
```

LexemeCategory 为枚举类型,其取值见第 2 章中 NFA 和 DFA 构造中所涉及的数据结构。

```
class NonTerminalSymbol: public GrammarSymbol  {        //非终结符
    List <Production * > * pProductionTable;            //有关非终结符构成的产生式
    int numOfProduction;                                //产生式的个数
    Set <TerminalSymbol * > * pFirstSet;                //非终结符的 FIRST 函数值
    Set <TerminalSymbol * > * pFollowSet;               //非终结符的 FOLLOW 函数值
    Set <NonTerminalSymbol * > * pDependentSetInFollow;
}
```

注意:求非终结符的 FOLLOW 函数值时,集合 pDependentSetInFollow 存放所依赖的非终结符。

产生式的数据结构定义如下:

```
class Production  {                                //产生式
    int productionId;                              //产生式序号,起标识作用
    int bodySize;                                  //产生式体中包含的文法符个数
    List <GrammarSymbol * > * pBodySymbolTable;    //产生式体中包含的文法符
    Set <TerminalSymbol * > * pFirstSet;           //产生式的 FIRST 函数值
}
```

注意:产生式体中,文法符之间都是连接运算,因此也就可省去连接运算符。把产生式中的某个文法符放入 pBodySymbolTable 之前,要强制类型转换,变成 GrammarSymbol

＊类型。这种类型转换没有问题。因为 TerminalSymbol 和 NonTerminalSymbol 都是 GrammarSymbol 的子类。在使用 pBodySymbolTable 中元素时,检查其成员变量 type 的值,如果为 NONTERMINAL,则将其强制类型转换,变回 NonTerminalSymbol ＊类型。如果为 TERMINAL,则将其强制类型转换,变回 TerminalSymbol ＊类型。

构造语法分析表的已知条件是文法符表和开始符。其定义为:

```
List <GrammarSymbol * > * pGrammarSymbolTable;
NonTerminalSymbol * RootSymbol;
```

在 LL(1)语法分析表中,格的数据结构定义如下:

```
class Cell {
    NonTerminalSymbol * nonTerminalSymbol;
    TerminalSymbol * terminalSymbol;
    Production * production;
}
```

LL(1)语法分析表的数据结构定义为:

```
List <Cell * > * pParseTableOfLL;
```

对于 LR 文法的 DFA 构造,有 LR(0)项目、项集、状态、变迁边、DFA 这 5 个概念。它们的数据结构定义如下。

```
class LR0Item  {                                   //LR(0)项目
    NonTerminalSymbol * nonTerminalSymbol;         //非终结符
    Production * production;                        //产生式
    int dotPosition;                               //圆点的位置
    ItemCategoy type;         //类型分为两种: CORE(核心项);NONCORE(非核心项)
}
class ItemSet  {                                   //LR(0)项集
    int stateId;                                   //状态序号
    List <LR0Item * > * pItemTable;                //LR0 项目表
}
class TransitionEdge {                             //变迁边
    GrammarSymbol * driverSymbol;                  //驱动文法符
    ItemSet * fromItemSet;                         //出发项集
    ItemSet * toItemSet;                           //到达项集
}
```

驱动文法符有终结符和非终结符两种。在给 driverSymbol 赋值时,要先对驱动符进行强制类型转换,变成 GrammarSymbol ＊类型。

```
class DFA {                                        //DFA
    ItemSet * startupItemSet;                      //开始项集
    List <TransitionEdge * > * pEdgeTable;         //变迁边表
}
```

在构造 LR 文法的 DFA 时,将所有项集放在一个表中:

```
List <ItemSet * > * pItemSetTable;
```

LR(1)语法分析表包含 ACTION 和 GOTO 两部分。它们的数据结构定义如下:

```
class ActionCell {
    int stateId;                        //纵坐标:状态序号
    String * terminalSymbolName;        //横坐标:终结符
    ActionCategory type;                //Action 类别
    int id;                             //Action 的 id
}
```

ActionCategory 为枚举类型,取值有 3 种: 'r','s',以及'a'。'r'是规约,'s'是移入,'a'是接受。当 Action 类别为规约时,id 的取值为产生式 id。当 Action 类别为移入时,id 的取值为下一状态 id。

```
class GotoCell {
    int stateId;                        //纵坐标:状态序号
    String * nonTerminalSymbolName;     //横坐标:非终结符
    int nextStateId;                    //下一状态
}
List < ActionCell * > * pActionCellTable;   //LR 语法分析表的 ACTION 部分
List < GotoCell * > * pGotoCellTable;       //LR 语法分析表的 GOTO 部分
```

如果编程语言支持字典类型,最好将 pActionCellTable 和 pGotoCellTable 定义为字典类型,而不是 List 类型。这样有利于提升查找性能。

LR 语法分析器构造工具的输出有两个内容:①LR 语法分析表;②产生式概述表。产生式概述表的数据结构定义如下:

```
class ProductionInfo {
    int indexId;                        //产生式序号
    String * headName;                  //头部非终结符
    int bodySize;                       //产生式体中文法符的个数
}
List <ProductionInfo * > * pProductionInfoTable;    //产生式概述表
```

习题

1. 基于前面给出的数据结构,就 LL 语法分析写出下列功能函数的实现代码:

(1) 产生式有左递归的判断以及左递归的消除实现;

(2) 产生式有左公因子的判断,以及左公因子的提取实现;

(3) 产生式的 FIRST 函数求解;

(4) 非终结符的 FIRST 函数求解;

(5) 非终结符的 FOLLOW 函数求解;

（6）文法为 LL(1)文法的判断；

（7）LL(1)语法分析表的填写。

2. 基于前面给出的数据结构，就 LR 语法分析写出下列功能函数的实现代码。

（1）一个项集中 LR(0)核心项的闭包求解，即实现函数：void getClosure(ItemSet * itemSet)。

（2）穷举一个 LR(0)项集的变迁，其中包括驱动符的穷举，下一项集的创建，下一项集中核心项的确定，下一项集是否为新项集的判断。即实现函数：void exhaustTransition (ItemSet * itemSet)。

（3）求解文法的 LR(0)型 DFA。

（4）判断文法是否为 SLR(1)文法。

（5）填写 LR 语法分析表。

3. 对于如下 2 个文法，其中 S 为非终结符，其他为终结符。

文法 1	$S \rightarrow + SS \mid {}^* SS \mid a$	输入串＋* aaa
文法 2	$S \rightarrow SS+ \mid SS^* \mid a$	输入串 aa＋a*

（1）基于最左推导，写出对输入串的推导过程，只要求写出每步推导后的句型。

（2）基于最右推导，写出对输入串的推导过程，只要求写出每步推导后的句型。

（3）画出输入串的语法分析树。

4. 对于如下 3 个文法，非终结符仅有 S，其他为终结符。如果有左递归，则先消除左递归；如果有左公因子，则先提取左公因子。然后求每个非终结符的 FIRST 和 FOLLOW 函数值。分别判断它们是否为 LL(1)文法？如果是 LL(1)文法，则填写其 LL(1)语法分析表。

文法 1	文法 2	文法 3
$S \rightarrow + SS$ $S \rightarrow {}^* SS$ $S \rightarrow a$	$S \rightarrow S(S)S$ $S \rightarrow \varepsilon$	$S \rightarrow S+S$ $S \rightarrow SS$ $S \rightarrow (S)$ $S \rightarrow S^*$ $S \rightarrow a$

5. 对于如下 2 个文法，非终结符仅有 S，其他为终结符。分别画出其 LR(0)项集的状态转换图（即 DFA）。分别判断它们是否为 LR(0)文法？是否为 SLR(1)文法？给出理由。如果是 LR(0)文法或者 SLR(1)文法，则填出其 LR 语法分析表。

文法 1	文法 2
$S \rightarrow SS+$ $S \rightarrow SS^*$ $S \rightarrow a$	$S \rightarrow aSa$ $S \rightarrow aa$

6. 说明如下文法是 LR(0) 文法。其中 S 和 A 为非终结符。

$S \rightarrow SA \mid A$

$A \rightarrow a$

7. 说明如下文法是 LALR(1) 文法,但不是 SLR(1) 文法。其中 S 和 A 为非终结符。

$S \rightarrow A a \mid bAc \mid dc \mid bda$

$A \rightarrow d$

8. 说明如下文法是 LR(1) 文法,但不是 LALR(1) 文法。其中 S、A、B 为非终结符。

$S \rightarrow A a \mid bAc \mid Bc \mid bBa$

$A \rightarrow d$

$B \rightarrow d$

第 **4** 章

语法制导的翻译

语法分析验证了一个输入词串是文法开始符的一个实例对象,并构建出该实例对象的语法分析树。树中每个结点都有双重含义:①文法符;②文法符的实例对象。每个文法符表达某一抽象概念,例如终结符 id 表达变量这一抽象概念。输入词串中的每个变量,则表达 id 的一个实例对象。因此语法分析树既表达抽象概念,也表达实例对象。非终结符的语义通过其产生式来表达,不同的产生式有不同的语义。例如,$E \rightarrow E + E$ 这个产生式表示加法运算,而 $E \rightarrow E * E$ 这个产生式表示乘法运算。因此,语法分析树的语义明确,无二义性。

翻译的含义是等价变换,语法分析树制导翻译的过程。翻译过程可以是自顶向下、从左到右,这也就是 LL 语法分析的过程。翻译过程还可以自底向上、从左到右,也就是 LR 语法分析的过程。翻译过程还可以是先自底向上,再自顶向下,或者先自顶向下,再自底向上的一个来回过程。于是共有 4 种方式。到底该选择哪一种,要根据应用场景和翻译目标而定。例如,将源代码翻译成中间代码,可以选择自底向上、从左到右来完成,即在 LR 语法分析的过程中来完成。

语法分析树中的结点既表达文法符,也表达其实例对象。为了实现翻译,要给文法符定义属性,这就如面向对象中定义类时要定义成员变量一样。对于一个产生式来说,其语义的描述就是其所含文法符的属性关系定义。例如,实现一个计算器,就是求一个数值常量算术运算表达式的计算结果。就此翻译目标而言,$E \rightarrow E_1 + E_2$ 这个产生式的语义就是 $E.\text{val} = E_1.\text{val} + E_2.\text{val}$,其中 val 是文法符 E 的一个属性,其含义为值。这里给非终结符 E 加上下标 1 和 2,其用意是区分 3 个 E。因此,针对翻译目标,定义文法符的属性,以及产生式的语义,是实现翻译首先要考虑的事情。这被称作语法制导的定义(Syntax-Directed Definition),简称 SDD。

很多应用场景,例如将源代码翻译成中间代码,LR 语法分析的过程就是翻译的过程。具体来说,规约的过程也就是翻译的过程,翻译是在语法分析的过程中逐步完成的。每个产生式都对应一个翻译动作,被抽象成一个函数,在规约时调用。函数以子结点实例对象的属性值为输入,其功能就是为被规约出来的非终结符实例对象的属性赋值。这样的翻译方案称为语法制导的翻译(Syntax-Directed Translation),简称 SDT。其特点是:翻译是在语法分析的过程中附带完成的,规约过程也是翻译过程。并不需要事先构造出语法分析树,然后再去执行翻译。

本章通过举例来展示语法制导的翻译实现过程,然后从中归纳出实现语法制导的翻译通用框架,总结出其特性。其中 4.1 节讲解 LR 语法分析中语法制导的翻译实现框架,4.2 节讲解 LL 语法分析中语法制导的翻译实现框架,然后通过对比来阐释 LR 语法分析的优越性。

4.3节讲解如何将一个 LR 型语法制导翻译方案转化成一个 LL 型语法制导翻译方案。当翻译不仅包含自底向上的翻译过程,还包含自顶向下的翻译过程时,就需要在 LR 型语法分析中构建语法分析树。当规约出树根时,再基于已构建出的语法分析树来一趟自顶向下,从左到右的扫描,完成整个翻译。4.4节将通过案例来展示这种翻译的实现过程。

4.1 LR 分析中的语法制导翻译

4.1.1 LR 分析中的语法制导翻译简介

翻译目标由应用来决定。例如,对于一个计算器,其翻译目标就是得出一个数值常量运算表达式的计算结果。对于计算器,设其运算只有加法、乘法、括号运算 3 种,其文法 $G[E]$ 中有 4 个产生式:$E \rightarrow E+E$;$E \rightarrow E^{*}E$;$E \rightarrow (E)$;$E \rightarrow num$。由于产生式的头部和产生式体中都含非终结符 E,为了区分语法分析树中的子结点和父结点,为非终结符 E 加上下标以示区别。于是前 3 个产生式可以改写为:$E \rightarrow E_1+E_2$;$E \rightarrow E_1^{*}E_2$;$E \rightarrow (E_1)$。对于某个应用,定义其文法,针对翻译目标,为文法符定义属性,再为每个产生式定义语义规则(即产生式体中文法符的属性关系),这称为语法制导的定义,简称 SDD。在此例中,为终结符 num 和非终结符 E 分别定义一个属性 val,其语法制导的定义如表 4.1 所示。

表 4.1 计算器的语法制导定义(SDD)

产生式序号	产 生 式	语 义 规 则
1	$E \rightarrow E_1+E_2$	$E.val = E_1.val + E_2.val$
2	$E \rightarrow E_1^{*}E_2$	$E.val = E_1.val ^{*} E_2.val$
3	$E \rightarrow (E_1)$	$E.val = E_1.val$
4	$E \rightarrow num$	$E.val = num.val$

基于语法制导的定义,在输入词串的语法分析树中,对于定义有属性的结点,标注其属性值,这样的语法分析树称为注释语法分析树(Annotated Parse Tree)。如表 4.1 所示 SDD,对于输入词串 $4+3^{*}5$,其注释语法分析树如图 4.1 所示。

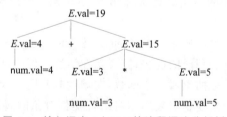

图 4.1 输入词串 $4+3^{*}5$ 的注释语法分析树

语法制导定义(SDD)包括 3 项内容:文法、属性、语义规则。文法由产生式构成,语法中的结构体用非终结符来表示,产生式表达了非终结符的构成。属性指文法符的属性,对于一个产生式中的文法符,它们的属性彼此之间存在联系。联系用语义规则来表达,因此语义规则是针对产生式而来的。

在 SDD 中,对于某个产生式头部文法符的属性,如果其值由产生式体中文法符的属性值来决定,那么这样的属性就称为综合属性(Synthesized Attribute)。在语法分析树中,非叶结点的综合属性表现为其值由该结点的子结点的属性值来决定。例如,表 4.1 中非终结符 E 的属性 val 就是综合属性。

与综合属性相对应的另一种属性为继承属性(Inherited Attribute)。在语法分析树中,一个结点的继承属性表现为其值的决定因子只会来源于其父结点的属性值、其左边的兄弟结点的属性值,以及它自己的其他属性值。对于一个语法制导的定义(SDD),如果其中只含综合属性,那么该 SDD 就称为 S 属性的 SDD。如果一个 SDD 中的属性不外乎综合属性和继承属性,即不存在这两种属性之外的其他类型属性,那么该 SDD 就称为 L 属性的 SDD。L 是指从左到右和从上到下的意思,即 Left to Right 的首字符。

SDD 的设计是为了实现翻译目标。翻译目标不同,SDD 自然也就不同。对上述算术运算表达式文法,如果翻译目标改成构建出抽象语法分析树,那么 SDD 就会完全不一样。对此翻译目标,给非终结符 E 定义一个综合属性 node,其类型为指针,其值指向一个类型为 node 或 leaf 的实例对象。其 SDD 如表 4.2 所示。基于该 SDD,对于输入词串 $4+3^*5$,其抽象语法分析树如图 4.2 所示。

表 4.2　得出抽象语法分析树的 SDD 方案

产生式序号	产　生　式	语　义　规　则
1	$E \rightarrow E_1 + E_2$	$E.node = new\ node('+', E_1.node, E_2.node)$
2	$E \rightarrow E_1{}^* E_2$	$E.node = new\ node('^*', E_1.node, E_2.node)$
3	$E \rightarrow (E_1)$	$E.node = E_1.node$
4	$E \rightarrow num$	$E.node = new\ leaf("num", num.value)$

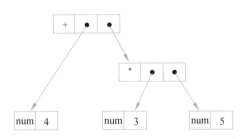

图 4.2　输入词串 $4+3^*5$ 的抽象语法分析树

思考题 4-1　抽象语法分析树与注释语法分析树有什么不同?

思考题 4-2　表 4.2 所示 SDD,非终结符 E 的属性 node 是综合属性吗?

思考题 4-3　对于输入词串,其语法分析树中结点的综合属性计算,可在 LR 语法分析过程中完成。而继承属性则可在 LL 语法分析的过程中完成。就综合属性的计算而言,终结符的综合属性自然要已知才行。与其相对地,就继承属性计算而言,开始符的继承属性自然要已知才行。这种说法对吗?

对于一个长的运算表达式,其中可能包含有重复出现的子运算表达式。例如,输入词串 $a+a^*(b-c)+(b-c)^*d$ 这个表达式中,a 和 b−c 这两个子表达式都出现了两次。在抽象语法分析树中,将重复出现的子树处理成公共子树,那么抽象语法分析树就不再是树,而是变成了有向无环图(Directed Acyclic Graph),简称 DAG。对于输入词串 $a+a^*(b-c)+(b-c)^*d$,其 DAG 如图 4.3 所示。观察可知,它不再是树,而是有向无环图。

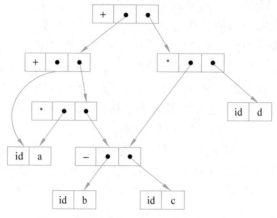

图 4.3 输入词串 4+3˙5 的有向无环图

相比于抽象语法分析树,DAG 能避免相同内容的重复存储以及重复翻译。运算表达式的中间代码生成常使用 DAG 来进行优化。代码优化相关内容将在第 7 章讲解。对于算术运算表达式的 DAG 构建,其 SDD 方案如表 4.3 所示,其中 getNode 函数的实现如代码 4.1 所示。

表 4.3 算术运算表达式的 DAG 构建 SDD 方案

产生式序号	产 生 式	语 义 规 则
1	$E \rightarrow E_1 + E_2$	$E.node = getNode('+', E_1.node, E_2.node)$
2	$E \rightarrow E_1 {}^* E_2$	$E.node = getNode('^*', E_1.node, E_2.node)$
3	$E \rightarrow (E_1)$	$E.node = E_1.node$
4	$E \rightarrow id$	$E.node = getLeafNode('id', id.val)$

代码 4.1 函数 getNode 的实现

```
1  Node * getNode((char op, Node * leftNode, Node * rightNode) {
2    Node * node = QueryNode(op, leftNode, rightNode);
3    if(node == null)
4      return new Node(op, leftNode, rightNode);
5    else
6      return node;
7  }
```

思考题 4-4 抽象语法分析树构建的 SDD 与 DAG 构建的 SDD 有什么不同?

SDD 表达的是逻辑概念和逻辑关系,针对翻译目标而来。SDD 没有表达翻译的实施。翻译的实施方案用 SDT 来表达。对于表 4.1 中所示 SDD,在 LR 语法分析中,其 SDT 如表 4.4 所示。在 SDT 中,大括号'{'和'}'是特义符。大括号中的内容为翻译方案,即程序代码段。在该 SDT 中,对于 4 个产生式,其翻译都是在规约时执行的,与每个产生式关联的翻译都只含一个赋值语句。

表 4.4　计算器的语法制导翻译方案(SDT)

产生式序号	语 义 动 作	产生式序号	语 义 动 作
1	$E \rightarrow E_1 + E_2 \{E.\text{val} = E_1.\text{val} + E_2.\text{val};\}$	3	$E \rightarrow (E_1) \{E.\text{val} = E_1.\text{val};\}$
2	$E \rightarrow E_1 {}^* E_2 \{E.\text{val} = E_1.\text{val} {}^* E_2.\text{val};\}$	4	$E \rightarrow \text{num} \{E.\text{val} = \text{num.val};\}$

SDT 和 SDD 既有联系,又有差异。SDD 和 SDT 有共同的目标,都是为了实现翻译。SDD 是逻辑方案,跟语法分析方法无关。SDT 是翻译实施方案,跟语法分析方法密切相关。例如,对于表 4.4 所示 SDT,翻译可在 LR 语法分析过程中附带完成,并不需要先构建出语法分析树,然后再去执行翻译。SDT 中非常关注语法分析方式、翻译动作,以及动作的执行时刻。表 4.4 的 SDT 表明了翻译是在规约时执行的。

4.1.2　LR 分析中语法制导的翻译实现框架

对于 S 属性的 SDD,翻译基于语法分析树,来一趟自底向上、从左到右的处理。每步处理都依据产生式,以某非叶结点的子结点的属性值作为输入,计算并得出该非叶结点的属性值。当采用 LR 语法分析时,这种翻译并不需要先构建出语法分析树,然后再执行翻译。翻译可在 LR 语法分析的过程中附带完成。每执行一次规约,就执行一步翻译。语法分析的过程就是翻译的过程。

就翻译而言,要将语法分析树视作文法开始符的一棵实例对象树。树中每个结点都是某一文法符的实例对象。树中的叶结点是终结符的实例对象,其综合属性的值自然要已知才可以。例如,终结符 id 的属性 val 的值就为变量名。在 LR 语法分析中,每次规约都对应为一步翻译。每次规约都要基于产生式,创建一个头部文法符的实例对象,然后求出其综合属性值。当规约出树根时,整个翻译也就完成了。

基于 LR 语法分析来实现翻译,除了状态栈之外,还要有一个对象栈。状态栈服务于语法分析,而对象栈服务于翻译。语法分析中,状态栈和对象栈一一对应,状态栈存储 DFA 中变迁边的下一状态号,对象栈存储 DFA 中变迁边上的驱动文法符的实例对象。基于DFA,每次变迁时,除了要把变迁边的下一状态号压入状态栈中,还要把变迁边上的驱动文法符的一个实例对象压入对象栈中。规约时,从状态栈中弹出多少个状态元素,就要从对象栈中弹出同样个数的实例对象元素。

在 LR 语法分析中实现翻译,整个代码分为 3 层。第 1 层代码是 LR 语法分析通用代码。为了实现翻译,对第 3 章算法 3.4 所示 LR 语法分析通用代码,只须补充 3 行代码。新的 LR 语法分析通用程序如代码 4.2 所示,新加的 3 行代码分别为第 9 行、第 18 行和第 21行。其中第 9 行代码表示移入时将终结符实例对象压入对象栈中。第 18 行代码表示调用函数 TranslationAction,处理规约时的对象出栈和入栈,以及翻译的执行。第 21 行代码表示语法分析完成时调用函数 OutputTranslationResult,处理翻译结果的输出。

代码 4.2   LR 语法分析中语法制导翻译通用代码

```
1    pStateStack->push(0);
2    Lexeme * currentLexeme = getNextLexeme();
3    while(not pStateStack->isEmpty())  {
4      int currentState =pStateStack->getTop();
5      indicator = getOperationInLR1Table(currentLexeme, currentState);
6      if(indicator != null)   {
7        if(indicator->type == 's')  {          //移入
8          pStateStack->push(indicator->id);
9          pObjectStack->push((GrammarSymbol * )currentLexeme);
10          currentLexeme = getNextLexeme();
11        }
12        else if(indicator->type == 'r')  {      //规约
13          production = getProductionDetailById(indicator->id);
14          pStateStack->popElements(production->bodySize);
15          currentState =pStateStack->getTop();
16          nextState = getNextStateInLR1Table(production->head, currentState);
17          pStateStack->push(nextState);
18          TranslationAction(indicator->id);
19        }
20        else if(indicator->type == 'acc')  {     //语法分析完成
21          OutputTranslationResult();
22          return true;
23        }
24      }
25      else  {
26        报输入词串有语法错误;
27        return false;
28      }
29    }
```

第 2 层代码是上述两个函数 TranslationAction 和 OutputTranslationResult 的实现代码。这两个函数由语法分析器构造工具依据输入的 SDT 自动生成。表 4.5 所示的 SDT 中,由工具自动生成的这两个函数分别如代码 4.3 和代码 4.4 所示。在表 4.5 所示的 SDT 中,翻译操作被抽象为一个函数,指定的是函数名。

表 4.5   计算器的语法制导翻译方案(SDT)

产生式序号	语 义 动 作	产生式序号	语 义 动 作
0	$E' \rightarrow E\{printResult\}$	3	$E \rightarrow (E_1)\{transfer\}$
1	$E \rightarrow E_1 + E_2\{add\}$	4	$E \rightarrow num\{setValue\}$
2	$E \rightarrow E_1{}^* E_2\{multiple\}$		

第 3 层代码是翻译的实现代码,以及最终的翻译结果输出代码,工具只给出函数的定义,其实现依靠人工来完成,如代码 4.5 所示。

代码 **4.3**　基于 **SDT** 自动生成的 **TranslationAction** 函数

```
1    void TranslationAction (int productionId) {
2      switch(productionId)   {
3      case 1:      //按 E→E+E 规约
4        E * e = new E();
5        E * e2 = (E *)pObjectStack->pop();
6        TerminalSymbol * w = (TerminalSymbol *)pObjectStack->pop();
7        E * e1 = (E *)pObjectStack->pop();
8        add(e, e1, w, e2);
9        pObjectStack->push((GrammarSymbol *)e);
10       break;
11     case 2:      //按 E→E * E 规约
12       E * e = new E();
13       E * e2 = (E *)pObjectStack->pop();
14       TerminalSymbol * w = (TerminalSymbol *)pObjectStack->pop();
15       E * e1 = (E *)pObjectStack->pop();
16       multiple(e, e1, w, e2);
17       pObjectStack->push((GrammarSymbol *)e);
18       break;
19     case 3:      //按 E→(E) 规约
20       E * e = new E();
21       TerminalSymbol * w2 = (TerminalSymbol *)pObjectStack->pop();
22       E * e1 = (E *)pObjectStack->pop();
23       TerminalSymbol * w1 = (TerminalSymbol *)pObjectStack->pop();
24       transfer (e, w1,e1, w2);
25       pObjectStack->push ((GrammarSymbol *)e);
26       break;
27     case 4:      //按 E→num 规约
28       E * e = new E();
29       TerminalSymbol * w = (TerminalSymbol *)pObjectStack->pop();
30       setValue(e, w);
31       pObjectStack->push((GrammarSymbol *)e);
32       break;
33     }
34     return;
35   }
```

代码 **4.4**　基于 **SDT** 自动生成的 **outputTranslationResult** 函数

```
1  void outputTranslationResult()   {
2    E * e1 = (E *)pObjectStack->pop();
3    printResult(e1);
4    return;
5  }
```

从代码 4.3 和代码 4.4 可知,这两个函数的实现代码很容易由 SDT 中的产生式和规约时调用的翻译函数来自动生成。这两个函数要做的事情非常明确而且固定。对于第一个函数 TranslationAction,它要做 4 件事:①创建产生式头部的实例对象;②将产生式体中的实例对象从对象栈中弹出;③将整个产生式的实例对象依次作为实参,调用翻译函数,给头部实例对象的成员变量赋值;④将头部实例对象压入对象栈中。

代码 4.5　对工具自动生成的翻译函数定义给出的人工实现

```
1    void add (E * e, E * e1, TerminalSymbol * w, E * e2) {
2      e-> val = e1-> val + e2-> val;
3      return;
4    }
5    void multiple(E * e, E * e1, TerminalSymbol * w, E * e2) {
6      e-> val = e1-> val * e2-> val;
7      return;
8    }
9    void transfer (E * e, TerminalSymbol * w1, E * e1, TerminalSymbol * w2) {
10     e-> val = e1-> val;
11     return;
12   }
13   void setValue(E * e, TerminalSymbol * w) {
14     e-> val = atoi(w-> val);
15     return;
16   }
17   void printResult (E * e) {
18     cout <<e-> val;
19     return;
20   }
```

第二个函数 outputTranslationResult 在语法分析完成时被调用。此时,对象栈的栈顶为开始符的实例对象,整个翻译结果都体现在其属性值上。该函数要做的就是从对象栈中得到开始符的实例对象,然后调用翻译的最终处理函数。

对象栈中的元素只能是一种类型,但是要入栈的对象却有多种类型,二者间存在矛盾。为此,将栈中元素类型设为原始类指针 GrammarSymbol * 。当对象入栈时,要做类型强制转换,将其变为 GrammarSymbol * 类型。当对象出栈时,再做一次类型强制转换,将其变回原有的类型,以此实现矛盾调和。这点已在第 3 章语法分析表构建的数据结构中讲解。

每个产生式在规约时,其翻译函数的实现代码只能由应用的设计者来编写。对于计算器,翻译函数的实现非常简单,如代码 4.5 所示,其中第 14 行调用了 C 语言的标准库函数 atoi,将一个字符串转变成一个整数值。

由上述翻译的实现框架可知,整个翻译源代码包括 3 层,结构非常清晰。要实现一个翻译器,人要做的事情有 3 项: ①针对翻译目标写出翻译器的 SDT; ②使用语法分析器构造工具,以 SDT 为输入,得到 LR 语法分析表、TranslationAction 和 outputTranslationResult 这两个函数的实现代码,以及针对每个产生式的翻译函数定义代码; ③对每个翻译函数定义写出其实现代码。整个翻译器由源代码和 LR 语法分析表构成。源代码包括 3 部分: ①LR 语法分析器程序; ②TranslationAction 和 outputTranslationResult 这两个函数的实现代码; ③每个产生式规约时要调用的翻译函数实现代码。有些应用可能要求在某些状态执行移入时也要调用函数,记录当前时刻的状态。这种情形将在第 5 章讲解。

4.1.3　词法分析器构造工具的实现

下面以词法分析器构造工具的实现为例来展示上述语法制导的翻译通用框架的应用。

词法分析器构造工具(下文简称工具)的输入为一个文本文件,该文件是用正则语言写出的程序。该程序描述了某门高级程序语言(下文简称目标语言)的词法。该程序可以只含一条语句,也可以含有多条语句,每条语句都是一个命名的正则表达式。其中,最后一个命名的正则表达式(即最后那条语句)描述了目标语言的词法。词法分析器构造工具的输出是输入中最后一个命名的正则表达式的 DFA,即目标语言词法的 DFA。DFA 自动构建方法已在第 2 章讲解,即首先得出正则表达式的 NFA,然后再从 NFA 得出 DFA。

因此,该例中的翻译目标是由正则表达式得出其 DFA。既然工具的输入是用正则语言写出的程序,那么工具首先要基于正则语言的词法将其切分成词,然后基于正则语言的语法得出该程序的语法分析树。其中,每一步规约的物理含义体现在产生式的 SDD 上。因此,工具中就包含了正则语言的词法分析器和语法分析器。于是,也就首先要描述正则语言的词法和语法,然后得出其词法的 DFA 以及语法的 DFA。

正则语言是一门非常简单的语言。高级程序语言的词法和语法均可用正则语言描述,于是描述结果自然就是用正则语言写出的一个程序。由第 2 章知识可知,一门语言的词法最终由一个正则表达式描述。在描述词法时,可以写成多个命名的正则表达式。由于词的构成呈线性结构,在一个命名的正则表达式中,可以引用在其前面定义的命名正则表达式,反过来则不允许。命名的正则表达式相当于 C 语言中的赋值语句。于是,目标语言的词法用正则语言描述时,写出的程序由一条或者多条语句构成。每条语句都是一个命名的正则表达式。

正则语言的文法中,描述语句的产生式只有一个,即"$S \rightarrow \text{id} \rightarrow E$ crlf"。该产生式的头部为非终结符 S,表示正则表达式定义语句。产生式体由如下 4 个文法符连接而成:id、→、E 和 crlf。其中,终结符 id 为给正则表达式取的名字;终结符→的含义是给正则运算表达式取名,相当于 C 语言中的等于号;非终结符 E 表示正则运算表达式;终结符 crlf 是回车换行符,表示语句的结束。

正则语言自身的词法同样也可以用正则语言描述,描述结果如文法 4.1 所示。整个程序由 8 条语句构成,即定义了 8 个命名的正则运算表达式。其中第 3 个至第 7 个命名的正则运算表达式在名字前面增加了一个@,表示该名字是正则语言中的词类名。也就是说对于该正则表达式的 NFA,其结束状态的 category 属性值不为空,而是该正则表达式的名字。为了简洁起见,此处没有定义注释词,也没有定义哪些类别的词应该过滤,不输出。

(1) character→ '\0'～'\127'

(2) letter→'a'～'z' | 'A'～'Z'

(3) @reserved→'(' | ')' | '|' | '.' | '*' | '+' | '?' | '→' | '@' | '$' | '—' | '～'

(4) @id→letter$^+$

(5) @cc→'"' • character • '"'

(6) @space→空格字符$^+$

(7) @crlf→(回车字符 • 换行字符)$^+$

(8) lexeme→reserved | id | cc | space | crlf　　　　　　　(文法 4.1)

由文法 4.1 所示词法定义的示例可知,命名的正则运算表达式定义语句分为带@的和不带@的两种。对于带@的,其文法定义的产生式为 $S→@S$,其产生式体中的非终结符 S 就是不带@的定义语句。正则语言的词有 5 类,类名分别为 reserved、id、cc、space 和 crlf,分别表示预留字、变量、字符常量、空格和回车换行,如文法 4.1 中的第 3 个至第 7 个产生式所示。

由此可知,正则语言的语法非常简单,只有一种语句(即赋值语句),其文法如文法 4.2 所示。其中非终结符只有 P、S、E 3 个。P 表示用正则语言写出的程序。S 表示命名正则表达式定义语句,或者说赋值语句,其含义是将一个正则表达式的结果赋值给一个变量;S 还有另一含义,即语句序列,通过产生式 $S→S\ S$ 表达。E 表示正则运算表达式。正则运算共有 11 种,即文法 4.2 中的第 5 个产生式至第 15 个产生式。连接运算的运算符可以省略。于是第 8 和第 9 个产生式都表示连接运算。字符之间有范围运算(运算符为~),例如'a'~'z'。字符集合与字符之间有差运算(运算符为一),例如 letter一'i'。字符集合与字符或者字符集合之间有并运算(运算符为|),例如 letter|digit。

(1) $P→S$ \$	(6) $E→E\sim E$	(11) $E→E+$
(2) $S→S\ S$	(7) $E→E-E$	(12) $E→E?$
(3) $S→\text{id}→E$ crlf	(8) $E→E\cdot E$	(13) $E→(E)$
(4) $S→@S$	(9) $E→E\ E$	(14) $E→\text{id}$
(5) $E→E|E$	(10) $E→E^*$	(15) $E→\text{cc}$ (文法 4.2)

正则运算的优先级是单元运算高于双元运算。双元运算中,连接运算的优先级高于并运算。对于字符集合的运算,范围运算和差运算的优先级高于并运算。括号运算的优先级最高。

对于文法 4.1 所示正则语言的词法描述,可按照第 2 章知识手工画出其 DFA,如图 4.4 所示。其中 10 状态为接受状态,其 category 属性值为 id,即变量,也就是正则表达式的名字;12 状态刻画回车换行标识;15 状态刻画任一字符。在编写命名正则表达式时,允许出现空格,1 状态刻画一个或者连续多个空格。空格在正则语言的词法分析中会被过滤,不输入语法分析器。

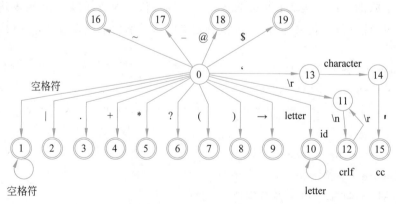

图 4.4   正则语言词法的 DFA

对于文法 4.2 所示正则语言的语法描述,按照第 3 章知识可手工得出其 DFA,如图 4.5 所示。其中运算的优先级已在该 DFA 中得以体现。优先级是基于 LR(0)项目的物理含义,对非核心项以及对出边进行取舍而实现。由图 4.5 中 DFA 得出的 LR(1)语法分析表如表 4.6 所示。

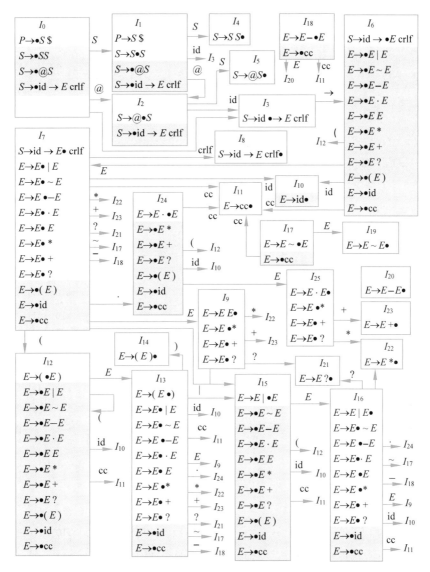

图 4.5　正则语言文法的 DFA

有了正则语言的词法 DFA,以及 LR(1)语法分析表,也就得出了正则语言的词法分析器以及语法分析器。对于词法分析器构造工具来说,先对输入的程序进行词法分析,然后执行语法分析,在语法分析的规约过程中完成翻译目标。

翻译目标是生成输入的正则表达式的 DFA。因此语法制导的翻译方案设计中,要给表示正则语言文法中的非终结符 P、S、E 设置一个 pNFA 属性,其类型为 Graph $*$,记录正则运算表达式的 NFA。类型 Graph 是状态转换图的数据结构,其定义见第 2 章 NFA 和 DFA

表 4.6　正则语言的 LR(1)语法分析表

序号	ACTION															GOTO		
	(	)	|	~	−	·	*	+	?	crlf	@	$	→	id	cc	P	S	E
0											s2			s3			1	
1											s2	acc		s3			4	
2														s3			5	
3													s6					
4											r2	r2		r2				
5											r4	r4		r4				
6	s12													s10	s11			7
7	s12		s15	s17	s18	s24	s22	s23	s21	s8				s10	s11			9
8											r3	r3		r3				
9	r9	r9	r9			r9	s22	s23	s21	r9		r9		r9	r9			
10	r14	r14	r14	r14	r14	r14	r14	r14	r14	r14		r14		r14	r14			
11	r15	r15	r15	r15	r15	r15	r15	r15	r15	r15		r15		r15	r15			
12	s12													s10	s11			13
13		s14	s15	s17	s18	s24	s22	s23	s21					s10	s11			9
14	r13	r13	r13	r13	r13	r13	r13	r13	r13	r13		r13		r13	r13			
15	s12													s10	s11			16
16		r5	r5	s17	s18	s24	s22	s23	s21	r5	r5	r5		s10	s11			9
17															s11			19
18															s11			20
19		r6	r6			r6				r6	r6	r6						
20		r7	r7			r7				r7	r7	r7						
21	r12	r12	r12			r12				r12	r12	r12		r12	r12			
22	r10	r10	r10			r10				r10	r10	r10		r10	r10			
23	r11	r11	r11			r11				r11	r11	r11		r11	r11			
24	s12													s10	s11			25
25	r8	r8	r8			r8	s22	s23	s21	r8		r8		r8	r8			

构造涉及的数据结构部分。非终结符 E 的每个产生式都表达一种正则运算,于是产生式头部非终结符 E 的 NFA 按照第 2 章中的最简 NFA 构造法,由产生式体中的文法符的 NFA 组合得出。当以产生式 $P \to S$ $ 规约出非终结符 P 时,表示语法分析已完成,其中 S 的 pNFA 属性值即为目标语言的词法的 NFA,将其转化成 DFA,就得到了词法分析器构造工具的输出,即目标语言的词法 DFA。

词法分析器构造工具的 SDD 设计方案如表 4.7 所示。其中序号 3 对应的产生式相当于 C 语言的赋值语句，其含义是把非终结符 E 的 pNFA 属性值保存到变量 id 中，以便下次使用该变量时能得到其 NFA 值。使用变量的产生式为序号 12 对应的产生式 $E \rightarrow$ id。该产生式使用该变量保存的 NFA 值，将其赋给 E 的 pNFA 属性。对于序号 3 对应的产生式，规约时要把 id.val 赋给 S.val，其目的是在序号 4 对应的产生式规约时能知道 id→val。在序号 4 对应的产生式规约时，已没有 id 概念了，只有产生式体中的 S。

表 4.7　词法分析器构造工具的 SDD

序号	产生式	SDD	规约时调用的翻译函数（即 SDT）
1	$P \rightarrow S$ \$	output(NFA_to_DFA(P.pNFA))	NFA_to_DFA
2	$S \rightarrow S_1 S_2$	S.pNFA$=S_2$.pNFA	transfer
3	$S \rightarrow$ id→ E crlf	S.pNFA$=E$.pNFA；S.val$=$id.val；map(id.val,E.pNFA)	save
4	$S \rightarrow @S_1$	setCategory(S_1.pNFA,S_1.val)　S.pNFA$=S_1$.pNFA；	setCategory
5	$E \rightarrow E_1 \| E_2$	E.pNFA$=$union(E_1.pNFA,E_2.pNFA)	union
6	$E \rightarrow E_1 \cdot E_2$	E.pNFA$=$product(E_1.pNFA,E_2.pNFA)	product
7	$E \rightarrow E_1 E_2$	E.pNFA$=$product(E_1.pNFA,E_2.pNFA)	product
8	$E \rightarrow E_1^+$	E.pNFA$=$plusClosure(E_1.pNFA)	plusClosure
9	$E \rightarrow E_1^*$	E.pNFA$=$closure(E_1.pNFA)	closure
10	$E \rightarrow E_1?$	E.pNFA$=$zeroOrOne(E_1.pNFA)	zeroOrOne
11	$E \rightarrow (E_1)$	E.pNFA$=E_1$.pNFA	setValue
12	$E \rightarrow$ id	E.pNFA$=$unmap(id.val)	get
13	$E \rightarrow$ cc	E.pNFA$=$generateBasicNFA(cc.val)	generateBasicNFA

注意：表 4.7 所示 SDD 没有把有关字符集的 3 种运算（～，－，｜）给出，有兴趣的读者可自行加上。

SDD 中的这些函数已在第 2 章习题部分中给出，其返回值为新构建的一个 NFA。字符或者字符集合的 NFA 有一个基本特征，那就是其 NFA 只包含 2 个状态（0 状态和 1 状态），且结束状态（即 1 状态）无出边。因此有关字符集的 3 种运算（～，－，｜），其结果 NFA 还是只有 2 个状态，其变迁边上的驱动不是字符，而是字符集合。

有了词法分析器构造工具的 SDD 之后，其 SDT 设计就非常简单了。因采用 LR 语法分析，翻译动作都在规约时执行，只须给每个产生式的翻译动作确定一个函数名，如表 4.7 中最后一列所示。对于 SDD 中出现的函数 NFA_to_DFA、union、product、plusClosure、closure、zeroOrOne、generateBasicNFA，它们要做的事以及相关的数据结构和数据的存储已在第 2 章中的习题部分给出。另外的 save 函数用于存储命名正则运算表达式的名字和 pNFA。当后面的正则表达式引用它时，再用 get 函数将其读取，就能得到名字的 pNFA。

现举例说明,设工具的输入文本文件中包含两行:"ra→('a'|'b')* crlf"和"rb→ra'a' crlf"。其中第 1 行的含义是将字符 a 和 b 做并运算,再做闭包运算,然后命名为 ra。第 2 行是将 ra 和字符 a 做连接运算,然后命名为 rb。crlf 是回车换行符。词法分析后,得出'a'和'b'为字符常量,ra 和 rb 为变量,其他为预留词。语法分析时,先后执行 11 次规约,具体情形如下:

(1) 按照产生式 E→cc 将'a'规约成 E_1,将'b'规约成 E_2;

(2) 按照产生式 E→$E|E$ 将 E_1 和 E_2 规约成 E_3;

(3) 按照产生式 E→(E) 将 E_3 规约成 E_4;

(4) 按照产生式 E→E^* 将 E_4 规约成 E_5;

(5) 按照产生式 S→id→E crlf 规约出 S_1,此时 id->val 为"ra",S_1->pNFA=E_5->pNFA,S_1->val=id->val,调用函数 save 将 E_5->pNFA 赋给变量 ra;

(6) 按照产生式 E→id 规约出 E_6,此时 id->val 为"ra",调用函数 get 读取变量 ra 的值,将其赋给 E_6->pNFA;

(7) 按照产生式 E→cc 将'a'规约成 E_7;

(8) 按照产生式 E→E E 将 E_6 和 E_7 规约成 E_8;

(9) 按照产生式 S→id→E crlf 规约出 S_2,此时 id->val 为"rb",S_2->pNFA=E_8->pNFA,S_2->val=id->val,调用 set 函数将 E_8->pNFA 赋给变量 rb;

(10) 按照产生式 S→S S 将 S_1 和 S_2 规约成 S_3,此时 S_3->pNFA=S_2->pNFA;

(11) 按照产生式 P→S \$规约,调用函数 NFA_to_DFA,将 S_3->pNFA 转化为 DFA。

至此语法分析完毕,得到输出结果。

思考题 4-5 词法分析器构造工具和语法分析器构造工具其实是正则语言的两种编译器。第一种编译器的翻译目标(即输出)是词法的 DFA,第二种编译器的翻译目标(即输出)是语法分析表。这种说法对吗?当用正则语言来描述某门高级程序语言的词法时,写出的代码中,每一行都为一个命名的正则表达式。后面的正则运算表达式中,可以通过名字引用前面定义的正则表达式,反过来则不允许,而且不允许自引,为什么?当用正则语言描述某门高级程序语言的文法时,写出的代码每行都为一个产生式。产生式也是命名的正则表达式。对于语法描述,命名的正则表达式允许出现自引和递归引用。这种说法正确吗?

思考题 4-6 语法分析器构造工具的输入也是一个文本文件。该文件描述了某门高级程序语言的文法。该文件中,每行都为一个产生式。产生式是命名的正则表达式。因此该文件是一个用正则语言写出的程序。此说法正确吗?文法 4.2 所示的正则语言文法去掉每行前面的编号之后,是用正则语言写出的程序吗?(注意:正则语言中,对于连接运算,可将运算符省略。)对于文法 4.2 的第 2 个产生式 S→S S,其产生式体中的两个 S 之间一定要有一个空格,为什么?有空格时,经词法分析后得到几个词?每个词的值和类别名分别是什么?如果没有空格,词法分析的结果又是什么?

思考题 4-7 对于语法分析器构造工具,输入的解析不是问题。因为文法描述中,产生式的定义仅使用了连接运算,非常简单。对输入不使用词法分析器和语法分析器,也能轻易地解析出产生式的定义。对于解析出的所有产生式,如何区分其中所含的变量?哪些是非终结符?如果识别出了所有非终结符,那么剩下的变量自然就是终结符。对于终结符,还需对其进一步区分成是自定义词和预定义词,如何区分?另外,还要识别出产生式中哪一个为根产生式。观察文法 4.2,其中第 1 个产生式为根产生式,它有什么特征? 如何识别? 解决了上述问题,便可构建文法 LR(0)项集的转换图(即 DFA)。这么一看,似乎语法分析器构造工具的实现要比词法分析器构造工具的实现简单,这种观点正确吗?

4.2　LL 分析中语法制导的翻译

4.2.1　LL 分析中语法制导的翻译简介

LL 分析中语法制导的翻译要比 LR 分析中语法制导的翻译复杂很多。首先还是以计算器为例来阐释 LL 分析中的语法制导翻译过程。数值算术运算表达式的 LL 文法 $G[E]$ 含有 8 个产生式: $E \rightarrow T E'$; $E' \rightarrow + T E'$; $E' \rightarrow \varepsilon$; $T \rightarrow F T'$; $T' \rightarrow {}^* F T'$; $T' \rightarrow \varepsilon$; $F \rightarrow (E)$; $F \rightarrow num$。对于该文法的 SDD,设非终结符 E、T、F 都只有一个综合属性 val。对于因消除左递归而新引入的非终结符 E' 和 T' 则分别有两个属性,一个为综合属性 val,另一个为继承属性 inh。该文法的 SDD 如表 4.8 所示。该 SDD 如何得出将在 4.3 节中讲解。

表 4.8　LL 语法分析中的计算器 SDD

产生式序号	产　生　式	语　义　规　则
1	$E \rightarrow T E'$	$E'.inh = T.val$; $E.val = E'.val$
2	$E' \rightarrow + T E'_1$	$E'_1.inh = E'.inh {}^* T.val$; $E'.val = E'_1.val$
3	$E' \rightarrow \varepsilon$	$E'.val = E'.inh$
4	$T \rightarrow F T'$	$T'.inh = F.val$; $T.val = T'.val$
5	$T' \rightarrow {}^* F T'_1$	$T'_1.inh = T'.inh {}^* F.val$; $T'.val = T'_1.val$
6	$T' \rightarrow \varepsilon$	$T'.val = T'.inh$
7	$F \rightarrow (E)$	$F.val = E.val$
8	$F \rightarrow num$	$F.val = num.val$

对于输入词串 2^*3^*4+5,其注释语法分析树如图 4.6 所示。从该树可知,树中非叶结点的综合属性值通过它的子结点的属性值计算而来,而继承属性值是由它的父结点、左边的兄弟结点,以及自己的属性值通过计算而来。

对于图 4.6 所示注释语法分析树,树中非叶结点的属性值的求解时序关系如图 4.7 所示。该图也称依赖图,图中带圆圈的数字表示属性值的求解顺序。从该图可知,共有 12 次推导,17 步属性值的计算。在 17 步属性值的计算中,其中有 12 步是综合属性值的计算,5 步是继承属性值的计算。推导是规约的逆,因此 12 步推导自然就有 12 步综合属性值的计算,这很容易理解。语法分析树中有 5 个 E' 或 T' 的实例对象,因此就有 5 步继承属性值的计算。

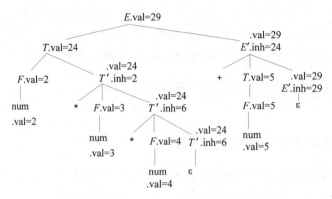

图 4.6　LL 分析中输入词串 2 * 3 * 4+5 的注释语法分析树

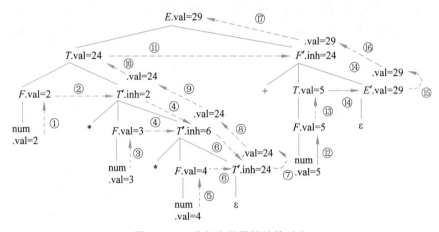

图 4.7　LL 分析中的属性计算时序

思考题 4-8　图 4.7 中所示 17 步计算中,哪 5 步为继承属性的计算? 哪 12 步为综合属性的计算?

4.2.2　LL 分析中语法制导的翻译实现框架

在 LR 分析中,综合属性值的计算是水到渠成的事情。LL 分析中推导的是规约的逆,与综合属性的计算背道而驰,但与继承属性值的计算却是天然地一致。为了翻译,LL 分析中的符号栈自然要改成对象栈。在 LL 分析中,为了综合属性值的计算,必须设法让语法分析树中的非叶结点按照综合属性的计算时序出现在对象栈中,而且要求树根在栈底。只有这样,最后求出的才是开始符的综合属性,即翻译的目标。为了达成此目的,在 LL 分析中必须把非终结符实例对象一分为二成左右两个对象。其中左边对象带有继承属性,服务于 LL 分析中的推导;右边对象带有综合属性,服务于综合属性值的计算。入栈时,应当按照先右后左顺序入栈。出栈的对象如果是左边对象,就执行推导。按如此方案处理,树根的右边对象位于栈底,符合综合属性的计算要求。

基于上述方案,对于计算器中数值算术运算表达式,表 4.8 所示的 SDD 自然就改变成了如表 4.9 所示的 SDD。表中每个非终结符都一分为二成左右两个非终结符。其中左非终结符以下标 i 标记,带有非终结符的继承属性,称作继承性非终结符,也称非终结符的左类;

右非终结符以下标 s 标记,带有非终结符的综合属性,称作综合性非终结符,也称非终结符的右类。只有继承性非终结符才有推导。综合性非终结符用于综合属性的计算。

表 4.9　LL 语法分析中的数值算术运算表达式 SDD

产生式序号	产　生　式	语　义　规　则
0	$S' \rightarrow E_i E_s \$$	
1	$E_i \rightarrow T_i T_s E_i' E_s'$	$E_i'.inh = T_s.val;$ $E_s.val = E_s'.val$
2	$E_i' \rightarrow + T_i T_s E_{i1}' E_{s1}'$	$E_{i1}'.inh = E_i'.inh + T_s.val;$ $E_s'.val = E_{s1}'.val$
3	$E_i' \rightarrow \epsilon$	$E_s'.val = E_i'.inh$
4	$T_i \rightarrow F_i F_s T_i' T_s'$	$T_i'.inh = F_s.val;$ $T_s.val = T_s'.val$
5	$T_i' \rightarrow {}^* F_i F_s T_{i1}' T_{s1}'$	$T_{i1}'.inh = T_i'.inh {}^* F_s.val;$ $T_s'.val = T_{s1}'.val$
6	$T_i' \rightarrow \epsilon$	$T_s'.val = T_i'.inh$
7	$F_i \rightarrow (E_i E_s)$	$F_s.val = E_s.val$
8	$F_i \rightarrow num$	$F_s.val = num.val$

有了上述 SDD 后,计算器中数值算术运算表达式的 SDT 如表 4.10 所示。从该 SDT 可知,如果一个非终结符有继承属性,且出现在某个产生式的产生式体中,那么在其左类的前面必有一个翻译动作,来为其左类的继承属性赋值。例如第 1 个产生式中的第 1 个翻译动作,它位于左类 E_i' 的左边,为左类 E_i' 的继承属性 inh 赋值。如果一个非终结符有综合属性,且出现在某个产生式的产生式体中,那么紧跟其右类的后面必有一个翻译动作,来使用该综合属性。例如,第 1 个产生式中的第 2 个翻译动作就是如此。如果一个非终结符有综合属性,且其左类为某个产生式的头部,那么该产生式的最后必有一个翻译动作,来为该非终结符右类的综合属性赋值。从第 1 个产生式到第 8 个产生式都存在该情形。

表 4.10　计算器的 LL 文法的 SDT

产生式序号	语　义　动　作
0	$S' \rightarrow E_i E_s \$$
1	$E_i \rightarrow T_i T_s \{ E_i'.inh = T_s.val; \} E_i' E_s' \{ E_s.val = E_s'.val; \}$
2	$E_i' \rightarrow \{ E_{i1}'.inh = E_i'.inh; \} + T_i T_s \{ E_{i1}'.inh = E_{i1}'.inh + T_s.val; \} E_{i1}' E_{s1}' \{ E_s'.val = E_{s1}'.val; \}$
3	$E_i' \rightarrow \epsilon \{ E_s'.val = E_i'.inh; \}$
4	$T_i \rightarrow F_i F_s \{ T_i'.inh = F_s.val; \} T_i' T_s' \{ T_s.val = T_s'.val; \}$
5	$T_i' \rightarrow \{ T_{i1}'.inh = T_i'.inh; \} * F_i F_s \{ T_{i1}'.inh = T_{i1}'.inh * F_s.val; \} T_{i1}' T_{s1}' \{ T_s'.val = T_{s1}'.val; \}$
6	$T_i' \rightarrow \epsilon \{ T_s'.val = T_i'.inh; \}$
7	$F_i \rightarrow (E_i E_s \{ F_s.val = E_s.val; \})$
8	$F_i \rightarrow num \{ F_s.val = num.val; \}$

对照表 4.10 中的 SDT 和表 4.9 中的 SDD,可发现:对于序号为 0 的产生式,SDD 中的第 1 个关系式 $E'_{i1}.\text{inh}=E'_i.\text{inh}+T_s.\text{val}$ 在 SDT 中变成了 2 个翻译动作。其中第 1 个翻译动作放在产生式的最左边,把头部左类 E'_i 的继承属性值下传给其子结点 E_{i1} 的继承属性。于是,第 2 个翻译动作就变成了 $E'_{i1}.\text{inh}=E'_{i1}.\text{inh}^* T_s.\text{val}$。这种改变是必要的,因为 LL 语法分析方案和框架要求这么做,理由将在后面解释。第 5 个产生式也是如此。

在 LL 语法分析中,当推导时,要入栈的对象类别有终结符、每个非终结符的左类和右类,以及翻译动作。语法分析过程中,当从对象栈中弹出一个对象时,首先要检查其类别,然后分门别类做处理。当弹出对象为终结符时,进行匹配处理;当弹出对象为左类时,执行推导;当弹出对象为翻译动作时,则执行翻译;当弹出对象为右类时,留待在紧跟其后的翻译动作中使用。推导时,如果是使用虚产生式推导,则 ε 是指空,无须入栈,只须把其后的翻译动作入栈。

区别是在 LR 语法分析中由状态序号来标识当前所处时刻,LL 语法分析中,当前所处时刻的信息必须全部记录在对象上。例如,对于非终结符的左类和右类,对象中要有属性,记录是哪一个非终结符的实例对象。对于翻译动作类别,对象中要有属性,记录是哪一个翻译动作。

因此,在为文法符定义类时,先定义一个基类 Base,它有两个成员变量 type 和 name。其中 type 的数据类型为枚举类型,取值有 LEFT、RIGHT、TRANSLATION、TERMINAL,其含义分别为非终结符的左类、右类、翻译动作、终结符。成员变量 name 的数据类型为字符串,当 type 取值为 LEFT/RIGHT 时,name 为非终结符的左类名称/右类名称;当 type 取值为 TRANSLATION 时,name 为翻译动作的序号;当 type 取值为 TERMINAL 时,name 为终结符的类别,例如 id、num 等。对于非终结符左类/右类的定义,都要以 Base 作为父类,再补充上继承属性/综合属性。对于终结符类 TERMINAL 的定义,也要以 Base 作为父类,再补充上综合属性 val。

在 LL 语法分析中实现翻译,整个代码分为两层。第 1 层代码是 LL 语法分析通用代码。为了实现翻译,对第 3 章中算法 3.3 所示 LL 语法分析通用代码,补充上翻译部分。新的 LL 语法分析通用代码如代码 4.6 所示。

代码 4.6　LL 分析中语法制导翻译通用代码

```
1    derivation(0);
2    currentLexeme = getNextLexeme();
3    while(not pObjectStack->isEmpty())   {
4      Base * p = pObjectStack->pop();
5      if(p->type == LEFT)   {
6        int productionId = getProductionIdInLL1Table(currentLexeme, p->name);
7        if(productionId != -1)    {
8          derivation(productionId);
9          pre_p = p;
10       }
11       else
12         语法错误;
13     }
14     else if(p->type == RIGHT)
```

```
15      pre_p = p;
16    else if(p->type == TERMINAL)
17      if(match(currentLexeme, p))  {
18        pre_p = p;
19        currentLexeme = getNextLexeme();
20      }
21      else
22        语法错误;
23    else if(p->type ==TRANSLATION)
24      execution(p, pre_p);
25  }
```

整个算法分为初始化和迭代处理两部分。在初始化中,按照增广文法符的产生式进行推导,其目的是:随后进入迭代处理时,首先要做的工作是对开始符进行推导。这里假定增广文法符的产生式序号为 0。例如,表 4.10 所示 SDT 中序号为 0 的产生式就是增广文法符 S′的产生式。在迭代处理部分,首先弹出对象栈中的栈顶对象,然后检查其类别,再分门别类处理。如果为左类,就执行推导;如果是右类,就将它赋给 pre_p,以待下一轮迭代处理时用于翻译;如果是翻译动作,就执行翻译;如果是终结符,则进行匹配。

在 LL 语法分析通用代码中,调用了推导函数 derivation,以及翻译执行函数 execution。因此,第 2 层代码是这两个函数的实现代码。这两个函数由语法分析器构造工具依据输入的 LL 文法和 SDT 自动生成。对于表 4.10 所示 SDT,由工具自动生成的 derivation 函数和 execution 函数分别如代码 4.7 和代码 4.8 所示。

代码 4.7　由工具自动生成的 derivation 函数

```
1   void derivation(int productionId)    {
2   switch(productionId)  {
3     case 0:
4       pObjectStack->push((Base *) new Terminal('$'));
5       pObjectStack->push((Base *) new Es());
6       pObjectStack->push((Base *) new Ei());
7       break;
8     case 1:
9       pObjectStack->push((Base *) new Code('2'));
10      pObjectStack->push((Base *) new Es'());
11      pObjectStack->push((Base *) new Ei'());
12      pObjectStack->push((Base *) new Code('1'));
13      pObjectStack->push((Base *) new Ts ());
14      pObjectStack->push((Base *) new Ti ());
15      break;
16    case 2:
17      pObjectStack->push((Base *) new Code('5'));
18      pObjectStack->push((Base *) new Es'());
19      pObjectStack->push((Base *) new Ei'());
20      pObjectStack->push((Base *) new Code('4'));
21      pObjectStack->push((Base *) new Ts ());
22      pObjectStack->push((Base *) new Ti ());
23      pObjectStack->push((Base *) new Terminal('+'));
```

```
24        pObjectStack->push((Base *) new Code('3'));
25        break;
26    ...
27  }
```

代码 4.8 由工具自动生成的 execution 函数

```
1   bool exectution(Base * p, Base * pre_p) {
2   switch (p->name) {
3       case '1':
4         (Ei' *) pObjectStack[top] ->inh = (Ts *)pre_p->val;
5       break;
6       case '2':
7         (Es *) pObjectStack[top] ->val += (Es' *) pre_p->val;
8       break;
9       case '3':
10        (Ei1' *) pObjectStack[top - 4] ->inh = (Ei' *) pre_p->inh;
11      break;
12      case '4':
13        (Ei1' *) pObjectStack[top] ->inh *= (Ts *) pre_p->val;
14      break;
15      case '5':
16        (Es' *) objectStack[top] ->val = (Es1' *) pre_p->val;
17      break;
18    ...
```

代码 4.7 中只给出了前 3 个产生式的推导代码,其他产生式的推导代码相类似。工具在解析 SDT 时,依次给每个翻译动作分配序号。在此例中,序号为 1 的产生式中两个翻译动作的序号分别为 1 和 2,序号为 2 的产生式中 3 个翻译动作的序号分别为 3、4、5,以此类推。代码 4.8 中只给出了序号为 1 和 2 的两个产生式中 5 个翻译动作的执行代码。当翻译动作复杂时,也可像在 LR 语法分析框架中一样,把翻译动作封装在一个函数中,然后在工具自动生成的 execution 函数中调用。

在 execution 函数中,翻译动作的输入只有一个,即 pre_p 指针所指对象。翻译动作的输出最终表现为给对象栈中实例对象的成员变量赋值。对于对象栈中的对象,通过其在栈中的序号来访问。栈顶元素的序号存储在变量 top 中。栈顶元素的下一对象的序号为 top-1,以此类推。

需要注意的地方是:对一个左类对象进行推导时,如果它有继承属性,而且其值要用于其子结点继承属性值的计算,那么一定要在产生式体的最左端设置一个翻译动作,完成继承属性值的下传。例如,在表 4.10 所示 SDT 的第 2 个产生式中,头部 E'_i 的继承属性是在求其子结点 E'_{i1} 的继承属性时才用到。不能就此省掉第 1 个翻译动作 $\{E'_{i1}.inh=E'_i.inh;\}$,然后把第 2 个翻译动作改写成 $\{E'_{i1}.inh=E'_i.inh+T_s.val;\}$,其原因是等到第 2 个翻译动作出现在栈顶时,pre_p 指针所指对象已经早已不是 E'_i,因此也就得不到 $E'_i.inh$。

LL 语法分析过程中,当执行到第 2 个产生式的第 1 个翻译动作时,由该产生式的 SDT 可知:此时栈顶元素为终结符+,其下面的第 4 个对象才为 E_{i1},即 E_{i1} 为 pObjectStack[top-4]。此时 pre_p 指针指向 E'_i,于是在 execution 函数中,对该产生式的第 1 个翻译动作的处理结果如代码 4.8 中的第 10 行所示。其他翻译动作类似。

思考题 **4-9**　在代码 4.6 所示 LL 分析的语法制导翻译通用代码中，match 函数的功能是检查当前词与终结符是否相匹配。对于诸如变量、常量之类的当前词，其值要在紧随其后的翻译动作中用到。因此匹配之后，还要把当前词的值赋给从栈中弹出的终结符对象的 val 成员变量。请写出 match 函数的实现代码。

基于上述 LL 分析中的语法制导翻译方案，以输入词串 $6*4+5$ 为例来展示整个翻译过程及其特性。初始化和迭代处理过程如表 4.11 所示，其中给出了对象栈中对象的入栈和出栈情形、每轮迭代所做的处理、pre_p 指针值的变化情况，以及每步翻译的结果。从该例可知，一个简单的两步运算需要迭代 46 轮才能完成翻译，这说明基于 LL 分析的语法制导翻译很复杂，效率低。

表 4.11　LL 语法分析中输入词串 $6*4+5$ 的翻译过程

序号	对象栈中的对象 栈底在左，栈顶在右	输入词串 待分析部分	操　作	pre_p 值 /翻译结果
0	null	$6*4+5\$$	按 p0 推导	初始化
1	$\$ E_s E_i$	$6*4+5\$$	按 p1 推导	pre_p$=E_i$
2	$\$ E_s C_2 E'_s C'_1 T_s T_i$	$6*4+5\$$	按 p4 推导	pre_p$=T_i$
3	$\$ E_s C_2 E'_s C'_1 T_s C_8 T'_s T'_i C_7 F_s F_i$	$6*4+5\$$	按 p8 推导	pre_p$=F_i$
4	$\$ E_s C_2 E'_s C'_1 T_s C_8 T'_s T'_i C_7 F_s C_{14}\,\text{num}$	$6*4+5\$$	匹配	pre_p$=\text{num}$
5	$\$ E_s C_2 E'_s C'_1 T_s C_8 T'_s T'_i C_7 F_s C_{14}$	$*4+5\$$	翻译	$F_s\text{->val}=6$
6	$\$ E_s C_2 E'_s C'_1 T_s C_8 T'_s T'_i C_7 F_s$	$*4+5\$$	弹出	pre_p$=F_s$
7	$\$ E_s C_2 E'_s C'_1 T_s C_8 T'_s T'_i C_7$	$*4+5\$$	翻译	$T'_i\text{->inh}=6$
8	$\$ E_s C_2 E'_s C'_1 T_s C_8 T'_s T'_i$	$*4+5\$$	按 p5 推导	pre_p$=T'_i$
9	$\$ E_s C_2 E'_s C'_1 T_s C_8 T'_s C_{11} T'_{s1} T'_{i1} C_{10} F_s F_i * C_9$	$*4+5\$$	翻译	$T'_{i1}\text{->inh}=6$
10	$\$ E_s C_2 E'_s C'_1 T_s C_8 T'_s C_{11} T'_{s1} T'_{i1} C_{10} F_s F_i *$	$*4+5\$$	匹配	pre_p$=*$
11	$\$ E_s C_2 E'_s C'_1 T_s C_8 T'_s C_{11} T'_{s1} T'_{i1} C_{10} F_s F_i$	$4+5\$$	按 p8 推导	pre_p$=F_i$
12	$\$ E_s C_2 E'_s C'_1 T_s C_8 T'_s C_{11} T'_{s1} T'_{i1} C_{10} F_s C_{14}\,\text{num}$	$4+5\$$	匹配	pre_p$=\text{num}$
13	$\$ E_s C_2 E'_s C'_1 T_s C_8 T'_s C_{11} T'_{s1} T'_{i1} C_{10} F_s C_{14}$	$+5\$$	翻译	$F_s\text{->val}=4$
14	$\$ E_s C_2 E'_s C'_1 T_s C_8 T'_s C_{11} T'_{s1} T'_{i1} C_{10} F_s$	$+5\$$	弹出	pre_p$=F_s$
15	$\$ E_s C_2 E'_s C'_1 T_s C_8 T'_s C_{11} T'_{s1} T'_{i1} C_{10}$	$+5\$$	翻译	$T'_{i1}\text{->inh}=24$
16	$\$ E_s C_2 E'_s C'_1 T_s C_8 T'_s C_{11} T'_{s1} T'_{i1}$	$+5\$$	按 p6 推导	pre_p$=T'_{i1}$
17	$\$ E_s C_2 E'_s C'_1 T_s C_8 T'_s C_{11} T'_{s1} C_{12}$	$+5\$$	$T'_{s1}\text{->val}=24$	$T'_{s1}\text{->val}=24$
18	$\$ E_s C_2 E'_s C'_1 T_s C_8 T'_s C_{11} T'_{s1}$	$+5\$$	弹出	$T'_{s1}\text{->val}=24$
19	$\$ E_s C_2 E'_s C'_1 T_s C_8 T'_s C_{11}$	$+5\$$	翻译	$T'_s\text{->val}=24$
20	$\$ E_s C_2 E'_s C'_1 T_s C_8 T'_s$	$+5\$$	弹出	pre_p$=T'_s$
21	$\$ E_s C_2 E'_s C'_1 T_s C_8$	$+5\$$	翻译	$T_s\text{->val}=24$

续表

序号	对象栈中的对象 栈底在左,栈顶在右	输入词串 待分析部分	操　作	pre_p 值 /翻译结果
22	$\$E_sC_2E_s'E_i'C_1T_s$	+5 \$	弹出	$pre\_p=T_s$
23	$\$E_sC_2E_s'E_i'C_1$	+5 \$	翻译	$E_i'->inh=24$
24	$\$E_sC_2E_s'E_i'$	+5 \$	按 p2 推导	$pre\_p=E_i'$
25	$\$E_sC_2E_s'C_5E_{s1}'E_{i1}'C_4T_sT_i+C_3$	+5 \$	翻译	$E_{i1}'->inh=24$
26	$\$E_sC_2E_s'C_5E_{s1}'E_{i1}'C_4T_sT_i+$	+5 \$	匹配	$pre\_p=+$
27	$\$E_sC_2E_s'C_5E_{s1}'E_{i1}'C_4T_sT_i$	5 \$	按 p4 推导	$pre\_p=T_i$
28	$\$E_sC_2E_s'C_5E_{s1}'E_{i1}'C_4T_sC_8T_s'T_i'C_7F_sF_i$	5 \$	按 p8 推导	$pre\_p=F_i$
29	$\$E_sC_2E_s'C_5E_{s1}'E_{i1}'C_4T_sC_8T_s'T_i'C_7F_sC_{14}\,num$	5 \$	匹配	$pre\_p=num$
30	$\$E_sC_2E_s'C_5E_{s1}'E_{i1}'C_4T_sC_8T_s'T_i'C_7F_sC_{14}$	\$	翻译	$F_s->val=5$
31	$\$E_sC_2E_s'C_5E_{s1}'E_{i1}'C_4T_sC_8T_s'T_i'C_7F_s$	\$	弹出	$pre\_p=F_s$
32	$\$E_sC_2E_s'C_5E_{s1}'E_{i1}'C_4T_sC_8T_s'T_i'C_7$	\$	翻译	$T_i'->inh=5$
33	$\$E_sC_2E_s'C_5E_{s1}'E_{i1}'C_4T_sC_8T_s'T_i'$	\$	按 p6 推导	$pre\_p=T_i'$
34	$\$E_sC_2E_s'C_5E_{s1}'E_{i1}'C_4T_sC_8T_s'C_{12}$	\$	翻译	$T_s'->val=5$
35	$\$E_sC_2E_s'C_5E_{s1}'E_{i1}'C_4T_sC_8T_s'$	\$	弹出	$pre\_p=T_s'$
36	$\$E_sC_2E_s'C_5E_{s1}'E_{i1}'C_4T_sC_8$	\$	翻译	$T_s->val=5$
37	$\$E_sC_2E_s'C_5E_{s1}'E_{i1}'C_4T_s$	\$	弹出	$pre\_p=T_s$
38	$\$E_sC_2E_s'C_5E_{s1}'E_{i1}'C_4$	\$	翻译	$E_{i1}'->inh=29$
39	$\$E_sC_2E_s'C_5E_{s1}'E_{i1}'$	\$	按 p3 推导	$pre\_p=E_{i1}'$
40	$\$E_sC_2E_s'C_5E_{s1}'C_6$	\$	翻译	$E_{s1}'->val=29$
41	$\$E_sC_2E_s'C_5E_{s1}'$	\$	弹出	$pre\_p=E_{s1}'$
42	$\$E_sC_2E_s'C_5$	\$	翻译	$E_s'->val=29$
43	$\$E_sC_2E_s'$	\$	弹出	$pre\_p=E_s'$
44	$\$E_sC_2$	\$	翻译	$E_s->val=29$
45	$\$E_s$	\$	弹出	$pre\_p=E_s$
46	\$	\$	匹配并结束	

4.3　从 LR 型 SDT 得出 LL 型 SDT

很多应用的翻译目标,通过定义左递归产生式,然后给非终结符定义综合属性,便能达成。对于 S 属性的 SDD,如果采用 LR 语法分析方法,所得的 SDT 也叫 S 属性的 SDT。基于 LR 语法分析法,S 属性的 SDT 具有直观、通俗、易懂、简洁的特点。每个产生式的后面跟一个翻译动作,在规约时执行。因此,设计 S 属性的 SDT 比较容易。

对于 S 属性的 SDD,如果其产生式中出现了左递归,用于 LL 语法分析时,就要做消除左递归的处理。消左递归处理会导致 S 属性的 SDD 转变成 L 属性的 SDD。其原因是：因消左递归而新引入的非终结符不仅有综合属性，而且还有继承属性。L 属性指综合属性和/或继承属性。继承属性的特点是：语法分析树中，某个结点的继承属性，其值的确定因子中只能含其父结点的继承属性值、其左边兄弟的属性值，以及自己的属性值。确定因子中不能包含其右边文法符的属性值。

因消左递归，由 S 属性的 SDD 转变而来的 L 属性的 SDD 当用于 LL 语法分析时，要进一步得出其 SDT。由其而来的 SDT 自然是 L 属性的 SDT。它具有翻译动作多、属性之间的关系复杂、不直观、晦涩难懂等特点。是否存在一种算法，能将带左递归的 S 属性的 SDT 转化成适合 LL 语法分析的 L 属性的 SDT？如果有，那么在语法制导翻译方案设计中，就只须考虑 LR 语法分析中 S 属性的 SDT 设计，无须再考虑 LL 语法分析中 L 属性的 SDT 设计。

将含左递归和翻译动作的 LR 型产生式转化成带翻译动作的 LL 型产生式，要做 4 步处理。下面通过例子来展示。对于算术运算表达式中文法符 E，它有 2 个产生式：$E \rightarrow E_1 + T$ 和 $E \rightarrow T$。其中第 1 个产生式含左递归，在其 LR 型 SDT 中，它们各自含有一个翻译动作，在规约时执行，如图 4.8 中开始框所示。当用于 LL 语法分析时，转化工作的第 1 步是消左递归。消左递归中将翻译动作视作终结符来处理。消左递归后得到的结果如图 4.8 中第 2 个框所示，其中新引入了非终结符 E'。

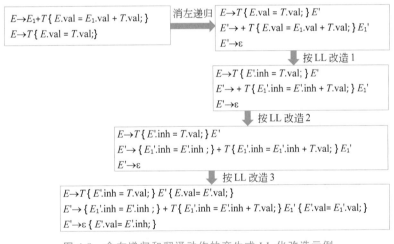

图 4.8　含左递归和翻译动作的产生式 LL 化改造示例

转化工作的第 2 步是对翻译动作中的元素进行 LL 化改造。从 LL 语法分析框架可知，对于一个 LL 型的产生式，其产生式体中的非终结符如果不是位于产生式体的最右端，那么其综合属性值只能向右传给紧邻其后的非终结符的继承属性。因此，新引入的非终结符 E' 不仅要有综合属性，还要有继承属性才行。设非终结符 E' 的继承属性名为 inh，综合属性名还是设为 val。在第 2 步处理中，对于第 1 个产生式中的翻译动作，E.val 要改为 E'.inh；对于第 2 个产生式中的翻译动作，E.val 要改为 E_1'.inh，E_1.val 要改为 E'.inh。改造结果如图 4.8 中第 3 个框所示。

在 LL 语法分析中，对于产生式头部的继承属性值，其下传的翻译动作必须放在产生式体的最左端。转化工作的第 3 步处理满足了这一要求。第 3 步处理比较容易理解，其处理结果如图 4.8 中第 4 个框所示。第 4 步处理是基于 LL 语法分析特性,完成非终结符 E 的综合属性 val 的求解。在 3 个产生式的最右端分别添加一个翻译动作,执行综合属性值的求解。第 4 步处理后的结果如图 4.8 中第 5 个框所示。这就是表 4.10 中 LL 型 SDT 的由来。

由该示例可知,在 LR 型 SDT 中,对于一个非终结符的 2 个产生式,它们各自只带有一个翻译动作。将其转化为 LL 型 SDT 后,含有 3 个产生式,共 6 个翻译动作。翻译动作显著增多,这说明基于 LL 分析的语法制导翻译具有低效性。

对上述转化示例进行归纳,得出通用转化方法,如图 4.9 所示。需要注意的地方是:翻译动作中的 F_1 和 F_2 表示函数名;符号 α 中包含的文法符个数可以是一个,也可以是多个,β 也是如此。因此,翻译动作中的 $[\alpha].val$ 和 $[\beta].val$ 表示的是列表,列表可以只含一个元素,也可以含有多个元素。每个元素表示一个文法符及其综合属性。为消左递归而新引入的非终结符 X' 既有综合属性 val,也有继承属性 inh。

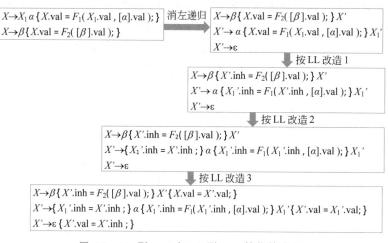

图 4.9　LR 型 SDT 向 LL 型 SDT 转化的流程

4.4　LR 语法分析中对继承属性的处理

很大一部分应用的翻译目标当采用 LR 语法分析时都只须给非终结符定义综合属性便能实现。在 LR 语法分析过程中,也并不需要真正构建出整个语法分析树。例如,计算器中求数值算术运算表达式的结果、求正则表达式的 DFA、求文法的 DFA、将源代码翻译成中间代码、语义分析等,都是如此。在这类应用中,语法分析的过程也是翻译的过程,当规约出树根时,翻译目标也就达成了。

还有一些应用,其翻译目标的实现要求为非终结符引入继承属性。但是 LR 语法分析与继承属性的处理是背道而驰的关系。例如,对于正则表达式,如果翻译目标是画出其 NFA 图,那么就要给非终结符 E 进一步定义综合属性 width 和 height,另外还要进一步定义继承属性 x 和 y。一个正则表达式的 NFA 图是画在一个矩形框中的,这个矩形框的左上角在画布上的坐标设为 (x,y),矩形框的宽为 width,高为 height。采用自底向上的 LR 语法分析,可以求出整个语法分析树中每个非叶结点的综合属性 width 和 height 的值,但是

无法完成继承属性 x 和 y 的计算。

　　设根结点对应的 NFA 图在画布上的坐标为 $(0,0)$,要得出语法分析树中每个结点的继承属性 x 和 y 的值,还需要对语法分析树再来一次自顶向下、从左到右的处理。因此,对于这种翻译目标,在 LR 语法分析中要构建出整个语法分析树,以便随后对该语法分析树进行自顶向下、从左到右的扫描处理,得出每一结点的继承属性 x 和 y 的值。

　　为了实现对语法分析树执行自顶向下和从左到右扫描,需要为每个非终结符再添加两个属性。其中之一是产生式序号 productionId,记录按哪一个产生式规约而来。另一成员变量为指针列表 childList。列表中的每个指针都指向一个子结点实例对象,以便能从左到右遍历树中任一非叶结点的子结点。于是,在 LR 语法分析中得出树根之后,整个语法分析树也就建立起来了。接下来,就可以自顶向下和从左到右扫描这个语法分析树,计算出语法分析树中每个结点的继承属性 x 和 y 的值。

　　就画出正则表达式的 NFA 可视图这一翻译目标,首先要设计出 SDD。此处假设正则运算只有 3 种,即并运算、连接运算、闭包运算。在正则运算表达式中,终结符为字符,它也有 NFA 图。于是,终结符以及 3 种正则运算中的 NFA 图的合成情形如图 4.10 所示。图 4.10(a)是最基本的 NFA 图,设其 width 为 4 个单位,height 为 1.2 个单位,状态圆圈的直径为 1 个单位,字符的 width 和 height 都为 0.5 个单位且位置居中。基于该设定,可得出翻译目标的SDD,如表 4.12 所示。

(a) 单字符正则表达式的NFA图

(b) $E_1 \cdot E_2$ 运算的NFA图

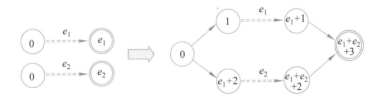

(c) $E_1 | E_2$ 运算的NFA图

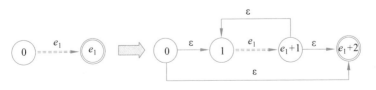

(d) E_1^* 运算的NFA图

图 4.10　正则运算中的 NFA 图布局

表 4.12 为正则运算表达式的 NFA 可视化 SDD

序号	产 生 式	语 义 规 则
1	$E \rightarrow E_1 \mid E_2$	$E.\text{width} = \max(E_1.\text{width}, E_2.\text{width}) + 6;$ $E.\text{height} = E_1.\text{height} + E_2.\text{height} + 1;$ $E_1.x = E.x + 3 + (\max(E_1.\text{width}, E_2.\text{width}) - E_1.\text{width})/2;$ $E_1.y = E.y;$ $E_2.x = E.x + 3 + (\max(E_1.\text{width}, E_2.\text{width}) - E_2.\text{width})/2;$ $E_2.y = E.y + E_1.\text{height} + 1;$
2	$E \rightarrow E_1 \cdot E_2$	$E.\text{width} = E_1.\text{width} + E_2.\text{width} - 1;$ $E.\text{height} = \max(E_1.\text{height}, E_2.\text{height});$ $E_1.x = E.x;$ $E_1.y = E.y + (\max(E_1.\text{height}, E_2.\text{height}) - E_1.\text{height})/2;$ $E_2.x = E.x + E_1.\text{width} - 1;$ $E_2.y = E.y + (\max(E_1.\text{height}, E_2.\text{height}) - E_2.\text{height})/2;$
3	$E \rightarrow E_1^*$	$E.\text{width} = E_1.\text{width} + 6;$ $E.\text{height} = E_1.\text{height} + 3.2;$ $E_1.x = E.x + 3;$ $E_1.y = E.y + 2;$
4	$E \rightarrow (E_1)$	$E.\text{width} = E_1.\text{width};$ $E.\text{height} = E_1.\text{height};$ $E_1.x = E.x;$ $E_1.y = E.y;$
5	$E \rightarrow \text{char}$	$E.\text{width} = 4;$ $E.\text{height} = 1.2;$ $\text{char}.x = E.x + 1.75;$ $\text{char}.y = E.y + 0.1;$

在该 SDD 中,对于产生式 $E \rightarrow E_1 \mid E_2$,在绘画其 NFA 图时,有如图 4.10(c)所示的可视化布局。E_1 和 E_2 对应的两个 NFA 图上下之间有 1 个单位的间距。E 的开始状态和它的出边的 width 设为 3 个单位,结束状态和它的入边的 width 也为 3 个单位。因此对于综合属性 width 和 height 有如下的关系式:$E.\text{width} = \max(E_1.\text{width}, E_2.\text{width}) + 6$ 和 $E.\text{height} = E_1.\text{height} + E_2.\text{height} + 1$。对于 E_1 和 E_2 对应的两个 NFA 图,它们的 width 可能不相同,要将 width 小的居中绘画。因此对于继承属性 x 和 y 有如下的关系式:$E_1.x = E.x + 3 + (\max(E_1.\text{width}, E_2.\text{width}) - E_1.\text{width})/2$ 和 $E_1.y = E.y$,以及 $E_2.x = E.x + 3 + (\max(E_1.\text{width}, E_2.\text{width}) - E_2.\text{width})/2$ 和 $E_2.y = E.y + E_1.\text{height} + 1$。其他产生式的详细说明与之类似。

思考题 4-10 上述 SDD 中,其实还需要为非终结符 E 设置两个属性:状态的数量 stateCount 和状态的起始序号 stateStartIndex。请分别判断属性 stateCount 和 stateStartIndex 是综合属性还是继承属性,并在表 4.12 所示的 SDD 中添加上这两个属性的语义规则。

思考题 4-11 对于正则表达式(a|b·c)*,请基于表 4.12 所示的 SDD,画出其注释语法分析树,然后再基于翻译目标和 SDD 绘制出其 NFA 图。

思考题 4-12　算术运算表达式,其文法为 $G[E]$: $E \rightarrow E/E \mid E+E \mid (E) \mid \mathrm{id}$,其中除法运算的优先级高于加法,括号运算的优先级最高。该文法的实例 $(a/b+c)/d$ 可视化图如图 4.11 所示。非终结符 E 和终结符 id、$+$、$/$ 有综合属性 h 和 w,分别表示其图形的高度和宽度,另有继承属性 x 和 y,表示图形左上角坐标。已知:①每个字符的占空高度和宽度分别为 h_0 和 w_0,/的占空高度为 $0.2h_0$;②整个表达式图的左上角坐标为 (x_0,y_0)。请设计出绘画算术运算表达式的 SDD,即求输入串中 id、$+$、/的每一个实例的 4 个属性值。

$$\frac{\frac{a}{b}+c}{d}$$

图 4.11　算术运算表达式 $(a/b+c)/d$ 的可视化图

4.5　本章小结

语法制导的翻译指翻译目标在语法分析的过程中逐步达成,并不需要先构建出语法分析树,然后再执行翻译。在语法制导的翻译中,语法分析树中的结点是文法符对应类的实例对象。翻译体现在语法分析树中非叶结点的属性值与其子结点的属性值之间的联系。语法制导的定义(SDD)指在逻辑层面设计翻译方案;而语法制导的翻译(SDT)则是在实施层面来设计翻译方案。SDD 的核心内容是非终结符的属性定义,以及产生式中各文法符的属性彼此之间的联系。在语法制导的翻译中,非终结符的属性仅限于综合属性或继承属性。SDT 的核心内容是基于选定的语法分析方法,确定翻译动作,以及翻译动作的执行时刻,即翻译动作在产生式中该放置的位置。

SDT 与语法分析方法密切相关,其设计因语法分析方法不同而不同。在 LR 语法分析中,对于 S 属性的 SDD,其 SDT 中的翻译动作在规约时执行。LR 型 SDT 具有直观、简单、易懂的特点。当还带有继承属性时,简易的处理方法是先构建语法分析树,然后自顶向下和从左到右扫描,完成继承属性的计算。在 LL 语法分析中,对于含有 S 属性的 SDD,其 SDT 要复杂很多,具有晦涩难懂、不直观的特点。在用于 LL 语法分析的 SDT 中,要将非终结符对应类一分为二成左类和右类。左类只含继承属性,用于推导;右类只含综合属性,用于综合属性值的计算。在 LL 语法分析中,SDT 的设计要遵循如下准则:①产生式头部文法符的继承属性值的下传动作必须放在产生式体的最左端;②产生式头部文法符的综合属性值的计算动作必须放在产生式体的最右端;③对于产生式体中的非终结符,当它不是位于最右端时,其综合属性值只能传给紧随其后的非终结符的继承属性。

在语法制导翻译中,人要做的事情就是基于选定的语法分析方法,针对翻译目标来设计出 SDT,然后使用翻译器构造工具将 SDT 转化成翻译器源代码以及语法分析表。翻译器源代码包括 3 部分。第 1 部分是通用的语法分析与翻译框架实现代码;第 2 部分是工具基于 SDT 自动生成的翻译动作调用框架,以及对象的创建和入栈/出栈的实现代码;第 3 部分是工具基于 SDT 自动生成的翻译函数定义。翻译函数的实现依靠设计者手工编程来完成。

习题

1. 变量定义语句中有 3 个非终结符 S、T 和 L,以及 4 个终结符 int、float、id 和逗号(,)。其 SDD 如表 4.13 所示。

表 4.13　变量定义语句的 SDD

产　生　式	语　义　规　则
$S \rightarrow T\,L$	$L.\text{type} = T.\text{type}$
$T \rightarrow \text{int}$	$T.\text{type} = \text{integer}$
$T \rightarrow \text{float}$	$T.\text{type} = \text{float}$
$L \rightarrow L_1, \text{id}$	$L_1.\text{type} = L.\text{type}$ $\text{setType}(\text{id.val}, L.\text{type})$
$L \rightarrow \text{id}$	$\text{setType}(\text{id.val}, L.\text{type})$

(1) L 的 type 属性是综合属性还是继承属性? T 的 type 属性呢? id 的 val 属性呢?

(2) 对于输入词串"int a,b,c",请基于表 4.13 的 SDD 构建出其注释语法分析树和抽象语法分析树。

2. 就算术运算表达式输入串 a+b+(a+b),以及 $(x+y)^*(x-y)+(x+y)+(x+y)^*(x-y)$ 分别构建其 DAG。

3. 描述二进制整数或者实数的文法是:

$$S \rightarrow L\,.\,L \mid L$$
$$L \rightarrow LB \mid B$$
$$B \rightarrow 0 \mid 1$$

其中有 3 个非终结符:S,L 和 B,还有 3 个终结符:0,1 和小数点(.)。

(1) 3 个终结符中,每个都是输入词,其类名分别是什么?

(2) 翻译目标是求二进制数(整数或者实数)输入串的十进制值。例如输入串为 101.1 时,求出的十进制值为 5.5。输入串为 101.11 时,求出的十进制值为 5.75。输入串为 101.101 时,求出的十进制值为 5.625。请针对该翻译目标,设计一个 L 属性的 SDD,然后对输入串 101.01 构建出其注释语法分析树。(提示:小数点左右的 L 要通过属性来反映。)

(3) 设计出一个基于 LR 语法分析的 SDT,然后基于 LL 语法分析设计一个 SDT,对照其是否符合 4.3 节的转化模式。

4. 算术运算表达式的文法 $G(E)$ 为:

$$E \rightarrow E + T \mid T$$
$$T \rightarrow T^* F \mid F$$
$$F \rightarrow (E) \mid \text{id} \mid \text{ic}$$

其中非终结符有 E、T 和 F 共 3 个,终结符有(、)、+、*、id 和 ic 共 6 个。ic 表示整数常量。该文法表达了运算优先级。现翻译目标是对输入串求其微分结果表达式。例如,如果输入串为 3,那么输出结果就为 0;如果输入串为 x+3,那么输出结果就为 1+0;如果输入串为 x*3,那么输出结果就为 1*3+x*0;如果输入串为 x*(x+3),那么输出结果就为 1*(x+3)+x*(1+0)。请为此翻译目标设计出一个 SDD,然后针对 LR 语法分析设计其 SDT。

5. 针对第 4 题中的算术运算表达式文法,现翻译目标是对输入串消去其中冗余的括号对。例如,如果输入串为((a*(b+c))*(d)),输出结果就为 a*(b+c)*d。请为此翻译目标设计出一个 SDD,然后针对 LR 语法分析设计其 SDT。

第 **5** 章

语义分析与中间代码生成

高级程序语言中的语法定义了程序的构成。语法使用文法来描述,具有上下文无关性。程序只有语法正确还远远不够,还要语义正确才可以。语言中的语义是指约束规则,以确保程序无二义性,被翻译成目标代码之后,能在目标机器上正常运行。例如,对出现在数值运算表达式中的变量,必须事先定义,并且事先为其赋初值,这就是一条语义规则。程序必须遵循这条语义规则,否则在运行时会出现异常或错误。语义通常具有上下文相关性,例如变量要先定义后使用,函数调用要与函数定义相匹配。语义分析就是对输入的源程序进行检查,看它是否遵循了语义规则。如果没有遵循,就将其作为程序错误指出来,以便程序员对其进行改正。

编译的过程中,通常并不是将源代码直接翻译成目标机器代码,而是先将其翻译成中间代码,然后再将中间代码翻译成目标机器代码。中间代码是用中间语言写出的程序。可以将中间语言理解为逻辑计算机(也称概念计算机)的通用机器语言。这种处理带来的好处是:用任何一门高级程序语言编写的程序,都只需要经过两步编译,便能得到任何一种机型的可执行程序,使得高级程序语言与机器之间既彼此相互独立,又能对接组合。

高级程序语言的特点是通过引入新的数据类型和概念来实现更高级别的抽象,从而使得编程更加简单,程序更加简洁和健壮,程序更具可读性,更加通俗易懂。例如,面向对象语言中,通过引入类的概念、继承的概念、虚函数的概念,可以使得语言有更强的表达能力,更强的抽象能力,也可以使得程序具有更好的可重用性,更强的动态适应性。

中间语言的特点是面向机器计算,同时又抛开机器的物理特性,将机器抽象成由计算器和存储器两单元组成。在中间语言中,程序由代码和数据两部分组成,二者通常彼此分开存储。代码是一个指令序列。相对于高级程序语言,中间语言的一个显著差异是不再有名称概念,指令和数据都通过其逻辑地址来标识。目前使用广泛的中间语言有 LLVM 中的 IR (Intermediate Representation)、Java 中的字节码,以及 .NET 中的 IL。中间代码生成要做的事情是,将用高级语言编写的程序翻译成用中间语言表达的程序。

从语法制导的翻译来看,语义分析和中间代码生成都是翻译目标,都是在语法分析的过程中附带完成的,在物理上并不构成独立的环节。因此本章内容就是针对翻译目标,针对典型的程序结构体来设计 SDT,定义数据结构,实现翻译函数。将语义分析和中间代码生成放到一起来处理,这是因为在语义分析中,中间代码的生成可以顺带完成。除此之外,在定义数据结构时,还考虑了程序调试的实现。

本章基于语法制导的翻译来讲解语义分析和中间代码生成的实现方法。5.1 节讲解语义分析和中间代码生成的具体含义和实施策略。5.2 节讲解类型和变量的语义分析框架,5.3～5.5 节分别讲解类型和变量定义的 SDT 设计、变量使用的 SDT 设计,以及运算的语义分析和中间代码生成。5.6 节讲解类型系统。5.7 节和 5.8 节分别讲解分支语句的中间代码生成,以及函数调用的语义分析和中间代码生成。

5.1　语义分析和中间代码生成简介

为了让读者对语义分析和中间代码生成形成一个直观认识,现举例说明。代码 5.1 是一段 C++ 源程序。它首先定义了一个类 Student,然后定义了一个全局变量 p,接着实现了一个 main 函数。在 C++ 程序的函数实现中可随处定义变量,而且允许在不同层级中出现同名变量。代码 5.1 中就分别在第 5 行、第 11 行、第 15 行定义了变量 p。第 1 个 p 是全局变量,第 2 个 p 是函数中的局部变量,第 3 个 p 是函数内层中定义的局部变量。这种情形允许出现,因为它们分别在不同层级。

变量要先定义后使用,这是一条语义规则。对于同名变量,在使用时按照就近所指的语义规则来区分。也就是说,第 9 行中出现的 p 指第 5 行中定义的 p;第 12 行至第 14 行中出现的 p 指第 11 行中定义的 p;第 16 行中出现的 p 指第 15 行中定义的 p。对于类型也是如此。第 7 行可以看到类型 Student,于是先在 main 函数中检查是否有它的定义,若没有,则到上一层级去查找它的定义。由此可知,程序的层级结构是语义分析的基础。

代码 5.1　阐释语义分析和中间代码生成的 C++ 源程序示例

```
1    class Student {
2      char * name;
3      float tall;
4    }
5    int p = 2;
6    int main( ) {
7      Student * s1;
8      int a[20][40];
9      a[p][2] = 1;
10     s1 = new Student("Jim", 1.3);
11     char ** p;
12     p = & s1->name;
13     MyFun(a, p);
14     if(**p == 'J'&& s1->tall > 1.2) {
15       float p = 0.3;
16       s1->tall += p;
17     }
18     int  i;
19     ...
20   }
```

5.1.1　程序的层级结构

从上述程序示例可知,程序具有层级结构,其基本单元为块(block)。块为语句序列,可以嵌套,因此整个程序为一棵块树(block tree)。既然是块树,自然就有根块、子块、父块 3 个概念。以代码 5.1 为例,可以看出它包含 4 个语句块。首先是根块,也就是整个程序由 3 条语句构成。根块有 2 个子块。一个子块是 Student 类定义块,由第 2 行和第 3 行代码构成。另一个子块是 main 函数实现块,由第 7 行至第 19 行代码构成。main 函数实现块中也嵌有一个子块,该子块由第 15 行和第 16 行代码构成。根块是初始块。除了根块之外,其他块有明显的构成标识,即以左大括号开始,以与其配对的右大括号结束。

就语义分析而言,块有类别概念。块分为根块、类定义块、函数实现块,以及被嵌块 4 种类别。例如,代码 5.1 的第 2 行和第 3 行构成的块为类定义块,其中定义的变量为成员变量,定义的函数为成员函数;第 7 行至第 19 行所构成的块为函数实现块,其中定义的变量为局部变量;第 15 行和第 16 行构成的块为被嵌块。被嵌块中也可定义局部变量。根块中定义的变量为全局变量。

在每个块中,都可定义类型、变量、函数。为了语义分析,要标识出程序的块树,并记录每个块中定义的类型、变量、函数。可以给每个块设置唯一的序号来对其标识。根块为初始块,设其序号为 0。语义分析中有当前块概念。起始时,当前块为根块。随后每遇到新块标识(即左大括号)时,就创建一个新块,给其分配一个唯一的序号,以作标识。新块的父块为当前块。新块创建之后就成了当前块。随后当遇到块结束标识(即右大括号)时,当前块的父块又变回当前块。根据这一特性,需要构建一个块栈(block stack)来支持语义分析。

块栈中的元素为块。初始时,块栈中只有根块。语义分析过程中,栈顶元素为当前块。每创建一个新块,就将其压入块栈中,于是也就成了当前块。每遇到块结束标识时,就将栈顶元素从栈中弹出。于是被弹出块的父块又成了栈顶元素,自然也就成了当前块。从上述描述可知,块栈中相邻块之间在结构上呈父子关系。

以代码 5.1 为例,块以及块间父子关系的标识过程如下。初始时,块栈中只有根块,也为当前块。当语义分析到第 1 行末尾的左大括号时,创建一个块,设该块的 id 为 1,即块 1。块 1 的父块为块 0,即根块。将块 1 压入块栈后,块 1 成了当前块。当语义分析到第 4 行的右大括号时,块 1 结束。于是将块 1 从块栈中弹出,块 0 又成为了当前块。当语义分析到第 6 行末尾的左大括号时,又创建一个块,设该块的 id 为 2,即块 2。块 2 的父块为块 0。将块 2 压入块栈后,块 2 成了当前块。当语义分析到第 14 行末尾的左大括号时,又创建一个块,设该块的 id 为 3,即块 3。块 3 的父块为块 2。当语义分析到第 17 行末尾的右大括号时,块 3 结束。于是将块 3 从块栈中弹出,块 2 又成为了当前块。当语义分析到第 20 行末尾的右大括号时,块 2 结束。于是将块 2 从块栈中弹出,块 0 又成为了当前块。

每个块中定义的类型、变量、函数都要记录下来,用以支撑语义分析和中间代码生成。语法分析中每遇到类型定义,就将其添加到当前块的类型表中。每遇到变量的定义,就将其添加到当前块的变量表中。同理,每遇到函数的定义,就将其添加到当前块的函数表中。在一个块中,类型定义不允许出现重名,变量定义也是如此。函数则稍有不同,其标识信息除了名称之外,还有参数个数、参数类型、参数顺序。另外,在面向对象语言中,函数还可重载。

类型、变量、函数是语义分析中的核心内容,通常都有先定义后使用的语义规则。每遇到它们的使用,就要去查找其定义。以变量为例,首先是在当前块的变量表中查找。如果没有,就到当前块的父块中查找,若无则进一步往上追索,直至找到或者向上追索至根块。如果追溯至根块都未找到,则说明出现了变量未定义的语义错误。例如,语义分析至代码 5.1 第 9 行的变量 p 时,首先在当前块(即 main 函数实现块)的变量表中检查是否有其定义。发现没有其定义,于是就到当前块的父块中去查找。当前块的父块为根块。在根块的变量表中有变量 p 的定义,于是此处的变量 p 是指全局变量 p。

依据上述分析,块应有如代码 5.2 所示的数据结构。其中字段 category 记录块的类别。块的类别有 4 种:根块、类型定义块、函数实现块、被嵌块,其取值分别用 ROOT、CLASS_DEF、FUNCTION_IMP、EMBEDDED 表示。category 取值的用意将在 5.1.3 节详解。一个类的详情表达在类型定义块中,包括成员变量和成员函数。一个类可继承其他类,有关继承的翻译和处理将在 5.8 节专题探讨。

字段 pTypeList、pVariableList、pFunctionList 分别记录块中定义的类型、变量、函数。字段 pFormalParamList 专门针对函数实现块而设置,记录形参。字段 srcRowIdFrom 和 srcRowIdTo 是为了程序调试目的而设置,记录块的开始行号和结束行号。程序调试时,在源程序中设置断点之后,基于行号就可计算出断点位于哪一个函数实现块中,便于内存数据块与源程序块的映射。字段 width 记录该块中所有变量的总宽度。这个字段在中间代码生成时用不到,只有在目标代码生成时才需要。总宽度表示所需内存空间大小,其使用将在后面讲解。

代码 5.2　块的数据结构定义

```
1 class Block  {
2   int blockId;                              //块序号,起着标识块的作用
3   Block * pParentBlock;
4   BlockCategory category;
5   List<Type * > * pTypeList;                //存储块中定义的类型;
6   List<Variable * > * pVariableList;        //对于类定义块:存储成员变量
                                             //对于函数实现块:存储局部变量
7   List<Function * > * pFunctionList;        //存储块中定义的成员函数
8   List<Variable * > * pFormalParamList;     //仅只针对函数实现块:存储形参
9   int srcRowIdFrom;                         //从哪一行源程序起始
10    int srcRowIdTo;                         //到哪一行源程序结束
11    int width;
12 }
13 List<Block * > * pBlockList;
14 Stack <Block * > * pBlockStack;
```

语义分析中,每创建一个块,便将其添加到块表 pBlockList 中,于是块表中记录了程序的所有块。在中间语言中,对于类型、变量、函数,以及形参,不再有名称概念,其标识都使用逻辑地址。逻辑地址包括 3 部分:①类别符;②块 id;③行 id。例如,逻辑地址 m:1:2 指块 1 的变量表中第 2 行,该行记录了类定义中的一个成员变量。对于代码 5.1,就是 Student 类中的第 2 个成员变量 tall。

5.1.2　类型的语义分析

类型是语义分析的三大核心内容之一。常量和变量都有类型概念。函数作为变量的一个类别,同样有类型概念。类型有基本类型和自定义类型两种。在此基础上,还有数组类型和指针类型。基本类型有 int、float、char、bool 等。自定义类型指程序中定义的类型,例如代码 5.1 第 1 行定义的 Student 类就是自定义类型。语义分析中,当遇到源程序中出现类型

定义时,就将其记录到当前块的类型表中。例如,代码 5.1 开始处就定义了一个类 Student,于是就往根块的类型表中添加一行,记录 Student 类的定义。

类型表包含的字段如代码 5.3 所示。其中字段 typeId 是类型的标识字段,即类型 id,也称行 id。字段 name 专为基本类型和自定义类型而设置。只有这两种类型是通过名称来标识的。字段 category 记录类型的类别。类型的类别有 4 种:基本类型(basic)、自定义类型(class)、数组类型(array)、指针类型(pointer)。字段 pClassDefBlock 专为自定义类型而设置,存储其类型定义块的指针,以便通过它访问到类的成员变量和成员函数。字段 baseTypeAddr 专为数组类型和指针类型而设置。对于数组类型,baseTypeAddr 字段存储其元素的类型。对于指针类型,baseTypeAddr 字段存储所指对象的类型。字段 size 字段专为数组类型而设置,记录一维数组的元素个数。

代码 5.3　类型表的数据结构定义

```
1   class Type  {
2     int typeId;                  //类型 id
3     String name;                 //类型名称
4     TypeCategory category;       //取值有 BASIC、CLASS、ARRAY、POINTER
5     Block * pClassDefBlock;      //专门用于自定义类型
6     String baseTypeAddr;         //专门用于数组类型和指针类型
7     int size;                    //一维数组类型的元素个数
8     int srcRowId;                //类型定义从源程序的哪一行开始
9     int width;                   //类型的宽度
10  }
```

数组类型和指针类型是两种特殊的类型,其定义可以迭代。例如,代码 5.1 第 8 行定义了一个二维数组 int a[20][40],可将其结构化成一个大小为 20 的一维数组,其元素的类型为另一个一维数组,即 int[40]。int[40]这个类型是一个大小为 40 的一维数组,其元素的类型为 int。对第 11 行定义的二阶指针 char **p,可将其结构化成一个一阶指针,其值所指对象的类型为另一个一阶指针,即 char*。char* 这个类型是一个一阶指针,其值所指对象的类型为 char。于是一个二维数组的定义包括两个一维数组类型的定义,一个二阶指针类型的定义也包括两个一阶指针类型的定义。

思考题 5-1　对于一个二维数组,在类型表中要添加两行,即定义两个一维数组类型对象。对于一个 n 维数组,是不是就会有 n 个一维数组类型对象的定义?对于一个二阶指针,在类型表中就要添加两行,即定义两个一阶指针类型对象。对于一个 n 阶指针,是不是就会有 n 个一阶指针类型对象的定义?

基本类型在任何地方都能使用,因此可将其定义记录在根块的类型表中,在编译初始化时就填好。如此处理之后,所有类型的定义便都记录到了类型表中。

就代码 5.1 而言,将其所涉及的类型定义汇集起来,如表 5.1 所示。头 3 行为基本类型 int、float、char 的定义,放在根块(块 id 为 0)的类型表中,设它们的 typeId 分别为 1、2、3,在初始时就添加在类型表中。第 4 行为 Student 类的定义,是在根块中定义的类型,因此其 blockId 为 0,其 typeId 字段值为 4。该行的 pClassDefBlock 字段值为块 1,表示其详细内容都记录在块 1 中。第 5 行是因源程序第 2 行的成员变量 name 的类型 char* 而添加。

表 5.1 中第 6 行因源程序第 7 行的局部变量 s1 的类型 Student* 而添加。在 main 函数

实现块(块 id 为 2)中没有 Student 类的定义,于是就到其父块(块 id 为 0)的类型表查找,因此其 baseTypeAddr 字段值为 T:0:4,即 Student 类的逻辑地址,其中 T 表示类型表,0 为块 id,4 为行 id。第 7 行为 int[40]的一维数组形式定义。第 8 行为 int[20][40]的一维数组形式定义,其元素的类型为第 7 行定义的一维数组。第 9 行为 char* 类型的定义。尽管第 5 行也定义了 char* 类型,但它在块 1 中。块 1 不在块 2 至根块的块链中,因此对块 2 不可见。这就是第 9 行出现的缘由。第 10 行为 char** 的一阶指针形式定义,其值所指对象的类型,为第 9 行定义的内容。

表 5.1　类型定义的汇集表

行号	blockId	typeId	name	category	pClassDefBlock	baseTypeAddr	size	srcRowId	width
1	0	1	int	BASIC					4
2	0	2	float	BASIC					8
3	0	3	char	BASIC					1
4	0	4	Student	CLASS	1			1	12
5	1	1		POINTER		T:0:3		2	4
6	2	1		POINTER		T:0:4		7	4
7	2	2		ARRAY		T:0:1	40	8	160
8	2	3		ARRAY		T:2:2	20	8	3200
9	2	4		POINTER		T:0:3		11	4
10	2	5		POINTER		T:2:4		11	4

类型有宽度概念,单位为字节,用字段 width 记录。对于中间语言,有类型宽度概念,但没有具体值。其原因是中间语言是逻辑计算机的机器语言。只有在目标机器确定后,类型的宽度才确定,且为常量。因此字段 width 的值要等到将中间代码翻译成当目标代码时才来填写。例如,在 32 位机器中,int 类型的 width 为 4 字节,float 类型的 width 为 8 字节,char 类型的 width 为 1 字节,指针类型的 width 为 4 字节。自定义类型的 width 为其所有成员变量的 width 之和。因此表 5.1 中第 4 行记录的 Student 类,在 32 位机器上其 width 为 12。数组类型的 width 为其元素个数(即 size 字段值)与元素类型的 width 的乘积。于是在 32 位机器上,表 5.1 中第 8 行记录的 int[20][40]类型,其 width 为 3200。

在中间语言中,由于类型的 width 没有具体的值,因此使用宏定义来表示类型的宽度。例如,对于表 5.1 中第 8 行记录的数组类型,其宽度就用 WIDTH(T:2:3)表示,其中 T:2:3 为类型的逻辑地址,即块 2 的类型表中第 3 行。变量也有宽度概念,其 width 值就是其类型的 width 值。

在源程序中,数组类型和指针类型既可单独定义,也可将其和变量一同定义。代码 5.1 第 8 行中的 int a[20][40],其含义是:既定义了数组类型 int[20][40],又定义了该类型的变量 a。第 11 行的 char** p 也是如此,先定义一个二阶指针类型 char**,然后定义一个名称为 p 的变量,其类型为 char**。因此在类型表中,数组类型和指针类型可以没有名称。

在一个块的类型表中,自定义类型、数组类型、指针类型的标识字段各不相同。自定义类型的标识字段为 name。数组类型和指针类型的定义可以没有名称。数组类型是通过其元素的类型以及元素的个数来标识的,因此在一个块中,数组类型是通过字段 baseTypeAddr 和 size 来标识的。一个指针类型可通过其所指对象的类型来标识。因此在一个块中,指针类型是通过字段 baseTypeAddr 来标识的。

类型表的字段 srcRowId 是为了程序调试目的而设置的,其含义是类型定义在源程序中所在的行号。程序调试时,通常既要了解一个变量的值,还要了解它的类型。程序中的任何一个变量都记录在其定义所在块的变量表中。变量表中有类型标识字段 typeAddr,基于该字段值就可以到类型表中查出其类型详情。再由类型表中的 srcRowId 字段值,就可以到源程序中定位其定义。

5.1.3 变量的语义分析

语义分析中,当遇到一个变量定义时,程序为其指定的类型一定要在类型表中存在。如果不存在,就表明源程序有类型未定义的语义错误;如果存在,就要将该变量的定义记录到当前块的变量表中。变量表的数据结构如代码 5.4 所示。其中字段 typeAddr 记录类型的逻辑地址,标识变量的类型。变量表用于变量的语义分析,对于变量,语义规则有如下 4 条:①变量要先定义后使用;②同一个块中不允许出现两个变量重名;③同名变量在使用时就近所指;④读取变量的值之前要先给变量赋值。块标识和块间父子关系标识为变量的语义分析提供了支持。

代码 5.4　变量表的数据结构定义

```
1  class Variable {
2    int variableId;          //变量序号:标识变量
3    String name;             //变量名称
4    String typeAddr;         //类型的逻辑地址
5    bool hasValue;           //已经赋值
6    bool used;               //已经读取
7    int srcRowId;            //定义从源程序的哪一行开始
8    int offset;              //相对地址
9  }
```

语义分析中,每遇到变量定义,便执行如下语义操作。首先检查其类型是否已定义,然后检查当前块的变量表中是否已经有该变量名的定义。如果有,就说明当前变量为重名变量,出现了语义错误;如果没有,就说明当前变量的定义合规,于是就往当前块的变量表中添加 1 行,记录该变量的定义。

语义分析中,每遇到变量使用,则执行变量是否已定义的语义检查。其方法是:到当前块的变量表中,基于变量名称检查是否有该变量的定义。如果有,就找到了它的定义,并能得到它的逻辑地址,语义分析就此完成;如果没有,那么就到当前块的父块中检查是否有该变量的定义。以此法则梯次向上追溯,直至找到,或者追溯至根块。如果最终在根块的变量表中都没有找到其定义,就表明源程序出现了变量未定义的语义错误。

找到变量的定义之后,如果是给变量赋值,那么就将其 hasValue 字段值设为 true;如果是读取变量的值,那么就要检查 hasValue 字段值是否为 true。如果不为 true,则表明源程序违背了变量要先赋值后读取的语义规则。读取之后,将其 used 字段设为 true,表示变量在程序中被使用。当整个程序的语义分析完毕之后,如果一个变量的 used 字段值还为 false,则表明它在程序中未被使用,是多余可去掉的变量。

语义分析中,每当遇到变量使用时,就要生成中间代码。在中间语言中,变量不再有名称概念,所有变量都用其逻辑地址来标识。中间语言也称通用机器语言,其中的类型和变量有宽度概念,但是没有具体值,只有在目标机器(即物理机器)确定时才会有具体值。例如,int 类型的 width 在 16 位物理机上为 2 字节,在 32 位物理机上为 4 字节,而在 64 位物理机上则为 8 字节。正因为如此,中间语言中的变量只能用逻辑地址标识。一旦目标机器确定,基本类型的 width 便为常量,于是所有类型和变量的 width 也为常量,此时可将中间代码中变量的逻辑地址替换成存储地址。此时的存储地址为相对地址,也称偏移量(offset),即变量表中的 offset 字段值。

往当前块的变量表中添加一个变量定义时,行 id(即 variableId 字段值)便标识了该变量。从全局来看,块 id 和行 id 便构成了变量的逻辑地址。例如,逻辑地址 1:2:1,指的是块 2 的变量表中第 1 行记录的变量。一旦目标机器确定,逻辑地址即被替换成相对地址,即 offset 字段值。

将代码 5.1 中 4 个块的变量表中的变量汇集到一起,如表 5.2 所示。其中有 8 个变量的定义,前两行为 Student 类型定义块中成员变量的定义;第 3 行为全局变量 p 的定义;第 4 行至第 7 行为块 2 中定义的 4 个局部变量;第 8 行为块 3 中定义的局部变量 p。字段 typeAddr 表示变量的类型,即类型的逻辑地址。

表 5.2　变量定义汇集表示例

blockId	VariableId	name	typeAddr	srcRowId	offset
1	1	name	T:1:1	2	0
1	2	tall	T:0:2	3	4
0	1	p	T:0:1	5	0
2	1	s_1	T:2:1	7	0
2	2	a	T:2:3	8	4
2	3	p	T:2:5	11	3204
2	4	i	T:0:1	18	3208
3	4	p	T:0:2	15	3208

对于函数实现块,其中定义的变量除了局部变量之外,还有形参。因此,在函数实现块中,除了有变量表之外,还要有形参表。形参表依次记录了每个形参的定义。不将形参放到变量表的原因是:形参是函数调用时从调用者传递给被调用者的数据,和变量表中的变量可能不在一个存储空间中。

变量表中 offset 字段的值只有在目标机器确定之后才能填写,也就是要后延到目标代码生成时才填写。填写方法如下。对于根块、类定义块、函数实现块,其变量表中的第 1 个变量,其 offset 字段值都为 0。对于第 2 个变量,其 offset 字段值的计算方法是,第 1 个变量的 offset 字段值加上第 1 个变量的 width 就是第 2 个变量的 offset 字段值。以此类推,第 i

个变量的 offset 字段值加上第 i 个变量的 width,就是第 $i+1$ 个变量的 offset 字段值。

现举例说明变量的 offset 字段值计算。设目标机器为 32 位机,于是 int 类型的 width 为 4,float 类型的 width 为 8,char 类型的 width 为 1,指针类型的 width 为 4。代码 5.1 中,main 函数实现块(块 2)中共定义了 4 个变量。第 1 个变量 s_1(逻辑地址为 1:2:1)的 offset 字段值为 0,因其类型为指针,width 为 4,于是第 2 个变量 a(逻辑地址为 1:2:2)的 offset 字段值为 4。变量 a 的 width 为 3200,于是第 3 个变量 p(逻辑地址为 1:2:3)的 offset 字段值为 3204。变量 p 的 width 为 4,于是第 4 个变量 i(逻辑地址为 1:2:4)的 offset 字段值为 3208,如表 5.2 所示。

对于函数实现块中的被嵌块,在创建后,其起始行的 variableId 字段值不能像其他类别的块那样设置为 1,而要初始化成其父块中已有变量的个数后再加上 1。例如,设代码 5.1 根块的 blockId 为 0,main 函数实现块的 blockId 为 2。当语义分析到第 14 行末尾的左大括号时,便要创建一个新块,其 blockId 为 3。此时块 2 的变量表中已有变量的个数为 3,于是块 3 中第一个变量的行 id(即 variableId 字段值)要初始化成 4。这就是第 15 行定义的变量 p 的逻辑地址为 1:3:4 的原因。

被嵌块中第 1 个变量的 offset 字段值计算依赖其行 id 以及被嵌块的父块。以代码 5.1 为例,被嵌块(块 3)的父块为 main 函数实现块(块 2),其第 1 个变量 p 的行 id 为 4。其 offset 字段值的计算方法如下:到父块(块 2)的变量表中,找到行 id 为 3 的变量,其 offset 字段值加上其 width,就为被嵌块中第 1 个变量 p 的 offset 字段值。该值为 3208。

注意:被嵌块(块 3)的局部变量 p 与块 2 中的局部变量 i(见代码 5.1 第 18 行)有相同的 offset 字段值,都为 3208,即它们共享存储空间。这完全可行,因为它们位于不同的块中,而且变量 i 的定义出现在变量 p 所在块的后面。也就是说,程序执行到第 18 行时,块 3 已经结束了,其中定义的变量在逻辑上也已释放,不复存在了。

计算完变量的 offset 字段值之后,还要计算块宽。块宽用 width 字段来存储。对于根块和类型定义块,其 width 的计算非常简单,为其变量表中最后一个变量的 offset 字段值与其 width 值之和。对于函数实现块,如果其中没有被嵌块,那么其 width 也为其变量表中最后一个变量的 offset 字段值与其 width 值之和。如果其中含有被嵌块,那么 width 就要另外考虑。还是接着上例说明。main 函数实现块(块 2)的变量表中最后一个变量的 offset 字段值与其 width 值之和为 3212。被嵌块(即块 3)的变量表中最后一个变量的 offset 字段值与其 width 值之和为 3216。main 函数实现块(块 2)因为有子块(块 3),其 width 值要在自己的 width 值与其子块的 width 值中取最大值,即在(3212,3216)中取最大值。这里的最大值为 3216。因此,main 函数实现块(即块 2)的 width 值为 3216。

计算根块、函数实现块、类型定义块的宽度值,是为了分配运行时所需的物理内存空间。局部变量的物理内存空间分配具有实时动态性,其含义是:只有执行进入一个函数时,才为其局部变量一次性分配物理内存空间;当执行到函数返回语句时,便释放其局部变量所占的物理内存空间。因此,在为一个函数实现块生成中间代码时,初始指令就是为其局部变量申请存储空间,末尾指令就是释放局部变量所占的存储空间。这两项操作都需要知道存储空间大小,这就是要计算函数实现块 width 的原因。对于根块、类型定义块,其情形也是如此。

思考题 5-2　类型的 width、变量的 offset 只有在目标机器确定之后才来填写,表明该项工作属于目标代码生成环节。这是不是说明、块表、类型表、变量表、函数表,形参表也是中间代码的组成部分？

思考题 5-3　对于全局变量、类的实例对象、函数的局部变量,在运行时,会将其视作一个整体,来为其一次性分配内存空间。基于这种处理,思考为什么根块、类型定义块、函数实现块的第 1 个变量的 offset 字段值为 0？为什么被嵌块的第 1 个变量的 offset 字段值要按上述方案处理？为什么不要计算被嵌块的宽度？

5.1.4　函数的语义分析

函数是变量的另一种形式,和数据变量一样,既需要定义,也要使用,同样也要先定义后使用,同样也有类型概念和作用域概念。函数的使用表现为函数调用。函数的语义分析和数据变量的语义分析几乎相同,只是稍微复杂一点。复杂性首先体现在函数的标识上。函数的标识不仅有名称,还有形参的个数、类型、顺序。复杂性的另一表现为：函数除了定义和使用之外,还有实现。对于被调用的函数,必须要有实现。对于根块和类型定义块,除了有变量表之外,还要有函数表,记录函数的定义信息,以支持函数的语义分析。

思考题 5-4　有关函数的语义规则有哪些？请列举出 4 条。函数表的数据结构中应包含哪些字段,才足以支持函数的语义分析？

对于类(class)的定义,除了成员变量定义之外,还有成员函数的定义。如果将根块也视作一个类,那么全局变量就是其成员变量,全局函数就是其成员函数。如果给这个类取一个名字,叫根类,那么 C 程序中就只有一个根类,而 C++ 程序中则允许在根类中再定义类,也允许在其他类中再定义类。从类的视角来看 C 程序,可知其中只给出了根类的成员函数的实现,没有另外单独给出其定义,其定义隐含在其实现中。因此,语义分析时,要提取其定义,写入根块的函数表中。另外,根类中的成员变量和成员函数能在程序中任何地方使用,这等于说它们都有面向对象中的 public 属性。因此,无论是 C 语言之类的面向过程语言,还是 C++ 语言之类的面向对象语言,可使用统一的语义分析和中间代码生成实现框架。

注意：根类相对于自定义类,有着其自身独特的特性：只有一个实例对象,而且始终存在,无生命周期概念。

成员函数的定义和实现可以合二为一,如代码 5.5 中所示的成员函数 area。成员函数的实现也可和其定义分离,移至类定义块之外,如代码 5.6 所示。这种分开能使类定义更加紧凑简洁,增强程序的可读性,便于代码维护。代码 5.5 中的函数实现块,其父块为类定义块,于是在其中自然能够使用成员变量。与其相对地,代码 5.6 中的函数实现块,其父块不为类定义块。该情形下,要把函数实现块的父块设为类定义块,其原因是代码 5.5 和代码 5.6 的语义完全相同。当成员函数的实现写在类定义块之外时,便要标识它属于哪一个类。在 C++ 中,标识方法便是在函数名之前加上类名,并用"::"将它们区分开,例如代码 5.6 中第 5 行所示。

代码 5.5　成员函数的实现形式之一

```
1  class Rectangle  {
2    int width, height;
3    int area()  {
4      return width * height;
5    }
6  }
```

代码 5.6　成员函数的实现形式之二

```
1  class Rectangle  {
2    int width, height;
3    int area();
4  }
5  int Rectangle::area()  {
6    return width * height;
7  }
```

从语法来看,代码 5.5 中的成员函数定义和实现与代码 5.6 中所示成员函数的实现有着不同的产生式。代码 5.5 中的成员函数定义和实现,其产生式为"$S \rightarrow T$ id (F) $\{S\}$",而代码 5.6 中所示成员函数的实现,其产生式为"$S \rightarrow T$ id::id (F) $\{S\}$"。因此,在语法分析中,如果当前状态为 LR(0) 项目"$S \rightarrow T$ id::id (F) $\{\cdot S\}$"所在状态,那么就要把创建的函数实现块的父块设为类定义块。此时存在一个获取类定义块指针的问题。解决策略是:先基于类名到类型表中找到类的定义。类定义中的 pClassDefBlock 字段值就为类定义块指针。

在函数的实现中,可使用的变量既包括局部变量、形式参数,还包括类的成员变量和全局变量。也就是说,从当前块至根块的块链中定义的变量,都能使用。语义分析中,当遇到一个变量的使用时,便要查找其定义。查找指沿着当前块至根块的这个块链逐级向上追溯。先在当前块的变量表查找,如果没有找到,则到上一级的块中查找,直至找到或者遇上函数实现块。如果在函数实现块的变量表中还未找到,便到函数实现块的形参表中查找。如果还是没有找到,就到类定义块中的变量表中查找。类的变量表中存储着类的成员变量。如果还是没有找到,再到类定义块的父块中查找。类定义块的父块通常是根块。如果追溯至根块都未找到,便可得出源程序出现了变量未定义的语义错误。

思考题 5-5　当遇到一个变量的使用时,当前块只可能是函数实现块或者被嵌块,为什么?

思考题 5-6　C++ 中,描述成员函数的实现,其产生式为"$S \rightarrow T$ id::id (F) $\{S\}$",其中第 1 个 id 为类名,第 2 个 id 为成员函数名。在文法的 DFA 中,设 LR(0) 项目"$S \rightarrow T$ id::id (F) $\{\cdot S\}$"所在的状态,其状态序号为 n。语法分析中,如果当前状态为 n,就要创建一个函数实现块。此时如何基于类名(即第一个 id)来找到其类定义块?

5.1.5　中间语言简介

中间代码是以中间语言写出的程序。中间语言面向机器的处理,同时又抛开了机器的物理特性,将机器抽象成由计算器和存储器两个单元组成。因此,中间语言是以概念计算机,或称逻辑计算机作为运行环境。中间语言与高级程序语言有着显著差异。高级程序语言以抽象为手段,强调程序的通用性和可重用性,以及通俗可读性。而中间语言强调具体,强调计算的实施过程。高级程序语言中有很多抽象概念,例如类、继承、成员函数、虚函数、纯虚函数,以及列表、数组、指针、集合、运算优先级、表达式等。这些抽象概念在中间语言中不复存在。中间语言中的概念很少,只有指令、数据、地址、基本类型这些概念。高级程序语言中的变量尽管有数据的含义,但主要用于表达逻辑概念,因此用变量名来标识。而在中间语言中,变量表达的是数据,不再以变量名来标识,而是以逻辑地址来标识。

逻辑/概念计算机相对于物理计算机,其差异体现在无容量和时间概念。在物理计算机中,存储器既有类别概念,又有容量概念。存储器的类别有寄存器、内存、磁盘等。存储器的容量有限,例如寄存器的数量就非常有限。与其相对地,在逻辑/概念计算机中,存储器的类别单一,容量无穷大。在物理计算机中,指令的执行有耗时概念,数据在存储器和计算器之间的传输既有耗时概念,又有带宽概念。对于逻辑/概念计算机,假定指令的执行,以及数据在存储器和计算器之间的传输都能瞬间完成,不耗时间。显然,逻辑/概念计算机是一种理想化的模型计算机。编译器后端面向的是物理计算机,其中最为核心的概念就是时间,人们不懈努力的方向就是如何缩短程序完成运行的时间。

中间语言中的核心概念是指令、变量、常量。在高级程序语言中,变量定义和程序混杂在一起,变量表达概念,程序表达概念之间的逻辑关系以及计算的时序关系。与其相对地,中间语言则将代码、变量、字符串常量分离开来,分置于不同的存储空间中。它们不再有名称概念,都用逻辑地址来标识。中间语言中的存储空间为表。中间代码生成时,对源程序中出现的字符串常量记录到常量表中,例如代码 5.1 第 11 行出现的字符串常量“Jim”。而生成的中间代码,则记录在中间代码表中;遇到的变量定义,记录在变量表中。中间代码中,除了源程序中出现的变量之外,通常还要引入临时变量,用来存储表达式计算的中间结果,因此还有临时变量表。

中间代码表、常量表、临时变量表都只有一个,而变量表则是每个块中都可能有。中间代码表中每行存储一条中间指令。因此,中间指令就用其 id 来标识。中间语言中涉及代码引用的指令为 goto 指令。goto 后面要接一个参数,即跳转的目标行号。例如,goto n 的含义为:跳转去执行中间代码表中第 n 行的中间指令。

在中间语言中,数据包括常量和变量,用逻辑地址来标识。变量有 5 个类别:全局变量、临时变量、局部变量、成员变量、形式参数。常量记录在常量表中;全局变量记录在根块的变量表中;临时变量记录在临时变量表中;局部变量记录在函数实现块或者被嵌块的变量表中;成员变量记录在类定义块的变量表中;形式参数记录在函数实现块的形参表中。因此,变量的逻辑地址自然就是块 id 加上行 id。不过对于函数实现块,其中既有变量表,还有形参表。因此还要进一步区分,为此引入类别概念。

在中间语言中,数据的逻辑地址由 2 部分构成:类别标识符和地址值。类别标识符设有 6 种:“g:”、“l:”、“m:”、“f:”、“c:”和“t:”,分别表示全局变量、局部变量、成员变量、形参、常量、临时变量,取自 global、local、member、formal、constant、temporary 这 6 个单词的首字母。例如,对于代码 5.1 第 11 行中定义的局部变量 p,其逻辑地址为 1:2:3,表示函数实现块(块 id 为 2)的变量表中行 id 为 3 的变量。逻辑地址用大括号括起来,则表示地址中存储的数据值,例如,{1:2:3}表示上述变量的值。由于常量表和临时变量表不与块相关,因此其逻辑地址就没有块 id 部分。

由于中间语言面向逻辑/概念计算机,其数据的地址值还不能用存储地址,只能用逻辑地址。其原因是:对于逻辑/概念计算机,虽然有基本类型和指针类型的宽度概念,但是没有具体值。当目标机器知晓时,再将中间代码中的逻辑地址值转换为存储地址。给定了目标机器,那么基本类型和指针类型的宽度便已知,且为常量。于是可以算出所有变量的 offset 字段值,即相对地址。

成员变量总是和类的实例对象关联在一起。例如代码 5.1 的第 10 行,其含义就是创建一个 Student 类的实例对象,再将其地址赋给局部变量 s1。由于局部变量 s1 存储的是地址,因此其类型为指针。在中间语言中,成员变量的逻辑地址值由 2 部分构成:一个是实例对象的地址(也叫基地址),另一个是成员变量的逻辑地址(也叫相对地址,或偏移量)。例如,代码 5.1 第 12 行中,对于 s1->name 这个变量,在中间语言中其逻辑地址为{1:2:1}:m:1:1。其中{1:2:1}为基地址,m:1:1 为成员变量 name 的逻辑地址。1:2:1 为局部变量 s1 的逻辑地址,而{1:2:1}表示该逻辑地址的存储器中存放的数据。该数据是一个指针,即运行时实例对象的内存地址。

思考题 5-7 上述所提到的变量类别没有考虑静态变量。如果考虑静态变量,那么还会要增加一个类别,为什么? 静态局部变量、静态成员变量、静态全局变量可以记录在一个单独的静态变量表中,为什么?

高级程序语言中提供了丰富的表达形式,保证了程序的通俗性和可读性。例如,分支控制语句就有 if 语句、if else 语句、while 语句、for 语句、switch 语句、repeat 语句等,形式丰富多样。这些语句从逻辑上来看都可用 if 语句来表达,但为了通俗和易懂,增强可读性,所以才诞生了不同的表达方式。当看到 while 语句时,就知道循环次数要在运行时确定。当看到 switch 语句时,就知道逻辑判别变量的取值具有离散性,而且有多种取值可能。与其相对地,中间语言就不考虑通俗性和可读易懂性。分支控制语句只有一种形式,那就是 if 语句。其原因是计算机对分支的处理就只有一种形式。

相对于源代码,中间代码具有单行代码短小,但行数很多的特点,外观上没有明显的层次性。这就表明,代码的通俗性和可读易懂性不再是中间语言要考虑的事情。在高级程序语言中,可以通过运算的优先级来灵活地组织表达式,使其表达一个完整的概念,而且形式与习俗相符,以便通俗易懂。在中间语言中没有运算的优先级概念,每个指令都只对应一种运算。因此,高级程序语言中的一个表达式会被翻译为中间语言中的一个指令序列,其中的指令依次执行。

5.1.6 中间代码生成简介

为了让读者对中间代码生成建立直观概念,现给出代码 5.1 的中间代码,其内容以及与源码的对应关系如表 5.3 所示。中间代码是一个指令序列,用中间代码表来存储。表中的每行代表一条中间指令。表的第 1 列为行号,第 2 列为中间代码指令,第 3 列为程序调试目的而设置,记录中间指令由源程序中哪一行源代码翻译而来。一行源代码通常会被翻译成多行中间指令,因此在表 5.3 中,可能有连续多行的代码第 3 列取值相同。例如,将代码 5.1 第 9 行翻译成中间代码,就会有 4 行,如表 5.3 中前 4 行所示。程序调试时,在某行源代码处设置断点,通过查中间代码表就能知道该在哪行中间代码处设置断点。第 4 列原本不存在,完全是为了中间代码的可读性而附加。中间代码指令的真实情形如第 2 列所示,可读性很差。出于可读性,通常将中间代码指令写成第 4 列所示形式,称作伪指令。

注意:由第 2 列的值能得出第 4 列的值,但反过来则不成立,即由第 4 列的值得不出第 2 列的值。

语义分析和中间代码生成过程中,每遇到一个类型定义语句,就会向当前块的类型表中添加一行记录;每遇到变量定义语句,就会向当前块的变量表中添加记录;对于其他诸如赋值、函数调用、分支等处理语句,则会生成中间代码。这就是表 5.1 至表 5.3 中数据的由来。

代码 5.1 的前 8 行,以及第 11 行、第 15 行、第 18 行都只与语义分析有关。从第 9 行开始,才有中间代码生成。

表 5.3　代码 5.1 的中间代码表(intermediateCode)

行号 rowId	中间代码指令 instruction	源码行号 srcRowId	伪指令 pseudo_instruction
1	$\{t:0\} =_{(int)} \{g:0:1\} * \text{WIDTH}(T:2:2)$	9	$t_0 = p * \text{WIDTH}(\text{int}[40])$
2	$\{t:1\} =_{(int)} 2 * \text{WIDTH}(T:0:1)$	9	$t_1 = 2 * \text{WIDTH}(\text{int})$
3	$\{t:2\} =_{(int)} \{t:0\} + \{t:1\}$	9	$t_2 = t_0 + t_1$
4	$\{1:2:2[\{t:2\}]\} =_{(int)} 1$	9	$a[t_2] = 1$
5	$\text{param}_{(int)} \text{WIDTH}(T:0:4)$	10	$\text{param WIDTH}(\text{Student})$
6	$\{1:2:1\} =_{(addr)} \text{call malloc}, 1$	10	$s1 = \text{call malloc}, 1$
7	$\text{param}_{(addr)} \{1:2:1\}$	10	$\text{param } s1$
8	$\text{param}_{(addr)} c:0$	10	param ``Jim''
9	$\text{param}_{(float)} 1.3$	10	$\text{param } 1.3$
10	$\text{call Student}, 3$	10	$\text{call Student}, 3$
11	$\{1:2:3\} =_{(addr)} \{1:2:1\} : m:1:1$	12	$p = s1 -> name$
12	$\text{param}_{(addr)} 1:2:2$	13	$\text{param } a$
13	$\text{param}_{(addr)} \{1:2:3\}$	13	$\text{param } p$
14	$\text{call MyFun}, 2$	13	$\text{call MyFun}, 2$
15	$\{t:0\} =_{(addr)} \{\{1:2:3\}\}$	14	$t_0 = {}^* p$
16	$\text{if}\{\{t:0\}\} ==_{(char)} \text{`J' goto 18}$	14	$\text{if } {}^* t_0 == \text{'J' goto 18}$
17	goto 22	14	goto 22
18	$\text{if}\{\{1:2:1\}:m:1:2\} >_{(float)} 1.2 \text{ goto 20}$	14	$\text{if } s1 -> tall > 1.2 \text{ goto 20}$
19	goto 22	14	goto 22
20	$\{1:3:1\} =_{(float)} 0.3$	15	$p = 0.3$
21	$\{\{1:2:1\}:m:1:2\} =_{(float)} \{1:2:1\}:m:1:2 + \{1:3:1\}$	16	$s1 -> tall = s1 -> tall + p$
22			

代码 5.1 的第 9 行是给二维数组元素 a[p][2] 赋值。在中间语言中,不再有名称概念,变量和字符串常量都用其逻辑地址值来标识。局部变量 a 的逻辑地址为 1:2:2,其类型 int[20][40] 的逻辑地址为 T:2:3。p 是全局变量,其逻辑地址为 g:0:1。中间语言中也不再有数组概念,数组元素用数组变量的逻辑地址加上一个偏移量来表示。一个逻辑地址加上一个偏移量还是地址。在中间语言中,对于地址偏移量,用方括号括起来表示。例如,表 5.3 中第 4 行中的 1:2:2[{t:2}] 表示 a[p][2] 这个数组元素的逻辑地址,其中 1:2:2 是局部变量 a 的逻辑地址,而 [{t:2}] 是偏移量。逻辑地址 t:2 表示临时变量表中的第 2 行,该变量存储了偏移量。偏移量的类型为整型,单位为字节。因此,要求临时变量 t:2 的类型

为整型。

对于数组元素 a[p][2],翻译成中间代码时,首先要计算其偏移量。偏移量的计算要从高到低逐维处理。先处理高维,其元素的类型为 int[40]。int[40]类型的逻辑地址是 T:2:2,全局变量 p 的逻辑地址为 g:0:1。于是{g:0:1} * WIDTH(T:2:2)就是高维的偏移量。再处理低维,其元素的类型为 int。int 类型的逻辑地址是 T:0:1。于是 2 * WIDTH(T:0:1)就是低维的偏移量。两者相加就是 a[p][2]这个元素的偏移量。这就是表 5.3 中前 3 行指令的由来。

中间语言中,诸如等于号之类的操作指令都带有类型属性。属性值用括号括起来作为标识。例如,表 5.3 中第 1 行的等于号的类型属性值为 int。该属性值表明该指令是两个整数做乘法运算,其结果也为整数,存储到逻辑地址 t:0 的位置。因此,对于逻辑地址为 g:0:1 和 t:0 的变量,其类型都要为整型。

代码 5.1 的第 10 行是创建一个 Student 类的实例对象。该语句包含两个操作:①为实例对象分配存储空间,将其地址存放到局部变量 s_1 中;②调用 Student 类的构造函数,为实例对象的成员变量赋初值。这两个操作都通过函数调用来完成。第 1 个操作调用 malloc 系统函数。该函数带 1 个参数,即空间大小,此处为 Student 类的 width 值,用 WIDTH(T:0:4) 表示,其中 T:0:4 是 Student 类的逻辑地址。malloc 调用返回的是一个地址,将其存储到局部变量 s1 中,其逻辑地址为 1:2:1。

第 2 个操作是调用 Student 类的构造函数。在中间语言中没有类和成员函数概念,于是构造函数被翻译成普通函数。源程序中调用构造函数 s1->Student ("Jim",1.3)被翻译成了调用普通函数 Student (s1,"Jim",1.3)。该函数带有 3 个参数,其中"Jim"是字符串常量,语义分析会将其放到常量表中,其逻辑地址为 c:0。因此在传递"Jim"这个实参时,传递的是其地址。用中间语言表达的这 2 个函数调用,如表 5.3 中第 5 行至第 10 行所示。其中的 param 指令也有类型属性。在中间语言中,调用一个函数时,函数也要用逻辑地址来标识。因此,第 10 行中的 Student 是一个伪地址,应该用构造函数 Student 的逻辑地址来取代。只是块 1 中的函数表未给出,因此这里就用了一个伪地址。

代码 5.1 的第 12 行是将变量 s_1 所指 Student 实例对象的成员变量 name 的地址赋给局部变量 p。此例中,成员变量 name 中存储的是地址 c:0。现在知道 Student 实例对象的地址存储在局部变量 s1 中。s1 的逻辑地址为 1:2:1。由 Student 类的定义可知,成员变量 name 为类定义块(块 id 为 1)的变量表中第一个变量,它的逻辑地址自然为 m:1:1。因此成员变量 name 的内存地址为 {1:2:1}:m:1:1。这就是表 5.3 中第 11 行的由来。

代码 5.1 的第 13 行是调用一个函数,传递的实参是局部变量 a 和 p。a 的类型为数组,没有值的概念,只有地址的概念。因此这里的 a 指的是其地址,即 1:2:2。p 有值的概念,因此传递的是其值。这就是表 5.3 中第 12~14 行的由来。第 14 行中的 MyFun 也是一个伪地址。

代码 5.1 的第 14 行是一个 if 语句,其中的逻辑判别式是文法产生式"B→B_1 && B_2"的实例。其中的 B_1 为"*p == 'J'",B_2 为"s1->tall >1.2",它们都是基本逻辑判别式。每个基本逻辑判别式都被翻译成 2 行中间代码:一行是条件 goto 指令,另一行是无条件 goto 指令。因此这里的 B 就由 4 行中间代码构成,如表 5.3 中第 16 行至第 19 行所示。goto 后面接的是中间代码表中的行号,其含义是随后要跳转执行哪一行中间代码。goto 后面的行号并不能在生成该行中间代码时当即填出。第 16 行代码要等到语法分析至源程序中的终结符 && 才能填出;第 18 行代码要等到语法分析至右括号才能填出;第 17 行和第 19 行的要等到语法分析至源代码的第 18 行才能填出。如何填 goto 后面的行号,将在 5.7 节详细讲解。

从上述中间代码示例可知,中间语言中只有指令、基本类型、逻辑地址、地址中存储的数据、常量这 5 个概念。基本类型中,除 int、float、char、bool 等之外,还有地址。与高级程序语言相比,其中的概念要少很多。另外,中间代码具有上下文无关性,每条指令都具有独立性,无二义性。中间代码中的临时变量只能用来暂存中间计算结果,用完就失去其意义了。因此,每个源程序语句的翻译都独立考虑自己的临时变量,语句间的临时变量不存在任何联系。

中间语言有很多种,其中三地址码是一种常用来阐释编译原理的中间语言。表 5.3 所示的中间代码就是用三地址码写出的。三地址码这个名字取自最常见的二元运算,其中包含两个操作数以及运算结果。数据都用地址标识,于是这个运算就称作三地址码。

5.2　类型和变量的语义分析框架

语义分析的核心内容是:程序在使用一个变量时,其类型和地址必须事先确定,不能有二义性,另外不允许读取一个事先未赋值的变量。程序是一棵块树。当块 A 中嵌有块 B 时,就说块 B 的父块为块 A。每一个块中都可定义类型、变量、函数,其作用域覆盖其子孙后代块。在一个块中,变量用其名称来标识,因此不允许出现重名的情形。当语义分析中遇到一个变量使用时,便要查找其定义。从当前块开始梯次上溯,直至找到为止。如果上溯至根块都未找到,就可得出变量未定义的结论。

对于程序中的类型定义,将其记录在当前块的类型表中。自定义类型用其名称标识。向类型表中添加一个自定义类型(即类)的定义时,先要基于类名检查该类是否已经定义。只有在未定义时,才允许将其添加到当前块的类型表中。如果已被定义,就报源程序有类定义重名的语义错误。向当前块的类型表中添加一个数组类型时,则先基于其标识字段,即元素的类型 id(baseTypeAddr 字段)以及元素的个数(size 字段),查找该数组类型是否已经定义。只有在未定义时,才将其添加到当前块的类型表中。指针类型也是如此。每遇到一个变量定义时,要求其类型在类型表中有其定义。

C++ 语言中描述成员函数实现的代表性产生式为"$S \rightarrow T$ id::id(F) {S}",其中非终结符 T 表示函数的返回值类型,第 1 个 id 表示类名,第 2 个 id 表示函数名,非终结符 F 表示形参列表。当语义分析到此产生式的左大括号时,就要创建一个函数实现块,然后基于类名找到类的定义。类定义中的 pClassDefBlock 字段存储了类定义块的指针,将其赋值给刚创建的函数实现块的 pParentBlock。于是在成员函数的实现中,可使用类的成员变量,调用类的成员函数。

思考题 5-8　根据上述语义规则,函数中的形参可以和函数实现块中定义的局部变量同名吗?成员函数实现块中定义的局部变量可以和类的成员变量同名吗?成员函数中的形参可以和类的成员变量同名吗?

思考题 5-9　Java 语言与 C++ 语言相比,显得更加灵活。C++ 中对类的定义和成员函数的实现进行了明确区分。类定义写在头文件中。编译时，总是先看到类定义，其中包括成员函数的定义。成员函数的实现总是放在类的定义之后。也就是说，成员函数定义在前，实现在后。但 Java 语言放宽了此限制。对类的成员函数，可以只有其实现。成员函数的实现隐含了其定义。当成员函数作为一个函数变量被使用时，其实现还可以写在被使用的地方。例如，在调用异步操作函数时，需要一个函数变量作为其实参，便可在该实参处写上一个成员函数的实现。也就是说，成员函数的实现与成员变量的定义没有先后顺序的限制。这就会导致语义分析中看到一个变量的使用时，可能找不到其定义的情形。对于该问题，难道编译中要对源程序扫描两遍吗？如果仅扫描一遍，那么该如何处理？

5.3 类型和变量定义的 SDT 设计

源程序中的类型包括基本类型和自定义类型。基本类型有 int、float、char、bool 等。自定义类型也称作类（class），在程序中通过类定义语句来定义。在基本类型和自定义类型的基础上，进一步还有指针类型与数组类型。高级程序语言中，自定义类型通过名称来标识，因此"不允许出现自定义类型重名"是一条语义规则。对于指针类型和数组类型，通常是类型定义和其变量定义一同完成，因此没有给其命名。除了基本类型之外，其他类型都是在源程序中定义的。源程序中每出现一个类型定义，语义分析中都会将其添加到当前块的类型表中。

代码 5.1 中定义的 Student 类就是一个类型定义的例子。它有两个成员变量 name 和 tall，其类型分别为 char * 和 float。为了阐释类型的 4 种类别，再给 Student 类添加两个成员变量 score 和 next，它们的类型分别为 int[20][40]和 Student *。修改后的 Student 类定义如代码 5.7 所示。于是 Student 类的 4 个成员变量中，name 和 next 的类型都为指针类型；score 的类型为数组类型；Student 为自定义类型。这个例子把 4 种类型，即基本类型、自定义类型、指针类型、数组类型全涵盖进来了。

代码 5.7 类定义示例

```
1  class Student {
2    char * name;
3    float tall;
4    int[20][40] score;
5    Student * next;
6  }
```

5.3.1 高级程序语言中的指针语义

指针是高级程序语言中难以理解和掌握的概念。了解指针的演变历史有助于对其加深认识。指针是 C 语言中的一个重要概念。在 C 语言中，类型为指针的变量，其值为地址，于是通过指针变量便可对它所指的对象执行读写操作。引入指针变量这一概念的动机是实现数据抽象。例如，画布（canvas）就是一种抽象，画图时将图画在画布上。在程序运行的时候，当把打印机对象的地址赋给画布这一指针变量时，图形便被输往打印机，被打印出来；当把屏幕对象的地址赋给画布这一指针变量时，图形便被输往屏幕，在屏幕上显示出来。当把文件对象的地址赋给画布这一指针变量时,图形便被输往文件,保存在文件中。因此,对于画图,其载体只有画布这一抽象概念,没有诸如打印机、屏幕、文件之类的物理概念。也就是说,画布是对诸如打印机、屏幕、文件之类的图形载体的一种抽象。

在 C++ 中,自定义类型是对基本类型的一个延伸,指针可以是基本类型的指针,也可以是自定义类型的指针,于是就保持了对 C 语言的兼容。兼容性还体现在自定义类型对象。和基本类型对象一样,自定义类型对象既可为全局变量,也可为局部变量,还能通过 new 操作将其创建在堆空间中,再通过指针变量对其进行访问。C 语言中对指针变量所指的对象没有限制,既可是全局变量,也可以是局部变量,还可以是堆空间中的对象,或者常量子空间中的对象。这种情形给指针变量的语义分析带来了复杂性。下面举例说明。

对于含两个语句的源程序代码 "char * p＝"abc"; * p ＝'d';"。其中第 1 条语句(分号之前)是定义指针变量 p,并给其赋初值。变量 p 的类型为 char *。第 2 条语句是对指针变量所指对象进行赋值。这两行源代码看似正确,其实有语义错误。其原因是:第 1 条赋值语句表明,指针变量所指的不是变量,而是常量;而第 2 条语句则假定指针变量所指的是变量。这显然有语义错误。从另一角度来看,"abc"这个字符串常量存储在常量子空间中,这个子空间具有只读属性,不能写。假设"abc"的存储地址为 c:0。第 2 条语句" * p ＝'d';"的含义便是向地址为 c:0 的存储位置写入'd'这个字符。但地址为 c:0 处的数据只能读,不能写。因此,该语句违背了语义规则。由该例可知,当为指针变量所指对象赋值时,要求指针变量所指对象必须为变量,不能是常量。

在使用指针变量时,还要判断其所指对象的存在性。例如代码 5.8,在第 4 行给指针变量 p 赋值,让它指向局部变量 b,然后在第 7 行通过指针变量 p 来对所指变量(即 b)赋值。该源代码存在语义错误。其原因是:第 7 行通过指针变量 p 来对变量 b 赋值,但此时变量 b 已经不复存在了。从该例可知,给指针变量 p 赋值后,它的有效性由它所指的变量决定。

代码 5.8　指针变量使用不正确的例子

```
1  float * p;
2  if(k>0) {
3    float b;
4    p = &b;
5  }
6  ...
7  * p= 0.1;
```

正是因为指针变量使用的易错性,以及语义分析的复杂性,因此 Java 语言对其进行了整改,施加了两条限制。这两条限制是:①自定义类型对象只能通过 new 操作创建在堆空间中,不能是局部变量或者全局变量;②不允许将局部变量和全局变量的地址赋给一个指针变量。这两条限制使得指针变量只能指向堆中的类实例对象。于是,就有了"Java 语言取消了指针"这一说法。Java 中的自定义类型变量,实质上还是指针变量。不过因为自定义类型对象不允许是局部变量或者全局变量,所以对自定义类型的变量和对象就没有必要再进行区分了。有了这两条限制后,有关指针变量的语义分析和中间代码生成就变得简单了。

上述两条限制也使得指针使用的表达更加直观。例如,在 C++ 语言中,假定有类 A 和类 B,其中类 A 有一个成员变量 m_pB,其类型为 B *。现有类 A 的变量 a,类 B 的变量 b。另有变量 p,其类型为 A *。执行如下两条赋值语句"p=&a;"和"a.m_pB=&b;"后,按照 C 语言规范,*p 就成了变量 a 的别名,于是(*p).m_pB 表示变量 a 的成员变量 m_pB,但在 C++ 中要求改写成 p->m_pB。这说明 C++ 语言对指针的使用引入了新的表示法。Java 则进行了彻底切割,不再允许在一个指针变量前加上 *(例如 *p)来表示指针变量所指的变量。自定义类型对象只能通过 new 操作创建在堆空间中,因此源程序中也就不会再有诸如"p=&a;"和"a.m_pB=&b;"之类的语句。

思考题 5-10 在 C 语言中,如何跟踪和记录指针变量所指的是变量还是常量? 如何跟踪和记录指针变量所指变量的存在性?

5.3.2 类型和变量定义的文法设计

类型和变量定义的 SDT 设计中,第 1 项工作是文法设计。类型定义的产生式为"$S \rightarrow$ class id {S}",其中第 1 个非终结符 S 表示语句,第 2 个非终结符 S 表示语句序列,终结符 id 为类的名称。这里为了聚焦类型和变量定义,暂不考虑类的继承,也不考虑成员函数。成员变量定义的产生式为"$S \rightarrow T$ id;",其中非终结符 T 表示类型,id 为成员变量名称。类型定义文法的 LR(0)型 DFA 如图 5.1 所示。在一个类中,可定义多个成员变量。于是类的定义中包含一个成员变量定义语句序列,用产生式"$S \rightarrow SS$"表示。这个产生式的含义已在第 3 章讲解。头部的 S 以及产生式体中第 1 个 S 表示语句序列,产生式体的第 2 个 S 表示成员变量定义语句。

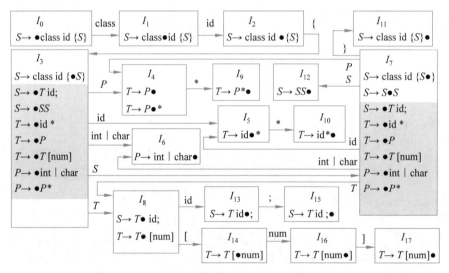

图 5.1 类型定义文法的 DFA

表示类型的非终结符 T,其构成有 3 种形式:①基本类型及其指针类型;②自定义类型的指针类型;③上述两种类型的数组类型。其中第一种形式用非终结符 P 表示。对于自定义类型,由于其对象只允许通过 new 操作创建在堆空间中,因此只有指针类型,而且只能是一阶指针。对于基本类型,允许存在指针类型,而且允许多阶指针,这是出于兼容 C 语言的目的。Java 语言中没有基本类型的指针类型概念。自定义类型用名称标识,基本类型用关键字标识。数据类型后面跟指针标识符 * 时,表示指针类型,如果再接数组标识符,则表示数组类型。图 5.1 中对于基本类型仅给出了 int 和 char,以它们作为代表。

上述类型定义中非终结符 T 的产生式不能设计成: $T \rightarrow$ int $\mid$ char; $T \rightarrow$ id; $T \rightarrow T^*$; $T \rightarrow T[\text{num}]$。如果设计成这 4 个产生式,那么 int*[20]*[40]就是其实例。尽管这是一个类型,但通常不会有这样的类型存在。为了建立次序,即按数据类型、指针类型、数组类型这样一个次序,引入非终结符 P。P 表示基本类型,如果后面再接指针标识符 *,则表示基本类型的指针类型。基本类型或者指针类型后面再接数组标识符时,则表示数组类型。

思考题 **5-11**　图 5.1 中所示 DFA 中,FOLLOW(T)包含哪些终结符? I_4 状态存在规约与移入冲突。该文法是 SLR(1)文法吗?

数组类型定义和指针类型定义通常和变量定义一同完成。例如,在代码 5.7 所示的 Student 类定义中,"char* name;"这条语句既定义了类型 char *,又定义了这个类型的一个变量 name。语句"int[20][40] score;"也是如此,既定义了类型 int[20][40],又定义了这个类型的一个变量 score。当语义分析至语句"Student * next;"时,要求能查找到 Student 类的定义。此要求能满足。因为在此前,当语义分析到"class Student {"时,会在当时的当前块的类型表中添加 Student 的定义,然后创建一个类型定义块,成为新的当前块。当语义分析至语句"Student * next;"时,尽管在当前块中没有 Student 类的定义,但在当前块的父块中能找到其定义。因此,不会出现类型未定义的语义错误。

5.3.3　类型和变量定义的语义分析及其 SDD 设计

文法设计好之后,接下来的工作就是明确类型和变量定义的语义分析内容及其 SDD 设计。源程序中每出现一个类的定义,就先在当前块的类型表中查找是否已有同名的类定义。如果发现已有同名的类定义,则表明源程序有类定义重名的语义错误。如果没有,则执行如下两个语义动作: ①在当前块的类型表中添加一行,记录该类的定义。②创建一个类型定义块,压入块栈中,于是就成了当前块。如果定义的类继承了其他类,就要基于其类名,从当前块至根块的块链中查找被继承类的定义。如果不能找到,就说存在类未定义的语义错误。如果能找到,则进行继承处理。继承处理将在后面讲解。

将数组类型的定义记录到当前块的类型表中,要进行特殊处理。以语句"int[20][40] score;"为例来看数组类型定义的特点。当语义分析到 int [20]时,还无法知道该数组元素的类型,也就无法形成该一维数组的完整定义。因此,需要用一个栈将 20 和 40 颠倒过来。当维度不再增加时,把栈中值弹出来,即出栈的次序变成了 40 和 20。这样处理,便先创建一维数组 int[40],再创建一维数组(int[40])[20]。在第二个一维数组中,元素的类型为 int[40],即第一个一维数组。

将指针类型的定义记录到类型表中,则要简单得多。对于指针类型定义产生式"$T \rightarrow$ id*",其中的 id 为类名。语义分析过程如下:从当前块至根块的块链中,基于类名到类型表中查找其定义。如果类型表中没有其定义,表明源程序有类未定义的语义错误。如果有其定义,就获取其类型的逻辑地址,然后再从当前块至根块的块链中,查找是否已有该类型的指针类型定义。如果有,则获取其逻辑地址,将其赋给非终结符 T 的属性 typeAddr;如果没有,则往当前块的类型表中添加该指针类型的定义,将其类型逻辑地址赋给非终结符 T 的属性 typeAddr。

　　类型和变量定义的 SDD 设计方案如表 5.4 所示。非终结符 T 和 P 有 typeAddr 属性,
记录类型的逻辑地址。T 还可以表达数组类型,于是另有属性 pDimensionStack,记录数组
类型定义中每个维度的大小。表 5.4 中第 1 个产生式表达了类的定义。语义动作包括 3
个:①创建一个类定义块;②在当前块的类型表中添加一个类的定义,类名为终结符 id 的
值;③改换当前块为类定义块。第 2 个产生式表达了一个成员变量的定义。如果 T 的类型
为数组,那么就要先检查该数组是否已经定义,如果已经定义则获取其类型逻辑地址。如果
没有定义,则到当前块的类型表中添加该数组类型的定义,并得到其类型逻辑地址。该操作
通过调用函数 getOrAddArrayDef 来完成。

表 5.4　类型和变量定义的 SDD 设计方案

序号	产　生　式	语　义　规　则

1	$S \rightarrow$ class id $\{S_1\}$	pBlock =new Block();
		pCurrentBlock->pTypeList->addRow(id,CLASS,pBlock);
		pCurrentBlock=pBlock;

2	$S \rightarrow T$ id;	if (T->pDimensionStack !=null)
		　　T->typeAddr =getOrAddArrayDef (T->typeAddr,
		　　T->pDimensionStack);
		pCurrentBlock->pVariableList->addRow(id,T->typeAddr);

3	$T \rightarrow$ id *	typeAddr =getClassAddr (id); T->typeAddr =getOrAddPointerDef(typeAddr); T->pDimensionStack=null;
4	$T \rightarrow P$	T->typeAddr=P->typeAddr; T->pDimensionStack=null;

5	$T \rightarrow T_1 [$num$]$	T->typeAddr=T_1->typeAddr;
		if (T_1->pDimensionStack ==null)
		　　T->pDimensionStack=new Stack<int>();
		else
		　　T->pDimensionStack=T_1->pDimensionStack;
		T->pDimensionStack->addElement(num);

6	$P \rightarrow$ int | char | float	P->typeAddr =getBasicTypeDef (int | char | float);
7	$P \rightarrow P_1^*$	P->typeAddr =getOrAddPointerDef(P_1 ->typeAddr);

　　表 5.4 中第 3 个产生式表达自定义类型的指针类型定义。先基于类名到类型表中去查
找类的定义。找到之后,再到类型表中查找其指针类型的定义;如果能找到,就获取其类型
逻辑地址;如果没有找到,则往当前块的类型表中添加其指针类型的定义,并得到其类型逻
辑地址。这一处理通过调用全局函数 getOrAddPointerDef 来完成。

　　第 4 个产生式的语义规则显而易见。第 5 个产生式表达数组类型的定义。数组定义开
始标识是 T_1 的 pDimensionStack 属性值为 null。第 6 个产生式的含义是基于基本类型的名
称,到类型表中查得其逻辑地址。第 7 个产生式要做的处理通过调用函数 getOrAddPointerDef
来完成。

5.3.4　类型和变量定义的语义分析 SDT 设计

依据 4.1.2 节 LR 分析中语法制导的翻译实现框架,以及前面所述的 SDD 方案,类型和变量定义的 SDT 方案如表 5.5 所示。按照 4.1.2 节所述规定,函数调用中实参的类型都是指针,所指对象为规约时出栈和入栈的文法符对象。实参名称取为产生式文法符的小写形式。

表 5.5　类型和变量定义的 SDT 设计方案

序号	在 DFA 中的执行时刻		语 义 动 作
	LR(0)项目	状态序号	
1	$S \rightarrow$ class id { · S }	I_3	{createBlockAndAddClassDef();}
2	$S \rightarrow$ class id {S} ·	I_{11}	{EndClassDefBlock(w_2);}
3	$S \rightarrow T$ id; ·	I_{15}	{addVariableDef(t,w);}
4	$T \rightarrow$ id * ·	I_{10}	{getClassPointerDef(t,w);}
5	$T \rightarrow P$ ·	I_4	{getTypeOrPointerDef(t,p);}
6	$T \rightarrow T_1$[num] ·	I_{17}	{getArrayDimensionDef(t,t_1,w_2);}
7	$P \rightarrow$ id|int|float|char ·	I_6	{getBasicTypeAddr(p,w);}
8	$P \rightarrow P^*$ ·	I_9	{getBasicPointerAddr(p,p1);}

在第 1 个产生式中放置了 2 个翻译动作。第 1 个动作 createBlockAndAddClassDef 放置在左大括号之后。第 2 个翻译动作 EndClassDefBlock 则在规约时执行。从图 5.1 所示的 DFA 可知,语法分析中,如果是将状态序号 3 压入状态栈,意味着要创建一个类定义块并添加一个类的定义,因此要执行翻译动作 createBlockAndAddClassDef。此时并未规约,不过知道语法分析的对象栈中,栈顶元素为终结符左大括号,紧邻其下的元素为终结符 id。因此在该函数中,通过读取对象栈中的 id 元素,来获得类的名称。然后到当前块的类型表中添加类的定义。类定义必须在此时添加,其原因是在类定义块中可能要用到该类的定义。例如,代码 5.7 所示的 Student 类定义中,其成员变量 next 的类型为 Student * ,此时要能找到 Student 类的定义,否则就会被认为有语义错误。

createBlockAndAddClassDef 的实现如代码 5.9 所示。其中,第 2 行和第 3 行是从语法分析的对象栈中获得类名;第 4 行是创建一个类型定义块,其父块为当前块;第 5 至第 8 行是在当前块的类型表中检查是否有重名的类型定义,如果没有就添加一行,记录该类型的定义;第 9 行和第 10 行是将类型定义块压入块栈中,并让其成为当前块。

代码 5.9　语义分析函数 **createBlockAndAddClassDef** 的实现

```
1   void createBlockAndAddClassDef() {
2     int i = pObjectStack->getTopIndex();
3     Lexeme * w = (Lexeme *)pObjectStack->getElementByIndex(i -1);
4     Block * pBlock = new Block("CLASS_DEF", pCurrentBlock);
5     if(pCurrentBlock->pTypeList->getRowByName(w->val) != null)
```

```
6        cout<<"出现 class 定义重名的语义错误: "+ w->val;
7      else
8        pCurrentBlock->pTypeList->addRow(w->val, "CLASS", pBlock, null, null);
9    pBlockList->addRow(pBlock);
10   pBlockStack->push(pBblock);
11   pCurrentBlock = pBlock;
12   return;
13 }
```

思考题 5-12 有继承情形的类定义产生式为"$S{\rightarrow}$class id：$U\{S\}$",其中非终结符 U 表示父类名称列表。U 的产生式有两个："$U{\rightarrow}$id"和"$U{\rightarrow}U$,id",其中终结符 id 表示类名。此时,要给非终结符 U 设置一个属性 pBlockList,其类型为 List$<$Block$^*>^*$,存放父类定义块的指针。然后在 Block 的定义(见代码 5.2)中添加一个成员变量 pInheritedBlockList,其类型也为 List$<$Block$^*>^*$。再在代码 5.9 的第 4 行后面添加一行:pBlock ->pInheritedBlockList=U->pBlockList 即可,为什么?如何设计出 U 的两个产生式的 SDD?

当按表 5.5 中第 2 个产生式"$S{\rightarrow}$class id $\{S\}$"执行规约时,表明类的定义已完成。此时执行翻译动作 EndClassDefBlock,其实现如代码 5.10 所示。其中形参 w 指向终结符 id 的实例对象,即类名。要执行的操作为弹出块栈的栈顶元素,改变当前块。

代码 5.10 语义分析函数 **EndClassDefBlock** 的实现

```
1 void EndClassDefBlock(Lexeme * w)  {
2   pBlockStack->pop();
3   pCurrentBlock = pBlockStack->getTopElement();
4   return;
5 }
```

表 5.5 所示 SDT 第 3 个产生式"$S{\rightarrow}T$ id;"表达了变量定义语句。变量定义包括 3 种情形:①类的成员变量定义;②函数实现中的局部变量定义;③全局变量的定义。规约时调用 addVariableDef 翻译动作,向当前块的变量表中添加一个变量的定义。该动作的实现如代码 5.11 所示。代码中的形参 t 和 w 分别指向非终结符 T 和终结符 id 的实例对象,其中分别存储了类型信息和变量名。

代码 5.11 语义分析函数 **addVariableDef** 的实现

```
1  void addVariableDef(T * t, Lexeme * w) {
2    String typeAddr = t->typeAddr;
3    if(t->pDimensionStack != null)  {     //若是数组,则先定义数组类型
4      int count = t-> pDimensionStack->getTopIndex();
5      while(count>= 0)  {
6        int num = t->pDimensionStack->pop();
7        typeAddr = getArrayAddr(typeAddr, num);
8        if(typeAddr == null)
9          typeAddr = pCurrentBlock->pTypeList->addRow(null, ARRAY, null,
             typeAddr, num);
10       count --;
```

```
11        }
12     }
13     if(pCurrentBlock->pVariableList->getRowByName(w->val) != null)
14        cout<<"出现变量定义重名的语义错误: " + w->val;
15     else
16        pCurrentBlock->pVariableList->addRow(w->val, typeAddr);
17     return;
18  }
```

该翻译动作首先检查形参 t 的成员变量 pDimensionStack 是否为 null。如果不为 null，表明类型为数组。对于数组类型，要从基类型入手，逐一检查每一维度，看是否已经有其定义。如果没有，就要在当前块的类型表中添加定义。如果已经定义，则获取其类型的逻辑地址。其实现如代码 5.11 第 3 行至第 12 行所示。逐一检查每一维度体现在第 5 行的 while 语句中，对每一维度，都要调用 getArrayAddr 函数获取类型逻辑地址。如果返回的逻辑地址为空，表明该维度的数组未定义，就向当前块的类型表中添加其定义。接下来的事情就是检查当前块的变量表中是否已有同名变量，如第 13 行所示。如果没有，则添加该变量的定义，否则报源程序有变量定义重名的语义错误。

getArrayAddr 函数的实现如代码 5.12 所示。该函数从当前块至根块的块链中逐级上溯，到块的类型表中查找是否定义有所指定的数组。一旦找到，就返回其逻辑地址。如果未定义，就返回 null。

代码 5.12　语义分析函数 getArrayAddr 的实现

```
1   String getArrayAddr(String baseTypeAddr,int size)  {
2      int index = pBlockStack->getTopIndex();
3      while(index>= 0)  {
4        Block * pBlock = pBlockStack->getElementByIndex(index);
5        String typeAddr = pBlock->pTypeList->getAddrOfRow(null, ARRAY, null,
         baseTypeAddr,size);
6        if(typeAddr != null)
7          return typeAddr;
8        index --;
9      }
10     return null;
11  }
```

表 5.5 所示 SDT 中第 4 个产生式"$T \rightarrow id^* ;$"表达了自定义类型的指针类型定义。规约时调用 getClassPointerDef 翻译动作，来确保类型表中有该类型的定义。该动作的实现如代码 5.13 所示。其中，形参 t 指向要规约出的非终结符 T 实例对象，形参 w 为终结符 id，即类名。该翻译动作首先基于类名调用 getClassAddr 函数查找是否已有其定义。如果无，就报源程序有类未定义的语义错误；如果有，则进一步调用 getPointerAddr 函数查找是否有其指针类型的定义；若无，则向当前块的类型表中添加其定义。该翻译动作的目标是给形参 t 的属性 typeAddr、pDimensionStack 赋值。getClassAddr 和 getPointerAddr 这两个函数的实现与代码 5.12 所示 getArrayAddr 的实现类似。

代码 5.13 语义分析函数 getClassPointerDef 的实现

```
1  void getClassPointerDef(T * t, Lexeme * w)  {
2    String typeAddr = getClassAddr(w->val);
3    if(typeAddr == null)
4      cout<<"出现类未定义的语义错误: "+w->val;
5    else  {
6      String typeAddr2 = getPointerAddr(typeAddr);
7      if(typeAddr2 == null)
8        t->typeAddr = pCurrentBlock->pTypeList->addRow(null, POINTER, null,
         typeAddr, null);
9      else
10       t->typeAddr = typeAddr2;
11     t->pDimensionStack = null;
12   }
13   return;
14 }
```

表 5.5 所示 SDT 中第 5 个产生式"$T \rightarrow P$"表达了基本类型或者其指针类型的归一化处理。规约时调用 getTypeOrPointerDef 翻译动作,使用 P 的属性值初始化 T 的属性值。该动作的实现如代码 5.14 所示。

代码 5.14 语义分析函数 getTypeOrPointerDef 的实现

```
1  void getTypeOrPointerDef(T * t, P * p)  {
2    t->typeAddr = p->typeAddr;
3    return;
4  }
```

表 5.5 所示 SDT 中第 6 个产生式"$T \rightarrow T_1[\text{num}]$"表达了数组类型定义。规约时调用 getArrayDimensionDef 翻译动作,记录增加一个维度后的数组信息。该动作的实现如代码 5.15 所示。它有 3 个形参,形参 t 和 t_1 分别记录添加一个维度前后的数组信息。形参 w 指向常整数终结符 num,即所增维度的元素个数。如果形参 t_1 的成员变量 pDimensionStack 的值为 null,则表示是初始化数组的第一个维度。因此要创建一个元素类型为 int 的栈,来存储每个维度的元素个数。形参 w 的综合属性 val 的值是一个字符串,要将其转换成一个整数,然后压入 pDimensionStack 栈中,如代码 5.15 第 7 行所示。该翻译动作的目标是给形参 t 的属性 typeAddr 和 pDimensionStack 赋值。

代码 5.15 语义分析函数 getArrayDimensionDef 的实现

```
1  void getArrayDimensionDef(T * t,  T * t1,  Lexeme * w)  {
2    t->typeAddr = t1->typeAddr;
3    if(t1->pDimensionStack == null)
4      t->pDimensionStack = new Stack<int>();
5    else
6      t->pDimensionStack = t1->pDimensionStack;
7    t->pDimensionStack->push (atoi (w->val));
8    return;
9  }
```

表 5.5 所示 SDT 中第 7 个产生式"$P\rightarrow$int｜float｜char｜bool"表达了变量的类型为基本类型。规约时调用 getBasicTypeAddr 翻译动作,获得所指类型的逻辑地址。该动作的实现如代码 5.16 所示。

代码 5.16　语义分析函数 **getBasicTypeAddr** 的实现

```
1  void getBasicTypeAddr(P * p, Lexeme * w) {
2    Block * pRootBlock = pBlockStack->getElementByIndex(0);
3    p->typeAddr = pRootBlock->pTypeList->getTypeAddrByName(w->val);
4    return;
5  }
```

表 5.5 所示 SDT 中第 8 个产生式"$P\rightarrow P$ *"表达了基本类型的指针类型定义。规约时调用 getBasicPointerDef 翻译动作,获得所指类型的逻辑地址。该动作的实现如代码 5.17 所示。该函数首先调用 getPointerAddr 查找所要的指针是否已有定义。如果未定义,就在当前块的类型表中添加其定义。

代码 5.17　语义分析函数 **getBasicPointerDef** 的实现

```
1  void getBasicPointerDef(P * p, P * p1)  {
2    String typeAddr = getPointerAddr(p1->typeAddr);
3    if(typeAddr == null)
4      p->typeAddr = pCurrentBlock->pTypeList->addRow(null, POINTER, null,
       p1->typeAddr, null);
5    else
6      p->typeAddr = typeAddr;
7  return;
8  }
```

思考题 5-13　代码 5.7 所示 Student 类的注释语法分析树是怎样的?

思考题 5-14　描述类中成员函数定义的产生式有:"$S\rightarrow$void id();""$S\rightarrow$void id(F);""$S\rightarrow T$ id();""$S\rightarrow T$ id(F);"。其中,非终结符 F 的产生式有:"$F\rightarrow T$ id""$F\rightarrow F,T$ id"。非终结符 S、T、F 分别表示语句、类型、形参列表,其他的为终结符。请画出其 LR(0) 型 DFA。块中函数表 pFunctionList 应该包含哪些字段?请写出类中成员函数定义的 SDD 和 SDT。

思考题 5-15　对于 C++ 语言,描述类中成员函数实现的代表性产生式是:"$S\rightarrow T$ id::id(F) {S}",其中非终结符有 S、T、F,分别表示语句、类型、形参列表。非终结符 F 的产生式有:"$F\rightarrow T$ id"和"$F\rightarrow F,T$ id"。产生式中的"id::id",其中第 1 个 id 表示类名,第 2 个 id 表示函数名。对于成员函数的实现,语义分析内容之一是检查成员函数是否在类中已定义。判断一个成员函数是否已定义的标准不仅仅只是函数名,还包括参数个数、类型、顺序。请写出判断一个成员函数是否已定义的具体实现。要实现该语义分析,先要基于类名找到类的定义。类定义中的 pClassDefBlock 字段存储了类定义块的指针,将其赋值给成员函数实现块的 pParentblock 字段。于是成员函数实现块的父块为类定义块。完成上述功能,产生式中非终结符应该包含哪些属性?请设计出 SDD。

思考题 5-16　在面向对象编程语言中,程序由语句序列构成,其中的语句包含两种:一种是类定义语句,另一种是类的成员函数实现语句。请写出程序的构成产生式。

5.4 变量使用的 SDT 设计

变量的使用包括为变量赋值和读取变量的值两种情形。为变量赋值表现在赋值语句中,读取变量的值体现在运算表达式中。描述赋值语句的产生式为"$S \rightarrow V = E$;",其中 V 和 E 为非终结符,V 表示一个或多个变量名的列表,E 为运算表达式。例如,源代码语句"j,a[0][1]=s->tall+y* a[0][0];"就是赋值语句的一个实例。该语句要读取变量 s、tall、y 和数组元素 a[0][0]的值,同时为变量 j 和数组元素 a[0][1]赋值。每个变量都有类型概念,假定该语句中变量 j 的类型为 float,变量 a 的类型为 float 二维数组,变量 s 的类型为 Student *,成员变量 tall 的类型为 float,变量 y 的类型为 int。

对于变量使用,最常见的语义规则是变量要先定义后使用,以及读取变量的值前要先给变量赋值。在上述赋值语句例子中,变量 j、a、s、tall 和 y 一定要先有定义,而且在该语句前要给变量 s、tall、y 和数组元素 a[0][0]赋值,否则就违背了语义规则。另外,变量的表达形式要与变量的类型一致。例如,此例中的变量 s,要求其类型一定要为类指针,否则 s->tall 就违反了语义规则。变量 a 的类型一定要为二维数组,否则 a[0][0]就违反了语义规则。

每种运算,包括算术运算和逻辑运算,也都有对应的语义约束。例如,上例中的 y * a[0][0]是乘法运算。乘法运算是二元运算,通常对两个操作数的类型有约束。现在变量 y 的类型为 int,a[0][0]的类型是 float,两者不同。这种情形允许吗? 如果允许,那么运算结果的类型是 int,还是 float? 对于这些问题,每门语言都必须给出明确的规定。在中间语言中,对于乘法之类的运算,都要求参与运算的两个操作数类型相同。如果不同,就要先对其中的一个操作数做类型转换。在上例中,就要先将变量 y 的值转换为一个 float 值,然后再执行乘法运算。将两个 float 数做乘法运算,得到结果的类型也为 float。

变量表中的字段 hasValue 和 used 分别用来记录变量是否已赋值和是否被使用。当为一个变量赋值时,将其 hasValue 设为 true。当使用一个变量的值时,将其 used 设为 true。每读取一个变量的值时,要求其 hasValue 字段值为 true,否则就违背了变量要先赋值后使用的语义规则。读取一个变量的值之后,将其 used 字段值设为 true。在程序被编译完毕之后,如果一个变量的 used 字段值还为 false,则表明它在程序中没有被使用,多余可删掉。

读取类的成员变量或者全局变量的值时,无法判断它是否已经被赋值。其原因有 3 点: ①成员变量和全局变量可在多个函数中使用;②函数被调用的顺序与其在源程序中出现的顺序无关;③每个函数都可对其赋值或者读取其值。正是由于这一原因,类的构造函数就显得非常重要,它能确保成员变量在使用前先已赋值。对于全局变量,因无构造函数来为其先赋值,所以在 Java 语言中被取消了。因此,"读取变量的值前要先给变量赋值"这一语义规则仅针对局部变量。

5.4.1 变量地址的确定方法

对于程序代码中出现的变量使用,先要基于变量名到变量表中查找其定义。查找顺序是先在当前块的变量表中查找。如果没有,则到当前块的父块中查找,梯次向上追溯,直至找到,或者追溯至根块为止。如果在根块中都没有找到,则说明源程序出现了变量未定义的语义错误。一旦找到,就能知晓其逻辑地址,还能从其定义中知晓其类型的逻辑地址。

在类的成员函数实现中,除了能使用类中定义的成员变量之外,还能使用其父类的成员变量。如果是多继承,父类还不止一个。因此,语义分析中要记录类的继承关系。为此在 Block 的定义(见代码 5.2)中添加一个字段 pInheritedBlockList,其类型为 List<Block*>*,用以记录父类定义块。有继承情形的类定义,其产生式为"S→class id:U{S}",其中非终结符 U 表示父类名称列表。U 的产生式有两个:"U→id"和"U→U,id",其中终结符 id 表示类名。此时,要给非终结符 U 设置一个属性 pBlockList,存放父类定义块的指针。语法分析中,如果当前状态为 LR(0)项目"S→class id:U{·S}"所在状态,就要创建一个类定义块,并给其字段 pInheritedBlockList 赋值为 U->pBlockList。于是,由类的定义块能访问到父类的定义块。

类及其继承都是高级程序语言中的概念。提出"继承"这一概念,是为了实现代码共享和重用,避免同一段代码在多处重复出现。在源代码中,假定类 A 继承了类 α 和类 β。对于类 A 的实例对象,其中自然包含有一个类 α 的实例对象和一个类 β 的实例对象。其存储布局是:先是类 α 的实例对象,再接类 β 的实例对象,然后才是类 A 的成员变量。这也就揭示了 5.1.3 节中在填写类的第一个成员变量的 offset 字段值时,要将其设置成所有父类的 width 之和的缘由。

中间语言中的数据地址有两层含义:基地址和偏移量。偏移量也称相对地址。逻辑地址仅表达偏移量。数据的基地址要依据数据的类别来分门别类考虑。全局变量可视为根类的成员变量。根类有其自身独特的特性:只有一个实例对象,而且始终存在,无生命周期概念。这种特性使全局变量的基地址唯一,于是在中间代码中可保持空缺,留待目标代码生成时再来确定。字符串常量和临时变量也是如此,中间代码中无须显式给出其基地址,留待目标代码生成时再来明确即可。

局部变量也有其自身的特性。程序运行时,在任何一个时刻点,都只会有一个函数在执行。当前在执行的函数称为**当前函数**。当前函数的基地址可以固定存储在某一特定存储器中。因此,对于局部变量和形参,在中间代码中也无须显式给出其基地址,可留待目标代码生成时再予考虑。

从上述分析可知,在中间代码中,对于全局变量、字符串常量、临时变量,以及局部变量和形参,都用其逻辑地址来标识。其基地址无须显式给出,留待目标代码生成时再予考虑即可。对于这些类别的数据,其基地址的确定方法将在第 6 章详细讲解。

相较于上述 5 个类别的数据,成员变量则有完全不同的特性。面向对象是高级程序语言中的概念,在中间语言中不存在。因此对于成员变量,在中间代码中必须显式给出其基地址。

面向对象语言中,成员函数的调用总是和类的实例对象关联在一起。例如,代码 5.1 中创建类的实例对象语句:"Student* s1=new Student("Jim",1.3);",其含义可用 3 条语句来表达,即"Student* s1;s1=(Student *) malloc(WIDTH(T:0:4));s1->~Student ("Jim",1.3);"。其中第 2 条语句是调用运行环境提供的函数 malloc,从堆空间中分配 WIDTH(T:0:4)字节的存储空间,返回值为该存储的地址。T:0:4 指 Student 类的逻辑地址,类的 width 用 WIDTH(T:0:4)表示,返回值的类型为 Byte*,要对其进行强制类型转换,变成 Student* 类型,再赋给变量 s1。第 3 个语句是通过对象指针变量 s1 调用 Student

类的构造函数~Student。构造函数也是成员函数。对构造函数的调用,编译器会将其改写成普通函数的调用,即"~Student(s1,"Jim",1.3);"。改写之后,对象指针变量 s1 成了其第 1 个实参,其他实参依次推后一位。其他成员函数的调用也是如此。

与上述成员函数的调用改写相对应,成员函数的实现在编译时也会被改写成普通函数的实现。例如,该例中构造函数的实现语句"void Student::~Student(char * nameIn,float tallIn)"会被改写成"void ~Student(Student * this,char* nameIn,float tallIn)"。其中添加了一个形参 this,作为第 1 个形参,表示类的实例对象指针。其他形参顺后推移一位。这样处理,便实现了从面向对象到面向过程的翻译。

在成员函数实现中出现的成员变量都是实例对象的成员变量,编译时也会进行相应改写。语义分析中,当查找一个变量的定义时,如果是在类定义块的变量表中找到,那么就表明该变量是一个成员变量。此时要在其前面加上"this->",例如,构造函数~Student 实现中出现的成员变量 tall 就会被改写成 this->tall。于是,成员变量 tall 的基地址被显式给出,存储在形参 this 中。假定构造函数~Student 实现块的块 id 为 4,那么其第一个形参 this 的逻辑地址就为 f:4:1。假定 Student 类定义块的块 id 为 1,那么成员变量 tall 的逻辑地址就为 m:1:2。于是在中间语言中,this->tall 的地址为 {f:4:1}:m:1:2,其中{f:4:1} 为基地址,m:1:2 为偏移量。this->tall 的值为{{f:4:1}:m:1:2}。

思考题 5-17 假定类 C 继承了类 A 和类 B,即使类 B 中有成员变量 x,在类 C 的定义中,可以将一个成员变量取名为 x,为什么?在类 C 的成员函数 f 的实现中使用变量 x 时,这个 x 指类 C 的成员变量 x,而不是类 B 的成员变量 x,为什么?

思考题 5-18 假定类 C 继承了类 A 和类 B,且类 B 中有成员变量 x,而类 A 和类 C 中没有成员变量 x。当在类 C 的成员函数 f 的实现中使用了变量 x 时,该如何确定 x 的基地址?从源程序改写来看,是不是要在 x 所在语句前面添加一个语句"B* this2=(B*)this;",然后将 x 改写为"this2->x"?翻译语句"B* this2=(B*)this;",生成的中间代码用伪代码表示,是"this2=this+WIDTH(A)",为什么?

思考题 5-19 在多继承情形下,遇到一个变量的使用时,要基于变量名查找其定义。查找过程是从当前块开始逐级向上查找,直至找到,或者追溯至根块。当追溯至函数实现块时,先在变量表中查找,如果没找到,再到形参表中查找。如果还是没有,就到类定义块的变量表中查找。如果还是没有,就到父类定义块的变量表中查找。类定义块的 pInheritedBlockList 字段存储了所有父类定义块的指针。父类也可能继承了其他类。查找具有深度优先性。为此要设置一个栈,栈元素应包含两个属性:①类定义块指针;②实例对象的基地址。如何写出变量定义的查找实现代码?

5.4.2 描述变量使用的文法

变量使用包括为变量赋值和读取变量的值这两种情形。为变量赋值有 3 种形式。第 1 种形式是为某个变量直接赋值,这是最常见的一种形式,例如赋值语句"i=1;"。第 2 种形式是通过对象指针变量,对所指对象的成员变量进行赋值。例如源代码"s->tall=1.1;",其含义是变量 s 的类型为自定义类型的对象指针。第 3 种形式是对数组元素进行赋值。例如,源代码"a[0][1]=i;",其含义是变量 a 为二维数组,给其元素 a[0][1]进行赋值。用非终结符 X 表示被赋值对象,那么它的产生式有 3 个:"$X \to id$"、"$X \to X$->id"和"$X \to X$

"[E]",对应上述 3 种形式。其中终结符 id 表示变量名,非终结符 E 为 int 类型的运算表达式。赋值语句产生式"$S \rightarrow V = E$;"中的 V 表示一个或者多个被赋值对象,因此其产生式有两个:"$V \rightarrow X$"和"$V \rightarrow V, X$"。

读取变量的值体现在产生式"$E \rightarrow X$"上,其中非终结符 E 表示运算表达式。非终结符 E 出现在赋值语句的产生式"$S \rightarrow V = E$;"中。常见的运算表达式有算术运算表达式和逻辑运算表达式。除了变量之外,非终结符 E 也可以是常量。于是还有产生式:"$E \rightarrow const$",其中 const 为常量终结符,包括 num、float、scientific、字符、字符串、true、false。非终结符 E 表达的是数据,除了变量和常量之外,还可以是调用函数的返回值。因此,非终结符 E 的产生式还有"$E \rightarrow id()$"和 $E \rightarrow id(F)$",表达函数调用的返回值。对于非终结符 E,它有运算概念。E 的双元运算产生式包括"$E \rightarrow E + E$"、"$E \rightarrow E * E$"、"$E \rightarrow E > E$"、"$E \rightarrow E || E$"以及"$E \rightarrow E \&\& E$"等。E 的单元运算产生式有"$E \rightarrow (E)$"和"$E \rightarrow not\ E$"。在此并未穷举出非终结符 E 的所有运算产生式,仅是在每一类中列出代表。

对于变量赋值和读取变量的文法,其 LR(0) 型 DFA 如图 5.2 所示,其中仅给出了部分状态和部分状态变迁。在函数实现块中,既可有变量定义语句,也可有赋值语句。为了判断变量定义和赋值的文法是否为 LR(1) 文法,图 5.2 所示 DFA 的 I_0 状态加上了变量定义语句的 LR(0) 项"$S \rightarrow \cdot T\ id$;"作为核心项。

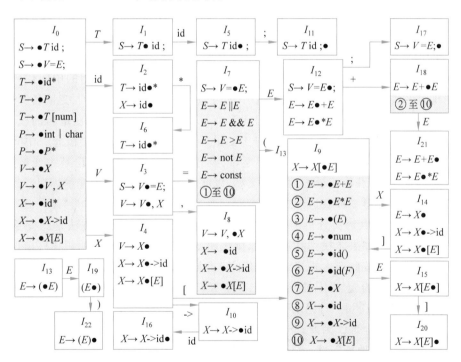

图 5.2 变量赋值和读取文法的 DFA 部分状态

从该 DFA 中 I_2 状态可知,该状态存在移入与规约的冲突。再来看此处非终结符 X 的 FOLLOW 函数值。FOLLOW(X) = { "=",",","−","["},其中不含终结符"*",因此 I_2 状态的规约与移入冲突可以解决。该文法是 LR(1) 文法。注意:上述 FOLLOW(X) 中的 X 指 I_0 状态中出现的 X,并不指整个文法中的 X。X 还出现在 I_7 和 I_9 状态中,此处的

FOLLOW(X)就包含了终结符"$*$"。因此,该文法是 LR(1)文法,但不是 SLR(1)文法。

图 5.2 所示 DFA 中,I_0 状态的非核心项由非终结符 T 和 V 的产生式而来。I_9 状态中的非核心项由表达数组元素序号的非终结符 E 的产生式而来。此处 E 的类型必须是 int,因此逻辑运算表达式不在其列。I_7 状态的非核心项由表达数据的非终结符 E 的产生式而来。此处 E 的类型可以是任一类型,包括 bool、int、float、char 等基本类型,也可以是自定义类型,还可以是指针类型或数组类型。这里的 E 既可以是变量,也可以是常量(终结符 const)。当 E 的类型为自定义类型时,表明赋值运算符(=)已不是常规意义上的赋值运算符,而是由类重载后的运算符。从此例可知,I_7、I_9 这两个状态中的非核心项都是由非终结符 E 的产生式而来,但不同状态中各有取舍,要依语义而定。

5.4.3 变量使用的语义分析和中间代码生成 SDD 设计

变量的使用包括为变量赋值和读取变量的值两个方面。为变量赋值体现在产生式"$V \rightarrow X$"上,而读取变量的值则体现在产生式"$E \rightarrow X$"上。非终结符 X 有 3 个产生式:"$X \rightarrow$ id"、"$X \rightarrow X->$id"和"$X \rightarrow X[E]$",其中终结符 id 为变量名。变量使用的第一条语义规则是变量要先定义后使用。实施策略就是基于变量名到变量表中去查找其定义。如果没有找到其定义,就报源程序有变量未定义的语义错误;如果有其定义,对于为变量赋值,则将其 hasValue 字段的值设为 true。对于读取变量的值,则要检查其 hasValue 字段的值是否为 true。如果不为 true,就说明源程序有变量未事先赋值的语义错误;如果为 true,则要将其 used 字段的值设为 true,表明变量在程序中被使用。

变量的使用通过语义检查之后,便是其中间代码的生成。变量使用的中间代码生成需要变量的地址和类型这两个信息。源程序中的变量使用有 3 种形式:①变量名所指变量;②指针变量所指对象的成员变量;③数组元素变量。中间语言中没有变量名的概念,也没有指针、数组、自定义类型这 3 个概念。对于变量,只有地址和类型两个概念。中间语言中的类型只有 int、float、char、bool 等基本类型,以及地址类型。因此,不论是为变量赋值,还是读取变量的值,都要获取变量的地址和类型,以此作为中间语言中的变量标识。

对于变量使用的第 1 种表达形式,即变量名所指的变量,其产生式为"$X \rightarrow$ id",其中终结符 id 表示变量名。其语义分析内容是检查变量是否已定义。实施方法是到变量表中基于名称查找其定义。如果能找到其定义行,则表明变量已定义,否则表明源程序出现了变量未定义的语义错误。按此产生式规约时,还不知道是给该变量赋值,还是读取该变量的值。因此,应该将该变量的定义传递给非终结符 X。由此可知,非终结符 X 应该有属性 variable,其类型为 Variable $*$,记录变量 id 的定义。属性 variable 中有字段 typeAddr,记录了变量的类型的逻辑地址。因此,非终结符 X 不需要另外设置 typeAddr 属性。

非终结符 X 要有地址属性 address。变量的地址随其定义所在块的类型不同而不同。查找一个变量的定义时,先是在当前块的变量表中查找。如果未找到,就要到当前块的父块中去查找。梯次向上追溯,直至找到,或者追溯至根块。如果在根块中都未找到,就说源程序有变量未定义的语义错误。假定在块 α 中找到变量 id 的定义。如果块 α 的类型为函数实现块或者被嵌块,即块 α 的 category 属性值为 FUNCTION_IMP 或者 EMBEDDED 时,表明变量为局部变量。如果块 α 的 category 属性值为 ROOT,表明变量为全局变量。如果块 α 的 category 属性值为 CLASS_DEF,表示变量为类的实例对象的成员变量。对于成员变量,其地址值由基地址和偏移量两部分组成。基地址值存储在 this 这个形参中。

对于变量使用的第 2 种表达形式,即指针变量所指对象的成员变量,其情形稍有差异。对于产生式"$X \rightarrow X_1$->id",依据其语义,其中的非终结符 X_1 表示指针变量,而且是指向类的实例对象的指针,即类型一定要为类指针,否则就违背了其语义。除此之外,X_1 的定义中 hasValue 字段值要为 true,否则就表明源程序有变量未事先赋值的语义错误。产生式中的终结符 id 为变量 X_1 所指对象的成员变量。因此,id 一定要为 X_1 所指类的成员变量,否则就表明源程序有成员变量未定义的语义错误。非终结符 X 表示类的实例对象的成员变量。通过上述语义检查之后,可知 X 的定义为成员变量 id 的定义,X 的基地址存储在变量 X_1 中。

对于变量使用的第 3 种表达形式,即数组元素,也有其独有的特征。在产生式"$X \rightarrow X_1[E]$"中,非终结符 X_1 表示数组变量,$X_1[E]$ 表示数组 X_1 的第 E 个元素。因此,变量 X_1 的类型一定要为数组,非终结符 E 的类型一定要为 int。对于规约出的非终结符 X,它表示数组元素,因此其类型逻辑地址为 X_1 的类型的元素类型的逻辑地址。X 的地址值由两部分组成:①基地址,即数组变量 X_1 的地址;②数组元素的偏移量(offset),即数组元素 $X_1[E]$ 相对于变量 X_1 的偏移量。$X_1[E]$ 表示数组 X_1 的第 E 个元素,于是偏移量就为 E 的值乘以元素类型的宽度。类型逻辑地址为 n 的类型宽度用 WIDTH(n) 表示,当目标机器确定时为常量。需要注意的地方是:这里的变量 X_1,可能是一个数组变量,也可能是一个以前规约出的数组元素。这里的偏移量指相对于 X_1 的偏移量。如果要相对于数组变量,那么偏移量就要进行累加。下面举例说明该情形。

设变量 a 的类型为 int[20][40],地址为 1:2:1。变量 i 和 j 的类型都为 int,地址分别为 1:2:4 和 1:2:5。现在对数组元素 a[i][j] 进行语义分析。其中共有 3 次规约:①将 a 规约成 X_1;②将 $X_1[i]$ 规约成 X_2;③将 $X_2[j]$ 规约成 X_3。对于第 1 次规约,从变量表中找到变量 a 的定义,可知其逻辑地址为"1:2:1",其类型的逻辑地址为 T:2:3。于是 X_1 的 variable 属性值为变量 a 的定义,address 属性值为"1:2:1",typeAddr 属性值为 T:2:3。

对于第 2 次规约,其特征是 X_1 的 offset 属性值为 null。先由 X_1 的逻辑地址 T:2:3 到类型表中找到其详细定义,即块 2 的类型表中的第 3 行,如表 5.3 所示。从其详细定义可知,变量 X_1 的类别是数组,其一维形式的元素的类型逻辑地址为 T:2:2。再来看其定义行,可知其类别也是数组,其 size 字段值为 40。于是对规约出的非终结符 X_2,可计算出它相对于 X_1 的偏序量:i * WIDTH(T:2:2)。该偏序量的计算涉及中间代码的生成。要生成中间代码行为" {t:0}={1:2:4} * WIDTH(T:2:2)",其中 1:2:4 是变量 i 的逻辑地址,计算结果用临时变量 t:0 来存储。于是,X_2 的 offset 属性值为"{t:0}"。

再来看第 3 次规约:将 $X_2[j]$ 规约成 X_3。这里,X_2 的 typeAddr 属性值为 T:2:2,variable 属性值为变量 a 的定义,address 属性值为"1:2:1",offset 属性值为"{t:0}"。现在来求非终结符 X_3 的 4 个属性的值。先由 X_2 的 typeAddr 属性值 T:2:2,到类型表中找到其详细定义。从其详细定义可知,其类别为数组,其元素的类型 id 为 T:0:1,即 int。于是可知,非终结符 X_3 的 typeAddr 属性值为 T:0:1。再来看类型 T:0:1 的定义行,可知其类别不为数组。由此可知 X_3 已经是数组元素了。variable 属性值为变量 a 的定义,address 属性值为"1:2:1",offset 属性值为"{t:2}"。

X_3 的 offset 属性值的计算涉及两行中间代码的生成。首先是计算 $X_2[j]$(即 X_3)相对于 X_2 的偏移量,其中间代码行为" {t:1}={1:2:5} * WIDTH(T:0:1)",其中 1:2:5 是变

量 j 的地址。然后再计算 $X_2[j]$(即 X_3)相对于 X_1 的偏序量,其中间代码行为"{t:2}={t:0}+{t:1}"。此时 X_3 的 offset 属性值为"{t:2}",即数组元素 $a[i][j]$ 相对于二维数组变量 a 的偏移量。

思考题 5-20　对上述分析进行归纳和延伸,设有 k 维数组类型 $id[n_1][n_2]\cdots[n_k]$,其中 $n_1,n_2,\cdots,n_k$ 分别为各个维度的大小,id 为类型名称。现有该数组类型的变量 a。数组元素 $a[i_1][i_2]\cdots[i_k]$ 相对于变量 a 的偏移量计算,要按产生式"$X \rightarrow X_1[E]$"规约 k 次。将 k 次规约汇总起来,偏移量的计算公式为 $i_1 * \text{WIDTH}(id[n_2]\cdots[n_k]) + i_2 * \text{WIDTH}(id[n_3]\cdots[n_k]) + \cdots + i_k * \text{WIDTH}(id)$,正确吗?

综上所述,对变量使用的 3 种表达形式,其 SDD 设计方案如表 5.6 所示。对于产生式"$X \rightarrow id$"的语义规则中第 2 行,其含义是从当前块开始,基于变量名到变量表中查找其定义。找到定义后,得到其逻辑地址,赋值给 X->address,同时将变量定义作为返回值赋给 X->variable。变量的类别有局部变量、形式参数、成员变量、全局变量。变量的逻辑地址和其类别相关,其求法将在后面的 SDT 方案中讲解。第 3 行 variableAssertion 的含义是语义检查,确保变量已定义。

表 5.6　变量使用 3 种表达形式的 SDD 设计方案

	产生式	语义规则
1	$X \rightarrow id$	X->address = new String(); X->variable = getVariableDef(id->val, X->address); variableAssertion(X->variable != null); X->typeAddr = X->variable->typeAddr; X->offset = null;

2	$X \rightarrow X_1$->id	Type * type = GetTypeRowById(X$_1$->typeAddr);
		typeAssertion(type->category, POINTER);
		Type * type2 = GetTypeRowById(type->baseTypeAddr);
		typeAssertion(type2->category, CLASS);
		hasValueAssertion(X$_1$->variable->hasValue);
		X$_1$->variable->used = true;
		X->variable = type2->pClassDefBlock->pVariableList->getRowByName(id->val);
		variableAssertion(X->variable != null);
		X->address = "{" + X$_1$->address + "}:m:" + type2->pClassDefBlock->blockId + ":" + X->variable->variableId;
		X->typeAddr = X->variable->typeAddr;
		X->offset = null;

3	$X \rightarrow X_1[E]$	typeAssertion(X$_1$->typeAddr, ARRAY);
		typeAssertion(E->typeAddr, INT);
		X->variable = X$_1$->variable;
		X->address = X$_1$->address;
		X->typeAddr = getElementTypeAddr(X$_1$->typeAddr);
		String t = newTempIntVar();
		addInTstruction(t + "=" + E->val + " * WIDTH(" + X->typeAddr + ")");
		if (X$_1$->offset != null)
		X->offset = newTempIntVar();
		addInstruction(X->offset + "=" + X$_1$->offset + "+" + t);
		else
		X->offset = t;

非终结符 X 的属性 offset 是专为数组元素而设置的。对于变量的前两种形式,offset 属性值都为 null。在第 3 种形式中,当 X_1 的 offset 为 null 时,表明 X_1 是数组变量。否则 X_1 是数组元素。X 的 offset 计算涉及偏移量的累加,于是有中间代码的生成。中间代码 生成通过调用 addInstruction 函数来完成。newTempIntVar 函数的含义是:在临时变量表 中添加一个类型为 int 的临时变量,返回该变量的逻辑地址。该变量用来存储偏移量的计 算结果。

给变量赋值体现在产生式"$V{\to}X$"上。当按此产生式规约时,要将 X 所指变量的定义 中 hasValue 字段设置成 true。此动作通常放到赋值时再去执行。读取变量的值体现在产 生式"$E{\to}X$"上。当按该产生式规约时,则要检查 X 所指变量的定义中 hasValue 字段值是 否为 true。如果不为 true,就说明源程序有变量未事先赋值的语义错误;如果为 true,则要 将其 used 字段的值设为 true,表明变量已使用。对变量赋值和读取变量的值,这两种情形 的 SDD 设计方案如表 5.7 所示。

表 5.7　变量赋值和读取变量值的 SDD 设计方案

序号	产生式	语义规则
1	$V{\to}X$	V->pVariableList = new List<X ＊>(); if (X->offset !＝null) X->address ＝X->address ＋"［"+X->offset+"］"; V->pVariableList->addItem(X);
2	$V{\to}V_1,X$	V->pVariableList＝V_1->pVariableList; if (X->offset !＝null) X->address ＝X->address ＋"［"+X->offset+"］"; V->pVariableList->addItem(X);

3	$E{\to}X$	hasValueAssertion(X->variable->hasValue);
		X->variable->used ＝true;
		if (X->offset !＝null)
		X->address ＝X->address ＋"［"+X->offset+"］";
		E->val ＝"{"+X->address+"}";
		E->typeAddr＝X->typeAddr;

当非终结符 X 所指为数组元素时,其标识是 offset 属性值不为 null。数组元素的地址 由两部分构成:①数组变量的地址;②偏移量。数组元素相对于数组变量的偏移量要用方 括号括起来。数组元素的地址要等到表 5.7 所示 3 个产生式规约时才能最终确定。因此这 3 个产生式的语义规则之一就是得出非终结符 X 的 address 属性值。

5.4.4　变量使用的语义分析和中间代码生成 SDT 设计

依据 LR 分析中语法制导的翻译实现框架,以及前面所述的 SDD 方案,变量使用的语 义分析和中间代码生成的 SDT 设计方案如表 5.8 所示,其中的状态序号来自图 5.2 所示的 DFA。函数调用中的实参都是指针变量,指向规约时出栈和入栈的文法符对象。实参名称 取产生式中文法符的小写形式。

表 5.8   变量使用的语义分析和中间代码生成的 SDT 设计方案

序号	在 DFA 中的执行时刻		语 义 动 作
	LR(0)项目	状态序号	
1	$X \rightarrow id \cdot$	I_2	{ getVariableDef (x,w); }
2	$X \rightarrow X_1 \rightarrow id \cdot$	I_{16}	{getMemberVariableDef (x,x_1,w); }
3	$X \rightarrow X_1[E] \cdot$	I_{20}	{getArrayElementDef (x,x_1,e); }
4	$V \rightarrow X \cdot$	I_4	{getVariableForWrite(v,x); }
5	$E \rightarrow X \cdot$	I_{14}	{ getVariableForRead (e,x); }

表 5.8 所示 SDT 中第 1 个产生式"$X \rightarrow id$"描述了变量使用的第 1 种表达形式。规约时调用 getVariableDef 翻译动作,基于变量名获取变量的定义,得到其类型和地址。该翻译动作的实现如代码 5.18 所示,其中,形参 x 指向要规约出的非结终结符实例对象,形参 w 为终结符 id,即变量名。

代码 5.18   语义分析函数 getVariableDef 的实现

```
1   void getVariableDef(X * x, Lexeme * w) {
2     Block * block =pCurrentBlock;
3     while(block != null)  {
4      x->variable = block->pVariableList->getRowByName(w->val);
5      if(x->variable) {
6        if(block->category==FUNCTION_IMP || block->category == EMBEDDED)
7          x->address = "l:" + block->blockId + ":" + x->variable->variableId;
8        else if(block->category == ROOT)
9          x->address = "g:" + x->variable->indexId;
10       else if(block->category == CLASS_DEF)
11       x->address = "{f:"+ functionImpBlockId + ":1 } : m:" + block->blockId
           + ":"+ x->variable->variableId;
12      }else {
13        if(block->category=="FUNCTION_IMP"&& block->pFormalParamList != null)  {
14          functionImpBlockId = block->blockId;
15          x->variable = block->pFormalParamList->getRowByName(w->val);
16          if(x->variable)
17            x->address = "f:" + block->blockId + ":" + x->variable->variableId;
18      }
19      }
20     if(x->variable == null)     //未找到变量的定义
21       block = block->pParentBlock();
22     else  {
23       x->typeAddr = x->variable->typeAddr;
24       x->offset = null;
25       return;
26     }
27    }
28    cout<<"出现变量未定义的语义错误: "+ w->val;
29  }
```

该翻译动作从当前块开始,基于变量名到变量表中查找是否有其定义。如果无,就检查当前块是否为函数实现块,如果是,则进一步在形式参数表中检查是否有该变量的定义。如果还是没有,则到当前块的父块中去查找。梯次向上追溯直至找到,或者追溯至根块。如果在根块中都未找到该变量的定义,说明源程序有变量未定义的语义错误。

假定在块 α 的变量表中找到了变量的定义,其变量类别由块 α 的类型来得知。块 α 的类型字段 category 值如果为 FUNCTION_IMP 或者 EMBEDDED,则表明该变量为局部变量;如果为 ROOT,则表明该变量为全局变量。在中间语言中,局部变量、全局变量、形参的地址都用逻辑地址来表达的,其前面加上类别标识符。如果 category 字段值为 CLASS_DEF,表明该变量为成员变量。成员变量的地址值由两部分组成:①实例对象的基地址;②偏移量。实例对象的地址存储在成员函数的第一个形参 this 中。成员变量的地址表达如代码 5.18 中第 11 行所示。

代码 5.18 所给出的实现假定了类无继承情形。无继承时,类定义块的 pInheritedBlockList 字段值为 null。如果有继承情形,且上溯至类型定义块都未找到变量的定义时,还要基于 pInheritedBlockList 字段值到父类定义块中查找。如果一个类继承了多个类,应基于深度优先原则到父类定义块中去查找变量的定义。

表 5.8 所示 SDT 中第 2 个产生式 "$X \rightarrow X_1 ->id$" 描述了变量使用的第 2 种表达形式,即实例对象的成员变量。规约时调用 getMemberVariableDef 翻译动作,基于成员变量名获取变量的定义,得到其类型和地址。该翻译动作的实现如代码 5.19 所示。其中形参 x 指向要规约出的非终结符实例对象,表示成员变量;形参 x_1 为非终结符 X 的实例对象,表示对象指针变量;形参 w 为终结符 id,即成员变量名。

代码 5.19　语义分析函数 **getMemberVariableDef** 的实现

```
1   void getMemberVariableDef(X * x, X * x1, Lexeme * w) {      //X→X->id
2    Type * type = getTypeDefRowByAddr(x1->typeAddr);
3    if(type->category != POINTER)  {
4     cout<<"出现变量类型不为指针的语义错误: "+ x1->variable->name;
5    else {
6     Type * type2 = getTypeDefRowByAddr(type->baseTypeAddr);
7     if(type2->category != CLASS)
8      cout<<"出现变量类型不为类指针的语义错误: "+ x1->variable->name;
9     else  {
10     if(x1->variable->hasValue != true)
11      cout<<"出现指针变量未先赋值的语义错误: "+ x1->variable->name;
12     else {
13      x1->variable->used = true;
14      x->variable = type2->pClassDefBlock->pVariableList->getRowByName
           (w->val);
15      if(x->variable == null)
16       cout<<"出现成员变量未定义的语义错误: "+ w->val;
17      else  {
18       x->address = "{" +x1->address + "}:m:" + type2->pClassDefBlock-
            >blockId +":" + x->variable->variableId;
19       x->typeAddr = x->variable->typeAddr;
20       x->offset = null;
```

```
21          }
22        }
23      }
25    }
26  }
```

该翻译动作首先执行 4 项语义检查:①基于类型 id 到类型表中找到其详细定义,然后看其类别是否为指针,如果不是,表明源程序有变量类型不为指针的语义错误;②看指针所指类型的类别是否为 CLASS,如果不是,表明源程序有变量类型不为类指针的语义错误;③看指针变量是否已赋值,如果未赋值,表明源程序有变量未事先赋值的语义错误;④看成员变量是否已定义,如果未定义,表明源程序有成员变量未定义的语义错误。

通过上述 4 项语义检查之后,接下来计算形参 x 的 4 个属性值,即 variable、typeAddr、address、offset 的值。前 3 个属性值分别指成员变量的定义、类型的逻辑地址、变量的地址。offset 属性专门为数组元素而设置,在这里设为 null。代码 5.19 所给出的实现也假定了类无继承情形。

表 5.8 所示 SDT 中第 3 个产生式"$X \rightarrow X_1[E]$"描述了变量使用的第 3 种表达形式,即数组元素。规约时调用 getArrayElementDef 翻译动作,基于数组元素的序号得到其类型和地址。该翻译动作的实现如代码 5.20 所示。其中形参 x 指向要规约出的非终结符实例对象,表示数组元素;形参 x_1 为非终结符 X 的实例对象,表示数组变量;形参 e 为非终结符 E 的实例对象,表示数组元素的序号。该翻译动作首先执行两项语义检查:①数组变量的类型要为数组,否则表明源程序有语义错误;②数组元素的序号的类型必须为 int,否则表明源程序违背了数组的基本语义。通过上述两项语义检查之后,接下来计算数组元素的 4 个属性值,即 variable、typeAddr、address、offset 的值。这些属性值分别指数组变量的定义、数组元素的类型逻辑地址、数组变量的地址、数组元素的偏移量。

代码 5.20　语义分析函数 **getArrayElementDef** 的实现

```
1   void getArrayElementDef(X * x, X * x1, E * e) {   //X→X1[E]
2     if(e->typeAddr != "T:0:1")  {
3       cout<<"有语义错误:数组元素的序号的类型不为 int"+ x1->variable->name;
4     else {
5       Type * type = getTypeDefRowByAddr(x1->typeAddr);
6       if(type->category != ARRAY)  {
7         cout<<"出现变量类型不为数组的语义错误:"+ x1->variable->name;
8       else {
9         x->variable = x1->variable;
10        x->address = x1->address;
11        x->typeAddr = type->baseTypeAddr;
12        x->offset = newTempIntVar();
13        if(x1->offset == null)
14        addInstruction(x->offset+"=" + e->val + " * WIDTH(" + x->typeAddr
              + ")");
15        else {
16          String t = newTempIntVar();
17          addInstruction(t + "=" + e->val + " * WIDTH("+ x->typeAddr +")");
```

```
18            addInstruction(x->offset + "=" + x1->offset + "+" + t);
19        }
20      }
21    }
22 }
```

数组元素相对于数组变量的偏移量计算已在前面讲解,其中涉及中间指令的添加。x_1 可以是数组变量,也可以是类型为数组的数组元素。x_1 为数组变量的标识是:其 offset 属性值为 null。偏移量用一个临时变量来存储,因此要调用函数 newTempIntVar 从临时变量表中添加一个临时整型变量。

向中间代码表中添加一条指令,通过调用函数 addInstruction 来完成。该函数的实现如代码 5.21 所示。其中的 nextInstrId 变量为指令行号记数器,确保被添加的指令行号唯一且递增。

代码 5.21　addInstruction 函数的实现

```
1 void addInstruction(String instruction)  {
2   pInstructionList ->addRow(nextInstrId, instruction);
3   nextInstrId++;
4   return;
5 }
```

5.5　运算的语义分析和中间代码生成

变量使用的语义分析通过之后,再来看赋值的语义分析。可将赋值视为一种二元运算,含有左操作数和右操作数。于是,对赋值的语义分析便可纳入有关运算的语义分析中。对于赋值运算,其语义分析内容为:右操作数的类型要和左操作数的类型一致。如果该语义规则满足,则在左操作数的定义中,将 hasValue 字段的值设为 true,然后生成赋值中间指令,将其添加到中间代码表中。

有关运算的语义分析,其基本内容包括两点:①操作数的类型要与运算匹配;②操作数之间在类型上要彼此匹配。例如一元运算 not,其产生式为"$E \rightarrow not\ E_1$",其操作数 E_1 的类型就必须为 bool,否则就违背了该运算的语义规则。运算中最常见的是二元运算、包括数值运算、比较运算、逻辑运算、赋值运算等。每种运算通过运算符来标识。对于逻辑运算中的或运算和与运算,要求参与运算的两个操作数其类型都为 bool,否则就违背了该运算的语义规则。

现举例说明赋值运算的语义分析内容。如果发现其左操作数的类型为 pointer,右操作数的类型为 float,就表明源程序出现了赋值语义错误。如果发现左操作数的类型为 int,右操作数的类型为 float,则表明类型不相同,不能直接赋值。在这种情形下,要先做类型转换,把右操作数转换成一个 int 类型的数,存储在一个临时变量中,再将其值赋给左操作数。如果左操作数的类型为 String 类指针,右操作数的类型为 int,那么就要看自定义类型 String 的定义中是否实现了对赋值操作符(=)的重载。如果没有实现,显然就是一个语义错误。如果实现了,那么要生成的中间代码就是调用 String 类中的赋值操作符重载函数。

运算的语义分析要通过构建运算规则表来实现。运算规则表与类型表及变量表一样，都属于符号表中的内容。符号表指语义分析和中间代码生成中要用到的数据表总称。运算规则表的数据结构如表 5.9 所示。该表包含 4 列,分别是运算符、左操作数的类型 id、右操作数的类型 id、语义动作。对于基本类型的运算,要基于其语义规则,将其语义动作事先填入该表。语义分析中,每遇到源代码中的运算式,就基于运算式中的运算符、左操作数的类型 id,以及右操作数的类型 id,到运算规则表中查找其语义动作。如果在运算规则表中不存在与其对应的行,就表明源程序出现了运算语义错误。如果能找到与其对应的行,就执行该行中的语义动作,生成运算的中间代码。

表 5.9　运算规则表

运算符	左操作数的类型 id	右操作数的类型 id	语义动作
=	T:0:1	T:0:1	addInstruction("{"+x->address+"} =(int)"+e->val);

=	T:0:1	T:0:2	String t=newTempIntVar();
			addInstruction(t+"=(int) floatToInt"+ e->val);
			addInstruction("{"+x->address+"} =(int)"+t);

+	T:0:1	T:0:1	e->val=newTempIntVar();
			addInstruction(e->val+"=(int)"+e_1->val+"+"+e_2->val);
			e->typeAddr=e_1->typeAddr;

+	T:0:1	T:0:2	String t =newTempIntVar();
			addInstruction(t+"=(int) floatToInt"+e_2->val);
			e->val=newTempIntVar();
			addInstruction(e->val+ "=(int)"+e_1->val+"+"+t);
			e->typeAddr=e_1->typeAddr;

+	T:0:9	T:0:1	addInstruction("param (address)"+e_1->val);
			addInstruction("param (int)"+e_2->val);
			e->val=newTempPointerVar(e_1->typeAddr);
			addInstruction(e->val+"=(address) call stringPlusInt,2");
			e->typeAddr=e_1->typeAddr;

在表 5.9 所示运算规则中,列举了 2 条赋值运算规则,以及 3 条加法运算规则。第 2 行记录了赋值运算中左操作数类型为 int(其逻辑地址为 T:0:1)、右操作数类型也为 int 时该执行的语义动作。该情形下的语义动作就是生成一条整数赋值中间指令。当按照产生式"S→V=E;"规约时,对象栈中要弹出非终结符 V 和 E 的对象 v 和 e。对象 v 中有一个属性 pVariableList,记录了被赋值的变量列表。非终结符 X 表示被赋值的变量,因此第 2 行的语义动作列中出现的变量 x 就是被赋值的变量,即赋值运算中的左操作数,e 为右操作数。

表 5.9 中第 3 行记录了赋值运算中左操作数类型为 int、右操作数类型为 float(其逻辑地址为 T:0:2)时该执行的语义动作。此动作中,先是调用语义分析基本操作函数 newTempIntVar,在临时变量表中添加一个类型为 int 的临时变量,用来存储将右操作数进行类型转换后的结果。然后生成将 float 数转化成 int 数的中间代码,再生成赋值运算的中间代码。

表 5.9 中的第 4 行和第 5 行记录了两条加法运算规则。加法运算通过产生式"$E \rightarrow E_1 + E_2$"来描述,因此 e_1 和 e_2 分别是其中的左操作数和右操作数。在第 4 行的规则中记录了左操作数和右操作数的类型都为 int 时该执行的语义动作。而第 5 行的规则中记录了左操作数和右操作数的类型分别为 int 和 float 时该执行的语义动作。

对于自定义类型,语义分析中每发现它实现了一个运算符重载时,就向运算规则表中添加一行。该行的语义动作就是调用运算符重载函数。表 5.9 中第 6 行记录了加法运算中左操作数的类型为 String *(假定其逻辑地址为 T:0:9)、右操作数的类型为 int 时该执行的语义动作。当语义分析到自定义类型 String(假设其逻辑地址为 T:0:8)实现的加法运算符重载函数时,因返回值类型为 String *,便会在当前块的类型表中添加其定义,假定其逻辑地址为 T:0:9。另外还会再向运算规则表中添加该行记录。

该行的语义动作是生成调用加法运算符重载函数的中间代码。左操作数作为第 1 个实参,右操作数作为第 2 个实参。左操作数的类型为 String *,因此在中间代码中第一个实参的类型是 pointer。该重载函数的返回值,其类型也为 String *,指向一个新的 String 类对象。因此,需要调用函数 newTempPointerVar,在临时变量表中添加一个类型为 String * 的临时变量,用来存储运算符重载函数的返回值。

对于基本类型的运算以及自定义类型的运算符重载函数实现,在运算规则表中填写运算规则之后,再将其语义动作复制到运算产生式规约时执行的翻译动作实现中。运算的 SDT 设计方案如表 5.10 所示,其中的状态序号来自图 5.2 所示的 DFA。表中只给出了赋值运算、加法运算、括号运算这 3 种运算,其他运算的 SDT 与之类似。

表 5.10　运算的 SDT 设计方案

序号	在 DFA 中的执行时刻		语 义 动 作
	LR(0)项目	状态序号	
1	$S \rightarrow V = E ; \cdot$	I_{17}	{assignment(s,v,e);}
2	$E \rightarrow E_1 + E_2 \cdot$	I_{21}	{addOperation(e,e$_1$,e$_2$);}
3	$E \rightarrow (E_1) \cdot$	I_{22}	{transfer(e,e$_1$);}

表 5.10 序号 1 所对应的行中,赋值运算翻译动作 assignment 函数的实现如代码 5.22 所示。其中 3 个形参 s,v,e 分别为非终结符 S,V,E 的实例对象指针。对每个要赋值的变量,基于赋值运算的左操作数和右操作数的类型来判断是否有语义错误。如果没有语义错误,则生成相应的赋值中间代码。代码中第 5 行至第 12 行是由运算规则表中的记录自动生成的。其中,第 6 行从表 5.9 所示运算规则表的第 2 行第 4 列(注:第 1 行为表头)复制而来,第 9 行至第 11 行从表 5.9 所示运算规则表的第 3 行第 4 列复制而来。

代码 5.22　赋值运算翻译动作 assignment 函数的实现

```
1   void assignment(S * s,V * v, E* e) {
2     X * x= v->pVariableList->firstItem();
3     while(x != null) {
4       switch(x->typeAddr,  e->typeAddr) {
5         case "T:0:1", "T:0:1":
```

```
6            addInstruction("{" + x->address+"} =(int) " + e->val);
7          break;
8          case "T:0:1", "T:0:2":
9            String t = newTempIntVar();
10           addInstruction(t + "= (int) floatToInt" + e->val);
11           addInstruction("{" + x->address+"} =(int) " + t);
12         break;
13         default:
14           cout<<"赋值运算中出现类型不匹配的语义错误";
15         break;
16       }
17     x= v->pVariableList->nextItem();
18   }}
```

表 5.10 序号 2 所对应的行中,加法运算翻译动作 addOperation 函数的实现如代码 5.23
所示。其中 3 个形参 e,e_1,e_2 都为非终结符 E 的实例对象指针。对于加法运算,要基于其
左操作数和右操作数的类型来判断是否有语义错误。如果没有语义错误,则生成相应的中
间代码。代码中第 3 行至第 21 行是基于运算规则表中的记录自动生成的。其中,第 4 行至
第 6 行从表 5.9 所示运算规则表的第 4 行第 4 列复制而来,第 9 行至第 13 行从表 5.9 所示
运算规则表的第 5 行第 4 列复制而来,第 16 行至第 20 行从表 5.9 所示运算规则表的第 6 行
第 4 列复制而来。

代码 5.23　加法运算翻译动作 addOperation 的实现

```
1   void addOperation(E * e,E * e1,  E * e2)  {
2     switch(e1->typeAddr,  e2->typeAddr)  {
3      case "T:0:1", "T:0:1":
4        e->val = newTempIntVar();
5        addInstruction(e->val+ "=(int)" + e1->val + "+" + e2->val);
6        e->typeAddr = e1->typeAddr;
7      break;
8      case "T:0:1", "T:0:2":
9        String t = newTempIntVar();
10       addInstruction(t + "= (int) floatToInt" + e2->val);
11       e->val = newTempIntVar();
12       addInstruction(e->val+ "=(int)" + e1->val +"+" + t);
13       e->typeAddr = e1->typeAddr;
14     break;
15     case "T:0:9", "T:0:1":
16       addInstruction("param (address) " + e1->val);
17       addInstruction("param (int) " + e2->val);
18       e->val = newTempPointerVar(e1->typeAddr);
19       addInstruction(e->val+ "=(address) call stringPlusInt, 2");
20       e->typeAddr = e1->typeAddr;
21     break;
22     default:
23       cout<<"加法运算中出现类型不匹配的语义错误";
24     break;
25   }
26 }
```

表 5.10 序号 3 所对应的行中,括号运算翻译动作 transfer 的实现非常简单,如代码 5.24 所示。其中,两个形参 e,e$_1$ 都为非终结符 E 的实例对象指针。

代码 **5.24**　括号运算翻译动作 transfer 函数的实现

```
1  void transfer(E* e,E* e1)  {
2    e->val = e1->val;
3    e->typeAddr = e1->typeAddr;
4    return;
5  }
```

5.6　类型系统

有些高级程序语言,尤其是脚本语言,允许给一个未定义的变量赋值。这意味着赋值语句除了其本身含义之外,还隐含了一个变量定义语句。对于给单个变量赋值的产生式"S→ X = E ;",当变量 X 未定义时,就向当前块的变量表中添加该变量的定义,其类型逻辑地址就为非终结符 E 的 typeAddr 属性值。

对于一门高级程序语言,变量以及运算中有关类型的语义法则称作语言的类型系统 (type system)。类型检查(type checking)则是指对源程序的检查,看其是否遵循了语言中有关类型的语义法则,确保程序运行时的实际情形与预期情形一致。类型检查中有类型推导 (inference)和类型综合(synthesis)两个概念。例如,上述给未定义变量赋值,即对于产生式 "S→X = E ;",由 E 的类型得出未定义变量 X 的类型,就是类型推导的例子。对于产生式 "E→E$_1$＋E$_2$",由 E$_1$ 和 E$_2$ 的类型得出 E 的类型,则是类型综合的例子。有的程序语言规定,E$_1$ 和 E$_2$ 中,如果一个的类型为 int,另一个的类型为 float,那么 E 的类型就为 float。此时要将类型为 int 的操作数转换成类型为 float 的操作数,然后再执行运算。类型转换 (coercion)有拓宽(widening)转换和窄化(narrowing)转换两种。例如,将 int 类型的数转换为 float 类型的数为拓宽转换,反之则是窄化转换。

在面向对象中,子类的实例对象中包含了其父类的实例对象,因此可将一个子类实例对象的指针转化成一个父类实例对象的指针。类型转换有显式类型转化和隐式类型转化之分。源程序中的强制类型转换为显式类型转换。由语言的类型法则,在语义分析时所做的类型转换为隐式类型转化。

对于一门高级程序语言的类型系统,如果用该语言编写的程序通过编译时的类型检查,能保证在运行时不会发生类型错误,那么该语言就为强类型语言,或称为类型安全的语言。显然,C 语言和 C++语言都不是类型安全的语言,因为它们允许指针运算。对于栈或者列表,其元素的类型在创建栈/列表时就要给定。例如语法分析中的对象栈,其元素的类型被设为 GrammarSymbol*。当把文法符实例对象的指针压入对象栈时,要执行强制类型转换,转换成 GrammarSymbol* 类型。这种转换是类型安全的。当将栈中元素再转换回文法符实例对象的指针时,这种转换就不是类型安全的转换。这时的类型安全取决于程序员编程的正确性。

5.7 分支语句的中间代码生成

分支语句是源程序中常出现的一种语句。分支有条件分支和无条件分支两种。例如，if、while、switch、do、for 等语句中的分支就是有条件分支。而 while、for 语句中间出现的 break、continue 语句，以及 switch 语句中间出现的 break 语句所表达的分支就是无条件分支。在中间语言中，有条件分支指令为"if B goto n"，其中 B 为逻辑运算的结果，n 为中间指令的行号。其含义是：如果 B 为 true，那么接下来要执行的中间指令就是中间代码表中行号字段值为 n 的那一行，即跳转去执行第 n 行中间指令，否则就执行下一行中间指令。无条件分支指令为"goto n"。

现举例说明分支语句的中间代码生成。代码 5.25 为一段 C 语言源程序示例，其中包含一条 while 语句和一条赋值语句。while 语句中又包含了一条 if else 语句。翻译这段源程序，所得的中间代码伪代码如代码 5.26 所示。这里给出的是中间代码伪代码，而不是中间代码，其用意是为了凸显分支语句翻译中的映射关系，使其具有更好的可读性。从源代码和中间代码的对比中可知，每个比较运算式都被翻译成了两行中间代码，其中一行为条件分支语句，另一行为无条件分支语句。例如，i＜n 这个比较运算式的中间代码为中间代码表中的第 1 行和第 2 行。中间代码表中第 13 行的无条件 goto 语句是由 if else 语句的语义而来，第 16 行的无条件 goto 语句是由 while 语句的语义而来。

代码 5.25　带分支语句的源程序示例

```
1    while(i < n && (age - w > 40 || rank == 2)){
2      salary = salary + 200;
3      if(nation != 1)  {
4        subsidy = salary * 0.05;
5        i = i +1;
6      }
7      else {
8        subsidy = salary * 0.03;
9        i = i +1;
10     }
11   }
12   i = 1;
```

代码 5.26　翻译后得到的中间代码伪代码

```
1    if i< n goto 3
2    goto 17
3    t0 = age - w
4    if t0>40 goto 8
5    goto 6
6    if rank == 2 goto 8
7    goto 17
8    salary = salary +  200
9    if nation != 1 goto 11
```

```
10    goto 14
11    subsidy = salary * 0.05
12    i = i + 1
13    goto 1
14    subsidy = salary * 0.03
15    i = i +1
16    goto 1
17    i = 1
```

分支语句的翻译中,最为关键的地方是如何填写 goto 后面的行号,即跳转到哪一行中间指令,或者说跳转的目标行号。从代码 5.26 所示的中间代码可知,goto 有两种情形:前向 goto 和后向 goto。goto 中间指令在中间代码表中所在行称为当前行,前向 goto 是指跳转的目标行号大于当前行的行号,即跳转到当前行以后的行。例如,第 1 行至第 2 行、第 4 行至第 7 行及第 9 行至第 10 行的 goto 都为前向 goto。后向 goto 是指跳转的目标行号小于当前行的行号,即跳转到当前行前面的行。例如,第 13 行和第 16 行的 goto 都是后向 goto。

对于前向 goto,在生成条件 goto 或无条件 goto 中间指令的时刻,并不知道所要跳转的目标行号。例如,在翻译第 1 行中的 i<n 这个比较运算式时,生成第 1 行和第 2 行中间指令。此时,这两行中 goto 后接的目标行号都还未知。对于第 1 行中的 goto,其后所接的行号要等到 $(age-w>50||rank==2)$ 的语法分析完成之后才能知道。对于第 2 行中的 goto,其后所接的行号要等到整个 while 语句的语法分析完成,即语法分析至第 11 行的右大括号之后才能知道。因此,对于前向 goto,其后所接的行号要等到知晓之后再来回填。

对于后向 goto,它有特定的语义,在生成 goto 指令时,要能知晓其后所接的目标行号。例如,第 16 行的 goto 指令,其含义来自 while 语句,是在整个 while 语句的语法分析完成,即语法分析至第 11 行的右大括号之后才生成的中间指令。此时,要能知晓 while 语句的开始行号(即 1)。因此,对于后向 goto,其后所接的行号,要事先记录下来。例如,对于第 16 行的 goto 指令,要在生成 while 语句的第 1 条中间指令,即第 1 行中间指令时就记录下来,以备后面的第 16 行 goto 之用。

5.7.1　分支语句的文法

以 C 语言为例,分支语句有 if 语句、if else 语句、while 语句、switch 语句、do 语句、for 语句等。下面以 if 语句、if else 语句、while 语句作为代表来阐释分支语句的文法。这 3 种语句的产生式分别为"$S\to if (B)S$"、"$S\to if (B) S else S$"和"$S\to while (B) S$",其中产生式头部非终结符 S 表示语句,非终结符 B 表示逻辑运算表达式,产生式体中的非终结符 S 表示一个语句或者一个块,if、左括号和右括号、else、while 为终结符。语句序列文法的 LR(0)型 DFA 如图 5.3 所示。

图 5.3 所示 DFA 中,I_0 状态的 6 个核心项仅只考虑了 if 语句、if else 语句、while 语句、变量定义语句、赋值语句,以及由这 5 种语句构成的语句序列。为了聚焦分支语句,对变量定义语句和赋值语句,在 I_0 状态并未列出其非核心项,图中也没有给出与其相关的状态和状态变迁。对于表达逻辑运算表达式的非终结符 B,其产生式有 3 种类别:①常量 true/false、bool 类型的变量,或者返回值类型为 bool 的函数调用;②两个数值类型数据之间进

行比较运算的结果;③逻辑运算的结果。比较运算有恒等于、不等于、大于、小于等。逻辑运算分一元运算和二元运算两种。一元运算有取反运算(not)和括号运算,二元运算有并运算和或运算。在 I_2 状态,对非终结符 B,并未列出其所有非核心项,仅给出了 6 个非核心项作为代表。在 I_1 和 I_2 状态仅给出了有关非终结符 B 的状态变迁,对于其他文法符没有给出状态变迁。

对于同一个非终结符,在 DFA 的不同状态,其非核心项的选取可能并不完全一样。例如,在 I_3、I_8、I_{15} 这 3 个状态的非核心项尽管都是来自有关非终结符 S 的产生式,但是选取时有所差异。选取时要视具体情形而定。

在逻辑表达式中可包含的运算有数值运算、比较运算、逻辑运算 3 种。数值运算包括加、减、乘、除等。在这 3 种运算中,数值运算的优先级高于比较运算的优先级,比较运算的优先级又高于逻辑运算的优先级。每种运算内部又各自包含多种运算,例如,数值运算中有加法和乘法等运算,逻辑运算中有 && 和 || 等运算。这些运算之间又有优先级之分。正是这一原因,I_{11} 状态中的非核心项比 I_{10} 状态中的非核心项少一项。I_{10} 状态中的非核心项是从第 2 项开始,不包括第 1 项,其原因是对于同一运算的级联形式,左边的先算。

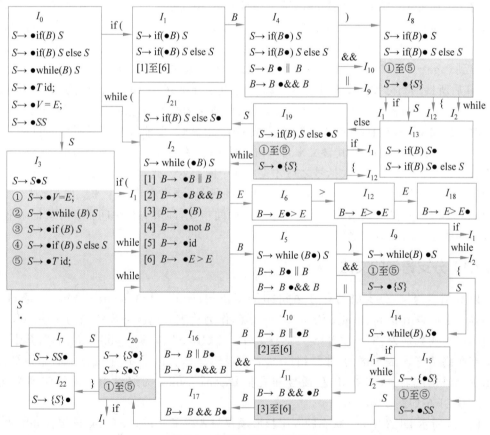

图 5.3 分支语句文法的 DFA

思考题 5-21 图 5.3 所示 DFA 中,在哪些状态存在规约与移入的冲突?这些冲突能基于非终结符的 FOLLOW 函数值解决吗?

5.7.2　分支语句的中间代码生成 SDD 设计

从代码 5.25 所示分支语句的翻译可知,中间代码中的分支指令来自两方面。一方面是来自分支语句产生式中的非终结符 B。例如,代码 5.26 中第 1 行至第 2 行、第 4 行至第 7 行及第 9 行至第 10 行的 goto 指令都来自非终结符 B。另一方面是来自分支语句本身。例如,第 13 行的 goto 指令来自 if else 语句的语义,而第 16 行的 goto 指令来自 while 语句的语义。

对于非终结符 B 的产生式,可将其分为两类:①产生式体中含有非终结符 B;②产生式体中不含非终结符 B。前一类的例子有"$B{\rightarrow}B\|B$"和"$B{\rightarrow}B\ \&\&\ B$"。后一类的例子有"$B{\rightarrow}E{>}E$"。对于 B 的后一类产生式,在翻译时,都会翻译成两条 goto 中间指令:一条为条件 goto 指令,另一条为无条件 goto 指令。第 1 条 goto 指令指 B 的值为 true 时执行的跳转。第 2 条 goto 指令指 B 的值为 false 时执行的跳转。由于在生成该两条 goto 中间指令的时刻,并不知晓要跳转到哪一行中间指令。也就是说,跳转的目标行号未知,因此只好暂时空着不填。为此要给非终结符 B 设置两个综合属性 trueList 和 falseList,分别记下这两行 goto 中间指令的行号,以便随后知晓后再来回填上这两行 goto 中间指令该跳转的目标行号。举例来说,对于代码 5.25,当语法分析至第 1 行中的 i<n 时,按照产生式"$B{\rightarrow}E{<}E$"规约,得出 B 的一个实例对象,并生成第 1 行和第 2 行中间指令。计算出 B 的 trueList 属性值为 {1},B 的 falseList 属性值为 {2}。

对于非终结符 B 的产生式"$B{\rightarrow}B\ \|\ B$"和"$B{\rightarrow}B\ \&\&\ B$",其产生式体中包含两个非终结符 B。为了对多个 B 进行区分,将这两个产生式改写为"$B{\rightarrow}B_1\|B_2$"和"$B{\rightarrow}B_1\ \&\&\ B_2$"。对于 $B{\rightarrow}B_1\|B_2$ 这个产生式,当语法分析至或运算符 $\|$ 时,接下来将要开始生成 B_2 的中间代码。也就是说,在此时刻,中间代码表的行数记数器 nextInstrId 的值就为 B_2 的开始行行号。从文法的 DFA 来看,这个时刻对应为 DFA 中包含 LR(0) 核心项为"$B{\rightarrow}B_1\|\cdot B_2$"的状态,即图 5.3 所示 DFA 中的 I_{10} 状态。依据或运算的语义,在此时刻,对于 B_1->falseList 中所记录的那些行,其跳转的目标行号变成已知,即 B_2 的开始行行号。于是在此时刻应对 B_1->falseList 中所记录的那些行,执行回填。回填的值为 nextInstrId 变量的当前值。举例来说,对于代码 5.25,当语法分析至第 1 行中的或运算符(即 $\|$)时,B_1->trueList={4},B_1->falseList={5},nextInstrId=6。这时要向第 5 行的 goto 指令回填上 6。

当按照"$B{\rightarrow}B_1\|B_2$"这个产生式规约时,要计算 B->trueList 和 B->falseList。依据或运算的语义,B->trueList 等于 B_1->trueList 和 B_2->trueList 的并集。B->falseList 等于 B_2->falseList。举例来说,对于代码 5.25,当语法分析至 age$-$w>50$\|$rank==2 时,B_1->trueList={4},B_1->falseList={5};B_2->trueList={6},B_2->falseList={7}。对规约得出的 B,其 B->trueList={4,6},B->falseList={7}。

再来看产生式"$B{\rightarrow}B_1\ \&\&\ B_2$"。当语法分析至并运算符 $\&\&$ 时,依据并运算的语义,B_1->trueList 中所记录的那些行,其跳转的目标行号变得已知,即 B_2 的开始行行号,也就是中间代码表的行记数器 nextInstrId 的值。此时对于 B_1->trueList 中所记录的那些行,就要回填,回填的值为 nextInstrId 变量的当前值。这个时刻对应为图 5.3 所示 DFA 中的 I_{11} 状态。举例来说,对于代码 5.25,当语法分析至第 1 行中的并运算符 $\&\&$ 时,B_1->trueList={1},B_1->falseList={2},nextInstrId=3。这时向第 1 行的 goto 指令回填上 3。

当按照"$B \rightarrow B_1$ && B_2"这个产生式规约时,要计算 B->trueList 和 B->falseList。依据并运算的语义,B->trueList 等于 B_2->trueList。B->falseList 等于 B_1->falseList 和 B_2->falseList的并集。举例来说,对于代码 5.25,当语法分析至 i<n && (age-w>50|| rank==2)时,B_1 为 i<n,B_2 为(age-w>50||rank==2),此处 B_1->trueList={1},B_1->falseList={2};B_2->trueList={4,6},B_2->falseList={7}。规约得出的 B,其 B->trueList={4,6},B->falseList={2,7}。

while 语句的产生式为"$S \rightarrow$ while(B)S_1"。从其中间代码来看,对于 B->trueList 中元素所指的那些中间指令行,goto 跳转的目标行号应为 S_1 的开始行行号。当语法分析至产生式体中第 4 个文法符(即右括号),也就是当前状态为图 5.3 所示 DFA 的 I_9 状态时,表明接下来将要生成 S_1 的中间代码。也就是说,S_1 的开始行行号为此时刻的 nextInstrId 值。在此时刻,B->trueList 中元素所指的那些中间指令行,goto 跳转的目标行号已知晓,要执行回填。对于代码 5.25,此时 B->trueList={4,6},nextInstrId=8,于是向第 4 行和第 6 行中间指令的 goto 后面回填上 8。

语法分析中当按照产生式"$S \rightarrow$ while(B)S_1"规约时,表明 while 语句已完整出现。根据 while 语句的循环语义,此时应该生成一条无条件 goto 中间指令,跳转到 B 的第 1 行中间指令,表达循环。在此时刻,需要知道 B 的第 1 行中间指令的行号。为此目的,在产生式体中引入哑元,用以记录 B 的第 1 行中间指令的行号。在产生式"$S \rightarrow$ while(B)S_1"的左括号后引入一个哑元 N,于是产生式变为"$S \rightarrow$ while(N B)S_1"。哑元是为中间代码生成而引入的符号,出现在产生式体中,不是语言的文法符。引入哑元之后,当语法分析至 while 后的左括号,即图 5.3 所示 DFA 的 I_2 状态时,要执行一个动作,创建一个哑元 N 的实例对象,将其属性 rowId 设为 nextInstrId,即 B 的第 1 行中间指令的行号,然后将其压入对象栈中。规约时,要从对象栈中弹出的文法符实例对象的个数不是 5 个,而是 6 个,因为多了一个哑元。有了哑元,规约时便能知晓 B 的第 1 行中间指令的行号。

在中间代码生成中,对于后向 goto,其跳转的目标行号要通过引入哑元来记录。需要注意的地方是:对于分支语句,要记录 B 的第 1 行中间指令的行号,并不能通过给 B 增设一个 rowId 属性来予以实现。其原因是规约出 B 时,并不知道 B 的第 1 行中间指令的行号。例如,代码 5.25 所示 while 语句第 1 行中的 age-w>40,先要按照产生式"$E \rightarrow E-E$"进行规约,生成一行算术运算中间指令(即第 3 行的中间指令),然后才是按照产生式"$B \rightarrow E>E$"进行规约,得到非终结符 B,生成 B 的两条中间指令(即第 4 行和第 5 行的中间指令)。对于此处的 B,其第 1 行中间指令的行号是 3,而不是 4。因此,规约出一个 B 时,并不知道其第 1 行中间指令的行号。于是,不能通过给 B 增设一个 rowId 属性来记录其第 1 行中间指令的行号。

语法分析中当按照产生式"$S \rightarrow$ while(B)S_1"规约时,对于 B->falseList 中元素所指中间指令行,其 goto 跳转的目标行号还是空着未知。只有当知道了 while 语句的下一语句的起始行号时,才能回填。规约时,是不是此时刻的 nextInstrId 就是 while 语句的下一语句的起始行号呢?如果是,那么规约时就可以回填 B->falseList 中元素所指中间代码行,其 goto 跳转的目标行号就为 nextInstrId 的值。

现在的问题是,一条语句可能是一个语句序列的最后一条语句,它后面没有下一语句。例如,代码 5.25 所示源程序中的 if else 语句,它是 while 语句块中的语句序列的最后一条语

句,即没有下一语句。对于一条 while 语句,它也可能是某一语句块中语句序列的最后一条
语句,没有下一语句。因此,在按照产生式"S→while (B) S_1"规约时,对 B->falseList 中元
素所指中间指令行,其 goto 跳转的目标行号不能回填为 nextInstrId 的值。其原因是:在此
时刻,并不知道该 while 语句后面是否还接有下一语句。

从上述分析可知,当按照产生式"S→while (B) S_1"进行规约时,还不能回填 B->
falseList 中元素所指中间指令行,其 goto 跳转的目标行号还是空着未知。回填时刻要后延。
但一旦规约完毕,对象栈中就只有 S,不再有 B 了。为此只好给非终结符 S 设置一个综合
属性 nextList,来记下 B->falseList,即将 B->falseList 赋值给 S->nextList,以便 goto 跳
转的目标行号知晓后执行回填。

对于 S 的属性 nextList,此处的 S 表示语句,其中间代码中如果包含 goto 中间指令行,
且其跳转的目标行号还是空着未知的,那么就用 nextList 来记录这些行的行号,以便随后
知晓后再回填。当按照产生式"S→while (N B) S_1"规约时,对于 S_1->nextList 中元素所
指中间指令行,其 goto 跳转的目标行号已知晓,为 B 的第 1 行中间指令的行号,即 N->
rowId。此时,要完成对 S_1->nextList 中所记录行的回填。

源程序块中的语句序列用产生式"S→SS"来描述。其中头部的 S 表示语句序列。产
生式体中第 1 个 S 表示语句序列的第 1 条语句,或者语句序列。产生式体中第 2 个 S 表示
语句。该产生式有两层含义:①对于一条语句或者一个语句序列,存在下一语句;②一个
语句序列加上其下一语句还是一个语句序列。在文法的 DFA 中,肯定会有一个或者多个
状态,其核心项中包含有 LR(0)项目"S→S・S"。以图 5.3 所示 DFA 为例,其中 I_3 和 I_{20}
这两个状态就包含了核心项"S→S・S"。为了区分三个 S,将该核心项改写为"S→S_1・
S_2"。该核心项表达了 S_2 是 S_1 的下一条语句。在此时刻,对于 S_1->nextList 中所记录的
中间指令行,其 goto 跳转的目标行号已知晓,为 S_2 的起始行的行号,即记数器 nextInstrId
的值。因此,在此时刻,对 S_1->nextList 中所记录的行要执行回填。回填的值为
nextInstrId。

在图 5.3 所示 DFA 的 I_3 状态,LR(0)项目"S→S_1・S_2"是其唯一的核心项。因此在语
法分析过程中,如果当前状态为 I_3 状态,便无条件地对 S_1->nextList 中所记录的行执行回
填。与其相对应,在 I_{20} 状态有两个核心项:"S→{S_1・}"和"S→S_1・S_2"。此处的回填不
再是无条件的,而是有条件的。只有在当前词为 FIRST(S)中元素时,才执行回填。如果当
前词为右大括号,则不要执行回填。

在语法分析过程中,当按照产生式"S→$S_1$$S_2$"执行规约时,表明一个新的语句序列 S
已形成,它由语句序列 S_1 及其下一条语句 S_2 组合而成。此时的 S->nextList 就为 S_2->
nextList,即将 S_2->nextList 赋值给 S->nextList。

if else 语句的产生式为"S→if (B) S_1 else S_2"。依据其语义,当语法分析至终结符 else
时,表明 S_1 已被分析完毕,并已规约出来,在对象栈中。此时要生成一行无条件 goto 中间
指令,其跳转的目标行号为 if else 语句的下一语句的开始行行号。但该行号在此时未知。
对于这行无条件 goto 中间指令,其行号为此时刻的 nextInstrId 值,要使其成为 S->
nextList 中的元素。但此时 S 还未规约出来。对此情形,要引入一个哑元 N,记下此时刻的
nextInstrId 值,以便规约出 S 时,将其纳入 S->nextList 中。引入哑元 N 后的产生式为
"S→if (B) S_1 else N S_2"。生成该行无条件 goto 中间指令之后,紧接着将要生成 S_2 的中间

代码。此时 S_2 的中间代码的开始行行号已知晓,为记数器 nextInstrId 的值,正是回填 $B->$ falseList 中元素所指中间指令行的时候。当按照产生式"$S \to$ if (B) S_1 else S_2"执行规约时,$S->$nextList 由 3 部分构成:①$N->$rowId;②$S_1->$nextList;③$S_2->$nextList。

对于代码 5.25 中第 3 行至第 10 行的 if else 语句,其 S_1 和 S_2 分别为由两条赋值语句构成的语句序列。赋值语句的中间代码中不含有 goto 中间指令,因此该处的 $S_1->$nextList 和 $S_2->$nextList 都等于 null。于是对于规约出的 if else 语句,其 $S->$nextList 中的元素只有 $N->$rowId,等于$\{13\}$。

对于第 1 行至第 11 行的 while 语句,其 S_1 是由一条赋值语句和一条 if else 语句构成的语句序列。于是 $S_1->$nextList 就等于 if else 语句的 nextList,即 $S_1->$nextList$=\{13\}$。当 while 语句规约时,便要使用 B 的第 1 条中间指令的行号(即 1)回填 $S_1->$nextList 中元素所指的那些中间指令行,即对第 13 行回填上 1。对于规约出的 while 语句,其 $S->$nextList 等于 $B->$falseList,即 $S->$nextList$=\{2,7\}$。语法分析过程中,当规约出 while 语句之后,当前状态从图 5.3 所示 DFA 的 I_0 状态变迁到 I_3 状态。I_3 状态的唯一核心项为"$S \to S_1 \cdot S_2$",于是要对 $S_1->$nextList 中元素所指的那些中间指令行执行回填,回填的值为当前时刻的 nextInstrId,即 17。此时刻的 S_1 为 while 语句,其 nextList 属性值为$\{2,7\}$。即为第 2 行和第 7 行中间指令回填上 17。

5.7.3 分支语句的中间代码生成 SDT 设计

依据 LR 分析中语法制导翻译实现框架,以及 5.7.2 节所述有关分支语句 SDD 设计方案,分支语句的中间代码生成 SDT 设计方案如表 5.11 所示,其中的状态序号来自图 5.3 所示 DFA。调用函数中的实参都是指针变量,指向规约时出栈和入栈的文法符对象。实参名称设为产生式中文法符的小写形式。

表 5.11　分支语句的中间代码生成 SDT 设计方案

序号	在 DFA 中的执行时刻		语 义 动 作
	LR(0)项目	状态序号	
1	$B \to E_1 > E_2 \cdot$	I_{18}	{addBranchInstruction(b,e_1,e_2);}
2	$B \to B_1 \| | \cdot B_2$	I_{10}	{backPatchFalseList();}
3	$B \to B_1 \| | B_2 \cdot$	I_{16}	{logicOrOperation(x,x_1,w);}
4	$B \to B_1 \&\& \cdot B_2$	I_{11}	{backPatchTrueList();}
5	$B \to B_1 \&\& B_2 \cdot$	I_{17}	{logicAndOperation(x,x_1,w);}
6	$S \to$ while($\cdot$ N B) S_1	I_2	{recordStartRowIdOfWhile();}
7	$S \to$ while(N B) $\cdot$ S_1	I_9	{backPatchTrueList();}
8	$S \to$ while(N B) $S_1 \cdot$	I_{14}	{whileStatement(s,n,b,s_1);}
9	$S \to$ if(B) $\cdot$ S_1 $S \to$ if(B) $\cdot$ S_1 else N S_2	I_8	{backPatchTrueList();}
10	$S \to$ if$(B)S_1 \cdot$	I_{13}	{ifStatement(s,b,s_1);}

续表

序号	在 DFA 中的执行时刻		语 义 动 作
	LR(0)项目	状态序号	
11	$S \rightarrow if(B)S_1$ else $\cdot N\ S_2$	I_{19}	{processElseOfIf();}
12	$S \rightarrow if(B)S_1$ else $N\ S_2 \cdot$	I_{21}	{ifElseStatement(s,s_1,n,s_2);}
13	$S \rightarrow S_1 \cdot S_2$	I_3, I_{20}	{backPatchPreStatement();}
14	$S \rightarrow S_1 S_2 \cdot$	I_7	{statementSequence(s,s_2);}

表 5.11 所示 SDT 中第 1 行的产生式"$B \rightarrow E_1 > E_2$"是比较运算中的一个代表,规约时调用 addBranchInstruction 翻译动作,生成两行 goto 中间指令,并初始化非终结符 B 的两个属性 trueList 和 falseList。该翻译动作的实现如代码 5.27 所示。其中形参 b 指向要规约出的非终结符实例对象,形参 e_1 和 e_2 为参与比较运算的两个操作数,形参 w 为比较运算终结符 rop。该翻译动作首先初始化 B 的 trueList 属性,并生成一行条件 goto 中间指令。该指令的行号就是 B->trueList 的初始值。然后是初始化 B 的 falseList 属性,生成一行无条件 goto 中间指令。该无条件 goto 中间指令的行号就是 B->falseList 的初始值。这两行 goto 中间指令的跳转目标行号在此时都未知,当知晓时再来回填。

代码 5.27　语义分析函数 addBranchInstruction 的实现

```
1  void addBranchInstruction (B * b, E * e1, Lexeme * w, E * e2)  {
2    b->trueList = new List<int>(nextInstrId);
3    addInstruction ("if" + e1->val + w->val + e2->val + "goto ")  {
4    b->falseList = new List<int>(nextInstrId);
5    addInstruction ("goto ");
6    return;
7  }
```

表 5.11 所示 SDT 中第 2 行表示 LR(0)项目"$B \rightarrow B_1 || \cdot B_2$"在 DFA 中所在状态(在图 5.3 中为 I_{10} 状态),该执行的翻译动作,即调用回填函数 backPatchFalseList。该翻译动作的实现如代码 5.28 所示。在此时刻,对象栈的栈顶元素为或运算符 ||,其下面的元素为 B_1 的实例对象。因此先获取 B_1,然后对其 falseList 属性值中元素所指的中间指令行执行回填。回填值为 B_2 的开始行行号,即当前时刻的 nextInstrId 值。

代码 5.28　语义分析函数 backPatchFalseList 的实现

```
1  void backPatchFalseList ()  {
2    int i = pObjectStack->getTopIndex();
3    B * b1 = (B *)pObjectStack->getElementByIndex(i-1);
4    backPatch (b1->falseList, nextInstrId);
5    return;
6  }
```

表 5.11 所示 SDT 中第 3 行表示语法分析过程中对或运算产生式"$B \rightarrow B_1 || B_2$"规约时该执行的翻译动作,即调用函数 logicOrOperation。该翻译动作的实现如代码 5.29 所示。

其中形参 b 指向要规约出的非终结符实例对象,形参 b1 和 b2 为或运算的两个操作数。该翻译动作要做的事情就是初始化 B 的 trueList 和 falseList 两个属性。依据或运算的语义,B->trueList 为 B_1->trueList 和 B_2->trueList 的并集。B->falseList 等于 B_2->falseList。这里假定 List 类对运算符＋和＝都进行了重载。这里的加运算含义为:创建一个新的 List 类对象,然后把两个操作数中的元素都加入其中。

代码 **5.29**　语义分析函数 **logicOrOperation** 的实现

```
1  void logicOrOperation (B * b, B *b1, B *b2)  {
2    b->trueList = b1->trueList + b2->trueList;
3    b->falseList = b2->falseList;
4    return;
5  }
```

表 5.11 所示 SDT 中第 4 行表示 LR(0)项目"$B{\rightarrow}B_1\&\&\cdot B_2$"在 DFA 中所在状态(在图 5.3 中为 I_{11} 状态)该执行的翻译动作,即调用回填函数 backPatchTrueList。该翻译动作的实现如代码 5.30 所示,与代码 5.28 所示 backPatchFalseList 相似。

代码 **5.30**　语义分析函数 **backPatchTrueList** 的实现

```
1  void backPatchTrueList ()  {
2    int i = pObjectStack->getTopIndex();
3    B * b1 = (B *)pObjectStack->getElementByIndex(i-1);
4    backPatch (b1->trueList, nextInstrId);
5    return;
6  }
```

表 5.11 所示 SDT 中第 5 行表示按并运算产生式"$B{\rightarrow}B_1\&\& B_2$"规约时该执行的翻译动作,即调用函数 logicAndOperation。该翻译动作的实现如代码 5.31 所示,与代码 5.29 所示 logicOrOperation 相似。

代码 **5.31**　语义分析函数 **logicAndOperation** 的实现

```
1  void logicAndOperation (B * b, B *b1, B *b2)  {
2    b->trueList = b2->trueList;
3    b->falseList =b1->falseList + b2->falseList;
4  return;
5  }
```

表 5.11 所示 SDT 中第 6 行表示 LR(0)项目"$S{\rightarrow}$while($\cdot N B$) S_1"在 DFA 中所在状态(在图 5.3 中为 I_2 状态)该执行的翻译动作,即调用函数 recordStartRowIdOfWhile。该翻译动作的实现如代码 5.32 所示。在此时刻,随后的语法分析将要生成 while 语句的第 1 行中间指令。于是创建一个哑元符 N 的实例对象,并将其 rowId 属性初始化为此时刻的 nextInstrId,即 while 语句的第 1 行中间指令的行号。然后将该哑元压入对象栈中。该信息在 while 语句规约时要用到。

代码 **5.32**　语义分析函数 **recordStartRowIdOfWhile** 的实现

```
1  void recordStartRowIdOfWhile()()  {
2    N * n = new N(nextInstrId);
3    pObjectStack->push((void *) n);
4    return;
5  }
```

表 5.11 所示 SDT 中第 7 行表示 LR(0)项目"$S \rightarrow$ while (N B) $\cdot$ S_1"在 DFA 中所在状态(在图 5.3 中为 I_9 状态)该执行的翻译动作,即调用函数 backPatchTrueList。该翻译动作的实现如代码 5.30 所示。

表 5.11 所示 SDT 中第 8 行表示依据产生式"$S \rightarrow$ while(N B)S_1"规约时该执行的翻译动作,即调用函数 whileStatement。该翻译动作的实现如代码 5.33 所示。其中形参 s 指向要规约出的非终结符实例对象,形参 n 为哑元,b 为条件逻辑判别式,s1 为条件逻辑判别式的值为 true 时该执行的语句序列。该翻译动作要做的事情有 3 项。首先生成一行无条件 goto 中间指令,跳转到 while 语句的第 1 行中间指令,表达循环;然后检查 s1->nextList 是否为空。如果不为空,就对其包含的元素所指的行执行回填,回填值为 while 语句的第 1 行中间指令的行号;最后是对 S->nextList 进行初始化,等于 B->falseList。

代码 **5.33**　语义分析函数 **whileStatement** 的实现

```
1  void whileStatement(S * s, N * n, B * b, S * s1) {
2    addInstruction ("goto " + n->rowId);
3    if(s1->nextList != null)
4        backPatch (s1->nextList, n->rowId);
5    s->nextList =b->falseList;
6    return;
7  }
```

表 5.11 所示 SDT 中第 10 行表示依据产生式"$S \rightarrow$ if(B)S_1 $\cdot$"规约时该执行的翻译动作,即调用函数 ifStatement。该翻译动作的实现如代码 5.34 所示。其中形参 s 指向要规约出的非终结符实例对象,形参 b 为条件逻辑判别式,s1 为条件逻辑判别式的值为 true 时该执行的语句序列。该翻译动作要做的事情就是初始化 S->nextList,它等于 s1->nextList 和 B->falseList 的并集。

代码 **5.34**　语义分析函数 **ifStatement** 的实现

```
1  void ifStatement(S * s, B * b, S * s1)  {
2    s->nextList =s1->nextList + b->falseList;
3    return;
4  }
```

表 5.11 所示 SDT 中第 11 行表示 LR(0)项目"$S \rightarrow$ if(B)S_1 else $\cdot$ N S_2"在 DFA 中所在状态(在图 5.3 中为 I_{19} 状态)该执行的翻译动作,即调用函数 processElseOfIf。该翻译动作的实现如代码 5.35 所示。在此时刻,S_1 的中间代码已经生成完毕。按照 if else 的语义,此时应生成一行无条件 goto 中间指令,其跳转的目标行号应为 if else 语句的后一语句的起始行号。由于跳转的目标行号还未知,因此应创建一个哑元 N 的实例对象,记下该无条件

goto 中间指令的行号,以便规约时将其添加到 S->nextList 中。另外,接下来将要开始生成 S_2 的中间代码,即 B->falseList 中元素所指行的跳转目标行号已知晓,为此时刻的 nextInstrId。因此要回填 B->falseList。在此时刻,B 位于对象栈中从上往下数的第 5 个位置。

代码 5.35　语义分析函数 processElseOfIf 的实现

```
1   void processElseOfIf()() {
2     N * n = new N(nextInstrId);
3     pObjectStack->push((void *) n);
4     addInstruction ("goto ");
5     int i = pObjectStack->getTopIndex();
6     B * b = (B *)pObjectStack->getElementByIndex(i-4);
7     backPatch (b->falseList, nextInstrId);
8     return;
9   }
```

表 5.11 所示 SDT 中第 12 行表示依据产生式"$S{\rightarrow}if(B)S_1 else\ N\ S_2$"规约时该执行的翻译动作,即调用函数 ifElseStatement。该翻译动作的实现如代码 5.36 所示。该函数共有 4 个形参。其中形参 s 指向要规约出的非终结符实例对象,s1 和 s2 分别为条件逻辑判别式的值为 true 和 false 时分别该执行的语句序列,形参 n 为哑元。该翻译动作要做的事情就是初始化 S->nextList,它等于 s1->nextList 和 s2->nextList 的并集,再加上 n->rowId。

代码 5.36　语义分析函数 ifElseStatement 的实现

```
1   void ifElseStatement(S * s, S * s1, N * n, S * s2) {
2     s->nextList = s1->nextList + s2->nextList + n->rowId;
3     return;
4   }
```

表 5.11 所示 SDT 中第 13 行表示 LR(0)项目"$S{\rightarrow}S_1 \cdot S_2$"在 DFA 中所在状态(在图 5.3 中为 I_3 或者 I_{20} 状态)该执行的翻译动作,即调用函数 backPatchPreStatement。该翻译动作的实现如代码 5.37 所示。在此时刻,如果 S_1 后面接有下一语句,那么 s1->nextList 中元素所指行的跳转目标行号已知晓,为此时刻的 nextInstrId。因此要回填 s1->nextList。在此时刻,S_1 位于对象栈中的栈顶位置。S_1 后面接有下一语句的标志是当前词是 FIRST(S) 中的元素。在图 5.3 所示的 DFA 中,FIRST(S)={if,while,id,int,float,bool,char}。

代码 5.37　语义分析函数 backPatchPreStatement 的实现

```
1   void backPatchPreStatement () {
2     S * s = (S *)pObjectStack->getTopElement();
3     if(s->nextList != null &&current_word->val∈ FIRST(S))
4       backPatch (s->nextList, nextInstrId);
5     return;
6   }
```

表 5.11 所示 SDT 中第 14 行表示依据产生式"$S{\rightarrow}S_1 S_2$"规约时该执行的翻译动作,即调用函数 statementSequence。该翻译动作的实现如代码 5.38 所示。该函数共有两个形

参。其中形参 s 指向要规约出的非终结符实例对象,形参 s2 表示下一语句。该翻译动作要做的事情就是初始化 S->nextList,它等于 s2->nextList。

代码 5.38　语义分析函数 statementSequence 的实现

```
1  void statementSequence(S * s, S * s2)  {
2    s->nextList = s2->nextList;
3    return;
4  }
```

5.7.4　分支语句中 break 和 continue 语句的处理

在诸如 C++ 之类的高级程序语言中,可以在 for、while、switch 这三种分支语句中出现 break 语句,执行无条件跳转。在 for 语句中还可以出现 continue 语句,使执行跳转至下一轮循环。对于 break 和 continue 语句,首先是语义检查。break 语句只能出现在 for、while、switch 三种分支语句中,而 continue 语句只能出现在 for 语句中,否则就说明源程序有 break/continue 使用不当的语义错误。

对于 break 和 continue 这两个语句,如何实现其语义分析? 其中的关键问题是要跟踪三种分支语句的开始和结束。这三种分支语句的特点是彼此可以嵌套,例如 for 语句中可以嵌有 while 语句。因此还要确定 break 和 continue 到底是属于哪一分支语句中的内容。语义分析之后便是翻译。将 break 和 continue 语句翻译成中间语言,就是一行无条件 goto 中间指令。对于 break 语句,跳转的目标行号为分支语句的下一语句。对于 continue 语句,跳转的目标行号为下一轮循环的开始语句。

为了 break 和 continue 语句的语义分析和中间代码生成,需要构建一个栈 pBranchStack。语法分析中每遇到上述三种分支语句,就向 pBranchStack 栈中压入一个新元素,表达分支语句的开始。当遇到上述三种分支语句的规约,便将 pBranchStack 栈的栈顶元素弹出,标志分支语句的结束。

语法分析中每遇到 break 语句,就检查 pBranchStack 栈是否为空。如果为空,就报源程序有 break 使用不当的语义错误。否则将 break 语句对应的无条件 goto 中间指令的行号添加到栈顶元素的 breakList 属性中,以便分支语句规约时,将其纳入规约出的 S 的 nextList 属性中。语法分析中每遇到 continue 语句,就对 pBranchStack 栈中元素自顶向下查找,直至找到 name 属性值为 for 的元素为止。找到之后,其 startRowId 属性值就是 continue 对应的 goto 跳转目标行号。如果不能找到,就报源程序有 continue 使用不当的语义错误。

思考题 5-22　有了 pBranchStack 栈之后,对于 while 语句的翻译,就无须引入哑元 N 了。可将其中间代码的开始行行号记录到 pBranchStack 栈中与其对应的元素中。请对代码 5.32 所示语义函数 recordStartRowIdOfWhile 的实现,以及代码 5.33 所示语义函数 whileStatement 的实现进行修改,使其支持 break 语句的语义分析,然后写出 break 语句的语义分析和中间代码生成函数的实现。综合三种分支语句,pBranchStack 栈中元素的数据类型该如何设计?

思考题 5-23　for 语句的产生式为"$S \rightarrow for(S_1\ B; S_2)S_3$"。其中间代码的布局为:先是 S_1 的中间代码,然后是 B 的中间代码,再接 S_2 的中间代码,最后是 S_3 的中间代码。下一轮循环时,是跳转到 S_2 的第一行中间代码。S_2 的中间代码执行完毕后,再去执行 B 的中间代码。请写出 for 语句的 SDT 设计方案。

思考题 5-24 switch 语句的产生式为"$S \rightarrow$ switch(E) {K default:S}",其中 E,K,S 为非终结符,其他为终结符。非终结符 K 的产生式有两个,分别为"$K \rightarrow$ case E:S"和"$K \rightarrow K$ case E:S"。在这三个产生式中,产生式体中的 S 表示语句序列,其最后一个语句通常是 break 语句。请写出 switch 语句的 SDT 设计方案。

5.8 函数调用的语义分析和中间代码生成

变量有三种类别:数据变量、函数变量、类变量。数据变量有变量名,函数有函数名,自定义类有类名。词法分析中不区分变量的类别,只有在语法分析中才进行区分。如果终结符 id 后面接左括号,就认为它为函数名,否则就认为它是变量名或者类名。既然函数是一种变量,那么对数据变量的语义分析内容自然也覆盖对函数变量的语义分析。函数变量和数据变量一样,要先定义后使用,有类型和作用域两个概念。对于变量来说,读取其值前要先赋值。与其对应,调用一个函数前,要先对函数加以实现。

在中间语言中,调用一个函数的指令为 call,其实质是执行一个 goto 跳转,其目标行号为被调函数的开始行号。函数返回时,也是执行一个跳转,其目标行号为紧邻调用指令的下一中间指令。函数调用除了执行跳转之外,还有参数的传递。调用者要把参数传递给被调函数,被调函数要把返回值传递给调用者。

面向对象语言中有成员函数的概念。中间语言中没有面向对象概念。因此中间代码生成时,要把成员函数翻译成普通函数。翻译策略包含 3 点:①对每个成员函数的源代码进行改写,添加一个形参 this,而且将其作为第 1 个形参;②通过对象实例调用其成员函数时,也对调用源代码进行改写,将对象实例作为函数的第 1 个实参;③在成员函数的实现中,对出现的成员变量,计算其地址时,在其前加上"this->",然后基于产生式"$X \rightarrow X_1$->id"对其进行处理。于是成员函数便被改造成了普通函数。

数据变量的定义记录在变量表中,函数的定义记录在函数表中。变量表和函数表都是符号表。在中间语言中,变量用地址来标识,地址包括存储空间类别和相对地址值两部分。对于函数,用其逻辑地址来标识,其类别标识符为 F。函数表中有一个字段为 immRowId,记录函数实现在中间代码表中的起始行号。起始行号就是函数的起始地址。

查找函数定义的搜索路径与查找变量定义的搜索路径相同,都是从当前块开始梯次向上查找,直至找到或者追溯至根块。不过匹配内容不单是名称。对于函数的匹配,除了名称之外,还有参数的个数、类型,以及顺序。只有这 4 项全匹配时,才算找到了函数的定义。

函数定义的产生式有 4 个,分别为"$S \rightarrow$ void id();"、"$S \rightarrow$ void id(F);"、"$S \rightarrow T$ id();"和"$S \rightarrow T$ id(F);"。其中终结符 id 表示函数名,非终结符 T 表示函数的返回值类型,非终结符 F 表示形参。形参 F 的产生式有两个:"$F \rightarrow T$ id"和"$F \rightarrow F,T$ id",这里的 id 表示形参名。对于类中定义的函数,将其记录在类定义块的函数表中。全局函数的定义记录在根块的函数表中。

函数实现分为全局函数的实现和成员函数的实现。描述全局函数的实现有 4 个产生式,分别为"$S \rightarrow$ void id() {S}"、"$S \rightarrow$ void id(F) {S}"、"$S \rightarrow T$ id() {S}"和"$S \rightarrow T$ id(F)

{S}"。描述成员函数的实现也有 4 个产生式,在 C++ 语言中分别为"$S \to$ void id∷id( ) {S}"、"$S \to$ void id∷id(F) {S}"、"$S \to T$ id∷id( ) {S}"和"$S \to T$ id∷id(F) {S}"。其中第 1 个终结符 id 表示类名,第 2 个 id 表示函数名。

函数调用有基于实例对象的调用和直接调用两种形式。对于基于实例对象的调用,其产生式有 4 个,分别为"$S \to$ id->id);"、"$S \to$ id->id(R);"、"$E \to$ id->id( )"和"$E \to$ id->id(R)"。其中第 1 个终结符 id 表示指向实例对象的指针变量,第 2 个终结符 id 表示函数名,非终结符 R 表示调用函数时的实参。实参 R 的产生式有两个:"$R \to E$"和"$R \to R,E$"。非终结符 E 表示一个实参。E 的表达式已在前面的图 5.2 中的 I_7 状态给出。

在一个成员函数的实现中,可以调用另一个成员函数。这种函数调用称为函数的直接调用。函数的直接调用也有 4 个产生式,分别为"$S \to$ id( );"、"$S \to$ id(R);"、"$E \to$ id( )"和"$E \to$ id(R)"。其中的终结符 id 表示函数名。

由于在中间语言中无面向对象的概念,因此对于成员函数的直接调用,要对源程序进行改写,在函数名前添加实例对象指针。如果调用者和被调用者都是同一个类中定义的成员函数,那么两者归属的实例对象相同。这种情形下,直接调用一个成员函数时,要传递的第一个实参就是调用者的第 1 个形参 this。如果被调函数是父类中的成员函数,那么要传递的第 1 个实参就是父类实例对象指针。例如,假定类 C 继承了类 A 和类 B,然后在类 C 的成员函数 f_c 的实现中,直接调用类 B 的成员函数 f_b。此时要对 this 执行强制类型转换,得到一个类型为 $B*$ 的实例对象指针。其原因是:此时的 this 指向的是类 C 的实例对象,而不是类 B 的实例对象。于是要对 this 执行强制类型转换,得到一个类 B 的实例对象指针,再将其作为调用 f_b 的第一个实参。具体来说,this 加上类 A 的 width 值,就成了指向类 B 实例对象的指针。

变量作用域的语义规则是:父类中的变量都能在子类中使用,而且这种使用具有向下传递性。这里所说的变量包括数据变量和函数变量。前面所述的函数实现块涵盖成员函数实现块。假定类 A 是类 B 的父类,类 B 有成员函数 f,那么在 f 函数实现块中遇到一个变量使用时,依然是在当前块中寻找是否有其定义,若无则到父块中去找,逐级上溯,直至找到。当上溯至 f 函数实现块时,查找顺序是先变量表,后形参表。如果还未找到,就依据 f 函数实现块的 pParentBlock,到 B 类定义块的变量表中查找。如果还没有,就依据 B 类定义块的 pInheritedBlockList,到 A 类定义块的变量表中查找。如果追溯至根块都未找到,就说变量未定义。

如果允许多继承,那么到 B 类的父类中查找时,就不再是沿一条块链来寻找了。例如,假定类 B 继承了类 A 和类 α,即类 A 和类 α 都是类 B 的父类。那么类 B 定义块的 pInheritedBlockList 中记录了类 A 和类 α 的定义块。当上溯至类 B 的父类中查找时,先是以类 A 这条路径上溯,如果还未找到,再以类 α 这条路径上溯。为了控制变量的作用域,于是在面向对象语言中就多了 preserved、private、public、final 等约束。

5.9　本章小结

语义分析具有上下文相关性,而语法分析具有上下文无关性。这是语义分析有别于语法分析的关键地方。正因为语义分析的上下文相关性,语义分析中需要构建类型表、变量表、函数表、形参表,以及运算规则表等。这些支撑语义分析而必不可少的表统称为符号表。

对源程序进行语义分析,其目的是使程序最终能在计算机上正常运行,得到程序设计者所预想的正确结果。换句话来说,就是检查和验证源程序是否遵循了程序能在计算机上正常和正确运行的基本要求。这些要求归纳起来,其核心内容是:变量的类型要明确无二义性,变量要先定义后使用,读取变量的值前要先给变量赋值,变量名所指变量要明确无二义性。运算要遵循语义,即操作数的类型要与运算相匹配,操作数之间在类型上要彼此匹配。另外,高级程序语言中的抽象概念要具体明确,例如运算符重载。语义分析是编译的核心环节。

在语义上,变量有类型和作用域两个概念。类型有基本类型和自定义类型两个类别。在绝大部分高级程序语言中,类型具有全局性,即程序中的自定义类型可在任何地方使用。不过也有一些高级程序语言对自定义类型进行了限制,和变量一样也有作用域的概念。变量的作用域是基于程序的块树结构特性定义的。程序中的语句序列称为块。块中可以嵌有块。当块1中嵌有块2时,就说块1是块2的父块,块2是块1的子块。块1中定义的变量,其作用域覆盖以块1为根的整个子树。查找一个变量的定义时,就是从当前块至根块这条路径上梯次向上查找,直至找到。如果追溯至根块都未找到,就说变量未定义。

中间语言面向机器的处理,同时又抛开了机器的物理特性,将机器抽象成由计算器和存储器两个单元组成。在中间语言中,程序被区分成代码、常量、局部变量、全局变量、形参、类的实例对象、临时变量7部分,分放在不同的存储表中。中间语言以概念/逻辑计算机作为运行环境。

中间语言与高级程序语言有显著差异。高级程序语言以抽象为手段,强调程序的通适性和可重用性,以及通俗易懂性。而中间语言强调具体,强调计算的实施过程。在高级程序语言中,有很多抽象概念,例如类、继承、多态、数组、优先级等。高级程序语言中的抽象概念在中间语言中不复存在。中间语言中的概念很少,只有基本类型、数据、地址、指令等概念。

中间代码的生成具有只增不插的特点。也就是说,在生成中间代码时,只会向中间代码表中添加中间指令,不会出现在已生成的中间指令序列中再插入中间指令的情形。其缘由是高级程序语言中的优先级表达在语法中。语法分析中会通过状态栈和对象栈的缓存把优先执行的内容从后面调到前面。

中间代码生成是在语法分析和语义分析的过程中顺带完成的。在逻辑上,语法分析、语义分析、中间代码生成是3个独立的环节。但在实际操作中,语义分析和中间代码生成是在语法分析的过程中附带完成的,并不构成一个独立的环节。

语义分析和中间代码生成的SDT设计要在语法制导的翻译实现框架下进行。LR文法具有直观、通俗、易懂的特点。本章所述语义分析和中间代码生成的SDT设计都是基于LR语法分析法,分门别类地探究语义分析内容以及要达成的目标,然后讨论文法设计并通过构建文法的DFA来检验其合理性。在此基础上再探究SDD及SDT设计方案。

习题

1. 对于赋值语句 x=a[b[i][j]][c[k]],假定其中的变量都是某个块中定义的变量,变量 x,i,j,k 的类型都为整型,数组 a,b,c 的定义为 int a[12][21],b[6][6],c[21]。写出该块的变量定义表中这些变量行的内容,写出类型表中这3个数组类型的定义。写出该赋值语句的中间代码,画出其注释语法分析树。

2. 假定变量 c 和 d 是字符型,s 和 t 是整型,x 是浮点型。对于赋值语句 x＝(s＋c)＊(t＋d),写出其中间代码。

3. 设逻辑运算表达式 a＝＝b ＆＆ (c＞d||e＜＝f)的中间代码起始行号为 20,请写出该表达式的注释语法分析树。

4. 文法 $S{\rightarrow}if(B)$ repeat S until (!B)描述了一个等价于 while 语句的特殊 if 语句,其中嵌有一个 repeat 语句。请写出该 if 语句的中间代码生成 SDT 方案。

5. for 语句的文法为 $S{\rightarrow}for(S_1 B;S_2)S_3$。请给出 for 语句的中间代码布局,并给出其中间代码生成的 SDT 方案。

6. 一个源程序的逻辑布局如代码 5.39 所示,其中间代码的布局如代码 5.40 所示。代码 5.40 中的 r_1 至 r_{11} 分别为每一段中间代码在中间代码表中的起始行号。回答下列问题。

代码 5.39　源程序布局示例

```
1   while(B₁) {
2       if(B₂)
3           while(B₃)
4               S₁
5       else {
6           if(B₄)
7               S₂
8           S₃
9       }
10  }
```

代码 5.40　相应的中间代码布局

```
1   r₁: B₁ 的中间代码段
2   r₂: B₂ 的中间代码段
3   r₃: B₃ 的中间代码段
4   r₄: S₁ 的中间代码段
5   r₅: goto
6   r₆: goto
7   r₇: B₄ 的中间代码段
8   r₈: S₂ 的中间代码段
9   r₉: S₃ 的中间代码段
10  r₁₀: goto
11  r₁₁:
```

(1) 应该为 B_1. trueList, B_2. trueList, B_3. trueList, B_4. trueList, B_1. falseList, B_2. falseList, B_3. falseList, B_4. falseList, S_1. nextList, S_2. nextList, S_3. nextList 分别回填上哪一个行号(即从 r_1 至 r_{11} 中选择一个)?

(2) 为代码 5.40 中的三个无条件 goto 语句的后面填上跳转目标行号(即分别从 r_1 至 r_{11} 中选择一个)。

(3) 代码 5.39 中,将 while(B_3) S_1 称为 S_4 语句,将 if(B_4) S_2 称为 S_5 语句,将 $S_5 S_3$ 称为 S_6 语句,将 if(B_2)S_4 else S_6 称为 S_7 语句,将 while(B_1)S_7 称为 S_8 语句。分别求 S_4. nextList, S_5. nextList, S_6. nextList, S_7. nextList 的值。其中每一个包含的元素的取值范围是从 r_1 至 r_{11}。

第 6 章

运行环境和目标代码生成

源代码通过语义分析之后被翻译成了中间代码。中间代码由中间代码表和符号表构成。符号表包括变量表、函数表、形参表、常量表、临时变量表等。它们分别记录程序中定义的变量、函数、形参、字符串常量、临时变量。在函数表中,记录的信息除了函数名、返回值类型、形参之外,还有 3 个字段,分别记录函数的实现在源代码文件中的起始行号、在中间代码表中的起始行号,以及在目标代码文件中的偏移量。这 3 个字段是为目标代码生成和程序调试而设置的。在中间语言中,数据用逻辑地址标识,代码则用行 id 标识。数据有局部变量、形参、成员变量、全局变量、常量,以及临时变量之分。逻辑上,中间代码可用概念计算机来运行。中间指令按照先后顺序被逐行执行,只有在遇到跳转指令时,才会跳转执行目标行的中间指令。

中间代码生成之后,接下来的工作是中间代码优化、目标代码生成,以及目标代码优化。在讲解这 3 项工作之前,首先要了解运行环境。程序依托运行环境来运行。编译器只有熟知运行环境的特性和程序被执行的机理,在优化和目标代码生成时才会做到有的放矢,抓住要害和关键点。

最原始的运行环境是计算机裸机。例如,很多嵌入式程序的目标代码就直接写入计算机的 ROM 内存中,在计算机加电时运行。它不依赖任何其他软件。运行环境也可为计算机再加上另一软件,例如操作系统。在这种情形下,编译器按照操作系统规范来生成目标代码文件。目标代码生成和优化时既要发掘和利用机器特性,还要发掘和利用操作系统特性。虚拟机是更为高级的一种运行环境,例如,Java 程序就由 JVM 来运行,Java 字节码就是中间代码。在这种情形下,没有目标代码的生成和优化这两个环节,只有中间代码优化问题。

编程涉及程序语言和编译器,以及程序员。两者相辅相成——程序员对编程语言和编译器了解更多,理解更深,编程能力就更强,写出的代码质量就更优。反过来,程序语言和编译器如果能提供更强大的功能、更好的特性,程序员的编程效率就会更高,软件开发成本就会更低,开发周期就会更短,软件可靠性就会更有保证。因此,把编程中一些最基本的事情阐释清楚很有必要。函数调用是程序语言中最基本的抽象概念,也是最为核心的内容。在中间语言中,对函数的调用只考虑了要传递的实参,没有讲到程序运行时实参该如何传递,也没有讲到函数返回时该如何返回,以及怎样将返回值传递给调用者。6.1 节将讲解函数调用的实现方法。

软件集成也叫软件重用,是软件开发所期望的一种模式。软件集成的常见表现形式是:一个应用程序由多个源代码文件组成。编译时,每个源代码文件都会被单独翻译成一个中间代码文件。将多个中间代码文件合并起来会遇到什么问题?如何解决合并问题?这是编译器要考虑的问题。软件集成的另一表现形式是：将已有的外部二进制可执行文件集成到项目中。具体来说，就是源代码中要调用的一个函数，其实现来自项目外部，并以二进制可执行文件形式提供，既没有源代码，也没有中间代码。二进制可执行文件是机器代码的另一种叫法。软件集成更高一级的表现形式是：通过修改二进制可执行程序的配置参数，就能调用外部模块中的函数，从而扩展应用程序的功能。插件就是这种形式的典型代表。6.2 节将讲解如何实现软件集成。

软件调试是软件开发工具不可缺少的功能。软件调试中要解决的关键问题是：机器代码运行时的内存数据与源代码中的变量关联起来，使程序员知道源代码中的变量在运行时的值。6.3 节将讲解软件调试的实现技术。

在面向对象编程中，类的实例对象有生命周期概念：通过 new 操作来创建，通过 delete 操作来释放。如果程序员在代码中遗忘了 delete 操作，便会导致运行时内存泄漏问题。如果程序员在代码中弄错了 delete 操作的放置地方，便会导致指针悬空问题。这两种差错都会带来致命后果。编译器能否为程序员把关，将其从该问题中解放出来，使其无须考虑 delete 操作问题？该问题也被称作垃圾自动回收问题，是面向对象语言中的核心问题。6.4 节将讲解垃圾自动回收实现技术。

异常处理是高级程序语言中的重要概念。从 CPU 角度来看，它逐条执行程序指令，如果遇到异常，便会产生中断，不再执行程序的下一指令，转而去执行中断处理例程。例如，当执行除法运算时，如果除数为 0，便会产生异常中断。中断处理例程通常不会再跳转去执行程序的下一指令，而是检查程序是否提供了异常处理。如果提供，中断例程便会让当前线程跳转去执行异常处理代码。如果没有提供，中断例程便直接终结程序的执行，让其退出。在翻译中，异常该如何处置？6.5 节将讲解异常处理的实现技术。

在面向对象编程语言中，多态是最为核心的概念。多态是增强程序代码通用性、提升代码广适性的一种高级抽象形式。在中间语言中，并没有面向对象概念。在中间代码生成时，多态该如何翻译？6.6 节将讲解面向对象中多态的实现技术。

6.1 函数调用

源代码被翻译成中间代码后，存储在表中，包括中间代码表和符号表。可将表理解为存储器。变量表的每行记录了一个变量，于是可假定变量表的每行存储一个变量的值。对于中间代码表，其中每行存储一条中间指令。每条中间指令由操作码和操作数两部分构成。操作数可以是变量。例如，{1:2:2}＝{g:0:4}＋{1:2:7}表达的是一条加法运算中间指令，操作码为 add，操作数有 3 个：{1:2:2}、{g:0:4}和{1:2:7}。这 3 个操作数都是变量。变量用逻辑地址表示。操作数也可以是中间指令，例如，goto 25 表达的是一条无条件跳转中间指令，其中操作码为 goto，操作数为 25。这里的 25 指第 25 行中间代码。上述这两条中间指令的例子中，第一条引用变量，第二条引用代码。

在中间代码中，变量、中间指令，以及字符串常量都用逻辑地址来标识，通过逻辑地址来引用。当把中间代码表、变量表及字符串常量表串接起来，然后映射到计算机的内存空间，便可将逻辑地址映射成内存地址。一旦目标机器确定，基本数据类型的宽度、地址的宽度及操作码的宽度便都确定了，于是每个变量、每条指令的宽度也就确定了，且为常量。只要给定程序在内存中的起始地址,那么在目标代码生成时就能依次算出每个变量、每条机器指令、每个字符串常量的内存地址。

在目标代码中,变量、指令及字符串常量都用其内存地址来标识,通过内存地址来引用。如果目标机器仅支持直接寻址,那么在生成目标代码时只能使用绝对地址。如果目标机器支持相对寻址,那么在目标代码中还可使用相对寻址指令。在相对寻址指令中,地址由基地址和偏移量(即相对地址)两部分构成。如果目标机器支持间接寻址,还能进一步使用间接寻址指令。

6.1.1 局部变量的静态存储分配方案

在单任务计算环境下,例如嵌入式系统,编译器可将中间代码中的中间代码表、字符串常量表、变量表和形参表以串接方式生成目标代码文件。在依次计算每个变量、每个形参、每条机器指令、每个字符串常量的内存地址时,假定目标代码文件在运行时将加载到内存的起始位置。该位置的内存地址为常量。于是目标代码中的每个变量、每个形参、每个字符串常量及每条目标指令,它们的内存地址都为常量。对于简单的 CPU,它可能仅支持直接寻址方式,要求目标代码中出现的地址全为常量。上述目标代码生成方案恰好满足了其要求。

对于仅支持直接寻址方式的 CPU,如何实现函数调用?这种运行环境要求函数调用中形参、返回值、返回地址值这三项内容,其内存地址也必须为常量。上述方案已对形参做了处理,在编译时已为其预留了内存空间,但没有考虑返回值和返回地址值。因此编译时也要为每个函数预留这两项内容的内存空间。于是这两项内容的内存地址也为常量。在生成函数调用代码时,调用者把实参和返回地址值写入被调函数的形参和返回地址值内存中。在生成函数返回代码时,把返回值写入返回值内存中,于是就实现了函数调用中的数据传递和跳转。

上述目标代码生成方案非常简单。该方案显然既不支持函数递归调用,也不支持多线程,只适合嵌入式系统。另外,程序运行时所需内存开销大。其原因是,该方案为所有函数的形参和局部变量及返回地址值和返回值都事先分配了存储空间。也就是说,形参和局部变量跟全局变量在内存分配上没有差异。

上述方案有很大的优化空间。现假定在函数 A 中调用了函数 B 和函数 C,那么在运行时,函数 B 和函数 C 的形参和局部变量不可能同时并存。于是可让函数 B 和函数 C 的形参和局部变量共享同一段内存空间,以节省出其中一个函数的形参和局部变量内存空间。基于上述观察,需要分析哪些函数的形参和局部变量在运行时不会同时并存,以便让它们共享同一段内存空间。

首先在中间代码生成过程中附带构建出程序的函数调用有向图。函数调用有向图的构建方法为:当在函数 α 的实现代码中调用了函数 β 时,就创建一条有向边,从函数 α 指向函数 β。按照上述方法得出的函数调用有向图,在不允许函数递归调用的情形下,可将其处理成一棵有向树。该树以 main 函数为根结点。有了函数调用树之后,便可得出如下结论:①从根结点到叶结点的路径中包含的函数,它们的形参和局部变量在程序运行时可能并存;②树中同一层的结点函数,它们的形参和局部变量在程序运行时不可能并存;③从根结点到一个叶结点的路径中,一个函数最多出现一次。如果出现两次,便表明程序出现了调用环,运行时便会陷入死循环。不过要注意,一个函数出现在树中的多个结点上则完全可能。

例如,当函数 α 和函数 β 都调用了函数 γ 时,那么函数 γ 就会出现在树中的多个结点上,它既是函数 α 的子结点,也是函数 β 的子结点。

函数调用树有两个用途:①编译时算出程序运行时形参和局部变量所需的内存空间大小;②目标代码生成时确定每个函数的形参和局部变量起始地址。设函数调用树中有 n 个叶结点,对于第 i 个叶结点到根结点的路径中所包含的函数,其局部变量和形参的空间大小之和用 $size_i$ 表示,那么程序运行时给局部变量和形参分配的内存空间大小至少要为 $\max(size_i)$,其中 $1 \leqslant i \leqslant n$。

在确定每个函数的局部变量和形参起始地址时,假定目标代码的内存布局为:先是字符串常量段、全局变量段,再接形参和局部变量段,最后是代码段。在形参和局部变量段中,首先为根结点 main 函数分配形参和局部变量空间。设根结点 main 函数为树的第一层,根结点的子结点为树的第二层,然后以此类推。为第一层分配完局部变量和形参空间之后,接着为第二层中包含的函数分配局部变量和形参空间,其空间大小为 $\max(f_{2,j})$,其中 $f_{2,j}$ 指第二层中包含的函数。以此类推,为树中剩下的所有层分配形参和局部变量存储空间。要注意的是:在为第 k 层分配形参和局部变量空间时,对于其中的函数,应该将在第一层至第 $k-1$ 层中已经出现过的那些函数排除掉。

思考题 6-1　假设树的深度为 m,第 k 层所需内存空间大小为 $\max(f_{k,j})$,其中 $1 \leqslant k \leqslant m$。那么整个程序的局部变量和形参所需内存空间量为 $sum(\max(f_{k,j}))$。请问 $sum(\max(f_{k,j}))$ 与 $\max(size_i)$ 相比,哪一个大?

上述改进方案基于函数调用树中同一层的函数不会并存活跃,于是可让它们的形参和局部变量共享同一段内存空间。当以它们中的最大值来预留局部变量内存空间大小时,便能满足其中任何一个的内存空间需求。该方案的特点是:在生成目标代码时,形参和局部变量、全局变量、指令、字符串常量的内存绝对地址值都为常量,于是无论是访问变量,还是分支跳转(如 goto 和 call 指令)都能采用直接寻址方式,具有代码执行效率高的优点。Fortran 语言编译器就是按此方案来生成目标代码的。C 语言编译器也提供该选项。不过该方案有两个缺点。首先,程序运行时必须被加载到编译时设定的内存位置。对于单任务运行环境,例如嵌入式系统,这一要求容易满足。因为在单任务运行环境下,向内存加载程序时,不存在与另一程序发生冲突的情形。另一缺点是不支持函数递归调用,也不支持多线程并发执行。

6.1.2　局部变量的动态存储分配方案

为了进一步优化运行时形参和局部变量所需内存量,对形参和局部变量还可采取动态内存分配方案。在这种方案中,一个函数只有在活跃时,才为其形参和局部变量分配内存空间。一个函数的活跃状态指的是它的代码被执行时的状态,即被调用时的状态。当函数返回时,便释放其形参和局部变量所占的内存空间。因此,在该方案中,函数体的首指令功能就是为局部变量申请内存空间。

为函数的形参和局部变量实时动态分配内存,其基地址要等到被调用时才知晓。因此,局部变量的访问不能采取直接寻址方式,而要采用寄存器寻址方式。如果目标机器支持相对寻址,也可采用它来访问形参和局部变量。寄存器寻址指:对于要访问的数据,其内存绝对地址放在一个寄存器中。因此,访问一个局部变量时,首先要计算出其内存绝对地址,置于某个寄存器中。地址计算是基地址加上一个偏移常量。相对寻址是通过 CPU 电路设计将地址计算与寄存器寻址通过一条机器指令来一并完成。例如,指令 goto 48(B) 就采用了相对寻址方式,基地址存储在 B 寄存器中,48 为偏移量(也称相对地址)。

程序在运行时调用一个函数称为一次活动。活动记录指完成一次函数调用所涉及的数据传递内容。具体来说,活动记录包括要传递的实参、返回值、返回地址值。其中实参和返回地址值是从调用者传递给被调用者,而返回值则是从被调用者传递给调用者。在函数调用树中,边表达了函数调用关系,即父结点函数调用子结点函数。在运行时,从树根结点(main 函数)到树中任一其他结点的路径表达了一个调用递进序列,也称活动序列。例如,在 main 函数中调用 A 函数,在 A 函数中再调用 B 函数,那么(main,A,B)就是一个调用递进序列。

一个活动序列自然对应有一个活动记录序列。函数调用具有后进先出(LIFO)特性,因此应该使用栈来存储活动记录。活动记录的内存分配具有动态实时性,因此它有一个基地址。当对局部变量采用动态内存分配方案时,它也有一个基地址。在调用者创建好一个活动记录之后,紧接着的事情就是被调用者为其局部变量申请内存空间。如果将活动记录和被调函数的局部变量紧邻存储,那么对于被调函数来说,便能使活动记录和其局部变量共享一个基地址,于是便可节省一个基地址的存储空间。在此情形下,基地址的一边是活动记录,另一边是局部变量。

下面举例说明函数调用的实现方案。设函数 α 调用函数 β。在调用前,栈顶为函数 α 的局部变量,寄存器 B(取自 Base 的第一个字符)中存储着函数 α 的局部变量基地址,如图 6.1(a)所示,其中栈顶的内存地址用寄存器 T(取自 Top 的第一个字符)来存储。要调用函数 β,于是函数 α 在栈顶为调用函数 β 的活动记录分配内存空间,如图 6.1(b)所示。活动记录由返回地址值、返回值、实参 3 部分构成。随后跳转去执行函数 β 的第 1 行指令。函数 β 的第 1 行指令是将寄存器 B 中的值压入栈中,也就是将调用者的基地址值保存在栈中,以便腾空出寄存器 B,用来存储自己的局部变量基地址,如图 6.1(c)所示。函数 β 的第 2 行指令是把栈顶的内存地址(即寄存器 T 中的值)存入寄存器 B 中,得到自己的基地址,如图 6.1(d)所示。函数 β 的第 3 行指令是在栈顶为其局部变量分配内存空间,如图 6.1(e)所示。

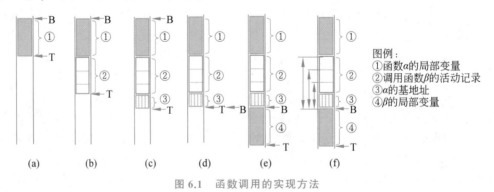

图例:
①函数α的局部变量
②调用函数β的活动记录
③α的基地址
④β的局部变量

图 6.1 函数调用的实现方法

接下来要解决的问题是:对于函数 β,在编译时如何得出返回地址值、返回值,以及每个形参的偏移量。从图 6.1(f)可知,内存③中存储着函数 α 的基地址。内存②中存储的是活动记录。活动记录由返回地址值、返回值、实参 3 部分构成。其中返回值、实参两部分的宽

度可根据函数 β 的定义来得出。因此,返回地址值、返回值及每个实参的偏移量在目标代码生成时都为常量。例如,设函数 β 的定义为：float f (int i,char * p),假定目标机器为 32 位机,那么返回值的宽度为 8 字节,两个形参的宽度之和也为 8 字节,地址的宽度为 4 字节。于是返回地址值的偏移量为 -24,返回值的偏移量为 -20,第二个形参 p 的偏移量为 -12,第一个形参 i 的偏移量为 -8。

当函数 β 要返回时,先把返回值写入地址为 B-20 的内存中,其中寄存器 B 中存储着函数 β 的基地址,-20 为返回值的地址偏移量,即相对地址。再将返回地址值(其内存地址为 B-24)读入跳转寄存器 G(取自 Goto 的第一个字符)中,然后把局部变量从栈中弹出,释放其所占的内存空间。此时,栈顶为函数 α 的基地址,也将其从栈中弹出,存入寄存器 B 中,于是函数 α 的基地址便得到了恢复。接下来,跳转回函数 α 中,执行 call 后的指令。call 后的指令自然是先读取返回值,然后将活动记录从栈顶弹出,释放其所占的内存空间。此时,栈又恢复成调用函数 β 前的状态。

很多文献将图 6.1(e)中的内存②③④中数据统称为活动记录(activation record),也称作帧(frame)。从函数调用的完整过程来看,此定义很有道理。于是,栈中元素为活动记录。设栈中共有 n 个元素,栈底元素序号为 1,栈顶元素的序号为 n,那么第 i 个元素的内存③中存储着第 $i-1$ 个元素的基地址,其中 $1<i\leqslant n$。于是,栈中的活动记录也称作活动记录链。栈顶活动记录的基地址存储在寄存器 B 中。运行一个程序,从开始到结束,其中发生的函数调用,即活动,会构成一棵活动树。活动、活动树、活动记录、活动记录链都是有关程序运行时的概念。栈中的活动记录链在程序调试中被用来解析源程序中局部变量在运行时的值。如何解析将在 6.3 节详解。

实现函数调用的代码段被称为调用序列(calling sequence),其中要做的工作包括：在栈顶为活动记录分配内存空间,填写活动记录中的返回地址值和实参等。调用序列分为两段,其中一段在调用者中,另一段在被调用者中。与调用序列相对应,还有返回序列(return sequence),它要做的工作包括：填写返回值,释放局部变量的内存空间,恢复调用者的基地址,读取返回地址值,返回,读取返回值,释放图 6.1(b)中②的内存空间。同样,返回序列也分为两段：一段在调用者中,另一段在被调用者中。

思考题 6-2　图 6.1(e)所示的活动记录(包括②③④三部分),其中的④要由被调用者来创建和释放,为什么？而其中的②要由调用者来创建和释放,为什么？

活动树是针对程序运行时的一个生命周期而言,而活动记录链则是程序运行时某一时刻栈中的活动记录。下面举例说明程序运行时的活动树和活动记录链。代码 6.1 所示为实现整数快速排序的源程序,其中包含有 4 个函数：readArray、partition、quickSort 和 main。在 quickSort 函数实现中,使用了递归调用。当对 9 个整数进行排序时,其运行时可能的活动树如图 6.2 所示,其中 4 个函数被分别缩写为 r,p,q,m。在活动树中,从根结点到树中的任一结点的路径表达了运行中某一时刻的栈状态,即活动记录链。例如{m,q(1,9),q(5,9)}是某一时刻的活动记录链。而{m,q(1,9),q(5,9),q(7,9),q(7,7)}是随后另一时刻的活动记录链。

代码 6.1　实现整数快速排序的源程序

```
1   int a[11];
2   void readArray()   {......}
```

```
3    int partition(int m, int n)  { ...... }
4    void quickSort(int m, int n)  {
5     if(n>m)  {
6       int i= partition(m,n);
7       quickSort(m, i-1);
8       quickSort(i+1, n);
9     }
10   }
11   main()  {
12     readArray();
13     a[0]=-9999; a[10] = 9999;
14     quickSort(1,9);
15   }
```

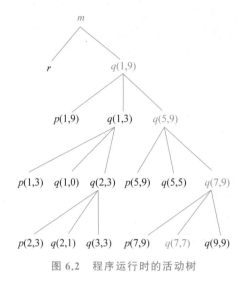

图 6.2   程序运行时的活动树

6.1.3   相对寻址方式带来的好处

在一个程序的二进制可执行文件(即目标代码文件)中,包含的内容有代码、字符串常量、全局变量。运行时,将其作为一个模块加载到内存中。被加载的内存位置便是指令、字符串常量、全局变量的基地址。因此,一个程序运行时有两个基地址即可。一个是活动记录的基地址,用寄存器 B 来存储,用于访问局部变量、实参、形参、返回值、返回地址值,以及调用者的基地址。另一个基地址,假定用寄存器 L(取自 Load 的首字母)来存储,用于访问指令、字符串常量、全局变量。以此方案来生成目标代码,其中所有内容(包括变量、字符串常量、指令)便都用偏移量来标识,偏移量也称为相对地址。

所有内容的相对地址在目标代码生成时(即编译时)都为常量。于是,按此方案生成的目标代码具有广适性。运行时,可执行文件被加载在内存中的任一位置都行,从而消除了可执行文件要被加载到内存中指定位置这一约束条件。带来的好处有两个。首先,程序运行与其在内存中的被加载位置无关。于是一台计算机能同时运行多个程序,相互之间不会产生冲突。这为多任务运行环境的构建铺平了道路。其次,支持函数递归调用,支持多线程并发运行。

在多线程运行环境下,每个线程都有自己的活动记录栈,也称线程栈。运行环境(通常是指操作系统)提供了创建线程的系统函数,程序员可在源代码中调用它来创建线程。创建一个线程时只须提供一个实参,即让其执行的函数。线程有 3 个特征值:B,T,I。其中 B 指其当前活动函数的基地址,T 指其活动记录栈的栈顶内存绝对地址,I 指其当前要执行的指令在内存中的绝对地址。I 取自 Instruction 的首字符。

在某一时刻,只有一个线程在运行。当前在运行的线程称作当前线程。当前线程的 B,T,I 分别存储在 B,T,I 寄存器中。线程切换通过中断来实现。假定线程 i 为当前线程,现要切换至线程 j。中断产生时,线程 i 的执行便被叫停,CPU 转去执行中断例程。中断例程要做的事情就是将此刻的 B,T,I 寄存器值保存起来,即保存线程 i 的特征值,然后把线程 j 的 3 个特征值分别加载到 B,T,I 寄存器中。于是线程 j 便成了当前线程。

6.1.4　形参和数组的动态性

函数调用实现中还有一个如何处理动态形参的问题。函数定义中的动态形参有两个典型的例子,即 C 语言中 main 函数和 printf 函数。这两个函数的定义分别为:int main(int argc,char ＊argv[]);int printf(const char ＊format,…)。main 函数中的第 1 个形参明确,第 2 个形参 argv 的类型为数组。该数组中到底有几个元素,在编译时并不知道,要到运行时由调用者给定的第 1 个实参 argc 来决定。printf 函数也是如此,只有第 1 个形参明确。当对 printf 函数的实现进行编译时,并不知道到底会有几个形参,也不知道这些未知形参的数据类型。只有到运行时,在调用者给定第 1 个实参之后,由被调用者对其进行解析之后才会知道调用者传递了多少个实参,以及每个实参的数据类型。例如,假定调用者执行的调用为 printf("a＝%d,b＝%s,c＝%6.2f",a,b,c)。运行时,被调函数对第 1 个实参进行解析,便知第 1 个实参之后跟有 3 个实参,而且其类型必须分别为 int,char ＊,float。

对于动态形参,编译时无法确定形参个数以及形参类型,自然也就无法计算其偏移量。现在的关键问题是,编译时必须知道第 1 个形参的偏移量。为了达成此目的,调用者传递实参时,必须倒着将实参入栈,即先将最后一个实参入栈,最后入栈的实参为第 1 个实参。如此处理之后,在目标代码生成时,第 1 个形参的偏移量便为常数。例如,当目标机为 32 位机时,int 和指针类型的宽度都为 4,于是 main 和 printf 函数的第 1 个形参的偏移量都为－8。得到了第 1 个形参的值,便能确定还有几个形参,以及每个形参的数据类型,从而计算出它们的偏移量,进而去读取它们的值。这就是实参倒着入栈的缘由。

main 函数不是内存安全的。其原因是:调用者在传递第 2 个实参时,传递的数组元素个数到底与第 1 个实参值是否一致,在编译时无法检查。如果第 1 个实参值大于传递的数组元素个数,那么被调用者访问第 2 个形参时,便会出现数组访问越界的情形。printf 函数不一样,因为第 1 个形参的类型是 const char ＊。编译器能基于第 1 个实参对后续的实参进行个数检查和类型检查。

思考题 6-3　对于 printf 函数的第 1 个形参,从语义分析角度来思考,其类型必须为 const char ＊,不能是 char ＊,为什么?能否就 printf 函数,对其形参个数和类型,以及每个形参的偏移量,写出求解算法?在源程序中,没有在哪个函数中显式调用 main 函数。谁来调用 main 函数?main 函数不是内存安全的,为什么可行?

第 5 章中提到数组是一种类型。在定义一个数组类型时,其元素个数要求为常量。当一个变量的类型为数组时,它和其他类型的变量既有相同之处,又有不一样的地方。相同之处体现在既有地址概念,又有宽度概念。不一样的地方体现在它没有值的概念,只有数组元素才有值的概念。数组类型和其他类型一样,其宽度为常量,在目标代码生成时就确定了。

不过也有数组元素个数在编译时未知的情形。例如代码 6.2 中,数组元素个数为形参,不为常量。于是,对于数组类型的变量定义,在数组标识符'['和']'中的内容有 3 种情形:①常量;②形参或者是已经赋值的 int 类型变量;③为空。main 函数定义中的第 2 个形参 argv 就为第 3 种情形。该情形只允许出现在形参定义中,而且要求数组元素个数为另一个形参,并为第一个形参。对于第 2 种情形,例如代码 6.2 中第 2 行所示的数组类型变量定义,可将其翻译为如代码 6.3 所示的 3 行代码。在此翻译方案中,变量 a 是一个指针变量。在 C 和 C++ 语言中,不能给数组变量赋值,但可将其视作一个指针值,作为基地址加减一个偏移量。

代码 6.2　数组元素个数为形参的情形

```
1  my Func(int i,int j)  {
2    int a[i][j];
3    a[1][1]= 1;
4    ...
5  }
```

代码 6.3　数组的另一种翻译方法

```
1  int * a;
2  int width = i * j * WIDTH(int);
3  a = (int *)malloc(width);
```

6.2　软件集成

软件集成有两个级别:①源代码级的集成;②二进制可执行代码级的集成。前一级别可使一个应用项目由多人来分工协作完成。在此情形下,每个程序员负责总项目中部分功能的实现。每个程序员编写的源代码可以放在一个源文件中,也可以放在多个源文件中。在 C++ 语言中,通常是将一个类的定义放在一个头文件中,将其成员函数的实现代码放在另一个源代码文件中。每个程序员可对自己编写的任一源代码文件单独进行编译,得到对应的一个中间代码文件,以及一个目标代码文件。在这种编译中,对于源代码中的函数调用,只须提供被调函数的定义即可,无须提供其实现。于是,当要在源代码文件中使用一个类时,只须使用 include 预编译指令将其定义所在的头文件引入即可。

在一个项目中用到的类,最终必须提供其成员函数的实现。因此,在生成项目的中间代码文件或者目标代码文件时,编译器会对源代码中的所有函数调用进行检查,看是否提供了被调函数的实现。因此,在团队开发中,类的定义具有全局共享性,一个成员函数的实现则由某个程序员来负责完成。这也就是将类的定义单独置于一个头文件中,将其与成员函数的实现源代码进行分离的缘由。

6.2.1　源代码级的软件集成

在源代码级的软件集成中，编译分为两级：①单个源代码文件的编译；②项目的编译。单个源代码文件的编译确保源代码的语法和语义正确。项目的编译也称链接，确保源代码中所有函数调用都能找到被调函数的实现。对于一个应用程序，它的入口为 main 函数。因此链接时，以 main 函数为根，检查函数调用树中每一函数在项目中是否提供了其实现。通过检查之后，再将多个目标代码文件合并成一个目标代码文件(即二进制可执行文件)。

直接将两个中间代码文件合并会遇到两个问题。第一个问题是，两个文件中变量、类型和函数等的逻辑标识符相同，合并后无法加以区分。其原因是：每个中间代码文件都是独立生成的，它们的块 id 都是从 0 开始编排的，各种表中的行 id 也是如此。因此将中间代码文件 A 和 B 合并之后，中间代码中的逻辑地址，包括变量地址、函数地址、常量地址，都会出现打混。第二个问题是，每个中间代码文件中的中间代码，在生成时都假定了起始行行号为 0。合并时，要将它们串接起来，原有假定不再成立，于是 goto 指令后的跳转目标行号要作改变。

其实中间代码文件没有必要做物理合并，只须做逻辑合并即可。其原因是：文件之间代码的联系仅发生在函数调用上。逻辑合并以项目表为桥梁将所有代码文件联成一体。项目表中记录了每个中间代码文件中实现了的函数，及其在目标代码文件中的偏移量。项目表的结构如表 6.1 所示。该表中给出了两个文件的示例。从其可知，中间代码文件 A.imm 中给出了类 A 两个成员函数的实现。这两个成员函数在函数表中的行 id 分别为 0 和 1，在项目目标代码文件中的偏移量分别为 636 字节和 2372 字节。在目标代码中，调用一个函数，需要知道被调函数在项目目标代码文件中的偏移量。

表 6.1　项目表的数据结构

fileName	className	functionId	objectOffset
A.imm	A	0	636
		1	2372
B.imm	B	0	4192
		1	4456

如何得出每个函数在目标代码文件中的偏移量，是解决文件合并问题的关键。为了回答该问题，有必要给出中间代码文件中函数表和中间代码表的数据结构。源代码一级的软件集成主要通过这两个表来实现。函数表和中间代码表的数据结构分别如表 6.2 和表 6.3 所示。无论是类的实现，还是类的使用，在源代码文件中都要通过 include 预编译指令把类的定义头文件引入进来。头文件为共享文件，因此对于一个类，在任何一个中间代码文件中，其类定义块中的函数表、其成员函数出现的顺序都相同，即 indexId 相同且一致。在表 6.1 所示项目表中，函数不用名称，而用 indexId 来标识，是因为一个类中允许同名函数出现。函数由函数名、返回值类型、形参个数、类型、顺序这 5 部分来共同标识。

思考题 6-4　一个类的定义放在一个头文件中，全局共享。其定义通过 include 预编译指令植入不同的源代码文件中，于是每个中间代码文件中都会有其对应的一个类定义块。

这个类定义块在每个中间代码文件中的块 id 不一定相同,为什么?全局变量和全局函数的定义一定要放在一个头文件中,全局共享。团队开发中,不要在某个源代码文件中私自定义全局变量和全局函数,为什么?

表 6.2　类定义块中函数表的数据结构

blockId	indexId	name	returnType	formalParamList	srcRowId	immRowId	objectOffset
1	0	f1	T:0:1	…	14	0	636
1	1	f2	T:0:2	…	78	64	2372

表 6.3　中间代码表的数据结构

rowId	Code	srcRowId	objectOffset
0	…	…	636
⋮	⋮	⋮	⋮
25	goto 49	34	892
26	call F:1:1	78	900
⋮	⋮	⋮	⋮
49	…	…	1464

一个类的实现放在一个源代码文件中。在生成的中间代码文件中,其函数表中 srcRowId 和 immRowId 这两列在中间代码生成时填写。其含义是函数分别在源代码文件和中间代码表中的起始行号。

中间代码表有 4 列,分别是行 id、中间指令、源代码行 id 及其目标代码相对于目标文件开始位置的偏移量(单位为字节),如表 6.3 所示。其中 srcRowId 字段值在中间代码生成时填写。

将中间代码翻译成目标机器代码,在文件一级,是依据项目表中的文件记录来逐文件翻译的。对于一个文件中的中间代码,则是逐条翻译的。对于第 1 个文件,其目标代码的起始偏移量为常量。逐行翻译时,便能把中间代码表中当前行的 objectOffset 字段值填出。在翻译过程中,遇到后向 goto 指令或者 call 指令时,其后面的跳转目标尚不明确,只好空着,留待以后回填。例如,当翻译至表 6.3 中 rowId 为 25 的行时,goto 跳转目标行 id 为 49,大于 25。此时还不知道 rowId 为 49 的中间代码行的 objectOffset 字段值。

翻译完第一个中间代码文件之后,便得出了第 2 个中间代码文件对应的目标代码文件的起始偏移量。于是便可继续翻译第 2 个中间代码文件。逐文件翻译,直至把所有文件翻译成目标代码文件。

对于 Java 程序,尽管中间代码和目标代码都是字节码,但也有一个将中间代码翻译成目标代码的环节。其原因是:只有给定目标机器,基本数据类型的宽度才确定,所有变量的偏移量才确定,逻辑地址才可转换成存储地址。该翻译工作由 JVM 来负责。

接下来的工作是逐文件填写项目表的最后一列,即每个成员函数在项目目标代码文件中的偏移量(即 objectOffset 字段值)。以表 6.1 中第 2 行为例(注:第 1 行为表头),A.imm 文件中实现了类 A 的两个成员函数。先到 A.imm 文件的类型定义表中,基于类名找到类

A 的行,得到其块 id 为 1。再找到块 1 的函数表,如表 6.2 所示。从函数表中 indexId 字段值为 0 的行可知,它的中间代码开始行 id(即 immRowId 字段值)为 0。再到 A.imm 文件的中间代码表中,找 rowId 字段值为 0 的行,如表 6.3 所示。从中得到其目标代码的偏移量(即 objectOffset 字段值)为 636。将 636 填至刚找到的函数表第 2 行的 objectOffset 列中,以及项目表中第 2 行最后一列。其他函数也按照此法填写。

最后一项工作是补填每个目标代码文件中 goto 指令和 call 指令后的参数。依次扫描每个文件中的中间代码表,找出后向 goto 指令和 call 指令。例如,在表 6.3 所示的中间代码中,rowId 为 25 的行就是一个后向 goto 指令,其跳转目标行 id 为 49。该 goto 目标指令在目标代码文件中的偏移量为 892。补填时,先将目标代码文件的指针移至 892 位置,再后移一个字长(即 goto 指令码的字长)。此时,文件指针定位在补填位置。再在中间代码表中查找 rowId 字段值为 49 的行,看其 objectOffset 字段值为多少。从表 6.3 可知,其值为 1464。于是以 1464 为回填值,回填至目标代码文件中。

对于中间代码中的 call 指令,其后面跟着被调函数的逻辑地址。如表 6.3 中 rowId 为 26 的行所示,call 后的逻辑地址为 F:1:1。该逻辑地址表明是调用块 id 为 1 的函数表中 functionId 字段值为 1 的函数。于是基于该逻辑地址到对应函数表中找到被调函数的定义行,如表 6.2 rowId 为 2 的行所示。从其定义行可知,对应目标指令在目标代码文件中的偏移量为 2372。该偏移量便为回填值。

再来看表 6.3 rowId 为 26 的行的 call 指令,可知其目标指令在目标代码文件中的偏移量为 900。补填时,先将目标代码文件的指针移至 900 位置,再后移一个字长(即 call 指令码的字长)。此时,文件指针定位在回填位置,回填上 2372。

思考题 6-5 从跳转范围来看,call 指令和 goto 指令有何差异? 最终的项目目标代码是按照项目表中的文件次序,将所有目标代码文件串接起来即可,为什么?

6.2.2 二进制可执行文件级的软件集成

源代码一级的软件集成,其特点是将多个目标代码文件串接起来并成一个目标代码文件。这种集成能将项目化整为零,为团队开发提供支撑。该方式的一个不足之处是:对任何一个源代码文件做修改,便要对整个项目进行重新编译和链接,生成新版二进制可执行文件,再将其分发给用户,对旧版本进行更新。当项目规模变大,或者修改频繁时,这种方式显得笨拙,甚至不可行。理想的方式是:一个应用程序由多个二进制可执行文件组合而成。二进制可执行文件有两类:①应用程序;②函数库。应用程序中含有 main 函数,在运行环境中能直接运行。函数库中包含了一个或者多个函数的目标代码,其中有些函数对外开放,供外部调用。这种集成方式被称作二进制可执行文件级的软件集成。该方式的特点是,调用另一个二进制可执行文件中对外开放的函数,并不需要其符号表作为支撑。

提出二进制可执行文件级的软件集成,其背后的另一动因是保护功能实现的技法。对于带有符号表的目标代码文件,通过反编译后得到的代码具有可读性强的特点,容易暴露功能实现的技法,不利于保守算法秘密。对于去除了符号表的目标代码文件,通过反编译后得到的代码,其可读性显著降低,有利于知识产权保护。

调用另一个二进制可执行文件中对外开放的函数,面临着一些挑战。对于这种函数调用,编译时既不知道被调函数在内存中的基地址,也不知道其偏移量。不知道基地址的原因是,函数库在运行时到底会被加载到内存中的哪一位置,编译时无法知晓。不知道偏移量的原因是,在不同版本的函数库中,一个函数的偏移量可能互不相同。因此,在目标代码中,函数调用 call 指令后的跳转目标地址在编译时完全未知。

对于外部函数调用问题,可采用回填策略予以解决。现通过举例来说明该策略的实施过程。假定在可执行文件 A 中调用可执行文件 B 中的函数 α。在编译生成可执行文件 A 时,对函数 α 的调用,将 call 指令后的跳转目标地址空着不填,留待运行时再来补填。运行可执行文件 A 时,先将其加载至内存中,然后再加载可执行文件 B。一旦文件 B 被加载到内存中,函数 α 在内存中的起始地址便知晓。此时便对内存中的文件 A 进行回填。回填之后,再调用文件 A 中的 main 函数。于是可执行文件 A 便被执行。

上述方案中有 3 个问题需要回答。第 1 个问题是加载文件 A 到内存之后,如何知道还要进一步加载文件 B? 第 2 个问题是如何知道回填处的内存地址? 第 3 个问题是加载文件 B 之后,如何知道函数 α 在内存中的起始地址,即如何知道回填值? 要解答这 3 个问题,需要在可执行文件 A 中构建函数导入表,在可执行文件 B 中构建函数导出表。

为了阐释外部函数的调用实现方法,现举一个稍微复杂一点的例子。在可执行文件 A 中调用了可执行文件 B 中的函数 α 和函数 β,以及可执行文件 C 中的函数 γ。在文件 A 中,函数 α 的调用有 2 处,β 和 γ 的调用分别有 3 处和 4 处。在此情形下,编译时在文件 A 中构建的函数导入表内容如表 6.4 所示。其中第 1 列为文件 A 依赖的其他外部文件,第 2 列为要调用的外部函数,第 3 列为回填位置。回填位置为相对地址,相对于文件 A 的起始位置。对于函数 α,在文件 A 中有 2 处需要回填,补填位置的相对地址分别为 16 和 48。

表 6.4 可执行文件 A 中的函数导入表

依赖的外部文件 id	要调用的外部函数 id	补填位置的相对地址
B	α	{16,48}
	β	{132,250,414}
C	γ	{332,736,1024,2348}

在编译生成文件 B 时,构建的函数导出表内容如表 6.5 所示。对于每一个对外开放的函数,在函数导出表中都有一行记录。函数导出表有两列,第 1 列为函数标识符,第 2 列为函数起始指令的相对地址,相对于文件 B 的起始位置。

表 6.5 可执行文件 B 中的函数导出表

对外开放的外部函数 id	起始指令的相对地址
α	448
β	892

现在要运行文件 A,回填过程如下。将文件 A 加载到内存中,假设其被加载至内存地址 2000 处。加载后检查其函数导入表,从中可知它依赖文件 B 和文件 C,于是再将文件 B 和文件 C 加载至内存中。假设它们被分别加载至内存地址 5000 处和 8000 处。从文件 A 的函数导入表可知,要调用文件 B 中的函数 α 和函数 β,于是检查文件 B 的函数导出表。从中可知函数 α 和函数 β 的相对地址值分别为 448 和 892。相对地址加上基地址便为绝对地址,于是得出函数 α 和函数 β 的内存地址值分别为 5448 和 5892。再来看文件 A 的函数导

入表,可知对于函数 α 的调用,回填位置有 2 处,其内存地址分别为 2016 和 2048。于是把 5448 这个值填入这 2 个内存位置,函数 α 的调用问题便得到了解决。函数 β 和函数 γ 的处理也是如此。回填完之后,便可执行文件 A。

从上述回填方案可知,函数导入表和导出表在回填中发挥了桥梁作用。如果一个项目含有对外开放的函数,那么编译生成目标代码文件时就会创建函数导出表。如果一个项目中调用了外部函数,那么编译生成目标代码文件时就会创建函数导入表。如果一个项目中两者兼有,那么编译生成目标代码文件时就会既创建函数导入表,也创建函数导出表。程序语言中都含有预留字,用以修饰函数定义。对于自己实现了的函数,让编译器知晓是否对外开放;对于调用的函数,让编译器知晓是否来自外部模块。例如在 C 和 C++ 语言中,在函数定义中加上 import 或者 external 修饰词时,便表明该函数来自外部模块。在函数定义中加上 export 修饰词时,便表明该函数对外开放。对于来自外部的函数,在链接时还要指明它来自哪一个外部可执行文件。

思考题 6-6　Windows 操作系统提供了一个命令提示符应用程序 cmd,可用它来运行另一个应用程序。Linux 则提供了 shell 应用程序,能起到类似作用。用 cmd 来运行另一个应用程序时,输入应用程序的文件名即可。如果有参数,还可将其附加在后面。cmd 要做的事情就是解析用户的输入,将其分为两部分:①应用程序文件名;②调用应用程序 main 函数时要传递的实参。然后将应用程序文件加载到内存中,算出其 main 函数起始指令的内存地址,再调用其 main 函数。这是不是外部函数调用? main 函数是否被默认为对外开放的函数?

如果目标机器支持间接寻址,上述回填方案可进行改进,使得每个外部函数的调用只须回填一处。对于外部函数的调用,使用间接寻址方式时,函数导入表中的第 3 列不再存储需要回填的位置,而是存储被调函数的内存绝对地址。因此第 3 列的数据类型不再是整数集合,而是地址,并且在编译时空着不填。编译时,如果使用间接寻址方式来生成外部函数调用指令,那么 call 后面接的参数为一个内存地址(此处为相对地址)。在该内存地址处存储着被调函数的内存地址。现以上述可执行文件 A 为例来说明。文件 A 中对函数 α 的调用指令,call 后面接的地址为函数导入表第 2 行第 3 列的内存地址(此处为相对地址)。该地址值在编译时为一个常量。也就是说,采用相对寻址方式来访问函数导入表的第 2 行第 3 列。回填时,回填处为函数导入表的第 2 行第 3 列。例如,在上述例子中,文件 A 的函数导入表 2~3 行,其第 3 列分别被回填上 5448 和 5892。

以间接寻址方式来实现对外部函数的调用,其好处有 3 点:①减少了回填处的数量;②减少了函数导入表第 3 列所需的存储空间;③回填牵涉面大大减小,从对代码部分进行回填变为对函数导入表进行回填,因此回填时间开销会显著减少。例如,在上述例子中,采用直接寻址方式时,在文件 A 中对函数 α 和函数 β 的调用,在代码部分共有 5 处要回填。改用间接寻址方式后,不再需要对代码部分进行补填,只需要对函数导入表的 2 处进行补填即可。这在带来好处的同时也有代价:间接寻址方式的执行效率显然不如直接寻址方式。不过对外部函数的调用在程序运行时通常不会频繁发生,因此其代价通常很小。

6.2.3　跨模块内存访问带来的问题及解决方法

对外部函数的调用也称作跨模块的内存访问。如果应用程序仅由一个模块构成,以相对寻址方式来访问模块内的指令、全局变量、字符串常量,且以模块在内存中的起始地址作为基地址,不会存在什么问题。整个执行过程中只有一个基地址,存储在 L 寄存器中。如果应用程序由多个模块构成,便引出了新问题。每个模块都有自己的基地址。当发生跨模块的内存访问,即执行从调用者模块转入被调模块时,基地址也要跟着改变。函数返回时也是如此。在执行模块 A 中的代码时,L 寄存器中存储的是模块 A 的基地址。当执行从模块 A 跳入模块 B 时,便要将模块 B 的基地址加载到 L 寄存器中。函数返回时,再将模块 A 的基地址恢复到 L 寄存器中。因此在活动记录中要增加模块基地址这一内容。执行外部函数调用时,将 L 寄存器中的内容存入活动记录中。函数返回时,再将活动记录中的模块基地址恢复至 L 寄存器中。

从上述分析可知,跨模块的函数调用与模块内的函数调用存在差异。模块内的函数调用称为 CALL,跨模块的函数调用称为 FAR CALL。对于被调函数来说,它并不知道调用者来自本模块还是来自外部模块。因此,被调函数的调用序列和返回序列保持不变。差异只会出现在调用者的调用序列和返回序列上。调用者调用一个函数时,它知道是跨模块的访问,还是模块内的访问。

思考题 6-7 既然被调函数的调用序列和返回序列保持不变,那么对于跨模块的函数调用,模块基地址作为活动记录内容,必须首先入栈,才能使得被调函数见到的活动记录与模块内函数调用时的活动记录无差异,为什么? 在调用者的调用序列中要增加两行指令:①将 L 寄存器中内容入栈,以保存自己的基地址值,腾出 L 寄存器;②将被调者的基地址值加载至 L 寄存器中。其中第 2 个指令之后必须紧接 call 指令,为什么? 与其对应地,在调用者的返回序列中要增加一行指令,将自己的模块基地址恢复至 L 寄存器中。该指令是不是应该紧接在 call 指令之后?

对于跨模块的内存访问,当执行从调用者模块转入被调模块时,要改变 L 寄存器中的内容。调用者必须知道被调模块的基地址。因此,函数导入表还要增加一列,记录被调模块的基地址。回填时,回填内容不能只是被调函数的内存地址,还要有被调模块的基地址。

以模块在内存中的加载地址作为基地址,看似非常合理,但对于跨模块的内存访问,不仅有存储开销,还有基地址切换开销。存储开销表现在 3 处:①要用一个寄存器来专门存储模块基地址;②函数导入表中要增加一列,存储被调模块的基地址;③在调用外部函数时,要将调用者的模块基地址存入活动记录中。切换开销表现在两处:①调用外部函数时,要保存调用模块的基地址,将被调模块的基地址加载至 L 寄存器中;②函数返回时,要将调用者模块的基地址恢复至 L 寄存器中。

如果以指令寄存器(即 I 寄存器)中的值作为基地址,则可将上述两种开销全部省去。I 寄存器中存储着当前要执行的指令在内存中的绝对地址。设模块被加载的内存地址为 L,存放在 L 寄存器中。当前要执行的指令,其内存绝对地址为 I,存放在 I 寄存器中。它相对于模块起始位置的相对地址为 R_0。于是有 $I = L + R_0$。假设当前要执行的指令为 goto $R_{x,0}$(L)或者 call $R_{x,0}$(L),其跳转目标指令的内存绝对地址设为 x。于是有 $x = L + R_{x,0}$,其中 $R_{x,0}$ 为跳转目标指令相对于模块起始位置的偏移量(即相对地址)。在编译时,R_0 和 $R_{x,0}$ 都为常量。现在来计算跳转目标指令相对于 I 的相对地址值 $R_{x,1}$。由 $x = I + R_{x,1}$,$I = L + R_0$ 以及 $x = L + R_{x,0}$ 这 3 个等式可得出 $R_{x,1} = R_{x,0} - R_0$。其中 R_0 和 $R_{x,0}$ 在编译时为常量,于是 $R_{x,1}$ 在编译时也为常量。因此以指令寄存器中的值为基地址,完全可行。于是可将 goto $R_{x,0}$(L)和

call $R_{x,0}$(L)改写成 goto $R_{x,1}$(I)和 call $R_{x,1}$(I)。

I 寄存器是专为程序运行而设置的。现在以 I 寄存器中的值为基地址,是编译器对它的发掘和利用,于是便可省去 L 寄存器。另外,原来以模块被加载的内存地址作为基地址,在跨模块访问时有存储开销和切换开销。现以 I 寄存器中的值作为基地址,原来的开销便被一扫而光。该方案也使得外部函数的调用与内部函数的调用毫无差异。

思考题 6-8　模块内部的函数调用采用相对寻址方式。目标指令例子有:call −496(I)。其中−496 是相对地址,I 为基地址。假设运行时此目标指令的内存绝对地址为 8324,请问执行该指令时,I 寄存器中的值为多少? 被调函数的内存绝对地址为多少?

思考题 6-9　外部函数的调用可采用间接寻址方式。设文件 A 中某处调用外部函数 α 的指令为:call ptr −992(I)。其中 ptr 是 pointer 的缩写,表示−992(I)这个内存地址位置存储的是一个内存绝对地址值。假设运行时此指令的内存绝对地址为 8884,请问执行该指令时,I 寄存器中的值为多少? 函数导入表中函数 α 行的回填位置的内存绝对地址为多少? 在文件 A 中另一处调用外部函数 α 的指令为:call ptr −642(I)。请问该指令在内存中的绝对地址为多少?

6.2.4　静态链接与动态链接

传统意义上的编译分为编译和链接两个环节。第一个环节将项目中的每个源程序文件翻译成目标代码文件。举例来说,当运行环境为 Windows 操作系统时,微软编译器 CL 将以.c 或者.cpp 为后缀名的 C/C++ 源程序文件编译成以.obj 为后缀的目标代码文件。第二个环节将第一个环节生成的多个目标代码文件合并成一个最终的目标代码文件。以 Windows 平台为例,最终目标代码文件的后缀名为.exe 或者.dll。链接要解决的问题主要是跨文件边界的数据引用和函数调用。解决策略和方法已在前面的 6.2.1 节至 6.2.3 节讲解。

链接有静态链接和动态链接之分。当项目源程序中调用了外部二进制可执行文件对外开放的函数时,如果选择静态链接,那么被引用的外部二进制可执行文件也会被并入最终目标代码文件中。这时,最终目标代码文件就没有函数导入表了。函数调用时,由于调用者和被调函数的代码都在一个文件中,因此被调函数入口的偏移量在链接时就已知,且为常量。静态链接的优点是:①无须目标计算机支持间接寻址;②函数调用效率高。不足之处是当被引用的外部二进制可执行文件有版本更新时,要重新链接,生成新的最终目标文件。

如果选择动态链接,那么被引用的外部二进制可执行文件保持其独立性,不会并入最终目标代码文件中。动态链接的好处是:当被引用的外部二进制可执行文件发生版本更新时,只需要用新版本文件替换旧版本文件,无须重新链接。另外,在多任务运行环境下,被引用的外部二进制可执行文件可以被多个程序共享,从而节省内存空间。动态链接的弊端是:要求目标计算器支持间接寻址;函数调用因采用间接寻址,执行效率不如静态链接。

思考题 6-10　嵌入式应用程序具有功能明确且固定、不复杂、运行在单任务环境下这些特点,在链接这类应用程序时,应选择静态链接方式,还是动态链接方式? 与之相对,对于浏览器之类的复杂应用程序,运行在多任务环境下,被引用的外部二进制可执行文件很多,其版本更新频繁。在链接这类应用程序时,应选择静态链接方式还是动态链接方式?

6.3 软件调试

编程中,源代码有 bug 是很常见的事情。仅检查源代码通常很难发现那些暗藏的 bug。软件调试是检查程序是否正确并发现程序 bug 的最有效手段之一。软件开发工具都提供有软件调试功能。调试软件时,先在源代码中设置断点,然后运行程序至断点位置,检查此刻源代码中各个变量的值,看是否与预期值一致。与此同时,也检查此刻的活动记录链,看运行时的函数调用关系是否与预期相符。在软件调试中,调试器是被调程序的运行环境。其中要解决的关键问题是实现调试器与被调程序两者之间的交互,将被调程序运行时的内存数据与源代码中的变量关联起来,使程序员知道源代码中的变量在程序运行至断点位置时的值。

6.3.1 程序之间的交互

程序与程序之间的交互通常不直观,但每个人都对人机交互有亲身感受。人机交互是最基本的交互,也是最常见的交互。在单任务运行环境下,计算机上只运行一个程序,例如命令提示符程序 cmd。cmd 程序是一个 Windows 自带的程序,它启动之后便等待用户的键盘输入。当用户敲击回车键时,它就对用户的输入字符串进行解析,以空格为界,将输入切分成多个子字符串。将第一个子字符串视为用户要运行的程序文件名,将所有子字符串视为调用程序 main 函数的实参。解析完毕之后,便将程序文件从磁盘加载至内存中,并从中查出其 main 函数的内存地址,然后调用其 main 函数。于是就执行用户所指定的程序。当main 函数返回时,又回到等待用户键盘输入的状态。在该场景下,cmd 充当了应用程序的一个简单运行环境。cmd 程序的逻辑源代码如代码 6.4 所示。

代码 6.4　命令提示符程序 cmd 的源代码

```
1   char input[200];
2   int argc;
3   char * argv[10];
4   int (* appMain)(int, char * *);
5   while(true)  {
6     gets(input);
7     argc = resolve(input, argv);
8     UINT  h = loadLibaray(argv[0]);
9     appMain = getProcAddress(h, "main");
10     * appMain(argc, argv);
11  }
```

代码 6.4 的含义如下。第 4 行定义了一个函数指针变量 appMain。其定义表明了所指函数的定义:返回值类型为 int,带有两个形参,其中第一个形参的类型为 int,第二个形参的类型为 char**。编译器看到这个定义,就知道如何生成调用变量所指函数的中间代码。所指函数的定义与 main 函数的定义完全一致。因此 appMain 变量可用来存储 main 函数的内存地址,从而实现对 main 函数的调用。

从第 5 行的 while 语句可知,cmd 会一直运行,不会结束。第 6 行调用 C 语言的系统函数 gets 获取用户的键盘输入。第 7 行对用户键盘输入进行解析,以空格字符为界,将用户输入切分成多个子字符串。所有子字符串的地址存储在数组变量 argv 中,子字符串的个数存储在变量 argc 中。第 8 行将要运行的文件加载到内存中,其中实参 argv[0]指向文件名子字符串,返回值是模块被加载的内存地址。第 9 行获取被加载模块的 main 函数的内存地址,将其赋给 appMain 变量。第 10 行调用被加载模块的 main 函数。

代码 6.4 所示源代码第 6 行的 gets 函数调用表达了人机交互。程序运行至 gets 函数时便暂停下来,等待用户的输入,直至用户敲击回车键时,gets 函数才返回。运行至第 10 行时,便调用用户指定程序的 main 函数。返回时又回到第 6 行,等待用户的下一轮输入。

6.3.2　运行环境的构建

上述 gets 函数是如何实现的呢?要回答该问题,要先从计算机工作原理说起。计算机在加电启动时,便将一个常量加载到 I 寄存器(即指令寄存器),这个常量是一个 ROM 内存地址。在该内存位置存储着让计算机首先执行的一段机器代码。这段代码也叫 BIOS。BIOS 的全称为 ROM-BIOS,是 Basic Input & Output System in ROM 的缩写。于是计算机一加电,便执行这段机器代码。

机器代码是一个指令序列,每条指令由指令码和参数构成。假定所有指令码的宽度都一样,例如 32 位机的指令码宽度为 32 比特。计算机从 I 寄存器所指内存位置先读取指令码。由指令码可知,它后面带有几个参数和参数的顺序,以及每个参数的含义和宽度,于是进一步从内存读取参数。读到一条完整的指令后,就执行它,然后由当前指令算出下一条要执行的指令所在的内存地址,将其放入 I 寄存器中,于是接着会执行下一指令。如果当前指令不是跳转指令(如 goto 或者 call),下一指令的内存地址就为 I 寄存器中的值加上当前指令的宽度。

BIOS 要做的第一项事情是设置 IDT(Interrupt Description Table),即中断描述表。IDT 位于 RAM 内存的 0 地址位置。从工作原理来看,CPU 是基于中断来工作的。中断有多种类别,类别用序号来标识,起始序号为 0。中断包括硬中断和软中断。硬中断由电路触发,例如时钟、内存,以及键盘和磁盘等外设。软中断由 CPU 执行的指令触发。CPU 指令中有中断指令。一旦 CPU 执行到一条中断指令,便会触发一趟软中断。每当一趟中断被触发时,CPU 要执行的下一指令的内存地址在 I 寄存器中,此时 CPU 不再执行它,而是把 I 寄存器中的值保存到 S(取自 Standby 的首字符)寄存器中,以便腾出 I 寄存器来加载中断例程在内存中的起始地址,从而转去执行中断例程。

现在的问题是:中断例程在内存中的起始地址放在何处?答案是放在 IDT 中。IDT 是一个表,其中的第 i 行存储着序号为 i 的中断例程在内存中的起始地址。对于 32 位机来说,地址的宽度为 4 字节,于是 IDT 中每行的宽度为 4 字节。由 IDT 在内存中的存储地址为 0 可知,序号为 i 的中断例程在内存中的起始地址存放在 $i \times 4$ 的内存位置。由此可知,产生中断时,CPU 使用中断序号和 IDT 便可轻而易举地得到中断例程在内存中的起始地址。然后将其加载到 I 寄存器中,于是 CPU 开始执行中断例程。中断例程的最后一条指令是 iRet(interruption return 的缩写)。该指令要做的就是把 S 寄存器中的值恢复至 I 寄存器中,从而恢复原程序的执行。中断时 CPU 执行指令的时序如图 6.3 所示。

由上述计算机工作原理可知,BIOS 要做的首项工作就是填写 IDT。填写 IDT 时当然

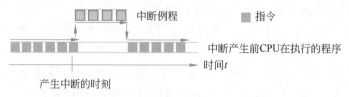

图 6.3 有中断情形下 CPU 执行指令的时序

要知道每一序号的中断例程在内存中的起始地址。中断例程自然也应该是 BIOS 中的内容。填好 IDT 之后,就可把 CPU 的中断开关设置到打开状态,允许 CPU 产生中断。

BIOS 设置好 IDT 之后,便可将 cmd 二进制可执行文件从磁盘加载到内存,找到其 main 函数的内存地址,然后调用 cmd 的 main 函数。从代码 6.4 所示 cmd 程序可知,CPU 会一直执行 cmd 程序。cmd 程序调用 gets 函数来获取用户的键盘输入。为了阐释 cmd 程序和键盘输入中断例程之间的交互,假定计算机有一个 C(取自 Common 的首字符)寄存器,作为它们之间传递信息的载体。gets 函数的实现如代码 6.5 所示。其中第 4 行的含义为将形参 input 的值(为内存地址)加载到 C 寄存器中。其用意是告诉键盘输入中断例程,现在接收键盘输入,并希望将用户输入的字符放置在 C 寄存器所指内存位置。第 5 行的含义为暂停往下执行。

代码 6.5 gets 函数的实现代码

```
1   int gets(char * input)  {
2     int count = 0;
3     while(true)  {
4       setCRegValue(input);
5       halt();
6       if( * input  == 回车符) {
7          * input = 0;
8         setCRegValue(0);
9         return count;
10      } else   {
11         count ++;
12         input ++;
13      }
14    }
15  }
```

键盘输入中断例程的实现如代码 6.6 所示。用户每敲击一下键盘,都会产生一趟键盘输入中断。该中断例程要做的就是从键盘取出字符,然后检查 C 寄存器中的值是否为 0。如果不为 0,说明有程序在等待键盘输入,于是就把输入的字符存入 C 寄存器所指的内存位置。注意,中断产生之前,I 寄存器指向 gets 函数中的第 6 行 if 语句。但因前面的 halt 之故,CPU 处于暂停状态。是键盘输入中断唤醒了 CPU,并且将 I 寄存器中的值保存到 S 寄存器中,然后转去执行键盘输入中断例程。中断例程的最后一个语句是 iRet,而不是 return。iRet 是将 S 寄存器中的值恢复至 I 寄存器中,而 return 是将活动记录中的返回地址值恢复到 I 寄存器中。于是 CPU 会接着执行 gets 函数的第 6 行 if 语句。如果用户输入的是回车符,表明输入结束,gets 函数返回。否则等待下一个输入字符。

代码 6.6　键盘输入中断例程

```
1  void inputInterruptHandler()  {
2    char in= fetchChar();
3    if(getCRegValue() != 0)
4        indirectSetValueByCReg(in);
5    iRet;
6  }
```

从上述 gets 函数和键盘输入中断例程的实现可知,它们之间的交互要有一个公共存储用来传递信息。在上述例子中,C 寄存器被用作它们之间的公共存储。gets 函数通过改变 C 寄存器中的值,来告诉键盘输入中断例程,是否要接收键盘输入的字符。键盘输入中断例程则通过检查 C 寄存器中的值,来判断 cmd 是否要接收字符,并通过 iRet 来恢复 cmd 程序的执行。

上述 BIOS(键盘输入中断例程被包含在其中)、cmd 及其中调用了的函数便构成了一个非常简单的单任务运行环境。通过该运行环境,能运行任一应用程序。

将单任务运行环境扩展成多任务运行环境并不复杂。Windows 和 Linux 都是多任务运行环境。从程序运行来看,任务也称线程或者进程。为了表述简洁起见,以后多任务就叫多线程。刻画一个线程只须线程栈(也叫活动记录栈),以及 B,T,I 这 3 个特征值即可。B 是当前活动记录的基地址,T 是线程栈的栈顶地址,I 是下一条要运行的指令在内存中的地址。这几个值已在 6.1.2 节中讲解。在一个时刻,CPU 只能执行一个任务,即一个线程。当前被执行的线程称为当前线程。当前线程的 B,T,I 值分别存储在 B,T,I 寄存器中。线程切换其实非常简单,就是先保存当前线程的特征值,然后把下一要运行的线程的特征值加载至 B,T,I 寄存器中。

6.3.3　调试器与被调程序之间的协同交互

在软件调试中,调试器是被调程序的运行环境。其中有两个线程,一个是调试线程,另一个是被调线程。调试线程运行调试器程序,被调线程运行被调程序,它们轮番运行。当要调试 A 程序时,调试线程就会创建一个线程,让其运行被调程序 A 的 main 函数,随后便等待,直至被调线程运行至断点位置。被调线程在断点位置暂停后,又轮到调试线程上场,去获取被调线程中所有变量的值,将其显示在屏幕上。接下来调试线程为被调线程打开复活信号灯,自己进入等待。被调线程被复活,继续运行。上述过程不断重演,直至调试结束。

从上述调试过程可知,无论是调试线程,还是被调线程,都是主动暂停等待,让出 CPU。一旦让出 CPU 之后,自己无法复活,要靠别人来复活。每一个线程尽管无法复活自己,但能在让出 CPU 之前给自己定下复活条件,例如信号灯变成打开状态,并将复活条件公之于众。在这里仅有两个线程,调试线程的复活条件只能靠被调线程来创造。反之亦然。

从上面分析可知,在多任务运行环境下,线程之间存在协同问题。为了协同的简单性,可设置一个线程管理器,负责所有线程的管理和调度。线程管理器使用线程表(threadList)来管理和调度线程。每创建一个线程,就是向线程表中添加一行记录,行 id 就是线程 id,复活条件是线程表的一个字段。另有一个指针变量 pCurThread,存储当前线程的指针。线程调用 wait 函数进行等待。在 wait 函数的实现中,最后两条指令为 INT n 指令和 return 指令。INT n 指令为第 n 号软中断指令。当线程执行 INT n 指令时,便触发中断,CPU 转去执行第 n 号中断例程。第 n 号中断例程就是线程管理器。

线程管理器要做的工作,就是基于 pCurThread 的值,在线程表中找到该线程的行记录,先保存该线程的特征值(B,T,I),即 B,T,S 寄存器中的值。注意,此时当前线程要执行的下一条指令在内存中的地址不是在 I 寄存器中,而在 S 寄存器中,因为此时的 I 寄存器已指向第 n 号中断例程中的指令。然后保存当前线程的复活条件(由当前线程传递而来)。接下来就是扫描线程表,找出一个复活条件已满足的线程(假定其 id 为 β),将 β 赋值给 pCurThread,再将其特征值(B,T,I)加载至 B,T,I 寄存器中,于是 CPU 就开始执行 β 线程,即 β 线程被复活。

按照上述方案,软件调试中设置断点,其实就是在源代码的断点位置添加两行调试代码。第 1 行代码为调用 openSemaphore 函数,为调试线程复活创造条件,第 2 行代码为调用 wait 函数,进行等待。调试过程为:①调试程序创建一个线程来运行被调程序,然后调用 wait 函数进行等待;②当被调程序运行至断点位置时,调试程序被复活,被调程序处于等待状态;③调试程序获取被调程序所有变量的值,并显示在屏幕上,随后为被调线程复活创造条件,然后再进入等待状态;④被调程序被复活,恢复运行,直至遇到下一断点。为一个线程创造复活条件,常用的办法是释放信号量(semaphore),也叫打开信号灯。

线程之间协同的实现如代码 6.7~代码 6.10 所示。一个线程调用 wait 函数(其实现如代码 6.7 所示)来进入等待状态,同时也给出了复活条件,即指定的信号灯被其他线程打开。该函数通过 n 号软中断(见代码 6.7 第 3 行)来协同。当一个线程想复活别的线程时,就调用 openSemaphore 函数来打开对方约定的信号灯,其实现如代码 6.8 所示。该函数通过 m 号软中断(见代码 6.8 第 3 行)来协同。这两个函数都使用寄存器 C 来把指定的信号灯传递给中断例程。

代码 6.7   wait 函数的实现逻辑

```
1   void wait(int semaphore)  {
2     setRegisterValue(C, semaphore);
3     int n;
4     return;
5   }
```

代码 6.8   openSemaphore 函数的实现逻辑

```
1   void openSemaphore(int semaphore) {
2     setRegisterValue(C, semaphore);
3     int m;
4     return;
5   }
```

n 号中断例程的实现如代码 6.9 所示。它要做的工作就是执行线程切换。首先保存当前线程的特征值,为其设定复活条件。然后从线程表中找一个复活条件已满足的线程,将其设置成当前线程,让其运行。m 号中断例程的实现如代码 6.10 所示。它要做的工作就是看线程表中哪一个线程在等待给定的信号灯,将其复活条件设为满足。

代码 6.9 *n* 号中断处理例程（线程调度器）

```
1   onInterruption_n()  {
2     pCurThread->I = S;
3     pCurThread->B = B;
4     pCurThread->T = T;
5     pCurThread->ReviveCondition = C;
6     pCurThread = threadList->getRunThread();
7     B = pCurThread->B;
8     T = pCurThread->T;
9     I = pCurThread->I;
10    iRet;
11  }
```

代码 6.10 *m* 号中断处理例程

```
1   onInterruption_m()  {
2     threadList->setReviveThread(C);
3     iRet;
4   }
```

思考题 6-11 代码 6.9 所示的中断处理例程中，第 10 行的代码 iRet 永远都不会被执行，为什么？另外第 7 行至第 9 行是将当前线程的特征值设置至对应寄存器中，这 3 行代码中的第 9 行不能放在第 7 行或者第 8 行的前面，为什么？

6.3.4 变量值的获取与关联

解决了软件调试中调试器与被调程序之间的交互问题之后，剩下的问题就是被调程序的变量值获取。程序运行时的数据有全局变量、局部变量、形参、实例对象及其成员变量。全局变量属于二进制可执行文件中的内容，它相对于文件起始位置的偏移量 globalStartOffset 在编译时就知晓，并被记入调试信息中。当调试器把被调程序加载到内存之后，加载地址用变量 loadedAddr 存储。于是第 1 个全局变量的内存地址为 loadedAddr 加上 globalStartOffset。调试器再使用根块（即块 id 为 0 的块）中的变量表算出其他全局变量的内存地址。算法思路是：第 i 个全局变量的内存地址等于第 $i-1$ 个全局变量的内存地址加上其 width。知道了内存地址，便可直接读取其内存值。

再来分析局部变量和形参。它们都是活动记录中的内容，在运行时为其实时动态分配内存。在断点位置，尽管能从被调线程的 B 寄存器值可知活动记录栈栈顶元素（为活动记录）的基地址，于是也就知道了活动记录链，但是并不知道每个活动记录中的局部变量来自于哪一个函数。为了知晓运行时源代码中的函数调用关系，以及局部变量的基地址，要对运行时的函数调用进行跟踪。跟踪方法是创建一个跟踪栈 pTraceStack，然后在每个函数的实现源代码开始位置添加一行源代码，将函数实现块的块 id 以及局部变量的基地址（即此时刻的 B 寄存器值）一同压入跟踪栈中，再在每一个 return 语句的前面添加一行源代码，把栈顶元素的块 id 和基地址弹出跟踪栈。于是，调试器通过检查 pTraceStack 中的元素（块 id 和基地址），便可知道运行时源代码中的函数调用关系。可根据块 id 找到其变量表和形参表，进而用 offset 字段值算出每个局部变量，以及每一个形参的内存地址。

思考题 6-12　函数中第 1 个局部变量的内存地址为多少?

注意:被调线程的 B 寄存器值并不是断点所在函数的局部变量基地址。其原因是被调程序通过调用 wait 函数而陷入暂停。在 wait 函数的实现中可能调用了更加底层的系统函数。因此活动记录栈的栈顶元素并不是断点所在函数的活动记录。这也就是调试跟踪中还要记录局部变量基地址的原因。

接下来再分析类的实例对象及其成员变量。在一个函数中,无须通过指针就能直接访问的数据只有全局变量、局部变量、形参。这些数据也叫作根集(root set)。当根集中的一个变量为指针变量时,由它可达所指的实例对象。如果一个实例对象的成员变量也是指针,由它也可达所指的实例对象。因此,程序中的实例对象采用了链式间接访问策略。链的起点只可能是全局变量,或者局部变量,或者形参,即根集。调试时就基于这一特征来穷举类的实例对象。穷举可采用广度优先策略,首先检查全局变量,以及活动记录栈中的局部变量和形参,看哪些是指针变量,如果其值不为 0,说明它指向一个实例对象。对于指针变量,再通过其类型 id 到类型表中找到类的定义,进而解析其所指实例对象的成员变量的内存地址值。

现举例说明调试时局部变量和形参的内存值获取过程。图 6.4 中给出了在断点位置跟踪栈中的内容,以及线程栈中的活动记录链示意图。跟踪栈中含有两个元素。从跟踪栈的栈顶元素可知,其块 id 为 6,活动记录的基地址为 8020。于是要把块 6 的变量表和形参表找出来。从变量表可知,该函数有两个局部变量 p 和 i。于是由基地址值和 offset 字段值可得出第 1 个局部变量 p 的内存地址为 8020,第 2 个变量 i 的内存地址为 8028。从其形参表可知,它带有一个形参 stu,其类型逻辑地址为 T:0:4。再到类型表查其宽度,为 4。于是可算出该形参的内存地址为 8012。再看下一个跟踪记录,其块 id 为 2,活动记录的基地址为8000。也是按照上述方法得出每一个局部变量和形参的内存地址。得到了变量的内存地址,就可基于其类型直接去读取其内存值。

图 6.4　运行时局部变量内存值的获取方法示例

对于指针变量,例如第 1 个跟踪记录中的形参 stu,以及第 2 个跟踪记录中的第一个局

部变量 s_1，其指针值都为 1200（如图 6.5 所示活动记录链），表明它们指向同一个对象，该对象的内存地址为 1200。基于指针变量的类型逻辑地址到类型表中找到其详细定义，可知所指类的类型定义块 id 为 1。再找出块 id 为 1 的变量表，可知它含有两个成员变量 age 和 tall（见图 6.5 的变量表）。由 offset 字段值可得出它们的内存地址分别为 1200 和 1204。

从上述程序运行时的内存数据获取方法可知，符号表对于软件调试必不可少。为了调试，变量表可再添加一列，记录运行至断点位置时的内存值。内存值最终要显示在屏幕上，因此对于诸如 int 和 float 之类的数据，还要通过 C 语言的 sprintf 函数将其转换成字符串形式。

思考题 6-13　一个函数的形参来自调用者的实参。而调用者的实参只可能来自它的局部变量、它的形参，或者全局变量，或者表达式的运算结果，或者函数调用的返回值，或者是诸如 a->b 之类通过指针所得的间接值，或者是通过调用 new 操作得到的对象指针。基于上述情形，对于实例对象，链的起点到底要不要考虑活动记录栈中的形参？请说明理由。

软件调试时，当在源代码窗口把鼠标停在一个变量上时，会显示出其内存值。要实现此功能，需要将变量的内存值与源代码中的变量名关联起来。处理方法是：将源代码由文本文档转换成 HTML 文档，显示在浏览器视窗中。语法分析时，对源代码中的每个变量，将其逻辑地址赋值给其 id 属性。获取变量的内存值之后，再遍历一次源代码。对源代码中的每个变量，通过其 id 属性值与变量表中的行关联起来，将变量的内存值赋值给其 title 属性。于是，当把鼠标停在一个变量上时，便会显示出其内存值。上述 id 属性和 title 属性都是 HTML 属性。

思考题 6-14　软件调试还剩下一个问题。程序员可在源代码中设置多个断点。调试器如何知道程序当前暂停在哪一个断点位置？断点位置信息应该包含源代码文件名和行号两项。

思考题 6-15　跟踪栈 pTraceStack 是为了调试，由编译器往程序源代码中添加的一个类型为指针的全局变量。调试器如何获取该变量的值？

6.4　垃圾自动回收

程序运行时的可变数据有全局变量、局部变量、形参、函数返回值、静态变量、实例对象 6 种。其中，全局变量和静态变量被纳入二进制可执行文件中。当文件被加载到内存中时，便存在于内存中，也就是说这 2 种数据采用静态内存分配方案。而局部变量、形参和函数返回值这 3 种数据通常采用动态内存分配方案。这 3 种数据以活动记录的形式出现，分配在线程栈中。每个活动记录都有一个基地址。对这 3 种数据，常采用相对寻址方式来访问。对于活动记录，在函数调用时为其分配内存，在函数返回时释放其所占内存。

对于上述前 5 种数据，其内存管理对程序员完全透明。全局变量和静态变量始终存在于内存中，而局部变量、形参、函数返回值这 3 种数据的有效性则仅限于一个函数之内，只有函数活跃时才存在于内存中。实例对象则介于上述两类数据之间，在需要时通过调用 new 操作来为其分配内存，用完之后通过调用 delete 操作来释放其所占内存。实例对象的内存管理完全由程序员来负责。

实例对象这种数据呼之即来，挥之即去，看似非常理想，实则隐患丛生。程序通过指针变量来访问实例对象。需要时,通过调用 new 操作来为其分配内存,得到其内存地址,并将其赋值给指针变量。指针变量中的值也叫指针值。随后访问实例对象都是通过指针值来进行的。对于实例对象,需要它时,程序员非常清楚,会很自然地写下 new 操作来创建它,但用完之后,常常不记得将其删除(delete 操作),导致它一直占着内存。这种行为等于对计算机内存只借不还。计算机内存量有限,最终结果是内存耗尽,系统崩溃。该问题称为内存泄漏问题。

另一问题称为指针悬空问题。不像局部变量仅限于在一个函数内使用,实例对象可在任一函数中访问。在任何一个函数中,只要能拿到一个实例对象的指针值,就可对其进行访问。指针值的传播方式有:①把指针值赋给其他变量;②把指针值作为函数返回值传递给调用者;③把指针值作为实参传递给被调函数。如果程序员对实例对象掌控不当,过早地将其删掉,那么就可能出现如下情形:使用指针值去访问实例对象,但实例对象在内存中已经不复存在了。该情形直接导致程序异常退出。该问题称为指针悬空问题。

内存泄漏和指针悬空都是致命问题,导致程序异常退出。内存泄漏还影响同机运行的其他程序。这两个问题都出在 delete 操作上。一个是遗忘 delete 操作,一个是弄错 delete 操作在程序中的位置。现在的问题是:delete 操作能否由编译器和运行环境来处理,无须程序员考虑?或者说,delete 操作能否对程序员完全透明?如果完全透明,便实现了内存自动管理,极大减轻程序员的负担,降低编程门槛,增强程序的鲁棒性。程序要通过对象指针值来访问对象。当存储对象指针值的内存被释放之后,程序便无法再访问对象。这时就说对象变成了不可达的。不可达的对象对于程序而言就是垃圾,可回收其所占内存空间。引用记数是实现垃圾自动回收最为直观的一种解决方法。

6.4.1 基于引用记数的垃圾回收方法

引用记数的想法非常简单。跟踪一个指针值被存储的位置个数。如果没有任何地方存储,就表明程序对其所指实例对象不可达,不能再对其进行访问了,于是可将其删掉。当一个指针值由一个存储位置赋给另一存储位置时,存储位置个数要加 1。加 1 共有 3 种情形:①被赋值给另一变量;②作为实参传递给被调函数的形参;③作为函数返回值传递给调用者。当一个指针值的存储位置减少一个时,存储位置个数要减 1。减 1 共有 2 种情形:①存储其值的内存被释放,例如局部变量或者形参在函数返回时被释放,函数返回值在函数返回以后被释放;②存储其值的变量被赋新值。

对于 new 操作和 delete 操作,可将其视作一个类的成员函数。在运行环境中有一个该类的实例对象,称作堆(heap)。于是堆负责所有实例对象的内存管理,包括创建实例对象、释放实例对象,以及实例对象的引用记数。为了引用记数,在给程序中的指针变量分配内存时,都要将其初值设为 0。只有这样,才可以判断它当前是否存储了一个指针值。这也就是Java 语言必须给类变量(实为指针变量)赋初值的原因。设堆还有成员函数 increment 和decrement。这两个函数都带有一个形参,即指针,其功能分别是对实例对象的引用记数器加 1 和减 1。堆中维护一个实例对象表,表有两列:实例对象指针值和引用数。在 decrement 函数的实现中,如果发现实例对象的引用记数值为 0,便调用 delete 操作,将其释放。

引用记数通过编译器向程序中添加跟踪代码来完成。例如,对于程序中形如 a=b 之类的赋值语句,如果 a 和 b 的类型都为指针,编译器便会在其前面添加如代码 6.11 所示的引用记数跟踪代码。

代码 6.11　引用记数跟踪代码示例

```
1  if(a!= b && b > 0)
2     increment(b);
3  If(a!= b && a > 0)
4     decrement(a);
```

思考题 6-16　根据 6.1.2 节所述的函数调用过程,判断还应在一个函数的实现代码中哪些位置插入引用记数跟踪代码?

从上述基于引用记数的内存自动管理方案可知,是编译器对源代码进行分析,替程序员正确恰当地管理 delete 操作。该方案的特点是简单直观,不足之处是要频繁地进行记数。

6.4.2　基于定期识别和清扫的垃圾回收方法

对于解释执行类语言,用其编写的程序被翻译成中间代码后,再由目标机上的解释器来解释执行,或者翻译成目标代码之后再执行。例如,Java 语言就是如此。Java 源程序被翻译成字节码,再由目标机上的 JVM 来解释执行或者翻译成目标码后再执行。字节码就是中间代码。无论是解释执行中间代码,还是将中间代码翻译成目标代码,首先要做的工作就是填写类型表中基本数据类型的宽度。例如,在 16 位机上,整数和地址的宽度为 2 字节,而在 64 位机上,则为 8 字节。然后再算出其他类型的宽度。每个变量的宽度为其类型的宽度,于是变量表和形参表中每个变量的偏移量(即相对地址)就成了常量。中间代码中的逻辑地址就可替换成相对地址。相对地址加上基地址就是内存地址。

在基于垃圾回收策略的内存自动管理方法中,程序代码中不会出现 delete 操作,也不用进行引用记数跟踪。对于程序创建的实例对象,如果程序对其不可达,它就成了垃圾。于是在任何一个时刻,堆中的实例对象可分为两类,一类是可达的,另一类是不可达的。不可达的实例对象就称为垃圾,应该释放其所占的内存。现在的问题是:如何识别垃圾?通常采用的策略是把可达的实例对象识别出来,剩下的实例对象就是垃圾。

在基于垃圾回收策略的内存自动管理方法中,标识一个时刻的可达实例对象是最为关键的问题。在 6.3.3 节中已经讲述了程序对实例对象的访问具有链式特征。链的起点只可能是局部变量、形参、全局变量、静态变量。运行时的局部变量和形参在线程栈中,表现为活动记录链。全局变量和静态变量是二进制可执行模块中的内容,一直存在于内存中。因此,只须将上述 4 类变量的内存值解析出来。其中类型为指针且内存值不为 0 的那一部分构成了链的起点集合,也叫根集。根集中的元素(为指针值)所指的实例对象为一级可达对象。一级可达对象中的成员变量,如果类型为指针且内存值不为 0,那么它们所指的实例对象就为二级可达对象。以此类推,便可将堆的实例对象表中所有可达对象标记出来,剩下未标记的实例对象便为垃圾,将其所占内存回收。

垃圾回收的过程和软件调试过程几乎完全相同。也要跟踪运行时函数的调用关系。其中用到的数据结构有:函数调用跟踪栈 pTraceStack,堆中的实例对象表 objectList。pTraceStack 中的元素有 blockId 和 baseAddr 两个属性。回收时,首先暂停程序的执行,然后扫描 pTraceStack 中所有元素,由 blockId 到符号表中找到该块的变量表和形参表,再从变量表和形参表找出类型为指针的变量行,其偏移量加上 baseAddr 便为变量的内存地址。知道了内存地址,便可读取其内存值。内存值如果不为 0,便为一个指针值。对于找到的所有指针值,在对象表 objectList 中将其行记录的可达字段值设为 1。于是第一级可达对象被标记出来。随后便是"顺藤摸瓜",由第一级可达对象找出第二级可达对象,逐级把所有可达对象标记出来。

注意:"顺藤摸瓜"过程中,对于新发现的可达对象,如果其可达字段值不为 0,则说明在前面已经发现过了,不用重复考虑,否则会陷入死循环。只有其可达字段值为 0 时,才算是新发现的可达对象。

思考题 6-17　如何写出上述垃圾回收算法的实现代码?

从上述垃圾回收算法可知,它依赖符号表。因此只适合解释执行类语言,例如 Java、Python 等。对于 C 和 C++ 语言,源代码最终被编译成目标机器代码,以二进制可执行文件方式分发给客户。二进制可执行文件有 Debug 版和 Release 版之分。Release 版不带符号表,因此无法采用垃圾回收策略来实现内存的自动管理。只有 Debug 版才可以。

不过付出点存储代价,也可以不要符号表进行垃圾回收。垃圾回收中的核心问题是要把程序运行时数据块中的指针值标识出来。为此目的,编译器可将每个变量表中的指针变量提到前面位置,然后再额外添加一个变量 count,将其作为第 1 个变量,用于存储指针变量的个数。于是无论是局部变量和全局变量,还是成员变量,在其变量表中,count 变量的 offset 字段值都为 0。垃圾回收时,先读取该变量的值,如果其值不为 0,说明紧跟其后的变量为指针变量。例如,假设其值为 2,那么紧跟其后有 2 个指针变量。对于 32 位机,这 2 个指针变量的 offset 字段值分别为 4 和 8。

注意:中间代码中的变量表,其行数据没有先后顺序关系。只有在计算每行数据的 offset 字段值时,才有行的顺序概念。将变量表中某行数据提到前面不会对中间代码产生影响。其原因是:中间代码中的变量是用行 id 来标识的。前后挪动变量表中的行数据,行 id 作为一个字段值被一同挪动。

垃圾回收剩下的最后一个问题是:如何暂停程序的运行? 在软件调试中,让程序暂停是通过在断点位置插入代码来实现的。垃圾回收不一样,应用程序一直在运行,不会自己暂停。要暂停当前线程,必须触发一个中断。软中断显然不行,因为当前线程是在运行应用程序。硬中断中的时钟中断常被用来定期打断当前线程的执行,转而去执行定期性任务。现假定用 cmd 程序来运行程序 A,那么 cmd 就是程序 A 的运行环境。cmd 负责垃圾回收,其办法是创建一个线程来运行程序 A 的 main 函数。被创建的线程称作子线程,创建者称作父线程。于是运行 cmd 程序的线程为父线程,运行程序 A 的线程为子线程。

父线程创建子线程之后调用 wait 进入等待状态。在 wait 中设置的复活条件为定时器。时钟中断是硬中断,周期性触发。时钟中断例程会检查线程表中的所有线程,对复活条件为定时器的线程进行计时。对到期的线程,时钟中断例程会将其复活条件设为满足,然后调度它运行。于是父线程会被定期复活。父线程从 wait 函数返回后,暂停子线程的执行,然后执行垃圾回收。父线程暂停子线程是可行的,因为它在创建子线程时,返回值就为子线程的线程 id。只要知道一个线程的线程 id,便可对它进行操控。反之,子线程不能操控父线程,因为它不知道父线程的线程 id。

上述垃圾回收方案定期执行。在一个周期内,垃圾占着内存。也就是说,垃圾回收不及时会导致可用内存空间碎片化,甚至紧缺等问题。与基于引用记数的方案相比,这是该方案的一短板。另外,执行垃圾回收时,要逐层扫描程序的内存数据,识别其中的指针值,然后顺藤摸瓜,把所有可达的实例对象标识出来,最后把不可达的实例对象从内存中清除。在执行垃圾回收时,应用程序处于暂停状态。对于实时响应严格的应用场景,该方案可能不适宜,有待改进。

6.4.3　基于程序分析的垃圾识别和清除

一个实例对象对于程序来说,一旦不可达便成为垃圾。引用记数法和定期垃圾回收法是处理垃圾回收的两个极端方案。在引用记数法中,对所有实例对象进行全覆盖实时跟踪。一个实例对象一旦成为垃圾,即刻发现,即刻清除。从充分利用内存的角度,这种策略非常理想,但跟踪开销也大。而定期垃圾回收法对平时出现的所有垃圾视而不见,放任不管,让其存在内存中,直至清扫时刻时才来识别和清除。因此,它们是对立的两个极端:一个过于敏感,一个过于迟钝。其实在编译时,通过对程序进行分析,很多垃圾无须运行时跟踪也能发现,并在节点时刻(如函数返回时)将它们一并清除。

很多实例对象具有局部变量的特性,其可达性仅限于一个块中。此处的块指的是函数实现块或者被嵌块。在一个块中通过 new 创建实例对象,便得到其内存地址,也叫指针值。通过编译时的数据流分析,如果发现其存储位置仅限于本块中的局部变量,那么在块的结束位置,即局部变量被释放位置,这样的实例对象将变得不可达,可将它们通过 delete 操作一并释放。在这种情形下,引用记数跟踪是在编译时进行,而不是在运行时进行,于是节省了运行时的引用记数跟踪开销。

另外一种情形是很多指针值的存储位置呈线性转移,不会扩散至多处。对于这种情形,引用记数跟踪也可放在编译时进行。例如在语法分析中,每次规约时要创建一个头部文法符对象,然后将产生式体中的文法符指针值从对象栈中弹出到局部变量中。在执行完毕综合属性的计算之后,再将头部文法符对象指针值压入对象栈中。此时,前面被弹出的文法符对象便成了垃圾,下一轮规约时也是如此。加法运算在规约时的翻译动作如代码 6.12所示。

代码 6.12　加法运算规约时的翻译动作

```
1  addReduction()  {      //按 E→E+E 规约
2    E * e  = new E();
3    E * e2  = (E *)pObjectStack->pop();
4    Lexeme * w = (Lexeme *)pObjectSstack->pop();
5    E * e1  = (E *)pObjectStack->pop();
6    add(e, e1, w, e2);
7    pObjectStack->push((void *)e);
8    return;
9  }
```

编译时对代码 6.12 进行分析,可发现如下规律:文法符对象从创建出来,其指针值从一个局部变量,通过入栈操作被转移至全局变量 pObjectStack 所指的对象中,然后再通过出栈操作转移至另一个局部变量中,呈线性流转。对于这种情形,其引用记数可在编译时进行。对于代码 6.12,编译器可在 return 语句前加上 3 个 delete 语句,分别释放 e_1,w,e_2 这 3

个实例对象。

代码 6.12 所示的指针值存储位置呈线性转移,其中有一个环节是全局变量,即 pObjectSstack 变量。另外一种情形是通过函数调用中的参数传递流转。这种流转有两个方向:一个是将指针值作为实参,传递给被调函数;另一个是将指针值作为返回值传递给调用者。对于这种情形,也是只需在最后一个存储位置被其他指针值覆盖,或者其内存被释放之前,由编译器添加一个 delete 操作即可。

程序中的绝大部分实例对象都具有上述特征。因此,大部分引用记数跟踪工作都可放在编译时进行,从而既能节省运行时的跟踪开销,又能做到垃圾的及时回收。

6.5 异常处理

异常与程序 bug 不是一回事,不过又有联系。程序 bug 一般不影响程序运行,只是在某些情形下结果不正确,因此可以通过改进程序逻辑来排除程序 bug。软件调试就是通过观察运行时的变量值来发现程序 bug,进而对程序进行改进。异常指程序运行时遇到的问题。当 CPU 执行程序的一条指令时,如果不能正常完成,便认为出现了异常,于是产生异常中断。例如,当 CPU 执行程序的一条除法指令时,如果除数为 0,便会产生异常中断。另一例子是用一个指针值去访问对象,但对象已经被删掉了。因此异常属于硬中断,是硬中断中的一个类别。

从上述两个异常例子可知,修改程序可以减少异常发生。对除法运算,先检查除数是否为 0,就可避免第一种异常的发生。使用指针时,先检查其所指对象是否还在内存中,就可避免第二种异常的发生。

站在操作系统的观点来看,在执行一个程序时如果遇到异常,便认为没有继续执行它的必要。其理由是:程序是一个指令序列,其中任何一个指令的执行都关系到程序运行的最终结果。因此,一旦出现异常,程序的最终结果肯定受影响,会不正确。因此没有必要再继续运行程序。于是操作系统对异常的处理方法是:结束程序的运行,让其退出。结束一个程序的运行非常简单。在异常中断处理例程中,把当前线程从线程表中删除,再释放其对应程序所占内存,再从线程表中找一个复活条件已满足的线程作为当前线程。

程序自己对异常可以持不同于操作系统的观点。例如,当程序处理一个集合中的多个元素时,会通过一个循环语句来完成,一次循环处理一个元素。对于这种情形,当 CPU 执行循环体中代码而出现异常时,程序员并不希望程序退出,而是希望跳转,转入下一轮循环,即处理下一个元素。这种情形下,只有极个别元素的处理无法完成,用户能够接受。如果程序退出,用户反而不能接受。对于循环处理,如果程序员接受操作系统的观点,源程序就如代码 6.13 所示;如果程序员希望继续处理下一元素,那么源程序就如代码 6.14 所示。

代码 6.13 采纳默认的异常处理

```
1   while(element = set->nextElement()) {
2       process_1(element);
3       process_2(element);
4       ...
5       process_n(element);
6   }
```

代码 6.14　提供自己的异常处理方式

```
1   while(element = set->nextElement()) {
2      try {
3         process_1(element);
4         process_2(element);
5         ...
6         process_n(element);
7      }
8      catch(...)    {}
9   }
```

代码 6.14 中的 try 和 catch 是程序语言中表达异常处理的预留字,就如同 if 和 while 一样。将可能产生异常的功能代码放在 try 块中。当 CPU 执行 try 块中内容时,如果产生异常,便跳转去执行 catch 块中的代码。此例中,catch 块中没有放置代码,于是接着进行下一轮循环。如果没有产生异常,那么 catch 块就被跳过,接着进行下一轮循环。在逻辑上,try 语句与 if 语句相类似。用文法来描述 try 语句,其产生式为 $S \to \text{try } S_1 \text{ catch}(\ldots) S_2$。if 语句的产生式为 $S \to \text{if } (B) S_1$。try 语句中的 S_1 相当于 if 语句中的 B,try 语句中的 S_2 相当于 if 语句中的 S_1。

异常处理具有跨函数边界特性,现举例说明。代码 6.14 中调用了 process_1 函数。假定在 process_1 中又调用了函数 A。该情形下,假定在执行函数 A 中代码时产生异常,那么接下来要直接跳转至代码 6.14 中的 catch 块。这种跨函数边界甚至跨多个函数边界的跳转,该如何实现? 其中面临什么问题?

在执行函数 A 中代码时产生异常。此时线程栈中的活动记录自顶向下依次为:函数 A 的活动记录、process_1 函数的活动记录、循环函数的活动记录。这里将代码 6.14 所在函数称作循环函数。现要直接跳转至代码 6.14 中的 catch 块,那么必须先清除线程栈中函数 A 的活动记录,以及 process_1 函数的活动记录,让循环函数的活动记录成为栈顶元素。此时才可直接跳转去执行代码 6.14 中的 catch 块内容,否则就会出现活动记录链不一致问题。异常是因执行函数 A 中代码而产生,此时如何知道跳转目标指令的内存地址?

为了实现异常处理,每创建一个线程时,要附带建立一个锚点栈,并将锚点栈的指针值作为线程的一个属性值,存入线程表中。在中间代码生成时,每遇到 try 语句,要生成两段中间代码。第 1 段中间代码放在 try 块的开始位置,第 2 段中间代码放在 try 的结束位置(即 catch 前面)。第 1 段中间代码的功能是创建一个锚点对象,然后将其压入锚点栈中。锚点对象中记录的内容有:①当前函数的环境(即活动记录两端的内存地址,也就是 B 和 T 寄存器的值);②跳转目标位置(即 catch 块的起始位置),该位置在中间代码中为行 id,在目标代码中为内存地址;③catch 中要捕获的异常 id。第 2 段中间代码的功能是:①将锚点栈中栈顶元素弹出栈,并删掉;②跳转至 catch 块后。

现假定执行至函数 A 中时产生异常,于是 CPU 转去执行异常中断处理例程。异常中断处理例程要做的事情是:在线程表中找出当前线程的行记录,得到当前线程的锚点栈指针值。然后对锚点栈中元素逐一弹出进行检查,直至找到一个与当前 CPU 异常相一致的元素为止。设当前元素为 α,如果 α 要捕获的异常 id 与 CPU 提供的异常 id 相同,就称元素 α 与当前 CPU 异常一致。得到相一致的元素 α 后,基于其属性值来进行处理。

在这个例子中,元素 α 的 T 属性值为循环函数的活动记录的上边界内存地址值。此时 T 寄存器的值为函数 A 的活动记录的上边界内存地址值。将这两个内存地址值之间的这一段内存释放掉,即释放掉函数 A 和函数 process_1 的活动记录。此时 T 寄存器中的值变为元素 α 的 T 属性值,栈顶元素为循环函数的活动记录。接下来恢复 B 寄存器值,即将元素 α 的 B 属性值赋给 B 寄存器。最后将元素 α 的跳转目标内存地址赋值给 I 寄存器,于是开始执行 catch 块中的内容。

如果在执行 try 块的过程中没有产生异常,那么接下来就会执行 try 语句的第 2 段中间代码。也就是将锚点栈的栈顶元素弹出栈,即将锚点栈恢复成 try 之前的状态,然后跳转去执行 catch 块后的指令。

如果源代码中没有 try 语句,则表明程序采用了默认的异常处理方式,如代码 6.13 所示。该情形下,还是假定在执行函数 A 中代码时产生异常。异常中断处理例程检查锚点栈时,发现为空,即程序没有提供自己的异常处理方案。此时,就调用默认处理函数让程序退出。

思考题 6-18 锚点对象中存储的跳转目标内存地址必须为绝对内存地址,为什么? 运行时如何计算出绝对地址?

思考题 6-19 异常发生的概率很小。代码 6.14 所示 try 语句嵌在 while 循环中,于是被循环执行。在不发生异常的情形下,每次循环都包含了一次锚点对象的创建、初始化、入栈、出栈,而且每次循环入栈的锚点对象的属性值都一样。能否将入栈操作移到 while 循环之前,出栈操作移到 while 循环之后? 如果直接将整个 while 语句放到 try 语句中,就可做到锚点对象一次入栈,一次出栈,但语义发生了改变。一旦发生异常,便跳出了 while 循环。这不是我们想要的结果。我们想要的结果是继续 while 循环。能否做到无异常时,锚点对象一次入栈,一次出栈,在发生异常时继续 while 循环,同时再次将锚点对象入栈?

思考题 6-20 如果一段代码在程序中会被高频反复执行,那么对这段代码最好不要安放 try,为什么? 请从 try 的开销来分析。对于浏览器之类的人机交互程序,代码 6.14 所示 while 循环中的集合元素为鼠标点击之类的人机交互事件,while 中的代码会被高频反复执行吗? 对于数据库服务器之类的服务程序,代码 6.14 所示 while 循环中的集合元素为用户的请求,while 中的代码会被高频反复执行吗? 服务性函数也称作底层函数,例如各种数学函数,总是充当基础被应用程序调用。在服务性函数中要放置 try 语句吗? 请说明理由。"是否放置 try,应该是应用层考虑的事情",这种观点正确吗?

6.6 面向对象中的多态

面向对象编程语言从面向过程语言发展而来,既前向兼容又有全新面貌。类及其实例对象是面向对象中最为重要的概念。其前向兼容性表现在:①一个类的定义中如果没有成员变量,只有成员函数,那么其成员函数就等于 C 语言中的全局函数;②一个类的定义中如果没有成员函数,只有成员变量,那么这个类就等于 C 语言中的一个 struct。面向对象中的新概念是封装、继承、多态,其强大之处在于多态。封装和继承易于理解,也易于实现。封装只是一种特质,继承可通过串接和延伸来予以实现。而多态是多样性和一致性的有机统一,是面向对象的灵魂。

6.6.1　面向对象编程问题的揭示

在面向对象编程语言中,多态是最为核心的概念。多态是增强程序代码通用性、提升代码广适性的一种高级抽象。在中间语言中,并没有面向对象概念。在翻译中,多态该如何实现? 在探讨多态的实现之前,先通过程序示例来揭示多态的来龙去脉和具体含义。

在绘图程序中,一个图文档由各种类型的图形对象组成。图形类通过继承在不断增加,例如五环旗图就是通过继承圆图而来。要向图文档中增加一个图形类的对象时,就创建一个该类的实例对象,将其加入图文档中。图文档使用 pShapeList 表(List 类的一个实例对象)来存储。创建 pShapeList 时,要给定其中元素的类型。元素的类型为指针,是指向哪一个类的指针,必须事先给定。现在的问题是:向 pShapeList 中添加元素时,是各种图形类的指针。于是出现了矛盾。

针对上述情形,可采取强制类型转换策略来解决元素添加问题。pShapeList 中元素类型在定义时设定为 void*。把一个图形类对象的指针值添加到 pShapeList 中之前,先将其强制转换成 void* 类型,于是多样性就成了统一性,解决了元素入表问题。不过接下来又催生了另一个问题。当要把图文档显示到屏幕时,是逐个调用 pShapeList 中每一元素的 draw 成员函数。但是 pShapeList 中元素的类型为 void*。这时,不得不对 pShapeList 中元素再次进行强制类型转换,转回原类型的指针。但这时并不知道一个元素的原有类型,无法转回原类型的指针。

为了解决将 void* 指针转回原类型指针这一问题,不得不对表中每一元素的类型进行跟踪。一种办法是定义一个祖先类 Shape,它有一个成员变量 classId,记录类 id。然后每定义一种图形类时,都通过继承将 Shape 类作为根类。在图形类的构造函数中将成员变量 classId 赋值为其类 id。pShapeList 中元素类型也不再定义为 void*,而是 Shape*。当图形对象指针入表时,将其强制转换成 Shape*。读取 pShapeList 中元素时,再次进行强制类型转换,转回原类型指针,实现方案如代码 6.15 所示。

代码 6.15　类型指针由一致到多样的转换方法

```
1  void Document::OnDraw(Canvas * p)  {
2     Shape * pShape;
3     pShape = pShapeList->GetFirstElement();
4     while(pShape)  {
5       switch (pShape->classId)  {
6       case TEXT:
7           (Text *)pShape->draw(p);
8       break;
9       case CIRCLE:
10          (Circle *)pShape->draw(p);
11      break;
12      case FIVECIRCLEFLAG:
13          (FiveCircleFlag *)pShape->draw(p);
14      break;
15      ...
16      }
17      pShape = pShapeList->getNextElement();
18    }
19  }
```

该方案通过检查 classId 成员变量的取值来感知其类型,存在明显瑕疵。在程序中,读取 pShapeList 表中元素的地方很多。每添加一个图形类,都要在这些读取之处修改源代码,添加一个 case 语句。修改的地方会很多,涉及多个源代码文件,难免出现遗漏之处,导致程序不正确。另外,绘图程序的开发方和图形类的定义和实现方可能并不是同一个厂商。图形类的定义和实现方称作函数库的提供方。绘图程序的开发方称作函数库的使用方。上述方案要求使用方与提供方在源代码一级联动。也就是说,提供方定义了新的图形类时,使用方要修改其源代码。

上述方案的另一个问题是:函数库的提供方必须把图形类定义的头文件发布给使用方。只有这样,使用方才能在其源代码中通过 new 操作来创建图形类的实例对象,然后调用其成员函数。在这种情形下,面向对象的封装特性就成了一纸空文。使用方能看到所有图形类的定义,而且是从根类开始的整个继承沿革。这不能称为封装——封装应该是只让使用方看到提供方对外开放的成员函数。

上述方案更大的问题是版本耦合。提供方对函数库进行改版升级很常见,改版包括增加新的类,以及对原有类进行改动(如增加新成员变量、修改成员函数的实现)。于是一个函数库会出现多个版本。另外,函数库常被多个应用程序使用。例如,在一台机器上安装有程序 A 和程序 B,它们都使用了函数库 α 的 v1 版本。出于节省磁盘空间和内存的目的,操作系统通常只存一份函数库 α 于公共位置。运行时,程序 A 和程序 B 也共享内存中的函数库 α。当再新安装程序 C 时,它恰好也使用了函数库 α,不过是 v2 新版本。于是将新版本复制至公共位置,将 v1 版本覆盖掉。这时,原先安装的程序 A 可能出现运行不正常。其原因是它和函数库 α 存在版本耦合问题。

现举例解释程序 A 出现运行不正常的原因。设函数库 α 中有类 Text,其两个版本的定义分别如代码 6.16 和代码 6.17 所示。v2 版本所做修改为添加了一个成员变量 length。程序 A 在开发时见到的是 v1 版本,创建类 Text 实例对象,然后再调用成员函数时,将对象指针作为第一个实参。成员函数的实现代码是在函数库 α 中,通过第一个形参来访问实例对象。在 v2 版本的函数库 α 中,成员函数的实现中会访问 length 成员变量。但是程序 A 传递过来的实例对象是 v1 版实例对象,其中没有 length 的内存空间。于是程序 A 出现运行不正常。

代码 6.16　类 Text 在 v1 版本中的定义

```
1  class Text  {
2    char * pText;
3    int  x, y, width, height;
4    Text(char * pString);
5    ~Text();
6    void draw(Canvas * p);
7  };
```

代码 6.17　类 Text 在 v2 版本中的定义

```
1  class Text  {
2    char * pText;
3    int  x, y, width, height;
4    int  length;
5    Text(char * pString);
```

```
6      ~Text();
7      void draw(Canvas * p);
8    };
```

从上述分析可知,提供方发布给使用方的类定义,永久都不能修改,尤其不能删除或者添加成员变量,也不能改变成员变量的类型。否则会因版本更新问题导致使用方开发的程序运行出问题。但事物总是在发展演进,类定义的改版升级不可避免。

6.6.2　基于代理的解耦和封装实现方案

6.6.1 节通过案例揭示了面向对象编程中遇到的三个问题。对于封装和耦合问题,最直观的一种解决方法是:提供方为每一个类增设一个代理类。现将原有的类叫作实体类,于是每一个实体类都有一个对应的代理类。实体类对外开放的成员函数定义都被复制到代理类中。于是在使用方看来,代理类和实体类没有任何差异。代理类永久都只有一个成员变量 pEntity,其类型为实体类指针。在版本升级中,代理类中原有的成员函数也永久不变,只能在其后添加新的成员函数。现在提供方只把代理类的定义发布给使用方,不再把实体类的定义发布给使用方。

实体类和其代理类的例子如代码 6.18 和代码 6.19 所示。代码 6.19 所示的代理类定义中,先声明一个类名 Text,然后再定义一个指向该类的指针变量 pEntity。在发布给使用方的头文件中,尽管只有 TextProxy 的定义,没有类 Text 的定义,在编译使用方的源代码时,不会认为有语义错误。其理由是:无论是指向哪一个类型的指针,指针变量中存储的都是内存地址,其宽度都一样。定义一个指针类型时,必须给定其所指的类型,其语义是控制为指针变量赋值时,不能拿类 A 实例对象的内存地址去赋值给类 B 的指针变量。使用方的源代码中没有为成员变量 pEntity 赋值的语句。为 pEntity 赋值位于代理类的构造函数中。而代理类构造函数的实现是函数库的组成部分,位于提供方的源代码中。

代码 6.18　实体类定义示例

```
1  class Text  {
2    char * pText;
3    int   x, y, width, height;
4    void draw(Canvas * p);
5    bool focus(bool option);
6  };
```

代码 6.19　实体类的代理类定义示例

```
1  class TextProxy  {
2    class Text;
3    Text * pEntity;
4    void draw(Canvas * p);
5    bool focus(bool option);
6  };
```

提供方在函数库中必须把代理类的所有成员函数对外开放,其中包括构造函数和析构函数。其原因是:在使用方的源代码中,会通过 new 操作创建代理类的实例对象,再通过

delete 操作释放代理类的实例对象。new 操作中要调用代理类的构造函数,而 delete 操作中要调用代理类的析构函数。

上述方案能解决版本耦合问题。在使用方的源代码中,先是创建代理类的实例对象,然后调用代理类的成员函数,代理类起着中介作用。其成员函数的实现只有一行代码,就是调用实体类对象 pEntity 对应的成员函数。成员变量 pEntity 的初始化是在代理类的构造函数中完成,即通过 new 操作创建一个实体类的实例对象,然后将其指针赋值给 pEntity。

代理类的定义有其独特的特征,即仅有一个成员变量,没有继承任何其他类,于是也非常简洁,深受使用方欢迎。代理类实现了提供方与使用方的解耦。这种解耦通过代理类的不变性来取得,该方案也将封装问题一并解决了。提供方发布给使用方的头文件中,只有代理类的定义,不再有实体类的定义。

6.6.3 基于多态的面向对象编程问题解决方案

代理类的引入尽管解决了耦合问题和封装问题,但也付出了代价。成员函数的调用都要通过代理来中转,既有时间开销也有存储开销。是否有更好的方案,既解决问题,又不会引入开销,同时还能将第一个问题也一并解决?多态就是因此而生的一个面向对象概念。

现将第一个问题总结如下。一个程序中创建有很多类的实例对象,其指针值存储在一个表中。由于对象的指针类型与表中元素的指针类型不一致,在将指针值入表时,不得不进行强制类型转换,将其转换为表中元素的指针类型。当要调用表中元素所指对象的成员函数时,要将其再次执行强制类型转换,转回原先的指针类型。但此时并不知道其原先的指针类型,于是就要采取如代码 6.15 所示的跟踪方案。当新类型出现时,该方案要求新类型的使用方与提供方在源代码一级联动,使得代码缺乏广适性和通用性。

将代码 6.15 改为代码 6.20,如果能在运行时得到所期望的效果,那么该代码就具有广适性和通用性,第一个问题便得到了解决。得到所期望的效果指:代码 6.20 中第 5 行调用的成员函数 draw 尽管是通过 pShape 这个变量来表达,但不与 pShape 这个变量的类 Shape 进行绑定,而是与 pShape 这个指针值所指对象的类进行绑定。这种效果称为多态。举例来说,对于表中某个元素,如果其指针值所指对象的类为 Circle,那么运行时就该调用类 Circle 的成员函数 draw,而不是调用类 Shape 的成员函数 draw。

代码 6.20 具有广适性和通用性的使用方源代码

```
1  void Document::OnDraw(Canvas * p)  {
2    Shape * pShape;
3    pShape = pShapeList->GetFirstElement();
4    while(pShape)  {
5      pShape->draw(p);
6      pShape = pShapeList->GetnextElement();
7    }
8  }
```

对于代码 6.20 中第 5 行调用成员函数 draw,要其与 pShape 这个指针值所指对象的类进行绑定,这意味着编译时不能确定被调函数 draw 的起始内存地址,要到运行时才能确定。这种成员函数的调用称为动态调用。也就是说,pShape 这个指针值所指对象中要有附加的成员变量,记录类的成员函数实现代码的起始内存地址。达成此目标最直接的办法是将类的成员函数看作成员变量。于是类的成员变量有两种:数据成员变量和函数成员变量。在创建类的实例对象时,为这两种成员变量都分配内存空间。然后在构造函数中为这两种成员变量都赋初值。对于函数成员变量,其初始为成员函数实现代码的起始内存地址。

现举例说明如下。对于代码 6.21 所示的类 Text,在原有语义中,其实例对象中只有数据成员变量 pText、x、y、width、height 的内存空间,没有成员函数变量 draw 和 focus 的内存空间。为了达成多态效果,实例对象中增加函数成员变量 draw 和 focus 的内存空间。这两个变量的类型自然都是函数指针。在类的构造函数中,不仅要为数据成员变量赋初值,还要为函数成员变量赋初值。该例中,函数成员变量 draw 和 focus 的初值分别为成员函数 draw 和 focus 实现代码的起始内存地址。

代码 6.21　Text 类中普通成员函数定义

```
1  class Text  {
2    char * pText;
3    int  x, y, width, height;
4    void draw(Canvas * p);
5    bool focus(bool option);
6  };
```

不过上述类的实例对象内存布局不是原有方案。在原有方案中,创建类的实例对象时,只为其数据成员变量分配内存空间,不为其函数成员变量分配内存空间。其理由是:任一函数成员变量的初值都为常量,于是所有实例对象的函数成员变量取值相同,没有必要在每一个实例对象中重复存储。因此,在原有方案中,对于代码 6.20 中第 5 行调用成员函数 draw,就是调用类 Shape 的成员函数 draw。

为了在原有方案基础上达成多态效果,必须为成员函数新增一个类别。原有类别称为普通成员函数,新增类别称为动态成员函数。动态成员函数也称为虚函数。在 C++ 语言中,当在一个成员函数的定义前面加上 virtual 修饰词时,它就称为虚函数。对于虚函数,在创建类的实例对象时,会为其分配内存空间,而且编译器会在构造函数中补加代码,为虚函数成员变量赋初值。

要使代码 6.20 所示代码表现出多态效果,就要把 draw 函数定义成虚函数。例如,对代码 6.21 所示的类 Text 定义,就要相应地将其成员函数定义成虚函数,如代码 6.22 所示。对于一个含有虚函数的类,因其所有实例对象的虚函数变量取值相同且为常量,因此可将虚函数变量部分从实例对象中分离出来,在内存中仅存一份,让所有实例对象共享它。共享的虚函数变量部分称为虚函数表。每一个实例对象只须增加一个指针变量,其值指向虚函数表,该指针变量称为虚函数指针。为虚函数指针赋初值是在类的构造函数中完成的。

代码 6.22　Text 类中虚函数定义

```
1  class Text  {
2    char * pText;
3    int  x, y, width, height;
4    virtual void draw(Canvas * p);
5    virtual bool focus(bool option);
6  };
```

从上述分析可知,把成员函数定义成虚函数,可以解决面向对象编程遇到的第一个问题,使得代码 6.20 所示程序表现出多态效果。但封装和耦合问题还没有解决。为了解决这两个问题,还要进一步引入纯虚函数的概念,将代理类改造成接口。在虚函数的定义中,进一步为虚函数变量赋值为 0,那么它就成了纯虚函数。如果一个类的定义中仅包含纯虚函数,那么这个类就称为接口(interface)。接口中的纯虚函数称为接口函数。接口定义示例如代码 6.23 所示。Java 语言中引入了 interface 这个预留字,接口定义示例如代码 6.24 所示。

代码 6.23　C++ 中的 Shape 接口定义

```
1  class Shape  {
2      virtual void draw(Canvas * p) = 0;
3      virtual bool focus(bool option) = 0;
4  };
```

代码 6.24　Java 中的 Shape 接口定义

```
1  interface Shape  {
2      void draw(Canvas * p);
3      bool focus(bool option);
4  };
```

有了接口之后,实体类通过继承接口,并实现其中的接口函数,达成虚与实的统一,使得接口类的实例对象与实体类的实例对象融为一体。因此,成员函数调用的中转开销不复存在。另一方面,提供方只需要将接口定义发布给使用方,并不需要发布实体类的定义。使用方所写的代码 6.20 不但没有语法问题,而且运行时还能展现出多态效果。于是面向对象编程中,上述 3 个问题都得到了完美解决。

最后剩下的一件事是:服务方必须提供一个对外开放的全局函数供使用方调用,来创建实体类的实例对象。全局函数的返回值类型为指针,但不是实体类指针,而是接口指针。由于实体类继承了接口,因此将实体类指针强制转换为接口指针没有问题。代码 6.25 给出了一个全局函数的实现,供使用方调用,以创建一个 Text 类的实例对象,获取其接口指针。

代码 6.25　使用方获取接口指针的方法

```
1  Shape * CreateText(const char * psz, int x, int y, int width, int height){
2      return (Shape *) new Text(psz, x, y, width, height);
3  };
```

现回到 6.6.1 节所述的绘图程序。有了接口 Shape 的定义之后,pShapeList 表中元素的类型就为 Shape *。对于不同的图形类,它们都继承了 Shape 接口,并实现了其中的接口函数。无论是创建哪一个图形类的实例对象,返回给使用方的都是 Shape 接口指针,因此能直接存入 pShapeList 表中,无须强制类型转换。另外,代码 6.20 运行时,第 5 行调用的成员函数 draw 呈多态性,其内存地址是通过 pShape 这个指针值所指对象的虚函数指针这一成员变量的值来间接获取的。

6.6.4　接口特性

接口是函数库提供方与使用方之间交互的基准,必须具有永久不变性。也就是说,提供方一旦定义了一个接口并且发布出去之后,就永久不能对其修改。如果要新增接口函数,只能定义一个新接口,继承原有接口,在新接口中添加接口函数。另外,接口继承只能是单继承,不能是多继承,以此确保子接口兼容父接口。也就是说,接口 C 可以继承接口 A 或者接口 B,但不能同时继承接口 A 和接口 B。对于一个实体类,它可以继承多个接口,并对每个接口中的函数加以实现,不能留下接口函数不予实现。对接口不能单独创建其实例对象。

一个接口只有被某个实体类继承,并加以实现,才能由抽象变成具体。一个接口可能被很多实体类继承,每个实体类都有自己对接口函数的实现。因此一个接口在不同实体类中的行为特征互不相同。从实例对象来看,单独创建某个接口的实例对象既不允许,也毫无意义。当接口 A 被实体类 E 继承并加以实现之后,E 的每个实例对象中都含有一个接口 A 的实例对象。对于一个接口,虽然没有明写的成员变量,但有一个隐含的成员变量,即虚函数指针 vptr(virtual pointer 的缩写)。编译器在生成实体类 E 的目标代码时,会为其继承的接口 A 生成一个虚函数表 vtab(virtual table 的缩写)。对 A 中每一个接口函数的实现代码,编译器都会将其入口地址(相对于函数库文件起始位置的偏移量)记录在虚函数表 vtab 中。编译器也会在实体类 E 的构造函数中添加为虚函数指针 vptr 赋初值的代码。

虚函数表就像 6.2.2.节所述函数导出表一样,是函数库文件中的内容。当使用方的应用程序运行时,函数库文件会被加载到内存中。设加载地址为 loadedAddr。此时,虚函数表 vtab 中的数据要做改变,由接口函数实现代码相对于函数库文件起始位置的偏移量,改为内存地址,只有这样才能实现接口函数的调用。内存地址计算非常简单,即偏移量加上loadedAddr。

另外,编译器在生成函数库文件时预留了一个存储单元,用以记录 loadedAddr。其目的是实现为虚函数指针 vptr 赋初值。运行时每创建一个实体类 E 的实例对象,便要将虚函数表 vtab 的内存地址赋值给接口 A 的虚函数指针 vptr。这就涉及 vtab 的内存地址计算问题。vtab 在函数库文件中的偏移量在编译时就知晓,因此为常量。该常量加上 loadedAddr,就是其内存地址。计算 vtab 内存地址的指令位于实体类 E 的构造函数中,该指令与loadedAddr 都是函数库文件中的内容,它们之间的距离为常量。因此该指令可采用相对寻址来访问 loadedAddr。

6.6.5　接口获取

一个实体类可能继承了多个接口,并对它们都给出了实现。使用方调用全局函数创建一个实体类的实例对象时,返回值只是其中一个接口的指针值。当使用方想要获取该实例对象的另一个接口指针时,该如何获取? 此时,自然会想到强制类型转换。例如,假定实体类 E 继承并实现了接口 A 和接口 B。使用方通过语句" A* pA＝CreateE();"获得了接口 A 的指针,然后调用接口 A 中的成员函数。还可通过强制类型转换语句" B* pB＝(B*)pA;"来获得接口 B 的指针,以便调用接口 B 中的成员函数。

这里的强制类型转换与常见的强制类型转换有差异。当类 E 继承了类 A 时,将类 E 的指针强制转换为类 A 的指针,这是常见的强制类型转换。这种转换很容易理解,因为类 E

的实例对象中含有类 A 的实例对象,编译器能基于类 E 的定义来判断这种强制类型转换的合理性,并知道如何转换。反过来,将类 A 的指针强制转换成类 E 的指针时,就无法基于类 A 的定义来判断类 A 与类 E 之间的关系,因此通常不允许。如果允许,那么这种转换就不是类型安全的,其正确性只能依靠程序员来把关。也就是说,这种转换的前提是程序员知道这个类 A 的指针来自类 E 的实例对象。

上述将接口 A 的指针强制类型转换成接口 B 的指针,从常规来看行不通,理由是这行代码出现在使用方的程序中。在使用方,编译器只看到了接口 A 和接口 B 的定义,它们成平行并列关系,即彼此之间没有联系。因此编译器不知道如何转换,也就只好禁止。

不过上述强制类型转换有其特殊性。类 A 和类 B 都是接口,如果类 A 和类 B 是实体类,强制类型转换肯定行不通,但当类 A 和类 B 都是接口时,编译器会将该强制类型转换做如下翻译:将接口 B 的名称作为实参,调用接口 A 的成员函数 transform。该调用的函数返回值如果不为 0,那么它就是一个接口 B 的指针。反之,如果为 0,则表明不能由 pA 得到一个接口 B 的指针,即类 E 没有实现接口 B。

类 E 继承了接口 A,自然也就实现了接口 A 的纯虚函数 transform。于是 transform 也就成了类 E 的成员函数。作为类 E 的成员函数,自然知道类 E 的定义及其内存布局,知道如何由第一个形参 this 来计算出接口 B 的指针值,然后将其作为函数返回值传递给调用者。

6.7 本章小结

高级程序语言与计算机,两者既相互独立,又密不可分。两者以编译器为桥梁相互衔接。代码重用、多任务运行环境、模块独立与共享是人们期望的计算机应用特质。这些特质的取得,一方面可以从计算机硬件方面努力,另一方面可以从软件方面努力。在硬件方面,先后出现了中断、寄存器寻址、相对寻址、间接寻址、虚拟内存等计算处理模式。在软件方面,先后出现了函数调用、模块共享、内存自动管理、函数调用多态、编译和运行相互独立、多线程、多任务协同等概念和模式。所有这些都依靠编译器予以实现和体现。编译技术为软件开发的效率提高、质量提升、成本降低、周期缩短提供了支撑。

高级程序语言为了取得程序的通用性、广适性、可重用性、通俗易懂性引入了很多抽象概念。例如,函数调用就是为程序可重用性而引入的抽象概念,多态则是为程序的广适通用性而引入的抽象概念。其他的抽象概念包括优先级、类、继承等。在中间语言中,没有这些抽象概念,只有基本数据类型、数据、指令、地址等很少的几个概念。到了目标机器语言,则只有指令、数据及其存储地址、寻址方式、中断等基本概念。编译器基于中间语言对高级程序语言进行翻译,基于机器语言对中间语言进行翻译。也就是说,逻辑计算机是中间代码的运行环境,物理计算机是机器代码的运行环境。例如,Java 字节码是一种中间代码,JVM 就是它的运行环境。

翻译有多种方案,不同方案有不同特质。对于局部变量和形参的内存分配,既可采用静态分配方案,也可采用动态分配方案。静态分配方案的优点是对 CPU 要求低,采用直接寻址方式访问数据和指令,代码执行效率高。不足之处则是所需内存空间量大,不支持递归调用和多线程重入。针对所需内存空间量大这一不足之处,可挖掘和利用程序运行时特性来对其进行优化。具体来说,就是基于函数调用树中同一层的函数不会并存活跃这一特性,可以让它们的形参和局部变量共享同一段内存空间。当以它们中的最大值来预留局部变量和形参的内存空间时,便能满足其中任何一个的内存空间需求。动态分配方案可以克服静态分配方案的不足,但要求 CPU 支持相对寻址。

软件集成也称软件重用,表现在函数调用上。它有两个层级:①源代码;②可执行程序。在源代码一级,一个应用程序可由多个源代码文件组成。函数调用可以跨文件边界,即在一个源代码文件中可调用另一源代码文件中实现了的函数。对于源代码一级的软件集成,理想的方式是:每个源代码文件都可单独编译,生成目标文件,最终由编译器负责将多个目标文件组合成一个可执行文件。可执行程序一级的软件集成达到了新的高度。对于被调函数,不需要源代码,甚至连符号表都不需要,只需提供二进制可执行文件即可。源代码一级的软件集成依托符号表来实现多个目标文件的合并,而可执行程序一级的软件集成则以函数导入/导出表为桥梁,以间接寻址为支撑,来实现跨模块边界的函数调用。

一台计算机上能同时运行多个程序,这称为多任务系统。当采用直接寻址方案来生成目标代码时,目标代码文件运行时在内存中的加载位置由编译器事先设定。当在一台计算机上启动运行第二个程序时,它期望的内存加载位置已被第一个程序占去,于是不能运行。该问题称为程序的内存加载位置冲突问题。采用相对寻址方案来生成目标代码,便能解决上述问题。相对寻址能使模块内的访问与模块在内存中的加载位置无关。在相对寻址方案中,基地址的选择至关重要。如果选择模块在内存中的加载位置作为基地址,在遇到跨模块边界的访问时便要执行基地址切换。例如,对跨模块边界的函数调用,调用时要切换一次,函数返回时还要切换一次。如果选择当前指令的内存地址作为基地址,那么基地址切换问题便不复存在,使得跨模块边界的函数调用与模块内的函数调用毫无差异。

程序与程序之间的协同交互则是借助 CPU 的中断予以实现。在多任务系统中,程序的运行以线程为载体,于是程序与程序之间协同交互问题就转化成了线程切换问题。程序调用 openSemaphore 函数来唤醒另一个在睡眠的线程,再调用 wait 函数来进入休眠状态。每一个程序都是如此。于是线程切换就体现在 wait 和 openSemaphore 这两个函数的调用上。在这两个函数的实现中,都是执行软中断指令,触发 CPU 中断,使 CPU 转去执行中断处理例程。线程切换通过中断处理例程来实现。

软件调试是发现程序 bug 根源的重要手段。软件调试涉及两件事:①调试器与被调程序之间的协同交互;②被调程序运行时的内存数据获取以及与源程序中变量的关联,从而使程序员知道源程序中变量在运行时的值。程序运行时的内存数据有 3 类:全局变量、局部变量及形参、类的实例对象。调试中要解决的关键问题是获得这三类数据的内存地址。软件调试需要编译器的支持,包括向源程序中添加断点设置代码,以及向函数中添加活动记录跟踪代码。符号表在软件调试中必不可少。

垃圾自动回收是面向对象语言所追求的目标。一个对象对于程序来说,一旦不可达便成为垃圾。引用记数法和定期垃圾回收法是处理垃圾回收的两个极端方案。引用记数法对所有对象进行全覆盖实时跟踪。对象一旦成为垃圾,即刻发现,即刻清除。从充分利用内存来看,这种策略非常理想,但其跟踪开销大。定期垃圾回收法对平时出现的所有垃圾视而不见,放任不管,让其处于内存中,直至清扫时刻到了才来识别和清除。该方法的优点是无跟踪开销。在编译时对程序进行分析,也能得出绝大部分对象成为垃圾的时刻。

编译器基于运行环境来生成目标代码。运行环境通过机器指令集或者函数支持库得以体现。目标代码生成就是使用运行环境提供的指令集或者函数,将中间代码翻译成目标代码。基于运行环境生成的的目标代码反过来可以成为运行环境的组成部分,从而使得运行环境提供的功能与服务不断丰富。

习题

1. 对于代码 6.1 所示的快速排序算法,其中 partition 函数的两种实现分别如代码 6.26(a)、代码 6.26(b)所示。

代码 6.26 快速排序算法中 partition 函数的两种实现

(a)

```
1   int partition(int m, int n)  {
2       int i, j, v, x;
3       if(n <= m) return;
4       i = m;   j = n+1;   v = a[m];
5       while(1) {
6           do i = i+1; while(a[i] < v);
7           do j = j - 1; while(a[j] > v);
8           if(i >= j) break;
9           x = a[i];   a[i] = a[j];
10          a[j] = x;
11      }
12      x = a[j]; a[j] = a[m];
13      a[m] = x;
14      return i;
15  }
```

(b)

```
1   int partition(int m, int n)  {
2       int i, j, v, x;
3       if(n <= m) return;
4       i = m - 1;   j = n;   v = a[n];
5       while(1) {
6           do i = i+1; while(a[i] < v);
7           do j = j - 1; while(a[j] > v);
8           if(i >= j) break;
9           x = a[i];   a[i] = a[j];
10          a[j] = x;
11      }
12      x = a[i]; a[i] = a[n];
13      a[n] = x;
14      return i;
15  }
```

数组的值有如下 3 种情形。每种情形中 9 个元素的值依次如下所示。

(1) 1,2,3,4,5,6,7,8,9。

(2) 9,8,7,6,5,4,3,2,1。

(3) 1,4,9,6,2,5,3,7,8。

请针对两种 partition 的实现,参照图 6.2 的画法,分别得出 6 种运行时的活动树。每棵活动树中出现的活动记录数最多时分别有几个? 对于 6 棵活动树中的第 3 棵活动树,在其活动记录数最多时,写出栈中每个活动记录的详细内容。

2. 很多编译器在生成目标代码时将全局变量作为目标文件的一部分。代码对全局变量的访问采用相对寻址方式,因此运行时,无论模块被加载到内存的哪一位置,访问全局变量都不会存在什么问题。在多进程运行环境中,一个模块可以被多个进程共享,但共享的只是代码部分,数据并不共享。因此对于一个模块,它的代码部分在内存中只存一份,供所有进程共享。而作为数据部分的全局变量则是每个进程各自都有自己的一份。这就导致只有在一个进程中,模块的代码部分和全局变量部分两者是相邻存储的。其他进程中,它们不相邻,于是导致代码中引用全局变量时所给的相对地址值不再有效。虚拟内存可解决该问题,为什么? 对于不支持虚拟内存的处理器,就会遇到问题,这也就是 Java 语言取消全局变量的原因。为什么取消全局变量可行? 请说明理由。

第 7 章

代 码 优 化

代码优化分为中间代码的优化和目标代码的优化。编译器在将源代码翻译成中间代码时,是基于产生式的语义将源代码中的结构体映射成对应的中间代码。这种翻译具有机械性和短视性,没有考虑上下文之间的联系。也就是说,这种翻译具有上下文无关性,会使得中间代码中含有很多冗余的运算。冗余的源头有两个:①程序员对于简小的运算并不是前后通盘考虑,而是在每一处都单独考虑,以求程序更加通俗易懂、更容易维护,于是程序本身会含有冗余运算;②高级程序语言中的数据结构向中间语言中的数据结构转化时,隐含了冗余运算。例如,在翻译赋值语句 a[i][j] = a[i][k] 时,要分别计算数组元素 a[i][j] 和 a[i][k] 相对于数组变量 a 的偏移量。处理第一个维度 a[i] 时,尽管两者相同,但会各自分头处理。于是,中间代码优化要做的就是识别和消除冗余运算。

目标代码优化完全不同于中间代码优化。中间代码交由逻辑计算机来执行。逻辑计算机的特点是:①存储器类型单一;②CPU 访问存储器没有时延。因此,中间代码优化就是识别和消除冗余运算,减少临时变量。与其相对地,目标代码交由物理计算机来执行。物理计算机的特点是:①存储器有多种类型,容量有限;②CPU 访问存储器有时延,不同类型的存储器时延不同,而且差异很大;③CPU 执行指令有时间开销,指令不同,时间开销不同。存储器中,时延最小的为寄存器,但其容量通常很小。例如 8086 处理器就只有 16 个寄存器。因此,目标代码优化的目标通常是要加快计算任务的完成,尽快得到计算结果,其途径有:①充分利用时延小的存储器,减少数据在不同存储器间的传输次数,还要减少无效的传输;②减少程序所需存储空间;③恰当选取指令,减少计算开销;④挖掘计算的可并行性,充分利用 CPU 的并行处理功能。

目标代码生成是在目标代码优化的过程中附带完成的。因此,目标代码生成只是一个逻辑环节,不是一个独立的物理环节。就如语义分析和中间代码生成一样,它们是在语法分析的过程中附带完成的。

本章 7.1 节以程序示例展示中间代码的流图以及流图中的基本块,从而将中间代码优化问题结构化,在此基础上讲解中间代码优化途径及方法。由于目标代码优化的复杂性,本章分 3 节,由浅入深地将目标代码优化问题结构化,通过案例来展示目标代码生成与优化的思路与方法。7.2 节概述计算机的物理特性、机器语言、目标代码生成与优化的主要内容。由于寄存器管理是目标代码生成与优化的重心,7.3 节专门讲解寄存器分配方法,其中包括活变量识别算法、基于图着色的寄存器分配方法、变量溢出、寄存器腾空等内容。7.4 节则针对计算机的其他特性,包括指令流水线处理、高速缓存、多核处理器、混合处理器等,讲解代码优化策略与方法。

7.1　中间代码的优化

中间代码优化是一个复杂工程问题。对复杂问题,人们通常采用分而治之的策略,由小到大,由简到难,分门别类处理。中间代码优化可分为局部优化和全局优化。其策略是将整个中间代码划分成基本块,先做基本块内的优化,再做基本块间的优化。基本块内的优化称为局部优化,基本块间的优化称为全局优化。

基本块具有良好的特性,易于做优化。基本块中的中间指令逐行依次执行,构成一个封闭的整体,有且仅有一个入口(entry)和一个出口(exit)。程序运行所起到的作用可模型化成将一个数据空间的状态变换成另一个数据空间的状态。基本块的作用也是如此。基本块的入口有一个状态,出口为另一个状态。基本块的确定性使得优化具有可行性和可简化性。

从程序由基本块构成来看,程序中的分支通过基本块之间的跳转来体现。基本块之间的跳转使得程序表现为一个流图(flow graph)。对于一个基本块,它可能有多条出边,也可能有多条入边。块间优化时,要将所有情形综合起来考虑。因此全局优化要比局部优化复杂,往往只能去探寻可优化之处做优化。

7.1.1　基本块和流图

为了中间代码优化的结构化,先将中间代码划分成基本块。于是,优化被区分成基本块内的优化和块间的优化两类。一个基本块是一个中间代码指令的序列。整个中间代码中的任一跳转指令,包括无条件跳转指令、有条件跳转指令,以及函数调用指令和返回指令,都会跳转至一个基本块的首行指令。任一跳转指令都会成为某个基本块的最后一条指令。于是,基本块中的指令会作为一个封闭的整体,运行时依次从块头执行到块尾。依据上述基本块的含义,中间代码中的基本块划分非常简单。从头到尾扫描整个中间代码,凡是遇到跳转指令,就在它后面切分一下,再在它的跳转目标行号的前面切分一下。于是,任一跳转指令的目标行指令都会是一个基本块的入口,任一跳转指令都会是一个基本块的出口。另外,中间代码的第一行指令自然会是一个基本块的首行指令,最后一行指令自然会是一个基本块的结尾指令。

下面举例说明中间代码的基本块划分方法。代码 7.1 是整型数组元素快速排序算法的 C 语言源程序。将其中第 4 行至第 12 行翻译成中间代码,如代码 7.2 所示,共有 30 行。为了通俗易懂起见,中间代码中的变量都用名称表示,临时变量以 t 开头再接序号,而且序号是全局编排的。另外,该中间代码已经针对 32 位目标机器进行了常量置换,例如 int 的宽度已用 4 进行了置换。对代码 7.2 所示中间代码进行基本块划分之后,得到的流图如图 7.1 所示,其中包含 6 个基本块。

代码 7.1　快速排序算法的源程序

```
1    void quicksort (int m, int n) {
2       int i, j, v, x;
3       if(n <= m) return;
4       i = m - 1;  j = n;   v = a[n];
5       while(1) {
```

```
6      do i = i+1;  while(a[i] < v);
7      do j = j - 1; while(a[j] > v);
8      if(i >= j) break;
9      x = a[i];  a[i] = a[j];
10      a[j] = x;
11    }
12    x = a[i]; a[i] = a[n];  a[n] = x;
13    quicksort(m, j);
14    quicksort(i+1, m);
15  }
```

代码 7.2 快速排序算法的中间代码

```
1   i = m - 1
2   j = n
3   t1 = 4 * n
4   v = a[t1]
5   i = i + 1
6   t2 = 4 * i
7   t3 = a[t2]
8   if t3 < v goto 5
9   j = j - 1
10  t4 = 4 * j
11  t5 = a[t4]
12  if t5 > v goto 9
13  if i >= j goto 23
14  t6 = 4 * i
15  x = a[t6]
16  t7 = 4 * i
17  t8 = 4 * j
18  t9 = a[t8]
19  a[t7] = t9
20  t10 == 4 * j
21  a[t10] = x
22  goto 5
23  t11 = 4 * i
24  x = a[t11]
25  t12 = 4 * i
26  t13 = 4 * n
27  t14 = a[t13]
28  a[t12] = t14
29  t15 = 4 * n
30  a[t15] = x
```

从图 7.1 所示流图可知,每一个基本块中的语句具有封闭性,在运行时会从头执行到尾。这一特性有助于基本块中的中间代码优化。

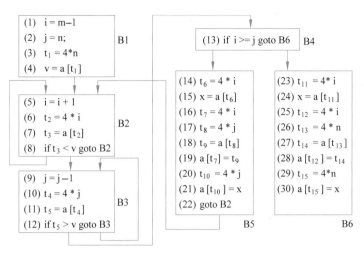

图 7.1　中间代码的流图及其包含的 6 个基本块

7.1.2　中间代码优化途径

中间代码优化是在保持程序语义的基础上减少不必要的运算,不必要的存储。下面列出 7 种中间代码的优化途径。其中前 6 个途径是从不同方面来识别冗余运算,进而削减冗余运算,从而尽快得到计算结果。第 7 个途径则是为了减少临时变量,从而减少存储需求。

（1）消除公共子表达式。

例如在图 7.1 所示的 B5 这个基本块中,行 id 为 16 的这行中间代码,与行 id 为 14 的中间代码都是计算 4*i。程序运行时,从第 14 行运行至第 16 行,能够得出结论:变量 i 的值在此过程中没有发生改变。该结论是从基本块的性质而来。因此,在这两行中间指令中,4*i 便成了公共子表达式。于是可将第 16 行删去。随后使用 t_7 的地方用 t_6 来替换。该例将第 19 行的 t_7 替换为 t_6。从这个例子可知,通过消除公共子表达式,不仅可减少运算,即删去了第 16 行,而且还减少了一个临时变量 t_7,也就减少了存储需求。

思考题 7-1　图 7.1 所示 B5 块中,还有其他的局部公共子表达式吗? 如有,请找出来。

在一个基本块中的公共子表达式称作局部公共子表达式。不同块中的公共子表达式称作全局公共子表达式。例如,图 7.1 所示 B3 块中的第 10 行与 B5 块中的第 17 行存在全局公共子表达式 4*j。其理由是:从流图可知,当执行至 B5 块中的第 17 行时,B3 块中的第 10 行必定在前面已经执行。另外,从 B3 块中第 10 行运行至 B5 块中的第 17 行,能够断定变量 j 的值没有发生改变。这两个条件是断定它们有全局公共子表达式 4*j 的充分必要条件。于是,可把第 17 行删去,把随后使用临时变量 t_8 的地方替换成 t_4。该例中就是把第 18 行中的 t_8 替换成 t_4。消除公共子表达式后,图 7.2(a)能减少 4 行代码,如图 7.2(b)所示。

思考题 7-2　图 7.1 所示 B2 块中的第 6 行,和 B5 块中的第 14 行,也有全局公共子表达式 4*i,为什么?

公共子表达式既可是一个运算式,也可是一个数组元素。现来观察图 7.2(b)的第 18 行和图 7.1 的 B3 块中的第 11 行,它俩分别把数组元素 a[t_4]赋值给临时变量 t_9 和 t_5。从图 7.1 所示流图可知,当执行至 B5 块中的第 18 行时,B3 块中的第 11 行必然在其前面已经执行,而且从 B3 块中第 11 行执行至 B5 块第 18 行这个过程中,t_4 变量值没有改变,也没有出现对数组 a 中元素赋值的指令,因此可断言 a[t_4]这个数组元素的值没有发生改变。于是可以把 B5 块中的第 18 行改为 $t_9 = t_5$。再来看 B5 块中的第 19 行,它是 t_9 这个变量唯一被使用的地方。于是可把 B5 块中的第 18 行删去,把第 19 行改为 a[t_6] = t_5。这种优化带来的收益有 3 方面:①省去一条中间指令;②省去了临时变量 t_9;③省去了数组元素相对于基地址的偏移量计算。

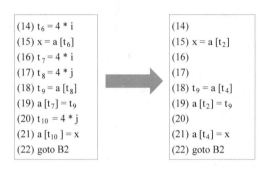

(a) 消除公共子表达式前的 B5 块   (b) 消除公共子表达式后的 B5 块

图 7.2   B5 块消除公共子表达式前后的对比

在中间代码中,数组元素的偏移量指的是它相对数组变量的偏离量。对于数组变量,它相对于基地址也有一个偏移量,即数组的起始偏移量。在物理计算机上,当采用相对寻址方式访问数组元素时,要计算它相对于基地址的偏离量。该值为数组的起始偏移量加上数组元素相对于数组变量的偏移量。因此,当公共子表达式为数组元素时,消除它能带来收益。

思考题 7-3   观察图 7.1 的 B5 块中的中间指令,其中还有一处也存在数组元素为公共子表达式的情形,其源头在何处?请指出并进行优化。

思考题 7-4   公共子表达式的表现形式,除了运算表达式、数组元素之外,还有其他吗?调用一个函数在什么情形下也可视作公共子表达式?

消除公共子表达式之后,图 7.1 的 B5 块中的代码行数由 9 行减少为 3 行,优化效果非常明显。

公共子表达式的发现和消除通常基于数据流分析(data-flow analysis)予以实现。在数据流分析中,首先建立程序的 DAG(directed acyclic graph,有向无环图),标识每一变量值的依赖关系。然后再基于 DAG 来生成优化后的中间代码。

(2) 针对归纳变量,减弱计算强度。

归纳变量指循环计数变量。如果循环中某个变量是等量递增或者递减,那么该变量就是归纳变量。例如图 7.1 的 B2 块中第 5 行的变量 i 就是归纳变量,每循环一次加 1。现观察图 7.1 的 B2 块中第 6 行:$t_2 = 4 * i$。这是一个乘法运算。可将其改写为一个加法运算,即 $t_2 = t_2 + 4$。这种优化的出发点是乘法运算的时间开销显著高于加法运算。减弱计算强度的例子还有:①将 x^2 改写为 $x * x$;②将 $x/2$ 改写为 $x * 0.5$;③将 $x * 2$ 改写为 $x + x$。

思考题 7-5   观察图 7.2(b)中的中间指令,其中还存在有针对归纳变量的计算吗?哪一行代码可以做计算强度减弱优化?

（3）标识常量传递。

例如，假设中间代码中前后出现 2 个指令："i＝10"和"j＝i＊k"。如果从第 1 个指令执行至第 2 个指令的过程中没有给变量 i 重新赋值，那么第 2 个指令就可改写为"j＝10＊k"。这种情形称为常量传递。这种改写能省去将变量 i 的值从存储器中读入 CPU 的传输开销。

（4）函数内联。

面向对象编程中，有些成员函数的功能仅是给成员变量赋值，或者读取成员变量的值。这种函数的特点是没有局部变量，而且代码量很小。函数调用有开销，包括：①创建活动记录；②传递实参和返回地址值；③跳转至被调函数；④传递返回值；⑤读取返回地址值；⑥返回；⑦释放活动记录。当被调函数的代码量很小时，还不如将被调函数的代码直接复制到调用处，于是就免去了为函数调用而产生的中间代码，也免去了函数调用开销。对函数调用执行这种处理称为函数内联（inline）。当为函数调用而产生的中间代码量与被调函数本身的代码量不相上下时，即使一个函数在源代码中的很多地方被调用，函数内联也不会带来代码量的增加，甚至还会减少。函数内联的好处是免去了函数调用开销。

（5）调整表达式的分量求值顺序。

例如，对于表达式 $a^*b-(a-c)^*(b-c)$，它有两个分量 a^*b 和 $(a-c)^*(b-c)$ 的求值。生成中间代码时，有两种等价方案：①先算 a^*b 分量，后算 $(a-c)^*(b-c)$ 分量；②先算 $(a-c)^*(b-c)$ 分量，后算 a^*b 分量。第 1 种方案需要 3 个临时变量，生成的中间代码为 "$t_1=a^*b; t_2=a-c; t_3=b-c; t_2=t_2^*t_3; t_1=t_1-t_2$"。而第 2 种方案仅需两个临时变量，生成的中间代码为"$t_1=a-c; t_2=b-c; t_1=t_1^*t_2; t_2=a^*b; t_1=t_2-t_1$"。节省了一个临时变量，也就节省了所需的存储空间，自然会加快计算任务的完成。

要得出上述表达式求值优化方案，需要给表达式文法符 E 增加一个综合属性 ershov，记录表达式求值所需临时变量个数。另外还要构建出表达式的语法分析树。对于 $E \rightarrow id \mid$ num 的规约，$E.ershov=0$。对于诸如 $E \rightarrow E_1+E_2$ 的规约，如果 $E_2.ershov$ 等于 $E_1.$ ershov，那么 $E.ershov=E_1.ershov+1$，否则 $E.ershov=\max(E_1.ershov, E_2.ershov)$。完成表达式语法分析树的构建后，再自顶向下扫描语法分析树，对于任一结点 E 的两个子结点 E_1 和 E_2，如果 $E_2.ershov > E_1.ershov$，那么要先生成 E_2 的中间代码，再生成 E_1 的中间代码。

（6）将循环内的重复性运算移动至循环之外。

例如，对于语句"while(i＜limit－2)"，其中 i 为循环变量。当循环体内没有给 limit 赋新值时，将其改写为两个语句"t＝limit－2； while(i＜t)"，就可避免 limit－2 这个运算在循环体内被反复执行。

（7）减少 goto 指令。

中间代码生成时，对每个基本逻辑判别式，都会翻译成两条中间指令，一条为条件 goto 指令，另一条为无条件 goto 指令。例如，对"if(x＜100‖x＞200 && x!＝y)x＝0;"这个源代码语句，其中间代码如表 7.1 所示。观察可知，第 2 行中间指令完全可以删去，因为它指向其下一指令。另外可把第 3 行和第 4 行的指令合并成一条指令"if FALSE x＞200 goto 8"，其中 if FALSE 是中间指令。第 5 行和第 6 行指令也是如此，可以合并成一条中间指令 "if FALSE x!＝y goto 8"。于是，6 行 goto 指令中便可消除 3 行，优化后的中间代码如表 7.2 所示。

表 7.1　优化前的中间代码

rowId	immediateCode
1	if x<100 goto 7
2	goto 3
3	if x>200 goto 5
4	goto 8
5	ifx !=y goto 7
6	goto 8
7	x=0
8	

表 7.2　优化后的中间代码

rowId	immediateCode
1	if x<100 goto 7
2	
3	if FALSE x>200 goto 8
4	
5	if FALSE x !=y goto 8
6	
7	x=0
8	

思考题 7-6　从上述优化例子是否可以推断出,每一个基本逻辑判别式的翻译,都可将中间代码从两条(一条为条件 goto,另一条为无条件 goto)优化成一条? 对 goto 指令的优化是否可提前至中间代码生成阶段?

函数内联除了将被调函数的代码复制至调用位置之外,还要对其进行修改。内联后,形参不复存在。因此,代码中出现的形参逻辑地址全部要改为实参对应变量的逻辑地址。返回值也要衔接。

7.2　目标代码优化基础

7.2.1　计算机特性

目标代码是针对特定计算机的机器指令序列。每一种计算机都有自己的指令集。计算机的存储器有寄存器(register)、高速缓存(cache)、内存(memory)、磁盘(disk)4 种。从响应速度来看,CPU 访问这 4 种存储器的响应时延依次增大,即响应速度依次变慢。从存储容量来看,这 4 种存储器的容量依次增大。正因为如此,这 4 种存储器都不可缺少。在当前主流的计算机上,这 4 种存储器的响应速度和存储容量如表 7.3 所示。

表 7.3　当前主流计算机的存储配置

存储器类别	访问所需时钟周期/个	访问所需时间	存储容量
寄存器	1	1ns	256B~8KB
高速缓存	3	5ns	256KB~40MB
内存	20~100	100ns	4GB~32GB
磁盘	0.5×10^6~5×10^6	3ms	1TB~10TB

程序员负责数据在内存与磁盘之间的传输管理,包括将内存数据写入磁盘,将磁盘数据读入内存。这种操作以文件 I/O 函数调用形式出现。

计算机硬件负责数据在内存与高速缓存之间的传输管理。正因为如此,内存和高速缓存的差异性对编译器和程序员透明。也就是说,对于编译器和程序员来说,只有内存概念,没有高速缓存概念。

编译器负责数据在内存与寄存器之间的传输管理。寄存器管理包括寄存器指派和寄存器分配。寄存器指派指将特定的寄存器专门用来存储某一数据,例如用 B 寄存器专门存储当前活动记录的基地址,用 I 寄存器专门存储当前要执行的指令所在内存的地址。对指派后剩下的寄存器,编译器用来存储程序中的数据。寄存器分配指的是用哪一个寄存器存储程序中的哪一个数据。

在硬件设计上,数据在内存和磁盘之间的传输,以及在内存和高速缓存之间的传输,最小单元不为字节,也不是字(word),而是块(block)。对于数据在内存和磁盘之间的传输,块被称作页(page),其大小通常为 4KB～4MB。数据在内存和高速缓存之间的传输,块被称作高速缓存线(cache line),其大小通常为 32B～256B。与其相对,访问内存时,最小单元为字节。

一个数据的宽度通常不止 1 字节,例如一个整数,在 32 位机上的宽度就为 4 字节。正因为如此,编译器在针对目标机器计算每个变量的相对地址(即偏移量)时,就有一个地址对齐(alignment)问题。例如,如果目标机器上高速缓存线大小为 32 字节,那么整数的相对地址就应该是 4 的倍数。高速缓存线大小如果为 64 字节,那么整数的相对地址就应该是 8 的倍数。要对齐的原因是:数据在内存和高速缓存之间传输是由硬件负责,要避免一个数据被截分成两段,其中一段在内存中,另一段在高速缓存中。为了地址对齐而出现的闲置空间称为填充(padding)。例如,假定函数的前两个局部变量,其类型分别为 char 和 int,在 32 位机上,它们之间就会有 3 字节的闲置空间。

高速缓存与内存之间的数据传输采取块拷贝策略,是因为程序具有局部特性。程序运行时,对于当前被访问的内存位置,其前后内容通常还会紧接着被访问,这就是程序的局部性。例如,对于代码部分,只要当前指令不是远距离跳转指令,其后续指令紧接着会要执行。如果是循环,那么一块代码还会被反复多次执行。在这种情形下,将一块代码从内存复制至高速缓存之后,能够显著减少对内存的访问次数,其原因是程序运行所要的指令都在高速缓存中。数据也是如此,在执行一个成员函数的过程中,会反复多次访问局部变量和实例对象。如果此时它的局部变量和实例对象在高速缓存中,就可以避免内存访问。因此,对高速缓存与内存之间的数据传输采取块拷贝策略,能显著提升计算机的处理速度。

数据不具有局部性的情形也存在。例如矩阵相乘,是拿第 1 个矩阵的行与第 2 个矩阵的列来进行运算。假设矩阵按行存储,而且高速缓存的容量仅为两行数据的大小。每次计算都取第 1 个矩阵的一行以及第 2 个矩阵的一列。由于矩阵按行存储,于是第 2 个矩阵的数据就不具有局部性。由于高速缓存容量有限,只允许第 2 个矩阵的一块数据(即一行数据)驻留在高速缓存中。于是,每将第 2 个矩阵的一块数据(即一行数据)从内存复制到高速缓存之后,仅有其中的一个数据被用到。这就导致一块数据的利用率极低。在这种情形下,对于第 2 个矩阵,高速缓存不能起到减少内存访问次数的作用。

由硬件负责数据在高速缓存与内存之间的传输,实现并不复杂。高速缓存可被看作整个内存空间的一个窗口。当要访问的内存地址不在这个窗口中时,就要移动窗口,把要访问的内存地址框入。窗口以块为单元进行移动。现举例说明。

设高速缓存的空间大小为 512KB,其地址为 c0～c512,块大小为 64。设当前被框入的内存地址段为 m4000～m4512,起始点地址是 c0。现在假定程序要访问内存地址 m4518。由于 m4518 不在框入的内存地址范围内,于是触发硬件中断,执行窗口移动。基于程序局部性考虑,自然要将从起始点地址 c0 开始的这块数据(即从 c0～c64)传输至内存 m4000～m4064 中,以便腾出空间,再把 m4512～m4576 这块数据传输至起始点地址 c0 的高速缓存中。现在被框入的内存地址变为 m4064～m4576,起始点地址变为 c64。

接下来计算要访问的内存地址 m4518 所对应的高速缓存地址。计算式为:(要访问的内存地址－被框入的内存起始地址＋起始点地址)/高速缓存空间大小,所得余数就为要访问的高速缓存地址。对于上述例子,(4518－4064＋64)/512 的余数为 6。因此,内存地址 m4518 所对应的高速缓存地址为 c6。

思考题 7-7 JVM(Java 虚拟机)相当于将编译器后端置于程序运行的机器上。这样便能在生成目标代码时充分利用机器特性,包括充分利用寄存器、高速缓存,来提升程序的执行效率。与其相对,有些二进制可执行程序,尽管在性能很好的计算机上运行,但并没有见到运行速度明显提升,为什么?

7.2.2 目标语言

计算机可分为精简指令集计算机(RISC)和复杂指令集计算机(CISC)两类。RISC 是 Reduced Instruction Set Computer 的缩写,而 CISC 是 Complex Instruction Set Computer 的缩写。RISC 现已成为主流,其特点是指令采用三地址形式,寻址方式简单,有很多寄存器。当前知名的 ARM(Advanced RISC Machine)、MIPS 和 RISC-V 架构就属于 RISC 类。CISC 的特点是寄存器数量较少,寄存器有多种类型,指令采用两地址形式,支持多种寻址方式。英特尔公司知名的 x86 架构就属于 CISC 类。

每一种目标机器都有自己的目标语言。目标语言表现为一个指令的集合,每一个指令相当于一个函数,有明确的功能含义,对参数个数、类型、顺序、表达也都有明确规定。因此编译器后端的构造必须熟知目标语言的细节,才能生成优质的目标代码。每一种目标机器都有固定数量的寄存器,有自己支持的寻址方式。对于加法之类的运算,有的机器要求参与运算的操作数必须都在寄存器中。也有机器允许一个操作数在寄存器中,另一个操作数在内存中。第 6 章中提到寻址方式对存储分配方案、目标代码特质,以及执行效率都有重大影响。下面以一个简单的目标机模型为例,以汇编语言作为目标语言,讲解典型的机器指令,以便随后简洁而清晰地表达目标代码优化的思想、策略和方法。

寄存器是响应速度最快的存储器,因此将数据存于寄存器中有助于提升运算速度。由于寄存器的容量非常有限,不足以容纳所有数据,为了把下一个要用的数据从内存加载至寄存器中,就不得不腾空寄存器。腾空寄存器就是把现有寄存器中的数据存储至内存中,以便让出寄存器来存储其他数据。设 CPU 访问内存支持 3 种寻址方式:直接寻址、相对寻址、间接寻址。3 种寻址方式已在第 6 章讲解。为了表述方便,用 Ri 来表示寄存器,其中 $i(i=0,1,2,\cdots)$ 为序号,例如 R0,R1,R2 等。

将数据从内存加载至寄存器 Ri 的指令有 6 条,如代码 7.3 所示。其中 LD 是 Load 的缩写。第 1 条指令是采用直接寻址方式将绝对地址为 absoluteAddr 的内存数据加载至 Ri 寄存器中。第 2 条和第 3 条指令是采用相对寻址方式将内存数据加载至 Ri 寄存器,其中基地址存储在 Rj 寄存器中,relativeAddr 为相对地址常量(也称偏移量)。在第 3 条指令中,相对地址值为寄存器 Rk 中的值。第 4～6 条指令是采用间接寻址方式将内存数据加载至 Ri 寄存器。这 3 条指令分别与前 3 条指令相对应。第 4 条指令的含义是内存数据的绝对地址存储在 absoluteAddr 这个内存位置。

代码 7.3　内存数据加载指令

```
1  LD Ri, absoluteAddr
2  LD Ri,relativeAddr(Rj)
3  LD Ri, Rk(Rj)
4  LD Ri, * absoluteAddr
5  LD Ri, * relativeAddr(Rj)
6  LD Ri, * Rk(Rj)
```

将寄存器中的数据存至内存中也对应 6 条指令,如代码 7.4 所示。其中 ST 是 Store 的缩写。这 6 条指令是上述 LD 指令的逆过程,即将寄存器 Ri 中的数据保存到所指定的内存位置。

代码 7.4　寄存器数据保存指令

```
1  ST absoluteAddr, Ri
2  ST relativeAddr(Rj), Ri
3  ST Rk(Rj), Ri
4  ST * absoluteAddr, Ri
5  ST * relativeAddr(Rj), Ri
6  ST * Rk(Rj), Ri
```

分支指令分为跳转指令、函数调用指令和函数返回指令。跳转指令又分为无条件跳转和有条件跳转两种。跳转指令有直接寻址和相对寻址两种方式。无条件跳转指令有:①BR absoluteAddr;②BR relativeAddr(Rj)。其中 BR 是 Branch 的缩写。有条件跳转指令有:①Bcond Ri,absoluteAddr;②Bcond Ri,relativeAddr(Rj)。有条件跳转是针对寄存器 Ri 中的值,按照 cond 所指逻辑判定条件来执行。例如 BLTZ Ri,absoluteAddr 的含义是当寄存器 Ri 中的值小于 0 时,跳转至目标地址 absoluteAddr,其中的 LTZ 是 less than zero 的缩写。函数调用也有直接寻址、相对寻址、间接寻址 3 种方式。函数调用指令有 6 个:①CALL absoluteAddr;② CALL relativeAddr（Rj）;③ CALL Rk（Rj）;④ CALL* absoluteAddr;⑤CALL * relativeAddr(Rj);⑥CALL * Rk(Rj)。其中后 3 个函数调用指令采用间接寻址方式。

思考题 7-8　无条件跳转指令和有条件指令分别只有 2 条,而不是 6 条,为什么？ 对于该问题,等于是要回答跳转指令与函数调用指令有何差异？

运算指令的形式为 OP destination,source1,source2。其中 OP 是 operate 的缩写。source1 和 source2 是运算的输入,destination 是运算的输出。它们可以是寄存器值,也可以是内存值。有的机器要求输入和输出都必须为寄存器,例如加法运算指令 ADD Ri,Rk,Rj 的含义是对寄存器 Rk 和 Rj 中的值做加法运算,结果放在 Ri 寄存器中。有的机器允许一个输入为内存值,例如减法运算指令 SUB Ri,Rk,relativeAddr(Rj)的含义是对寄存器 Rk 中的值和内存地址为 relativeAddr(Rj)中的数据做减法运算,结果放在 Ri 寄存器中。该减法指令采用了相对寻址方式。乘法指令为 MUL,除法指令为 DIV。

由于指令中的 absoluteAddr 和 relativeAddr 为数值常量，为了和程序中的数值常量区分，设定在程序中的数值常量前加上♯，以示区分。例如 LD R1,8000 是将绝对地址为 8000 的内存数据加载至 R1 寄存器中。而 LD R1,♯8000 则是将整数 8000 加载至 R1 寄存器中。

现以上述目标机器模型为例来说明中间代码的翻译。表 7.4 给出了 5 条中间代码及其对应的目标代码。对于其中前 3 条伪中间代码，设定整型变量 x,y,i 和数组 a 都是局部变量，寄存器 R1 存储着当前活动记录的基地址，R0 为指令寄存器。对于局部变量，其内存地址由两部分构成：相对地址（即偏移量）和基地址。目标机器一旦确定了，每种基本数据类型的宽度也就确定了，于是每个变量的偏移量便能在编译时算出。此处翻译采用相对寻址方式。对于跳转指令，以当前要执行指令的内存地址作为基地址（存储在指令寄存器 R0 中）。这种基地址选取带来的好处在第 6 章已作解释。

在源程序的函数定义中，会为函数指明类别。函数类别有 3 种：①同一项目中实现的函数；②外部二进制可执行模块中的函数；③纯虚函数（即接口函数）。在中间语言中，对这 3 种函数的调用未作区别。生成目标代码时，便要区别对待。翻译时，先基于函数的逻辑地址到符号表中找到其定义行，获取其类别，然后基于第 6 章所述函数调用实现方案来生成目标代码。这 3 种类别的函数调用翻译分别如表 7.4 中倒数 3 行的目标代码所示。对于纯虚函数的调用，假定 R2 寄存器中存储着接口指针变量的值，此处假定目标机器为 32 位机。

表 7.4　中间代码的翻译

伪中间代码	目标代码	解　释

x＝a[i]	LD R2,8(R1)
	ADD R2,R2,24(R1)
	LD R2,R2(R1)
	ST 16(R1),R2
		将 i 的值加载至寄存器 R2 中，其中 8 为 i 的偏移量计算数组元素 a[i] 的偏移量，其中 24 为 a 的偏移量将数组元素 a[i] 的值加载至寄存器 R2 中将寄存器 R2 中的值存至 x 中，其中 16 为 x 的偏移量

if x＜y goto 20	LD R2,16(R1)
	SUB R2,R2,20(R1)
	BLTZ R2,−78(R0)
		将 x 的值加载至寄存器 R2 中，其中 16 为 x 的偏移量计算 x−y，其中 20 为 y 的偏移量条件跳转：R0 为指令寄存器，−78 为目标指令的偏移量

call F:0:3	CALL −252(R0)	以相对寻址方式对同一模块中的函数进行调用
call F:0:4	CALL ∗−512(R0)	以间接寻址方式对外部模块中的函数进行调用
call F:2:3	LD R3,0(R2) CALL ∗8(R3)	调用纯虚函数：R2 中存放接口指针，加载 vptr 值至 R3 调用虚函数表 vtab 中的第 3 个函数

思考题 7-9　表 7.4 中伪中间代码的第 3 行至第 5 行其实都是跳转指令。此处的跳转都采用了相对寻址方式，并且以指令寄存器 R0 中的值作为基地址，即以当前要执行的指令所在的内存地址为基地址。这种基地址选取策略能带来什么好处？

思考题 7-10　假设 R2 寄存器专门用来存储线程栈的栈顶绝对内存地址，R1 用来存储当前活动记录的基地址，目标机为 32 位机。按照第 6 章所述函数调用方案，针对函数定义 int fun(char ∗p)，写出调用该函数时返回地址值、返回值、实参传递的目标代码，以及释放这 3 项内容的目标代码。

274

7.2.3　目标代码生成与优化

目标代码优化就是基于目标计算机的物理特性,使得目标代码在运行时所需存储空间尽量小,运算开销尽量小,以及代码和数据在不同类别存储器之间的运输次数尽量少,尽快得到计算结果。优化必须在保证程序语义不变的前提下进行。优化通常不是去分析程序逻辑,继而寻求更好的求解方案,而是基于中间代码的执行时序去识别数据间的依赖关系以及数据的生命周期,然后利用计算机的物理特性,使得一个程序的运行时间尽量短,从而尽快得到计算结果。

计算机的典型物理特性包括寻址方式、寄存器容量、高速缓存、指令流水线处理、多核处理等。目标代码生成包括指令选择、指令排序、寄存器分配。指令选择指翻译一条中间代码时可以选取不同的机器指令,从而有多种翻译方案。例如,对 x＝a[i]这条中间代码的翻译,可采用表 7.4 中第 1 行所给的翻译方案,该方案利用了相对寻址方式。为了便于对比,现将其抄录至表 7.5 的第 2 列。另一种翻译方案是采用寄存器寻址,如表 7.5 的第 3 列所示。前一种翻译方案显然要优于后一种翻译方案。

表 7.5　指令选择的举例

中间代码	翻译方案 1：采用相对寻址	翻译方案 2：采用寄存器寻址

x＝a[i]	LD R2,8(R1)
	ADD R2,R2,24(R1)
	LD R2,R2(R1)
	ST 16(R1),R2
		ADD R2,R1,8
		LD R3,0(R2)
		ADD R2,R1,24
		ADD R2,R2,R3
		LD R3,0(R2)
		ADD R2,R1,16
		ST 0(R2),R3

注意:表 7.5 第 3 列第 2 行 LD R3,0(R2)中的 0 表示寄存器寻址,如果不为 0,则表示相对寻址。这种表达完全是为了简洁和统一起见。指令选择问题相对简单,通常以生成的目标代码所含指令数尽量少作为选取原则。

指令排序的目的是减少临时变量,从而降低存储空间需求,尤其是对寄存器的需求。在7.1.2 节的中间代码优化途径(4)的讲解中,已经举例说明了两个独立的运算分量求解时,如果在所需临时变量数上,第 2 个分量多于第 1 个分量,那么将第 2 个分量排在第 1 个分量的前面并不会改变程序的语义,但能减少一个临时变量。指令排序问题可前移至中间代码优化中考虑。

寄存器是响应速度最快的存储器,因此将常要访问的数据用寄存器存储能提升运算速度。决定将哪些数据用寄存器来存储,以及如何将数据与寄存器配对,被称作寄存器管理问题。寄存器管理分两级实施,首先是寄存器指派,然后是寄存器分配。寄存器指派是针对程序运行时一些频繁使用的数据,用特定的寄存器来专门存储。例如,针对当前要执行的机器指令,其内存地址专门用 I 寄存器来存储,当前活动记录的基地址用 B 寄存器来存储,线程活动记录栈的栈顶地址用 T 寄存器存储。寄存器指派后剩下的寄存器则用来存储程序的数据。寄存器分配要解决的问题是:哪些变量该用寄存器来存储,以及如何为变量指定寄存器。由于寄存器的容量非常有限,有时不足以存储程序常用的所有数据。这时就存在一个溢出(spilling)选择问题。对被选溢出的变量,其值只能临时驻留寄存器中。

7.3 寄存器分配

从程序运行角度来看,变量有生命周期概念。对于中间代码中的某条指令,执行它前,所有变量可分成两类:死变量和活变量。就此时刻点(或叫此位置点)而言,如果一个变量以后不再用到,那么它就成了死变量。如果以后还会被用到,它就为活变量。有了死变量和活变量之分后,便有如下结论:死变量所占的寄存器为空闲寄存器,能分配给新出现的活变量。也就是说,一个寄存器能被多个变量共享。寄存器分配就是要标识每行中间代码前的活变量集合,然后为每一个活变量指派一个寄存器。

在一个函数的中间代码中出现的变量有全局变量、成员变量、形式参数、局部变量、临时变量 5 种。通常情况下,局部变量和临时变量被用到的次数要多于其他 3 类变量。例如,对维度为 n 的数组求其元素之和,是通过一个循环来求解的。前 i 个元素之和用局部变量 s 存储。在循环中用 s 与第 $i+1$ 个元素做加法运算,所得结果还是存储在 s 中,于是 s 变成了前 $i+1$ 个元素之和。该例中,变量 s 被 n 次读取,被 n 次赋值。循环变量 i 也是如此。与其相对应地,每个数组元素只读取了一次。因此在寄存器分配中,应该对运行时使用次数多的那些变量优先分配寄存器,就可加快运算速度。反之,对那些一次性使用的数据,通常就不要用寄存器来存储。

执行完寄存器分配之后,每一个变量都会得到一个分配结果。分配结果只会是下列 3 种情形之一:①被分配一个寄存器;②溢出变量;③不涉及寄存器分配。寄存器分配之后,中间代码的翻译就是水到渠成的事情。例如,在翻译中间指令 c=a+b 时,对于变量 c,a,b 的分配结果可能有如下 4 种情形,如表 7.6 所示。在第 1 种情形下,c,a,b 被分别分配给寄存器 R3,R4,R5。在第 2 种情形下,c 为溢出变量,在此处被分配给寄存器 R3。每种分配方案都会有对应的翻译,结果如表 7.6 的最后一列所示。

表 7.6 分配方案与其对应的翻译结果

分配结果	c	a	b	翻 译 结 果
1	R3	R4	R5	ADD R3,R4,R5
2	R3,溢出	R4	R5	ADD R3,R4,R5 ST c.memoryAddr,R3
3	R3	R4	无	ADD R3,R4,b.memoryAddr
4	R3	R4,非局部变量,尚未加载	无	LD R4,a.memoryAddr ADD R3,R4,b.memoryAddr

7.3.1 活变量标识算法

寄存器分配中要做的首项工作是标识每行中间代码前的活变量。只有知晓了每一时刻点(或称每一位置点)的活变量,才能知晓在该时刻点哪些寄存器空闲可用,以便为下一行中间代码中被赋值的变量分配寄存器。

　　活变量标识是基于中间代码的基本块及其流图执行的。基本块及其流图的概念已在
7.1.1 节讲解。活变量是针对中间代码表中某一位置(也叫某一时刻点)而言,在此之后还
要用到的变量。因此无论是基本块内,还是基本块之间,都要逆向分析每一行中间代码。对
于一行中间代码而言,它涉及的变量也分为活变量和死变量。其中要读取的变量是活变量,
要赋值的变量是死变量。例如,对于中间代码行 c=a+b 而言,变量 a 和 b 是活变量,而变
量 c 是死变量。c 是死变量的原因是:由于 c 被赋新值,它原有的值也就自然不再需要被用
到。因此在这行中间代码之前的位置,c 成了死变量。而 a 和 b 在这行中间代码中要被用
到,因此在这行中间代码之前的位置,它们是活变量。设这行中间代码之后的位置,其活变
量集合为 β,那么在这行中间代码之前的位置,其活变量集合为 $\beta \cup \{a,b\} - \{c\}$。

　　因此,活变量标识是基于基本块及其流图来倒着逆向求解的。流图中最后的基本块的
最后一行之后的位置为起始标识位置。起始标识位置的活变量集合为 $\varnothing$(即空集)。然后逐
行往前求解,直至流图中开始的基本块的第一行之前位置。该位置为结尾标识位置。

　　现举例说明每行中间代码之前的活变量集合标识算法。图 7.3 是从程序流图中摘取出
来的一个片段,共含有 4 个基本块、6 个变量、7 行中间代码。为简洁起见,其中的跳转指令
已经被剔除。出口(exit)位置有两个,一个是 B3 块的末尾,另一个是 B4 块的末尾。这两个
出口位置的活变量集合都为 $\{b\}$。从流图来看,B4 块是最后一个块。因此第 7 行之后的位
置为起始标识位置,其活变量集合为 $\{b\}$。

　　第 7 行之前的活变量集合为: $\{b\} \cup \{c,f\} - \{b\} = \{c,f\}$。再来求第 6 行之前的活变量
集合,它为 $\{b\} \cup \{c,f\} \cup \{e\} = \{b,c,e,f\}$。注意,在第 6 行中,既要读取变量 e,又要给变
量 e 赋新值。在这种情形下,活变量优先,即将其认作活变量。第 5 行之前的活变量集合为
$\{b,c,e,f\} \cup \{d,e\} - \{b\} = \{c,d,e,f\}$。第 4 行之前的活变量集合为 $\{c,f\} \cup \{e\} - \{f\} = \{c,$
$e\}$。第 3 行之前的活变量集合为 $\{c,e\} \cup \{c,d,e,f\} \cup \{d,f\} - \{e\} = \{c,d,f\}$。第 2 行之前的
活变量集合为 $\{c,d,f\} \cup \{a\} - \{d\} = \{a,e,f\}$。第 1 行之前的活变量集合为 $\{a,e,f\} \cup \{b,c\}$
$- \{a\} = \{b,c,f\}$。7 行中间代码前的活变量集合如图 7.4 所示。

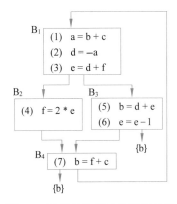

图 7.3　活变量待识别的流图片段

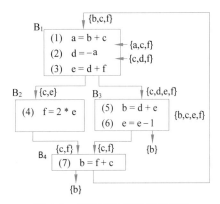

图 7.4　每行前识别出的活变量

　　思考题 7-11　逆向求活变量集合时,设第 i 行中间代码之后位置的活变量集合为
$\text{liveSet}[i]$,它之前位置的活变量集合为 $\text{liveSet}[i-1]$。设第 i 行中间代码要读的变量集合
为 $\text{read}[i]$,被赋值的变量集合为 $\text{write}[i]$。求解活变量集合的关系式为 $\text{liveSet}[i-1] =$
$\text{liveSet}[i] \cup \text{read}[i] - \text{write}[i] \cup (\text{read}[i] \cap \text{write}[i])$,正确吗?

在某一时刻点(也叫某一位置点)的活变量指在该时刻以后还要用到的变量,它们的值最好都放在寄存器中。如果一个活变量的值不放在寄存器中,那么随后要用到它时,就要将其值从内存中加载到寄存器中。减少加载次数,是目标代码优化的重要内容之一。

识别出某一行中间代码之前的活变量之后,就知晓了在此位置点有哪些寄存器为空闲寄存器。不是活变量占用的寄存器都是空闲寄存器。对于该行中间代码中被赋值的变量,要为其分配一个寄存器。如果此时没有空闲寄存器,那么就要在此位置点的活变量中选择其中的一个进行溢出,以便腾空出它所占的寄存器,将其分配给被赋值的变量。

对于图 7.4 所示的 7 行中间代码片段,从每一行前的活变量集合可知,第 5 行和第 6 行前的活变量数量最多,都为 4 个。这表明对于这 7 行中间代码的翻译,至少要有 4 个寄存器,才有可能避免溢出操作。现在的问题是:有 4 个寄存器,就能避免溢出操作吗?如果能,如何分配才可避免溢出操作?

7.3.2 基于图着色的寄存器分配

在寄存器分配的图着色方法中,对一段中间代码(可以是一个基本块,或一个循环,或一个函数,或整个程序),首先构建其寄存器冲突图(Register Interference Graph,RIG)。在RIG 中,结点为变量,边表示冲突关系,即任何一条边所连的两个变量不能共享同一个寄存器。以图 7.4 所示的这段中间代码为例,它共涉及 6 个变量,因此 RIG 中有 6 个结点。7 行中间代码的每行前都有一个活变量集合。对于任一个活变量集合,它所含的任意 2 个变量,都存在冲突关系,因此在 RIG 中都有连接边。例如,对于第 6 行前的活变量集合{b,c,e,f},在 RIG 中b,c,e,f 这 4 个结点中任意 2 个结点之间都存在连接边。将这 7 行中间代码前的活变量集合全都考虑进来,得到的 RIG 如图 7.5 所示。

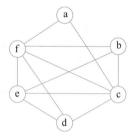

图 7.5 程序片段的寄存器冲突图

从图 7.5 所示的 RIG 可知,变量 f 和其他 5 个变量中的任何一个都不能共享同一个寄存器,因为结点 f 和它们中的任何一个都有连接边。而变量 a 则可以分别和变量 b,d,e 共享同一寄存器,因为结点 a 和它们中的任何一个都没有连接边。现在假定共有 4个寄存器,能避免溢出操作吗?如果能,如何分配才可避免溢出操作?该问题可归结为图着色问题。图着色问题是:有连接边的两个结点不能着同一个颜色,最少要有多少种颜色才能给每个结点着色,每个结点分别着哪种颜色?该问题映射成寄存器分配问题,便是:需要多少个寄存器,才可避免溢出操作?每个变量分别用哪个寄存器来存储其值?

对于寄存器分配问题,首先要回答的问题是:给定一个 RIG,假设有 n 个寄存器,能避免溢出操作吗?求解过程是从 RIG 中找出一个连接边数小于 n 的结点,将该结点压入结点栈 nodeStack 中,然后从 RIG 中删除该结点和与其相连的边。将这个操作迭代下去,如果最终 RIG 变成了空图,那么有 n 个寄存器,能避免溢出操作,否则就不能避免溢出操作。最终 RIG 不为空图指的是剩下的 RIG 中任何一个结点的连接边都大于或等于 n。这个过程被称作 RIG 的拆解。对于图 7.5 所示的 RIG,当 n 为 4 时,拆解过程如图 7.6 所示。依次将结点 a,b,c,d,e,f 压入 nodeStack 中,最终的 RIG 为空图。当然,还有其他的拆解方式,例如 b 也可以首先入栈。

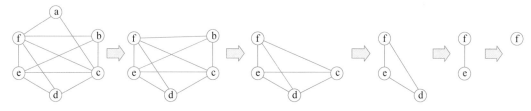

图 7.6　RIG 拆解过程

在求出每行中间代码前的活变量集合后,便能确定所需寄存器的下限数量。例如对于图 7.4 所示的 7 个活变量集合,第 5 行和第 6 行前的活变量集合变量数最多,都为 4。因此,对于避免溢出操作,所需寄存器数量的下限至少为 4。在该例中,有 4 个寄存器,就能避免溢出操作。不过,在其他程序中会存在如下情形:在所有活变量集合中,尽管最大集合中含变量数为 4,但是有 4 个寄存器并不足以避免溢出操作。

假定有 i 个寄存器,便能避免溢出操作,而且所有变量已在 nodeStack 栈中。接下来要解决寄存器分配问题,即如何给每个变量分配寄存器。假定 i 个寄存器分别用 R_{d1},R_{d2},$\cdots$,R_{di} 标识。分配方法是在拆解过程的逆过程中来完成给变量分配寄存器的步骤。图 7.6 所示 RIG 拆解过程的逆过程如图 7.7 所示。

将 nodeStack 栈中的结点元素依次弹出,逐一为它们分配寄存器。首先为变量 f 分配寄存器 R_{d1},接下来为变量 e 分配寄存器。由于结点 f 和结点 e 有连接边,因此不能为变量 e 分配寄存器 R_{d1},于是分配寄存器 R_{d2}。再为变量 d 分配寄存器。由于结点 d 和结点 e,f 都有连接边,因此不能为变量 d 分配寄存器 R_{d1} 和 R_{d2},于是分配寄存器 R_{d3}。同样,只能为变量 c 分配寄存器 R_{d4}。对于结点 b,它和结点 d 没有连接边,因此可以为变量 b 分配寄存器 R_{d3}。对于结点 a,它和结点 b,d,e 都没有连接边,因此为变量 a 分配寄存器 R_{d2} 或者 R_{d3} 都可以,假定为其分配 R_{d2}。

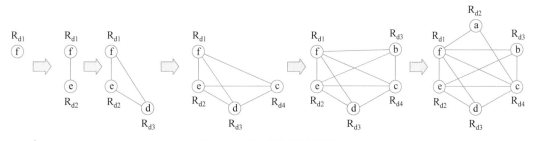

图 7.7　RIG 拆解的逆过程

为变量分配好寄存器之后,机器代码的生成就是水到渠成的事情了。对于图 7.4 所示的 7 行中间代码片段,分别给变量 a,b,c,d,e,f 分配寄存器 R_{d2},R_{d3},R_{d4},R_{d3},R_{d2},R_{d1} 之后,生成的机器代码如图 7.8 所示。整个翻译过程不存在变量溢出问题。

从上述中间代码翻译的示例可知,尽管有 6 个变量,但只需要 4 个寄存器,便能做到无溢出操作。这种收益背后的缘由是程序的变量具有生命周期特征,而且存在变量生命期互不交叉的情形。程序的这种特性通过活变量和死变量这两个概念刻画出来。获取这种收益付出的代价是活变量识别和寄存器分配。在源程序一级,局部变量具有明显的生命周期特

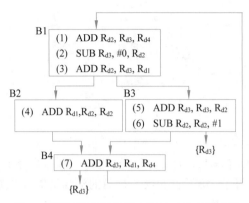

图 7.8　基于寄存器分配方案生成的机器代码

性,但管控过于粗放,以块为单元来实施。在寄存器分配中,对活变量标识精细化到了行一级。精细化尽管有代价,但值得,因为它发生在编译阶段。编译是一次性工作,只要能为程序运行时减少运算开销,减少存储开销,减少传输开销,编译时付出的代价都值得。

7.3.3　变量溢出

如果可用寄存器数量少于所需寄存器数量,就涉及变量溢出(spilling)问题。例如,对于图 7.3 所示中间代码片段,如果可用寄存器数量只有 3 个,那么就不可避免要执行变量溢出操作。变量溢出中,首先要解决的问题是选择哪一个变量来溢出。以图 7.4 所示中间代码为例,从每行中间代码前的活变量集合可知,第 5 行和第 6 行前的活变量集合中,变量数

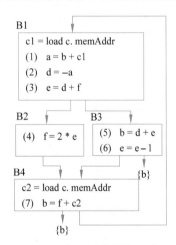

图 7.9　添加溢出操作之后的中间代码

量都为 4。因此,只能从这两个集合中的交集中选取,否则依然不能实现 3-可着色。它们的交集为{c,e,f}。在 c,e,f 中,应该选择运行时读写次数最少的一个。运行时读写次数应该考虑循环。在循环中出现的读写,其次数计算时应该乘上循环次数。而 c,e,f 不存在循环内外之分,在 7 行中间代码中出现的读写次数分别为 2 次、5 次、3 次。因此,应该选择变量 c 执行溢出操作。

选定溢出变量之后,接下来就是向中间代码中插入溢出指令。对于程序中任一读取溢出变量的中间指令,要在其前面添加一条从内存读取其值的加载指令。对于程序中任一给溢出变量赋值的中间指令,要在其后面添加一条将其值写入内存的保存指令。对于图 7.4 所示例子,选择变量 c 溢出,就要分别在第 1 行和第 7 行代码之前添加一条加载指令。添加溢出操作之后的代码如图 7.9 所示。

注意:每添加溢出操作之时,都要将溢出变量处理成一个新变量。图 7.9 中将第 1 行和第 7 行中间代码中的变量 c 分别处理成了新变量 c1 和 c2,于是变量数增加了。此例中没有出现给溢出变量 c 赋值的中间代码。赋值时,也要把溢出变量处理成一个新变量,并在该行中间代码之后添加一条保存(store)指令,将新值保存至内存中。必须这样处理的原因是:溢出操作的本质是取消溢出变量,于是可以减少某些时刻点(或者叫某些位置点)的活跃变

量个数。例如在上例中,把变量 c 溢出之后,第 5 行和第 6 行前的活变量集合中就少了 c,于是活变量个数就由 4 减少到了 3。取消溢出变量肯定要付出代价,这个代价就是:每添加一个溢出变量的加载操作,就等于引入一个新变量,其活跃期仅限于下一行中间代码。为溢出变量赋值也是如此,等于在赋值前新引入一个变量,其活跃期仅限于紧随其后的保存操作。

对执行了溢出处理之后的中间代码,再来检查所需寄存器个数是否已减少。对图 7.9 所示添加溢出操作之后的代码片段,其每行代码前的活变量集合如图 7.10 所示。从其可知,第 1 行、第 5 行,以及第 6 行前的活变量集合所含变量个数最多,都为 3。其 RIG 如图 7.11 所示。从基于图着色的寄存器分配方法可知,有 3 个寄存器,可避免溢出操作。

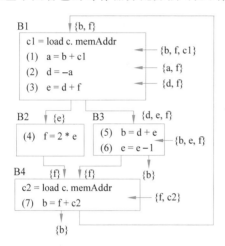
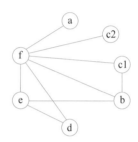

图 7.10　各行中间代码前的活变量集合　　图 7.11　添加溢出操作之后程序的寄存器冲突图

思考题 7-12　如何将图 7.9 所示中间代码翻译成机器代码?

从图 7.11 可知,尽管中间代码片段中有 7 个变量,但是只需要 3 个寄存器,便可避免进一步的溢出操作。极端情形下,无论有多少个变量,无论哪一个位置点的活变量集合中有多少个变量,通过溢出操作,只需要 3 个寄存器就能满足处理。

7.3.4　内存数据的加载和刷新

图 7.3 所示中间代码片段是一段循环代码,入口处(即第一行中间代码前的位置)的活变量集合为 $\{b,c,f\}$,为这 3 个变量分配的寄存器分别为 R_{d3},R_{d4},R_{d1}。在运行时第一次进入前,肯定有为寄存器 R_{d3},R_{d4},R_{d1} 定值的代码。也就是说,在该中间代码片段前面肯定有为 b,c,f 定值的代码。当把中间代码片段扩大为一个函数时,从其第一行中间代码开始,对于首次用到的活变量,其值都在内存中,要通过加载操作将其初值传输至给其分配的寄存器中。例如,假定函数的前 5 行中间代码如代码 7.5 所示。按照活变量标识算法,第 1 行中间代码前的活变量集合为 $\{a,b,c,d\}$。这 4 个变量的初值在内存中。在初次用到其中的任何一个之前,都要生成加载指令,将其内存值加载至给其分配的寄存器中。例如,在代码 7.5 第 1 行之前,要分别生成加载变量 a 和 b 的内存值至寄存器 R_{d2} 和 R_{d3} 的指令。在第 2 行之前要生成加载变量 d 至 R_{d3} 的指令,在第 4 行之前要生成加载变量 c 至 R_{d4} 的指令。

代码 7.5　函数开始时的 5 行中间代码

```
1  e = b - a
2  f = b-d
3  g = e + f
4  b = c
5  c = g + f
```

每个函数的实现中,第 1 行中间代码前的活变量只可能是形式参数、全局变量,或成员变量。不可能为局部变量或者临时变量的原因是局部变量和临时变量都要先赋值后使用。如果寄存器分配是以函数为单元来独立考虑,那么在函数中第一次遇到形式参数、全局变量、成员变量时,要生成一条加载指令,将其值从内存加载至给其分配的寄存器中。要判定第一次遇到,在给要用到的活变量分配寄存器时,还要对上述 3 种变量再增加 loaded 属性。在翻译一个函数的实现中所包含的中间代码时,每遇到一个形式参数、全局变量或成员变量的逻辑地址时,就检查其 loaded 属性值,如果为 false,就生成一条将其值从内存加载至寄存器的机器指令,然后将 loaded 属性值改为 true。

对于全局变量和成员变量,不仅有初值加载问题,还有新值刷新问题。以函数为单元来独立考虑寄存器分配,会使全局变量和成员变量被分配的寄存器在不同函数中有所不同。这就要求在任何一个函数中,为某个全局变量或成员变量赋值之后,紧接着要有一条保存指令,将其值从寄存器中刷新至内存中。其理由是随后可能调用某一函数 β,在 β 中恰好也要用到该变量。由于是以函数为单元来独立考虑寄存器分配,因此在函数 β 中,使用该全局变量或成员变量之前,会有一条指令将其值从内存加载至寄存器中。加载的值必须是最新的值,不能是过时的旧值。形式参数、局部变量、临时变量的作用范围仅限于一个函数之内,不存在刷新问题。

对于在一个函数中用到的形式参数、全局变量、成员变量,只有在第一次要用到它时才将其值从内存加载至为其分配的寄存器中。这种特性能为活变量识别的精准度带来提升空间。先来观察代码 7.5。按照原有的活变量识别算法,第 1 行代码前的活变量集合为 $\{a,b,c,d\}$。这意味着变量 a 和 c 不能共享同一寄存器。但事实上可以,其原因是 a 在第 1 行代码之后就成了死变量,而 c 要在第 4 行才用到。也就是说,为 c 分配寄存器可从开始位置延迟到第 4 行位置,这时 a 早已成了死变量。

精准识别活变量的方法如下。按照原有活变量识别方法逆向得出每行中间代码之前位置的活变量集合后,再顺向扫描一次,精准得出每行中间代码之前位置的活变量集合。设共有 n 行中间代码,已知第 n 行代码后的活变量集合为 $liveSet_2[n]$。逆向求活变量集合时,第 i 行中间代码之前位置的活变量集合为 $liveSet_1[i-1]$,第 i 行中间代码要读的变量集合为 $read[i]$,被赋值的变量集合为 $write[i]$,其中 $0 < i \leqslant n$。求解关系式为 $liveSet_1[i-1] = liveSet_1[i] \cup read[i] - write[i] \cup (read[i] \cap write[i])$。顺向扫描时,设精准得出的第 i 行之后(也可说是第 $i+1$ 行之前)的活变量集合为 $liveSet_2[i]$,已知 $liveSet_2[0] = \varnothing$(空集)。那么执行第 i 行指令之前,要从内存加载至寄存器的变量集合为 $load[i] = read[i] - liveSet_2[i-1]$。执行第 i 行指令之后的死变量集合为 $dead[i] = read[i] \cup write[i] - liveSet_1[i]$,精准活变量集合为 $liveSet_2[i] = liveSet_2[i-1] \cup load[i] \cup write[i] - dead[i]$。

对于代码 7.5,求出的每行代码前的精准活变量集合如表 7.7 所示。如果以 $liveSet_1$ 来构建寄存器冲突图 RIG,然后应用图着色法来分配寄存器,那么需要 4 个寄存器才可避免寄存器腾空操作。与其对应地,如果以 liveSet$_2$ 来构建 RIG,然后应用图着色法来分配寄存器,那么只需要 3 个寄存器就可避免寄存器腾空操作。能减少寄存器需求的原因已在上面讲述,即对那些要从内存读值的变量,其寄存器的分配可延后至其初次使用时刻点。

表 7.7　每行前的精准活变量集合 liveSet$_2$ 和该加载的变量集合 load

序号	指令	read	write	liveSet$_1$	load	dead	liveSet$_2$
0				a,b,c,d			$\varnothing$
1	e=b−a	b,a	e	b,c,d,e	b,a	a	b,e
2	f=b−d	b,d	f	c,e,f	d	b,d	e,f
3	g=e+f	e,f	g	c,f,g		e	f,g
4	b=c	c	b	b,f,g	c	c	b,f,g
5	c=g+f	g,f	c	b,c,f		g	b,c,f

从上述分析可知,对于全局变量和成员变量,至少要将其当成溢出变量来处理。既然如此,只要情况允许,通常不给全局变量或成员变量分配寄存器。例如,对于诸如 c=a+b 之类的中间代码,如果机器指令允许两个操作数中的一个为内存数据,而且 a 为全局变量或者成员变量,那么就可以不为 a 分配寄存器。此时将其翻译成 ADD Rc,Rb,a.memoryAddr。当在一个循环内出现读取一个全局变量或成员变量的情形时,应该在循环外增加一条指令,将其赋值给一个临时变量,然后在循环内用临时变量替代。这样处理之后,将其值从内存加载至寄存器中的机器指令就可以从循环内移至循环外,避免被循环执行。

7.3.5　寄存器腾空和变量溢出

函数调用的实现以内存作为存储介质来传递实参、返回值,以及返回地址值,并且以函数为单元来实施寄存器分配。这种策略带来的好处是函数具有独立性,有利于程序模块化。但相应地,也要付出以下两个代价。

(1) 每个函数对于自己要使用的寄存器在起始时要执行腾空操作,在函数返回前还要执行恢复操作。这么做的缘由是被调函数并不知道调用者使用了哪些寄存器。因此,对于一个函数,保守起见,只好为自己要使用的寄存器开辟一块内存空间,将其值存起来,以便腾空出寄存器供自己使用。为了不破坏调用者的寄存器值,函数返回前还要执行恢复操作,将寄存器恢复成它原有的值。

寄存器腾空与变量溢出既有联系,又有差异。变量溢出是将一个变量的值从寄存器传输至内存,从而腾出寄存器,以便分配给其他变量使用。变量溢出是一个函数内的事情。而寄存器腾空则是跨函数边界的事情。函数在开始时执行寄存器腾空操作,要为寄存器值的存储另外开辟内存空间。函数返回前,要将寄存器恢复成它原有的值,随后释放为腾空而开辟的内存空间。

(2) 在寄存器分配中,要把所有全局变量和成员变量当作溢出变量来处理。每次读取时都要将其值从内存加载至寄存器,每次赋值时都要将其值从寄存器刷新至内存。

对于上述第一种代价,如果编译时知道还有哪些寄存器空闲,那么就可减少不必要的寄存器腾空操作。对于第二种代价,如果事先知晓给全局变量或者成员变量分配的寄存器,那么就没有必要将其当作溢出变量来处理。这也就是即时编译(JIT)的由来之一。JIT 是 Just In Time 的缩写。JIT 编译通常用在虚拟机(例如 JVM)中,将目标代码生成延后到程序运行时再进行。此时便能知晓寄存器的使用情况,避免不必要的寄存器腾空操作和变量溢出操作。当函数在循环中被反复多次调用时,带来的性能提升非常可观。程序运行有一个统计特性:90%的时间在执行 10%的代码。如果对这 10%的代码进行运行时精心优化,那么带来的效率提升会非常可观。很多 Java 程序经运行时优化之后,运行速度能提高上十倍,甚至十几倍。

7.3.6 同步函数和异步函数

很多应用的业务具有并发特性,例如邮件服务器收到的用户请求便具有并发性。针对请求的并发性,人们提出了多线程概念,以此实现并发处理。以邮件服务器为例,用户访问邮件服务时先与服务器建立一个网络联接,然后发送请求,等待响应。服务器用一个线程来响应和处理一个用户的联接和请求。有 n 个并发请求,便会有 n 个并发线程。以多线程方式来实现并发处理,其优点是直观通俗、易于实现。已有的功能函数,无论是源代码、中间代码,还是机器代码都可照原样使用,没有给编程和编译提出任何新要求。传统的功能函数称为同步函数。当调用一个同步函数时,直至有最终结果时才会返回。

在多线程运行环境下,线程有 3 种状态:运行、阻塞、就绪。当一个线程调用一个同步函数时,便会由运行状态转为阻塞状态。此时,如果有另一个线程处于就绪状态,操作系统便可调度它运行,其状态便由就绪转为运行。这个过程也称为线程切换。每个线程都有自己的线程栈,用于存储自己的活动记录,于是每个线程都有自己的内存数据。但寄存器不同,它是共享存储,被所有线程共享。编译器是基于单线程运行环境来生成机器代码的,于是在多线程运行环境下,寄存器值也是线程的重要属性之一。当运行态线程由 A 切换为 B 时,操作系统要把所有寄存器的当前值作为线程 A 的属性值存入线程记录中,随后还要把线程 B 的寄存器值从线程记录中加载至寄存器中。

多线程并发运行的取得要付出代价。每执行一次线程切换,就涉及所有寄存器值的一轮保存和一轮加载。如果机器的寄存器数量很多,而且线程切换频繁,那么线程切换开销就会很大。针对此问题,出现了异步函数这一概念,以及基于消息队列的异步并发处理方式。

在异步并发处理实现中,服务器只需要一个线程,该线程通过循环来不断消费消息队列中的消息。在消费一个消息时,只能调用异步函数,不能调用同步函数。异步函数不同于同步函数,调用时并不会等到有最终结果时才返回,而是立即返回。例如通过网络接口给用户发送数据时,如果调用异步函数,那么并不要等到数据被发送完才返回,而是立即返回。发送的进度和最终结果会以消息形式出现在消息队列中的,以此方式来响应服务器。服务器在消费响应类消息时,便能知道下一步该做什么事情。在异步并发处理实现中,用户的请求也是以消息形式出现在消息队列中。消费用户请求消息的过程就是响应用户的过程。

以异步方式实现并发处理避免了线程切换开销,性能得到了提升。异步并发处理和线程一样,都是由操作系统予以实现的概念。这些概念体现在操作系统对应用编程开放的 API 函数上。对于线程,有创建和运行线程的 API 函数,以及线程同步的 API 函数。对于异步并发处理,有创建消息队列、从消息队列中提取消息、向指定消息队列发送消息的 API

函数。

异步并发处理没有线程切换开销,但并不表示其没有代价。消息表现为内存数据,有产生、流转、消费等一系列操作。这些操作都有开销。只不过相对于同步并发处理,异步并发处理显得更加灵活。操作系统可批量处理消息的流转。

7.4　基于机器其他特性的代码优化

7.4.1　基于指令流水线处理的代码优化

流水线处理是工厂生产的一种高效组织模式。这种模式也被 CPU 采用,以提高程序运行效率。在该模式下,CPU 由多个处理子单元构成,子单元以流水线方式串连起来。每个子单元只做特定处理,处理完之后便流转至下一子单元做其他处理。一个指令通常要多个时钟周期才能完成。CPU 具有在每个时钟周期都可启动一条指令执行的能力。也就是说,在一个时刻,可以有多个指令在梯次执行。于是在有 n 个子单元的情形下,CPU 可同时梯次处理 n 条指令。处理情形如下:在第 1 个时钟周期,第 1 个子单元处理第 1 条指令;在第 2 个时钟周期,第 1 条指令流转至第 2 个子单元处理,第 1 个子单元处理第 2 条指令。以此类推,在第 n 个时钟周期,第 1 条指令流转至第 n 个子单元处理,第 1 个子单元处理第 n 条指令。于是 CPU 运行程序,在理想情形下,能取得如下效果:1 个时钟周期完成 1 条指令的处理。

一条指令能提交给 CPU 执行(即上线)的前提条件是其输入数据已准备就绪。要做到 CPU 的每个子单元在每个时钟周期都不空闲,要求每条指令都不依赖其前面的 $n-1$ 条指令的运算结果。如果不能做到这点,指令上线就只能推后,直至其输入数据就绪。在一个时钟周期如果没有指令上线,就称该时钟周期处在 NOP(No operation)状态,即空转状态。极端情形下,也就是每一条指令都依赖前一指令的结果的情况下,那么整个流水线处理就会形同虚设,要 n 个时钟周期才完成一条指令的处理。具有指令流水线处理功能的 CPU 有时也称 VLIW(very long instruction word)处理器,或者超标量(superscalar)处理器。

因此目标代码优化的一项重要工作是分析指令之间的依赖性,调整它们之间的顺序,或者做一些简单的等价变换,尽量发挥 CPU 的流水线处理功效。例如求数组元素之和,最常见的源程序如代码 7.6 所示。这种代码就不能利用 CPU 的流水线处理功能。如果将其改写为代码 7.7,便能利用 CPU 的流水线处理特性,将计算速度提高近 4 倍。

代码 7.6　不能利用流水线处理的代码

```
1  for(i = 0; i ++; i < 4 * n)  {
2      t1 += a[i];
3  }
```

代码 7.7　能充分利用流水线处理的代码

```
1  for(i = 0; i += 4; i < 4 * n)  {
2      t1 += a[i];
3      t2 += a[i+1];
4      t3 += a[i+2];
```

```
5        t4 += a[i+3];
6    }
7    t1 += t2;
8    t3 += t4;
9    t1 += t3;
```

7.4.2 基于高速缓存的代码优化

高速缓存已在 7.2.1 节讲解,程序要访问的内存数据都在高速缓存中。数据在高速缓存与内存之间的传输由硬件负责管理,对编译器和程序员透明。在编译器和程序员看来只有内存概念,无高速缓存概念。数据在高速缓存与内存之间的传输不是以字(word)为单元,而是以高速缓存线(即块)为单元进行。当程序数据具有局部性时,高速缓存能带来显著的性能提升。如果程序数据不具有局部性,高速缓存不但不能带来性能提升,甚至还会影响性能。因此,增大程序数据的局部性非常重要。

增大程序数据的局部性通常要基于代码段的语义做简单的等价变换。例如,代码 7.8 的数据局部性就很差。如果将其等价改造成代码 7.9,那么数据局部性就明显增强。为对比起见,现假定高速缓存线的大小为 32 字节(即 8 个整数),代码 7.8 中的整型二维数组 z[8][8] 逐行存储于内存。设高速缓存的空间大小为 32 字节,即只能容纳 1 行数据。对于代码 7.8,每访问一个数组元素都要涉及数据从内存至高速缓存的一次来回传输。其原因是:一次传输 32 字节,刚好 1 行数据,其中被用到的只有 1 个元素,即有用率仅为 12.5%。由于高速缓存的空间只能容纳 1 行数据,所需的下一数组元素总是不在高速缓存中。因此每次循环都涉及一次从内存至高速缓存的传输,以及一次从高速缓存至内存的传输。整个循环要对含 64 个元素的二维数组 z 中的 33 个元素进行赋值,因此来回传输的总次数高达 66 次。

代码 7.8 数据局部性很差的源程序示例

```
1  for (i = 0; i <= 5; i ++)
2      for (j = i;  j <= 7; j ++)
3          z[j][i] = z[j][i] - average;
```

代码 7.9 能增强数据局部性的代码优化

```
1  for (j = 0;  j <= 7;  j ++ )
2      for (i = 0; i <= min(j, 5); i ++ )
3          z[j][i] = z[j][i] - average;
```

如果将代码 7.8 等价改造成代码 7.9,那么数据局部性就明显增强了。从二维数组 z 的第 1 行至第 6 行,每行数据的有用率梯次增加了 12.5%。从第 6 行至第 8 行,每行数据的有用率都为 75%。因此数据从内存至高速缓存的传输只需要 8 次,回传也是 8 次,总共 16 次。相比于 66 次,性能提高了 4 倍。由该例可知,增大程序数据的局部性是代码优化的一个重要方面。

思考题 7-13 在数据库中创建索引,其目的是提高查询性能。请从减少无效传输角度分析,为什么索引有助于性能提升?

7.4.3 基于多核处理器的代码优化

多核处理器由多个 CPU 构成,于是具有并行处理能力。多核处理器大多为 SMP (Symmetrical Multiple Processes)型处理器,每个核都有自己的高速缓存,所有核共享内存。也有多核处理器,其中每个核都有自己的高速缓存以及内存,核与核之间通过总线互联。对于多核处理器,挖掘计算的可并行性十分关键。

并行计算的代码通常具有 SPMD(Single Program Multiple Data)特性。代码 7.10 的功能是求一个矩阵的方差矩阵。该程序具有并行性。将其改造为并行处理程序,其结果如代码 7.11 所示。并行计算中的每个核都执行相同的程序,即代码 7.11。第 1 行中的 M 指核的个数,为常量。第 2 行中的变量 p 指核的序号。每个核都有自己的唯一序号。核的序号是从 0 至 M$-$1。由代码 7.11 可知,矩阵 z 被划分成了 M 个块,每 b 行数据构成一个块,块的序号为 0 至 M$-$1。每个核负责处理一个块,第 i 个核负责处理第 i 个块。于是整个计算任务被划分成了 M 个独立的子任务,每个核负责一个子任务。这就是并行计算的典型场景。从上述分析可知,代码 7.11 具有 SPMD 特性。

代码 7.10 可并行计算的程序示例

```
1  for (i = 0; i<n;  i ++)
2      for (j = 0;  j<n;  j ++)
3          z[i][j] = (z[i][j] - average)**2;
```

代码 7.11 具有 SPMD 特性的并行计算程序

```
1  b =n/M;
2  for (i = b * p;  i<b * p + b;  i ++ )
3      for (j = 0; j<n; j ++ )
4          z[i][j] = (z[i][j] - average)**2;
```

并行计算涉及作业划分、作业调度、结果汇总、处理单元之间的协同与同步等一系列事情。于是就出现了并行计算架构,将并行计算模型化和抽象化,以此屏蔽底层的差异和细节。并行计算架构由数据类型、API 接口、应用框架 3 部分组成。并行计算平台提供商对架构予以实现,而并行计算应用开发商则基于架构开发应用程序。知名的并行计算架构有 MPI、CUDA、OpenMP、OpenCL、OpenACC,以及 Map/Reduce。

高性能计算已从单纯 CPU 转变为 CPU 与 GPU 并用的协同处理方式。CUDA (Compute Unified Device Architecture)架构由 NVIDIA(英伟达)公司推出,利用 CPU 和 GPU 各自的优点来提升计算机的并行处理能力。CUDA 提供的数学库 CUFFT(离散快速傅里叶变换)和 CUBLAS(离散基本线性计算)封装了并行处理的具体实现细节。基于 CUDA 开发的程序被编译后,目标代码包括运行在 CPU 上的宿主代码(host code),以及运行在 GPU 上的设备代码(device code)。CUDA 也定义了 GPU 抽象接口,当 GPU 厂商对其加以实现时,提供的库函数称作 CUDA 驱动。

并行计算尽管有很多架构,但基本模型相同。凡是共享的资源必有一个管理者。资源的使用者(即应用程序)以 API 调用方式向管理者申请资源和归还资源。例如内存、CPU、GPU、文件、网络、甚至网络端口号等都是共享资源。每种资源也提供操作接口(即 API,最原始的则为机器指令)供应用程序调用,以此实现应用程序与资源的交互。例如,应用程序对申请到的内存可通过 LD 和 ST 机器指令将数据在内存与寄存器之间来回传输。GPU 也是如此,CUDA 定义了 GPU 服务 API,供应用程序访问 GPU。管理者和资源的共性是:对定义的 API(或机器指令)给出了实现,供外部调用。于是它们又统称为服务提供者。操作系统其实就是由一组资源管理者组成的。从应用程序角度来看,操作系统就是一组 API。应用程序也可对外开放自己实现了的函数(即 API),于是也成了服务提供者。这就是程序的迭代特征。

7.4.4　大数据处理和云计算中的优化

大数据处理中的性能问题尤为突出。传统的数据处理以程序为中心,搬运的是数据,即将数据由存储位置通过网络搬运至程序运行位置。在机器性能越来越好,数据量越来越大的情形下,搬运吞吐量与机器吞吐量的差距越来越大,越来越不匹配,导致机器性能无从发挥。为此需要改变模式,变成以数据为中心,搬运的是程序。也就是说,让程序紧邻数据,以便快速取到数据。这种改变的依据是:程序量远小于数据量,搬运程序的开销远小于搬运数据的开销。不过这种改变带来了新问题:程序要能随处运行。

云计算追求的是性价比。传统的集群计算,其特征是:服务商搭建自己的集群系统,运行自己的服务程序。每个结点运行的程序基本固定,要处理的数据范围也基本固定。也就是说,系统布局和负载分布事先规划好,系统带有静态性。云计算则完全不同,要运行的程序来自客户,存储的数据也是客户的。云服务商给客户提供的只是基础设施。客户将自己的业务系统移至云上,相比自己搭建基础设施,花费要低很多。另外,云上的基础设施,其可靠性要比自己搭建的基础设施高很多。因此,客户愿意使用云服务。对于云服务商来说,则能利用规模效应和集约效应做到价廉物美。于是,云计算能带来双赢格局。云计算中要解决的核心问题也是程序要能随处运行。

程序要能随处运行,面临很多问题。客户的业务程序,很多都是历史遗留下来的,只有二进制可执行文件,没有源代码。对于这种程序,不可能去改造程序本身,让其适应运行环境。而只能让运行环境来适应程序。解决办法是构建虚拟机。例如,假定客户的业务程序为 Windows 32 程序,而云上服务器上的操作系统为 Linux 64。这时就要在 Linux 64 平台上安装一个 Windows 32 虚拟机,以便能运行 Windows 32 程序。

在一台服务器上运行一个客户提供的程序,有可能对此服务器上运行的其他程序产生干扰和破坏。例如,客户程序可能有漏洞,比如死循环,内存泄漏等。这些漏洞会导致 CPU、内存之类的公共资源被其吞占耗尽,从而影响其他程序的正常运行。客户程序也可能不怀好意,关闭其他程序,或者捣乱系统。这种干扰和破坏与操作系统特性有关。操作系统对资源分配采用了抢占式机制。也就是说,当应用程序请求资源时,操作系统的处理方式是:能满足,就满足。该模式给云计算带来了上述致命问题。另外,程序能访问计算机的全局信息,例如,用 ps 命令就能得到机器上当前运行的进程列表。这为客户程序入侵或者捣乱提供了通道。VMWare 和 Docker 就是针对上述问题出现的虚拟机解决方案。在一台机器上可创建多个虚拟机或容器,它们之间相互隔离。程序运行在虚拟机或容器中,干扰或破坏不到虚拟机外的程序。

在性能上,Docker 的容器方案要显著优于 VMWare 的虚拟机方案。在容器方案中,只有在应用程序申请资源时,才需要通过容器这个中介来间接完成。当与资源交互时,是直接交互,无须容器来做中介。而在 VMWare 的虚拟机方案中,应用程序申请资源以及与资源交互,都要通过虚拟机这个中介才能完成。

7.5　本章小结

代码优化首先分为中间代码优化和目标代码优化两级。代码优化通常是先将中间代码划分成基本块,得出流图,以此来将代码优化划分成局部优化和全局优化。基本块具有整体封闭特性,易于分析数据之间的依赖关系,易于判断数据的变化性。针对基本块的优化叫局部优化,针对基本块之间的优化叫全局优化。通常是先做局部优化,再做全局优化。

中间代码优化有 7 个维度,分别是:①消除公共子表达式;②针对归纳变量,减弱计算强度;③标识常量传递;④将循环内的重复性运算移动至循环之外;⑤减少 goto 指令;⑥函数内联;⑦调整表达式分量的求值顺序。

寄存器是响应速度最快的存储器,因此充分利用寄存器是目标代码优化的核心内容。寄存器分配的任务就是识别出最常用的数据,用寄存器来存储。数据有生命周期特性,生命期不交叉的变量可以共享同一寄存器。寄存器分配包括活变量识别算法、基于图着色的寄存器分配方法、变量溢出 3 项内容。

以函数为单元独立考虑寄存器分配,带来的好处是函数具有独立性,有利于取得模块的独立性,以及函数的可重用性。付出的代价是要执行寄存器腾空操作。被调函数对自己要使用的寄存器,在函数入口处要保存,在出口处要恢复,以便不破坏调用者的寄存器值。在函数调用频繁,且寄存器数量多时,寄存器腾空操作的开销很大。即时编译(JIT)就是针对该问题而提出的策略。这也就是脚本语言变得流行的重要原因之一。线程切换时涉及所有寄存器的腾空,因此线程切换开销在寄存器数量大的机器上不容忽视。这就是异步函数的由来。

并行处理对于高性能计算至关重要。神经网络的训练和使用,以及大数据处理都离不开高性能计算。针对特定的计算,挖掘其数据处理特性,结合计算机的物理特性,编写高效的并行计算代码是一项基础性工作。当前很多开发平台都提供支持库,封装了常用数学运算的并行处理实现细节,如矩阵乘法运算、傅里叶变换、神经网络梯度优化等。

习题

1. 分别将下面 4 行用 C 语言写的源代码翻译成中间代码,然后翻译成目标代码。
(1) 算术运算表达式:a+b * (c * (d+e))
(2) 赋值语句:a[i]=b[c[i]];
(3) 赋值语句:a[i][j]=b[i][k]+c[k][j];
(4) 赋值语句:* p++= * q++;
这里变量类型定义为:int[10][10] a,b,c; int * p,* q;其他为 int。所有变量为局部变量。假定目标机为 32 位机,除了存储局部变量基地址的 B 寄存器之外,仅有 3 个寄存器 R0,R1,R2。目标机执行运算时,要求操作数都在寄存器中。

2. 代码 7.12 是用 C 语言编写的求从 2 至 n 之间有哪些素数的算法实现程序。将其翻译成三地址码。然后将其划分成基本块,得出流图,找出流图中的循环。再接着执行中间代码的优化。优化之后,再将其翻译成目标机器代码。目标机器为 32 位机(即整数的长度为 4 字节),执行运算时,操作数要求都在寄存器中。假定变量 n 为唯一的形参,其他变量都为局部变量,其出现的先后顺序就为其定义的先后顺序。目标机除了活动记录基地址寄存器 B 之外,另仅有 4 个寄存器 R0,R1,R2,R3。

代码 7.12　求小于或等于 n 的素数

```
1    for (i = 2; i<= n; i++ )
2          a[i] = TRUE;
3    count = 0;
4    s = sqrt(n);
5    for (I = 2; i <= s; i++)
6       if(a[i]) {
7           count++;
8           for(j = 2 * i; j <= n; j+= i)
9               a[j] = FALSE;
10   }
```

3. 代码 7.13 是用 C 语言写出的矩阵乘法运算的实现代码。三个矩阵的定义为: float [n][n] a,b,c,都为局部变量。其中 n 为为唯一的形参。将该段代码翻译成三地址码。然后将其划分成基本块,得出流图,找出流图中的循环。再接着执行中间代码的优化。优化之后,再将其翻译成目标机器代码。目标机器为 32 位机(即整数的长度为 4 字节,float 类型则为 8 字节),执行运算时,要求操作数都在寄存器中。目标机除了活动记录基地址寄存器 B 之外,仅有 4 个寄存器 R0,R1,R2,R3。能否针对具有 SPMD 特性的并行处理计算机,改写出其源程序。

代码 7.13　矩阵乘法运算的实现

```
1   for(i = 0; i < n; i++ )
2      for(j = 0; j < n; j++)
3         c[i][j] =0;
4   for(i = 0; i< n; i++)
5      for(j = 0; j < n; j++)
7         for(k = 0; k < n; k++)
8            c[i][j] = c[i][j] + a[i][k] * b[k][j];
```

参 考 文 献

[1] AHO A V,LAM M S,SETHI R,等. 编译原理[M]. 赵建华,等译. 北京：机械工业出版社,2009.

[2] 孙悦红. 编译原理及实现[M]. 2版. 北京：清华大学出版社,2021.

[3] 姜淑娟,谢红侠,张辰,刘兵. 编译原理及实现[M]. 2版. 北京：清华大学出版社,2021.

[4] 史宁宁. 华为方舟编译器之美——基于开源代码的架构分析与实现[M]. 北京：清华大学出版社,2020.

[5] 黄贤英,王柯柯,曹琼,魏星. 编译原理及实践教程[M]. 3版. 北京：清华大学出版社,2019.

[6] 李文生. 编译原理与技术[M]. 北京：清华大学出版社,2019.

[7] 周尔强. 编译技术[M]. 北京：机械工业出版社,2015.

[8] 王生原,董渊,张素琴,等. 编译原理[M]. 3版. 北京：清华大学出版社,2015.

[9] DOS REIS A J. 编译器构造(Java 语言版)[M]. 杨萍,等译. 北京：清华大学出版社,2014.

[10] 温敬和. 编译原理实用教程[M]. 2版. 北京：清华大学出版社,2013.

[11] FISCHER C N,等. 编译器构造[M]. 郭耀,等译. 北京：清华大学出版社,2012.

[12] 徐骁栋,王海涛. 编译器设计[M]. 北京：清华大学出版社,2008.

[13] 刘凌. 透视 Java——反编译、修补和逆向工程技术[M]. 北京：清华大学出版社,2005.

[14] MUCHNICH S. 高级编译器设计与实现[M]. 赵克佳,沈志宇,译. 北京：机械工业出版社,2005.

[15] LOUDEN K C. 编译原理及实践[M]. 冯博琴,等译. 北京：机械工业出版社,2004.

[16] 斯传根. 编译设计及开发技术[M]. 北京：清华大学出版社,2003.

[17] APPEL A W,PALSBERG J. 现代编译程序设计[M]. 冯博琴,译. 北京：人民邮电出版社,2003.

[18] MUCHNICK S S. Advanced Compiler Design and Implementation [M]. Louis：Morgan Kaufmann,1997.

[19] APPEL A W,PALSBERG J. Modern Compiler Implementation in C/Java /ML [M]. 2nd ed. London：Cambridge University Press,2002.

[20] NISAN N,SCHOCKEN S. The Elements of Computer Systems：Building a Modern Computer from First Principles[M]. 北京：电子工业出版社,2007.

[21] COOPER K,TORCZON L. Engineering a Compiler[M]. 2nd ed. Louis：Morgan Kaufmann,2011.

[22] BOX D. COM 本质论[M]. 潘爱民,译. 北京：中国电力出版社,2001.

[23] LINDEN P V D. C 专家编程[M]. 北京：人民邮电出版社,2008.

[24] PRAT S. C Primer Plus[M]. 云巅工作室,译. 5版. 北京：人民邮电出版社,2005.

[25] REEK K A. C 与指针[M]. 北京：人民邮电出版社,2008.

[26] SIERRA K,BATES B. Head First Java[M]. 2nd ed. 北京：中国电力出版社,2007.

[27] BLOCH J. Effective Java[M]. 3rd ed. 北京：机械工业出版社,2018.

[28] OAKS S. Java Performance[M]. Sebastopol：O'Reilly Media,2014.

[29] ECKEL B. Java 编程思想[M]. 4th ed. 北京：机械工业出版社,2007.

[30] 周立. Spring Cloud 与 Docker 微服务架构实战[M]. 北京：电子工业出版社,2017.

[31] The PyPy Team. PyPy[J/OL]. 2021-10-09.https://www.pypy.org.

[32] Intel Corporation. Intel distribution for python[J/OL]. 2021-07-09. https:// software.intel.com/ content/www/us/en/develop/tools/distribution-for-python. html.

[33] GUELTON S,BRUNET P,AMINI M. Pythran：Enabling static optimization of scientific python programs[J]. Computational Science & Discovery,2015,8(1)：70-79.

[34] POP S,COHEN A,BASTOUL C. GRAPHITE: Loop optimizations based on the polyhedral model for GCC[C]. In Proc. of the 4th GCC Developper's Summit,2006.

[35] GROSSER T,GROESSLINGER A,LENGAUER C. Polly-performing polyhedral optimizations on a low-level intermedi ate representation[J]. Parallel Processing Letters,2012,22(04):121-130.

[36] WIRFS-BROCK A,EICH B. JavaScript: The first 20 years[C]. In Proc. ACM Program. Lang. (HOPL'20),June 2020.

[37] POTTIER F. Reachability and error diagnosis in LR(1) parsers[C]. In Proc. of the 25th Intl. Conf. on Compiler Construction (CC'16),March 17-18,2016,Barcelona,Spain.

[38] SUN H,BONETTA D,CHRISTIAN H,et al. Efficient dynamic analysis for node.js[C]. In Proc. of the 27th Intl. Conf. on Compiler Construction (CC'18),February 24-25,2018,Vienna,Austria.

[39] MADSEN M,ZARIFI R,LHOTÁK O. Tail call elimination and data representation for functional languages on the java virtual machine[C]. In Proc. of the 27th Intl. Conf. on Compiler Construction (CC'18). February 24-25,2018,Vienna,Austria.

[40] BROCK J,DING C,XU X,et al. PAYJIT: Space-optimal JIT compilation and its practical implementation[C]. In Proc. of the 27th Intl. Conf. on Compiler Construction (CC'18),February 24-25,2018,Vienna,Austria.

[41] WANG W. Helper function inlining in dynamic binary translation[C]. In Proc. of the 30th Intl. Conf. on Compiler Construction (CC '21),March 2-3,2021,Virtual,Republic of Korea.

[42] LÓPEZ-GÓMEZ J,FERNÁNDEZ J,ASTORGA D R,et al. Relaxing the one defifinition rule in interpreted C++[C]. In Proc. of the 29th Intl. Conf. on Compiler Construction (CC'20),February 22-23,2020,San Diego,CA,USA.

[43] STROUSTRUP B. Thriving in a crowded and changing world: C++ 2006-2020[C]. In Proc. ACM Program. Lang. (HOPL'20),June 2020.

[44] LIU Y,HUANG L,WU M C,et al. PPOpenCL: A performance-portable openCL compiler with host and kernel thread code fusion[C]. In Proc. of the 28th Intl. Conf. on Compiler Construction (CC'19),February 16-17,2019,Washington,DC,USA.

[45] RENWICK J,SPINK T,FRANKE B. Low-cost deterministic C++ exceptions for embedded systems [C]. In Proc. of the 28th Intl. Conf. on Compiler Construction (CC'19),February 16-17,2019,Washington,DC,USA.

[46] YEO J H,OH J S,MOON S M. Accelerating web application loading with snapshot of event and DOM handling[C]. In Proc. of the 28th Intl. Conf. on Compiler Construction (CC'19),February 16-17,2019,Washington,DC,USA.

期末考试试卷 1

考试时间：120 分钟

题 号	一	二	三	四	五	六	七	八	九	十	总分
应得分	4	18	18	18	14	10	18				100
实得分											

一、对于仅只含 a 和 b 两个字符的字符串，其中 a 和 b 出现的次数相等。试为其定义文法。（4 分）

二、数值常量的例子有 123，123.01，123E2，123.01E3，其中第 1 个为整数，第 2 个为实数，第 3 个和第 4 个为科学记数法表达方式。

（1）写出数值常量的正则表达式（6 分）；

（2）画出所得正则表达式的 NFA（6 分），再由子集构造法得出 DFA 的状态转换表 Dtran，再画出其 DFA 图。（6 分）

三、现有文法 $G[S]:S \rightarrow S+S \mid SS \mid (S) \mid S* \mid a$。其中 S 为非终结符，$+$、$*$、$($、$)$、$a$ 为终结符。输入串 $(a+a)*a$ 满足该文法。

（1）请对该文法做消左递归处理，得到一个不含左递归的等价文法。（6 分）

（2）对由（1）得到的等价文法，计算其中每个非终结符的 FOLLOW 函数值，得出该文法的 LL 预测分析表（也叫 LL 语法分析表），说明该文法不为 LL(1) 文法的理由。（6 分）

（3）对于由（2）得到的 LL 预测分析表，如果某个格中含有两个产生式，且其中一个为 $S' \rightarrow \varepsilon$，则去掉 $S' \rightarrow \varepsilon$。于是消除了文法的二义性。然后对输入串 $(a+a)*a$ 执行最左推导，只要求写出每一步推导后的句型（也叫格局）。（6 分）

四、对于文法 $G[E]:E \rightarrow E+E \mid E*E \mid (E) \mid id$。$E$ 为非终结符，$+$、$*$、$($、$)$、id 为终结符。该文法描述了算术运算表达式。该文法没有表达出运算的优先级，不为 SLR(1) 文法，是二义性文法。不过基于运算优先级（乘法高于加法，括号高于乘法）来构造该文法的 DFA，可消除其二义性，使其成为 SLR(1) 文法。

（1）构造该文法的 DFA，要求写出 DFA 中每个状态的 LR(0) 项集。构造中要体现运算的优先级，即基于优先级来确定 DFA 的状态中应包含的非核心项，把与运算优先级不符的非核心项去掉。（9 分）

（2）由（1）所得的 DFA，得出无二义的 LR 语法分析表。（9 分）

五、给定文法 $G[E]:E \rightarrow E_1+E_2 \mid E_1/E_2 \mid (E_1) \mid id$。该文法表达了运算表达式，其中只有除法、加法、括号这三种运算，非终结符只有 E，终结符有 $+$、$/$、$($、$)$、id。翻译目标是在画布上绘出运算表达式（即可视化）。现举例说明：对于输入串 a/(b+c)+d，其可视化图为：

$$\frac{a}{b+c}+d$$

期末考试试卷 2

考试时间：120 分钟

题　号	一	二	三	四	五	六	七	八	九	十	总分
应得分	5	5	5	13	22	17	25	8			100
实得分											

一、编译分成前端和后端,这有什么好处? (5 分)

二、输入为字符串,请写出判断其为小于 128 的整数的正规表达式。(5 分)

三、使用标准算法画出正则表达式(a|b) * bab * 的 NFA。(5 分)

四、给定文法 $G[Z]$: $Z \rightarrow d|cZa|Za$,其中非终结符只有 Z。终结符有 a、c、d 三个。

(1) 对文法进行消除左递归的改写。(4 分)

(2) 消左递归后,计算出预测分析表,判断其是否为 LL(1)文法。(9 分)

五、已知文法$G[Z]$: $Z \rightarrow Za|W$

$\quad\quad\quad\quad W \rightarrow cWa|d$

其中非终结符只有 Z,W。终结符有 a、c、d 三个。

(1) 构造 $G[Z]$的基本 LR(0)项目集族,画出 DFA; (8 分)

(2) 得出文法的 LR 语法分析表;(8 分)

(3) 判断该文法是否为 LR(0)文法;(2 分)

(4) 基于得出的 LR 语法分析表,对输入串 cdaa,给出语法分析过程,并说明该串是否为 G 的句子。(4 分)

六、程序中,变量要先定义后使用。例如:语句"int a[10][20];"就是定义了一个数组变量 a,其类型为 int[10][20]。随后使用数组元素,例如:语句"a[5][6] = 1;",数组元素的文法为 $G(L)$: $L \rightarrow L[E] \mid id[E]$。

在中间代码中,数组元素要用数组变量的基地址[偏移量]表示。其中偏移量的单位为字节。在此假定 int 类型的 width 为 4 字节。

(1) 就上述例子,语句"a[5][6]=1;"中的数组元素 a[5][6]的偏移量为多少字节? (2 分)

(2) 就数组元素的中间代码生成,对上述文法 G(L),请基于 LR 分析,设计定义 L 的综合属性,在此基础上写出 SDT。(10 分)

(3) 对上述例子中的"a[5][6]=1;"这个语句,请写出其注释语法分析树。(5 分)

七、已知下列程序代码段:

```
while (c>10 && a< b)  {
    c= c-1;
    if(a < c)  {
```

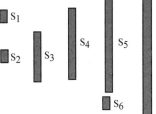

期末考试试卷 3

题　号	一	二	三	四	五	六	七	八	九	十	总分
应得分	20	10	10	60							100
实得分											

一、单选题（每题 2 分，共 20 分）

1. 编译器可以分为（　　　）。
   A. 分析部分和综合部分
   B. 编译部分和翻译部分
   C. 输入部分和分析部分
   D. 输入部分和缓冲区部分

2. 语言的运算不包括（　　　）。
   A. 语言的并　　　　B. 语言的连接　　　C. 语言的 kleene 闭包　　　D. 语言的相减

3. 词法分析器的输出是（　　　）。
   A. 词法单元的种别编码
   B. 词法单元的种别编码和自身的属性
   C. 词法单元在符号表中的位置
   D. 词法单元自身的属性

4. 文法 $S \to xSx \mid y$ 所识别的语言是（　　　）。
   A. xyx　　　　　　B. （xyx）*　　　　　C. $x^n y x^n (n \geq 0)$　　　D. x * yx *

5. 规范归约是指的（　　　）。
   A. 最左推导的逆过程
   B. 最右推导的逆过程
   C. 规范推导
   D. 最左归约的逆过程

6. 如果文法有 $G(S)$ 是无二义性的，则它的任何句子 a（　　　）。
   A. 不存在多个不同的最左推导或多个不同的最右推导
   B. 最左推导和最右推导对应的语法树必定不同
   C. 最左推导和最右推导必定相同
   D. 可能存在两个不同的最右推导，但它们对应的语法树相同

7. 对文法 $G(E): E \to E + S \mid S$
   $$S \to S * F \mid F$$
   $$F \to (E) \mid I$$
   其中非终结符为 E、S、F，其他为终结符，则 FIRST(S) 等于（　　　）。
   A. $\{($ 　　　　　　B. $\{(, I\}$ 　　　　　C. $\{I\}$ 　　　　　D. $\{(,)\}$

8. 中间代码生成时所依据的是（　　　）。
   A. 语法规则　　　B. 词法规则　　　　C. 语义规则　　　　D. 等价变换规则

9. 有一语法制导翻译如下所示：
   $S \to bAb$ 　　　　　{print"1"}
   $A \to (B$ 　　　　　　{print"2"}
   $A \to a$ 　　　　　　{print"3"}
   $B \to Aa)$ 　　　　　{print"4"}
   若输入串为 b(((aa)a)a)b，且采用自底向上的分析方法，则输出序列为（　　　）。
   A. 32224441　　　B. 34242421　　　C. 12424243　　　D. 34442212

期末考试试卷 4

考试时间：120 分钟

题　号	一	二	三	四	五	六	七	八	九	十	总分
应得分	8	15	20	15	22	20					100
实得分											

综合回答如下 6 个问题(共 100 分)

一、(共 8 分)编译的 7 个阶段中,哪几个阶段属于前端,哪几个阶段属于后端?编译分成前端和后端,有什么好处?

二、(共 15 分)字符集为{digit,.},已知数值常量的正则表达式为 $digit^+(.digit^+)$?

(1) 画出其 NFA。(9 分)

(2) 得出 DFA D 的转换表 Dtran。(6 分)

三、(共 20 分)已知如下上下文无关文法 G,其中 S 为非终结符,而 a 为终结符。

$$S \rightarrow aSa \mid aa$$

(1) 构造该文法的 LR(0)项目集规范族,即 LR(0)自动机(DFA)。(14 分)

(2) 判断该文法是不是规范 SLR(1)文法,说出理由。(4 分)

(3) 判断该文法是不是 LR(1)文法,说明理由。(2 分)

四、(共 15 分) 对于如下的表达式文法,请给出 SDD,其目标是求表达式的微分表达式。已知表达式只含常量和变量,常量 num 的微分为 0,变量 id 的微分为 1。例如:表达式 3+x 的微分表达式为 0+1;表达式 3 * x 的微分表达式为 0 * x+3 * 1;x+x * x 的微分表达式为 1+1 * x+x * 1。按照 LR 分析来思考,对 E 定义两个综合属性即可,将两个串拼接起来用‖符号。

产生式	SDD
$E \rightarrow E_1 + E_2$	
$E \rightarrow E_1 * E_2$	
$E \rightarrow (E_1)$	
$E \rightarrow num$	
$E \rightarrow id$	

五、(共 22 分)对于本题左边程序片段,其中间代码的布局框架如右图所示,其中的 $r_1: B_1$ 含义是 B_1 的中间代码段的开始行号为第 r_1 行;$r_4: S_1$ 含义是 S_1 的中间代码段的开始行号为第 r_4 行。对于 while 和 if else 语句,其中间代码翻译中都会有一个无条件 goto 语句,右图所示的中间

中间代码表		目标代码表	
行号	中间代码	行号	目标代码
11		11	
12		12	
13		13	
14		14	
15		15	
16		16	
17		17	
18		18	
19		19	
20		20	
		21	
		22	
		23	
		24	
		25	
		26	

期末考试试卷 5

考试时间：120 分钟

题　号	一	二	三	四	五	六	七	八	九	十	总分
应得分	10	15	20	15	15	25					100
实得分											

综合回答如下 6 个问题(共 100 分)

一、(共 10 分)编译的 7 个阶段中,哪几个阶段属于前端,哪几个阶段属于后端? 编译分成前端和后端,有什么好处? 要实现前端和后端彼此独立,有什么条件吗?

二、(共 15 分)字符集为{0，1},已知正则表达式 $0^*(10?)^*$。

(1) 画出其 NFA。(8 分)

(2) 得出 DFA 的转换表 Dtran。(7 分)

三、(共 20 分)已知如下上下文无关文法 G,其中 S 为非终结符,而 a 为终结符。

$$S \to aSa \mid aa$$

(1) 构造该文法的 LR(0)项目集规范族,即 LR(0)自动机(DFA)。(14 分)

(2) 判断该文法是不是规范 SLR(1)文法,说出理由。(6 分)

四、(15 分) 对于如下的表达式文法,请给出 SDD,其目标是求表达式的微分表达式。已知表达式只含常量和变量,常量的微分为 0,变量的微分为 1。例如：表达式 3+x 的微分表达式为 0+1;表达式 3 * x 的微分表达式为 0 * x+3 * 1;x+x * x 的微分表达式为 1+1 * x+x * 1。按照 LR 分析来思考,对 E 定义两个 S 属性即可,将两个串拼接起来用‖符号。

产生式	SDD
$E \to E_1 + E_2$	
$E \to E_1 * E_2$	
$E \to (E_1)$	
$E \to num$	
$E \to id$	

期末考试试卷 6

考试时间：120 分钟

题　号	一	二	三	四	五	六	七	八	九	十	总分
应得分	20	20	15	15	15	15					100
实得分											

一、简答题(每小题 10 分,共 20 分)

1. 简述编译型和解释型的区别。

2. 编译分成前端和后端,有什么好处？要实现前端和后端彼此独立,有什么条件吗？

二、(20 分)已知字符集{a,b},请写出正则式(a*｜b*)* bab 的最小 DFA,并判断 abbbab 串是否能被该 DFA 识别。

三、(15 分)有如下文法 G,其中 E、T、F 为非终结符,而 id、＋、*、(、)为终结符。

$$E \rightarrow E+T \mid T$$
$$T \rightarrow T*F \mid F$$
$$F \rightarrow (E) \mid id$$

（1）试消除文法的左递归,得到文法 G′。

期末考试试卷 7

考试时间：120 分钟

题　号	一	二	三	四	五	六	七	八	九	十	总分
应得分	4	18	18	18	14	10	18				100
实得分											

一、简答题(每题 8 分,共 32 分)

1. 试画出编译器的 7 个阶段,并说明其中第 2 个阶段的输入和输出。试说明 TINY 编译器生成的目标代码是运行在什么目标机器上的。

2. 已知某语言的标识符以字母开头,后跟任意个字母或数字,已知正则定义如下：

L→[a-zA-z]

D→[0-9]

(1) 试写出标识符的正则表达式；

(2) 将(1)得到的正则表达式转换为 NFA 并确定化。

3. 已知计算斐波那契数列的 ML 语言风格的嵌套函数如下所示,且使用显示表实现对局部数据的访问：

```
Fun main(){
Let
    Fun f0(n) =
        Let
          Fun f1(n) =
            Let
              Fun f2(n) = f1(n-1) + f1(n-2)
            In
              If n>=4 then f2(n)
              Else f0(n-1) + f0(n-2)
            End
        In
          If n>=2 then f1(n)
          Else 1
        End
  In
    F0(4)
  End;
```

期末考试试卷 8

题 号	一	二	三	四	五	六	七	八	九	十	总分
应得分	4	18	18	18	14	10	18				100
实得分											

一、简答题(每题 8 分,共 32 分)

1.(1) 试从工程角度说明编译器为什么要区分前端和后端。

(2) 说明编译器的哪些阶段属于前端。

2. 已知正则表达式(a|b) *

(1) 将其转换为 NFA；

(2) 将 NFA 确定化为 DFA。

3. 已知计算斐波那契散列的 C 代码如下所示：

```
int f(int n){
int t,s;
if(n<2) return 1;
S= f(n-1);
t= f(n-2);
return s+t;
}
```

假设初始调用为 f(4)，

(1) 给出完整的活动树；

(2) 画出当第一个 f(1)调用即将返回时的运行时栈和活动记录。

4. 已知三地址指令序列如下：

```
1    i = 1
2    j = 1
3    t1 = 10 * i
4    t2 = t1 + j
5    t3 = 8 * t2
6    t4 = t3 - 88
7    a[t4] = 0.0
8    j = j + 1
9    ifj <= 10 goto (3)
10   i = i + 1
11   ifi <= 10 goto (2)
12   i = 1
13   t5 = i - 1
14   t6 = 88 * t5
15   a[t6] = 1.0
```

产　生　式	语　义　规　则
$B \rightarrow$ false	$B.\text{code} = \text{gen}('goto'B.\text{false})$
$S \rightarrow$ while $(B)S_1$	$begin = \text{newlabel}()$ $B.\text{true} = \text{newlabel}()$ $B.\text{false} = S.\text{next}$ $S_1.\text{next} = begin$ $S.\text{code} = \text{label}(begin) \parallel B.\text{code}$ 　　　　　$\parallel \text{label}(B.\text{true}) \parallel S_1.\text{code}$ 　　　　　$\parallel \text{gen}('goto'begin)$
$S \rightarrow S_1 S_2$	$S_1.\text{next} = \text{newlabel}()$ $S_2.\text{next} = S.\text{next}$ $S.\text{code} = S_1.\text{code} \parallel \text{label}(S_1.\text{next}) \parallel S_2.\text{code}$

（1）说明 code、true 和 false 是综合属性还是继承属性；

（2）画出 while(a<b&&C>d)t=t+1;的注释语法分析树；

（3）写出用语法制导翻译得到(2)中语句的中间代码。

```
16   i = i + 1
17   fi <= 10 goto (13)
```

(1)划分基本块,并分别说明哪些语句构成了基本块;

(2)构造流图。

二、综合题(68 分)

1.(20 分)已知 if 语句的格式如下:$S \rightarrow if(C)S_1 \ else \ S_2$;

(1) 说明 S_2 和 C 分别是 if 语句的什么结构成分;

(2) 画出该语句的代码布局图;

(3) 设 code 表示生成的中间代码,请根据(2)设计出将该语句翻译成三地址码的语法制导定义。(以表格形式给出)

(4) 说明(3)得到的 SDD 是 S 属性的吗? 是 L 属性的吗?

2.(28 分)已知文法

$$S \rightarrow Aa|bAc|Bc|bBa$$
$$A \rightarrow d$$
$$B \rightarrow d$$

(1) 计算所有非终结符的 FIRST 集合和 FOLLOW 集合;

(2) 构造该文法的 LL(1)分析表;

(3) 构造该文法的 LR(1)项目集规范族;

(4) 说明该文法是 LR(1)的;

(5) 说明该文法不是 LALR(1)的。

3. 已知布尔表达式和 while 语句的 SDD 如下:

产 生 式	语 义 规 则
$B \rightarrow B_1 || B_2$	$B_1.true = B.true$ $B_1.false = newlabel()$ $B_2.true = B.true$ $B_2.false = B.false$ $B.code = B_1.code || label(B_1.false) || B_2.code$
$B \rightarrow B_1 \ \&\& \ B_2$	$B_1.true = newlabel()$ $B_1.false = B.false$ $B_2.true = B.true$ $B_2.false = B.false$ $B.code = B_1.code || label(B_1.true) || B_2.code$
$B \rightarrow !B_1$	$B_1.true = B.false$ $B_1.false = B.true$ $B.code = B_1.code$
$B \rightarrow E_1 \ rel \ E_2$	$B.code = E_1.code || E_2.code$ $|| gen('if' E_1.addr \ rel.op \ E_2.addr \ goto' B.true)$ $|| gen('goto' B.false)$
$B \rightarrow true$	$B.code = gen('goto' B.true)$

(1) 请画出对 F0(1) 的第一次调用将返回时的活动树;

(2) 画出同(1)相同时刻的显示表和堆栈的活动记录。

4. 假设 C 是元素大小为 4 字节的数组,试为下面的三地址码

X＝A＋B

Y＝X＋C[i]

(1) 生成汇编代码形式的目标代码;

(2) 确定(1)生成的指令序列的代价。

二、综合题(共 68 分)

1.(28 分)考虑上下文无关文法:

$$S \rightarrow SS + | SS * | a,$$

(1) 试画出输入串 aa＋a＊ 的语法分析树;

(2) 试说明该文法不是 LL(1)文法的理由;

(3) 试构造 LR(0)项目集规范族;

(4) 根据(3)构造 SLR(1)分析表;

(5) 画出(3)初态对应的 LR(1)项目集。

2.(20 分)已知 do while 语句的格式如下:$S \rightarrow do\ S_1\ while\ (C)$。

(1) 说明 S_1 和 C 分别是循环语句的什么结构成分;

(2) 画出该语句的代码布局图;

(3) 设 code 表示生成的中间代码,请根据(2)设计出将该语句翻译成三地址码的语法制导定义;(以表格形式给出)

(4) (3)得到的 SDD 是 S 属性的吗? 是 L 属性的吗?

3.(20 分)已知抽象语法树的 SDD 如下所示:

产　生　式	语　义　规　则
1　$E \rightarrow E_1 + T$	$E.node = new\ Node('+', E_1.node, T.node)$
2　$E \rightarrow E_1 - T$	$E.node = new\ Node('-', E_1.node, T.node)$
3　$E \rightarrow T$	$E.node = T.node$
4　$T \rightarrow (E)$	$T.node = E.node$
5　$T \rightarrow id$	$T.node = new\ Leaf(id, id.entry)$
6　$T \rightarrow num$	$T.node = new\ Lenf(num, num.val)$

(1) 说明 node 是综合属性还是继承属性;

(2) 根据该 SDD 画出 a＋a＊(b－c)－c＊(b－c)的注释分析树和抽象语法树;

(3) 说明如果将 SDD 用于生成 DAG 图,需要做什么修改?

（2）根据 G′文法构造预测分析表，判断是否为 LL(1)文法。

（3）如果 G′是 LL(1)文法，请用预测分析法分析 id＋id＊id 的分析过程。

四、(15 分)有下列文法 G，其中 S、L、B 为非终结符，而 0、1、.为终结符。

$$
\begin{aligned}
S &\to L.L \text{ 在} \mid L \\
L &\to LB \mid B \\
B &\to 0 \mid 1
\end{aligned}
$$

设计一个 S 属性的 SDD 来计算 s.val，即输入串的十进制数值，例如输入串 101.11 应该被翻译成十进制数 5.75，并画出该输入串的注释分析树。

五、(15 分)有下列文法 G，其中 S、L、R 为非终结符，而 id、＊、＝为终结符。

$$
\begin{aligned}
S &\to L＝R \mid R \\
L &\to ＊R \mid id \\
R &\to L
\end{aligned}
$$

构造 G 的 LR(0)项目集规范族，即 LR(0)自动机(DFA)；判断是否为 SLR(1)文法，说出理由。如果不是，给出 LR(1)自动机(DFA)的 I_0 状态，以及上述冲突的状态，分别包含的 LR(1)项集，然后判断 G 是否为规范 LR(1)文法。

六、(15 分)请写出 if a＞b then x＝a＋b＊c else x＝b－a 的三地址代码，假设目标机器有 2 个寄存器 R_1 和 R_2，将三地址码转换成对应的目标汇编代码。

五、(15分)基于 LR 分析和回填策略,对逻辑表达式：x<100 || x>200 && x!=y，画出其注释语法分析树。已知逻辑表达式非终结符 B，有两个 S 属性 truelist 和 falselist。假定第一条被生成的指令的行号是 20。

产生式
$B \rightarrow B_1 \mid M B_2$
$B \rightarrow B_1 \, \&\& \, M B_2$
$B \rightarrow E_1 \, rel \, E_2$

六、(共 25 分)有如下基于自顶向下分析的语法制导定义 SDD。

产 生 式	语 义 规 则
$B \rightarrow B_1 \&\& B_2$	$B_1.true = newlabel()$; $B_1.false = B.false$; $B_2.true = B.true$;　　$B_2.false = B.false$; $B.code = B_1.code \mid\mid$ 　$label(B_1.true) \mid\mid B_2.code$
$B \rightarrow E_1 \, rel \, E_2$	$B.code = E_1.code \mid\mid E_2.code \mid\mid gen('if' \, E_1.addr \, rel.op \, E_2.addr \, 'goto' \, B.true) \mid\mid$ $gen('goto' \, B.false)$
$S \rightarrow while (B) S_1$	$begin = newLable()$; $B.true = newLable()$; $B.false = S.next$;　$S_1.next = S.next$; $S.code = label(begin) \mid\mid B.code \mid\mid label(B.true) \mid\mid S_1.code \mid\mid gen('goto' \, begin) \mid\mid label$ $(B.false)$

(1) 说明属性 code、true 和 false 是综合属性还是继承属性。(3 分)根据 $S \rightarrow while (B) S1$ 的 SDD，判断它是 S 属性的吗? 是 L 属性的吗? (2 分)

(2) 对语句 while(b < 10 && c >5)b=c + a[i][j]; 基于语法制导翻译写出它的中间代码。(10分)已知 a 是 10×10 的二维数组变量，在内存中按行存储，其元素类型为 integer(长为 4 个字节。

(3) 假定机器只有三个寄存器 R_1,R_2,R_3，运算时操作数必须在寄存器中，将(2)中的 b=c + a[i][j]部分的三地址码转换成目标汇编代码。(10 分)

goto 语句	nextlist 和 falselist 及 truelist	回填 nextlist/ falselist/truelist 的行号
		回填 S_1.nextlist＝
		回填 S_2.nextlist＝
		回填 S_3.nextlist＝

六、(共计 20 分)已知某个函数中,为解线性方程组定义了局部变量:int a[10,12],i,j,k;一个整数的宽度为 4 字节。数组 a 的前 10 列存储方程组的系数。该函数中有如下 C 语言程序片段。

```
i = 0;
while(i < 10) {
    j = i + 1;
    while(j < 10) {
        k = a[i, j]
        a[i, j] = a[ j, i];
        a[j, i] = k;
        j = j + 1;
    }
    i = i + 1;
}
```

写出该程序片段的中间代码(三地址码),然后将中间代码翻译成目标代码。对于目标代码,假定只有 5 个寄存器 R_0,R_1,R_2,R_3,R_4 可用;对于运算指令,其操作数要么在寄存器中,要么为常数,其结果在指定的寄存器中;对 ST 指令,其操作数要么在寄存器中,要么为常数;对 LD 指令,其操作数要么在内存中,要么为常数。

答题形式为填空:

中间代码表		目标代码表	
行号	中间代码	行号	目标代码
0	i＝0	0	STi, 0
1		1	
2		2	
3		3	
4		4	
5		5	
6		6	
7		7	
8		8	
9		9	
10		10	

代码框架中没有给出。需要向其中补充三个无条件 goto 语句,请补充。例如,假定要在 B_4 的前面补充 goto r_4 的语句,则写上 r_5-1: goto r_4,其中 r_5-1 表示要在第 r_5 行的前面补充 goto r_4 语句,跳转到第 r_4 行。注意:要填的 goto 语句不指非终结符 B 中的无条件 goto 语句。

```
0    while(B1 || B2&& B3) {
1        S1;
2        if(B4) {
3            if(B5) S2
4        }
5        else
6            while(B6) S3
7    }
```

r_1	B_1
r_2	B_2
r_3	B_3
r_4	$S1$
r_5	B_4
r_6	B_5
r_7	$S2$
r_8	B_6
r_9	$S3$
r_{10}	
r_{11}	

在本题右边中,假定 B_1、B_2、B_3、B_4、B_5、B_6 的综合属性 truelist 和 falselist 的值,以及 S_1、S_2、S_3 的综合属性 nextlist 的值,都已求出,是已知值。设左边代码中的 B_2 && B_3 规约出 B_7;B_1 || B_7 规约出 B_8;第 3 行的代码规约出 S_4;第 6 行的代码规约出 S_5,第 2 行至第 6 行的代码规约出 S_6;第 1 行至第 6 行的代码规约出 S_7;第 0 行至第 7 行的代码规约出 S_8。请使用上述已知值,写出求 B_7 和 B_8 的 truelist 和 falselist,以及 S_4、S_5、S_6、S_7、S_8 的 nextlist 值的表达式,形如 S_8.nextlist$=B_5$.falselist$+S_1$.nextlist。然后分别写出回填 B_8.truelist 和 B_8.falselist 以及回填 S_1.nextlist,S_2.nextlist,S_3.nextlist,S_4.nextlist,S_5.nextlist,S_6.nextlist,S_7.nextlist,S_8.nextlist 的行号值,例如回填 S_4.nextlist 的行号为 r_6。回填的行号值只能是 r_1 至 r_{11} 中的某一个值。

答题形式为填空:

goto 语句	nextlist 和 falselist 及 truelist	回填 nextlist/ falselist/truelist 的行号
示例: r_5-1: goto r_4	示例: S_8.nextlist$=B_5$.falselist $+ S_1$.nextlist	示例: 回填 S_8.nextlist$=r_6$
	B_7.truelist= B_7.falselist=	
	B_8.truelist= B_8.falselist=	回填 B_8.truelist= 回填 B_8.falselist=
	S_4.nextlist=	回填 S_4.nextlist=
	S_5.nextlist=	回填 S_5.nextlist=
	S_6.nextlist=	回填 S_6.nextlist=
	S_7.nextlist=	回填 S_7.nextlist=
	S_8.nextlist=	回填 S_8.nextlist=

10. 中间代码生成中使用的符号表,其作用不包括(   )。

    A. 存储中间代码   B. 语义分析

    C. 便于变量地址的计算   D. 程序调式

二、填空题(每空 2 分,共 10 分)

1. 现在的主流编程语言仍在使用的参数的传递机制包括_____。

2. 能生成词法生成器的一个特殊程序称为_____。

3. 语法制导定义中的非终结符号的两种属性指_____。

4. 中间代码表示主要有_____。

5. 基础文法是 LL(1) 文法的、_____属性的 SDD 可在自顶向下的语法分析过程中进行翻译。

三、判断题(每题 2 分,共 10 分)

1. C 语言的语法只用上下文无关文法就可描述。   (   )

2. SLR(1) 文法经消左递归和提取左公因子处理后会是 LL(1) 文法。   (   )

3. 在自底向上语法分析中,句柄是最右可归约的子串。   (   )

4. 若某文法的 LL(1) 分析表中每个表项最多只有一个产生式,则该文法是 LL(1) 文法。 (   )

5. 对任何一个 NFA,总存在一个 DFA 与之等价。   (   )

四、综合题(共 60 分)

1. (5 分)什么是编译器和解释器,它们之间的区别是什么?

2. (5 分)写出仅由字符 a 和 b 组成,但不含有子串 abb 的串的正则表达式。

3. (共 12 分)设有正则表达式 ab(ab|a) * 。

(1) 请画出它的 NFA。(4 分)

(2) 将该 NFA 转换为 DFA。(4 分)

(3) 将该 DFA 最小化。(4 分)

4. (共 12 分) 对于下面文法 $G(S)$,

    $S \rightarrow SA | A$

    $A \rightarrow a$

其中 S 和 A 为非终结符,a 为终结符

(1) 构造它的基本 LR(0) 项目集族,画出 DFA。(6 分)

(2) 构造 SLR(1) 分析表,判断其是否为 SLR 文法。(6 分)

5. (共 6 分) 假设有一个产生式 $A \rightarrow BCD$。A、B、C、D 四个非终结符号都有两个发生:s 是一个综合属性,而 i 是一个继承属性。对于规则 $A.s = B.i + C.s$ 和 $D.i = A.i + B.s$,

(1) 该规则是否满足 S 属性定义的要求?(2 分)

(2) 该规则是否满足 L 属性定义的要求?(2 分)

(3) 是否存在和该规则一致的求值过程?(2 分)

6. (15 分)基于 LR 分析法,翻译下面的语句生成相应的三地址码,然后划分基本块,并构造相应的流图。

```
if(a==b && c==d || e==f) x[i]= 1
```

其中 x 为整型数组,设整数的宽度为 4。假定第一条生成的指令的地址是 100,布尔表达式以及控制流语句用回填技术。

7. (5 分)试写出表达式 $((x+y)-((x+y)*(x-y)))+((x+y)*(x-y))$ 的 DAG 表示。

```
        a=a+c;
    }
}
x= y;
```

基于 LR 分析,请在如下中间代码表中填写它的中间代码:(10 分)

行号	中间代码
1	
2	
3	
4	
5	
6	
7	
8	
9	
10	
11	

其中 while 语句中的 B 由 B_1 && B_2 规约而来,设 if 语句中的 B 为 B_3。请写出 B,B_1,B_2,B_3 的 truelist 和 falselist 属性值,再分别写出 S_1 至 S_7 的 nextlist 属性值。(15 分)

八、识别出下列中间代码段的基本块,画出流图。(8 分)

行号	中间代码
1	if FALSE (i<= s) goto 15
2	t1=i * 4
3	If(a[t1]) goto 5
4	goto 13
5	count = count + 1
6	j=2 * i
7	if (j<= n) goto 9
8	goto 13
9	t2 = j * 4
10	a[t2] = false
11	j= j + 1
12	goto 7
13	i = i + 1
14	goto 1
15	

注意：a在横向上要居中。无论是终结符还是非终结符，都有综合属性 w 和 h，表示宽度和高度，另有继承属性 x 和 y，表示左上角的坐标值。最终要得出输入串中所有非终结符＋、/、id 的 x、y、w、h 属性值，于是就可画出可视化图。思路是先执行 LR 语法分析，得出语法分析树中每个结点的 w 和 h 属性值，再自顶向下扫描语法分析树，得出每个结点的 x 和 y 属性值。已知终结符＋和 id 的 $h=h_0$，$w=w_0$。终结符/的 $h=0.2h_0$，w 则取两个运算数中的大者。已知树根的 $x=x_0$，$y=y_0$。

（1）针对该文法，设计出该翻译目标的 SDD。（8 分）

（2）对输入串 a/(b+c)＋d，画出其注释语法分析树。（6 分）

六、C 语言的文法中，非终结符 S 表示语句和语句序列，有综合属性 nextList 和 code，非终结符 B 表示逻辑运算表达式，有综合属性 trueList，falseList，和 code。基于 LR 语法分析，就中间代码生成这一翻译目标，画出 while 语句（其文法为 $S \to while(B)S_1$）的中间代码布局图（4 分）；针对产生式 $S \to while(B)S_1$ 和 $S \to S_1S_2$，写出其中间代码生成的 SDT。提示：goto 回填通过调用函数 backPatch 来完成。（6 分）

七、有如下 C 语言源代码段。其中所有变量都为局部变量，且定义为：

```
int a, b, c,i, j, x[12][18]
while(i<12) {
    i ++;
    j ++;
    c = x[i][j] + 2;
    if(c > 0 || b < 10 && a > 20 )
        b = b - c;
    else
        a = a + c;
}
i = 0;
```

（1）基于 LR 语法分析，将上述源代码翻译成中间代码（用三地址码表达），填入如下的中间代码表中。设翻译出的第一行中间代码的行号为 50。（10 分）

RowId	Code
50	
51	
52	
⋮	

（2）对（1）中生成的中间代码，将其翻译成目标代码。设 int 宽度为 4 字节，局部变量的基地址存于寄存器 R_0 中，变量 a 的偏移量为 0。另有寄存器 R_1，R_2，R_3。运算指令要求：一个操作数在寄存器中，另一操作数可在内存中，也可在寄存器中，运算结果在寄存器中。（8 分）。